Auto-Reparaturanleitung Band 1354

Audi TT

Baureihe 8N
Front- und Allradantrieb

1,8-l-Turbo-Motoren
110 kW, 120 kW, 132 kW, 140kW
165 kW, 176 kW

3,2-l-VR6-Motoren
184 kW

Modelljahre 1998 bis 2006

bucheli verlag

IMPRESSUM

ISBN 978-3-7168-2335-4

Auto-Reparaturanleitung
Band 1354

Text und redaktionelle Bearbeitung:
Christoph Pandikow

Bilder/Zeichnungen:
Christoph Pandikow; autoaid GmbH; Hella KGaA Hueck & Co; Bosch Presseabteilung, Audi Presseabteilung, PCI-Diagnosetechnik GmbH & Co. KG

Herstellung: Silke Pandikow, 65554 Limburg/Lahn

Druck und Bindung:
DZS GRAFIK d.o.o, Ljubliana, Slovenia

Sie finden uns im Internet unter www.motorbuch.de und www.bucheli-verlag.de

1. Auflage 2025

Inhalt

AUDI TT

Inhalt

Folgende Symbole verdienen im Laufe der Arbeit besondere Beachtung:

Sichtprüfung
Teil genau ansehen; besonders beachten.

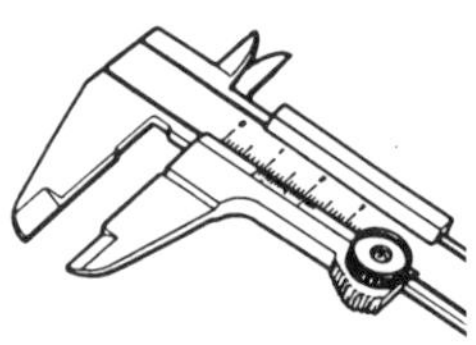

Messen
Schieblehre oder anderes Messwerkzeug nötig.

Achtung
Besondere Vorsicht geboten; Sicherheitshinweise beachten!

Tipp
Wertvoller Hinweis für einfacheres Schrauben; Erläuterung von Bauteilen und Begriffen.

Messen mit elektr. Messgeräten
Multimeter- oder Diagnosegeräte-Einsatz erforderlich.

1 Einleitung

Arbeiten mit diesem Buch

Ein Reparaturhandbuch ist dann ein Reparaturhandbuch, wenn es bei Reparaturen zur Hand gehen kann. Es soll also helfen, Ihren Audi TT wieder »in die Gänge« zu bringen. Ganz klar, als blutiger Laie werden Sie nur mit einiger Hilfe gezielt arbeiten können. Bedenken Sie, dass Ihr Fahrzeug in jedem (oder zumindest in fast jedem) Teil etwas mit Sicherheit im Straßenverkehr zu tun hat. Jede einzelne Sekunde, in der Ihr Fahrzeug in Betrieb ist. Nehmen Sie die Fehler deshalb immer ernst. Gerade Anfänger übersehen oft Kleinigkeiten, die nachher durchaus größere oder zumindest schwer aufzufindende Fehler ergeben. Bei einer Fehlersuche am eigenen Fahrzeug unterhielten sich zwei angehende Kfz-Mechatroniker: »... was hast du denn zuletzt repariert?«, letztendlich fand sich dort dann auch der Fehler. Diese Anekdote zeigt sehr deutlich, dass zum einen die eigene Arbeit, zum anderen der Ablauf der Arbeiten, die Kenntnisse über den Funktionszusammenhang der Systeme und natürlich auch über die Informationsquellen, die zur Verfügung stehen, immer hinterfragt werden müssen. Dieses Buch eignet sich aber auch, um die Details Ihres Audi TT einmal genauer unter die Lupe zu nehmen.

Wir haben den Aufbau so gestaltet, dass die Informationen praxisgerecht auf- und umgearbeitet wurden.

In den einzelnen Kapiteln wird der Umgang mit den Test- und Messgeräten genauer vorgestellt. Es handelt sich um getestete Übungen, die Sie problemlos nachvollziehen können. »An modernen Autos kann man gar nichts mehr selber machen!«, das ist ein typischer Satz, der weder richtig ist noch die motivierten Schrauber unter den Lesern von der Reparatur abhalten sollte. Betrachtet man sich die Probleme genauer, die mit der Fehlerdiagnose entstehen, stellt sich ein einfaches Prinzip heraus. Grundsätzlich sind Bauteile, deren Funktionsabläufe nachvollzogen und im wahrsten Sinne des Wortes »begriffen« werden können, leicht zu prüfen.

Elektrisches Messen

Leuchtet eine Glühlampe nicht, wird sie in der Regel demontiert und der Zustand des Glühfadens gegen das Licht kontrolliert. Über die Glühlampe, beziehungsweise ihren Aufbau, ist jedem bekannt, dass sie ohne den Glühfaden nicht funktionieren kann. Könnte man in alle Bauteile hineinsehen und den Funktionsablauf und den Aufbau auf diese Art kontrollieren, würde kaum ein Mechaniker über die immer komplizierter werdende Technik schimpfen. Hier kommt die Messtechnik zum Zuge. Es ist nämlich möglich, die Funktionsabläufe und die Funktion optisch zu überprüfen. Es ist auch möglich, das Bauteil selbst zu prüfen. Auch dafür werden keine teuren Spezialgeräte gebraucht. Sie oder Ihr Mechaniker müssen sich lediglich bereit erklären, die Technik und dazugehörige Prüfmethoden anzunehmen und gelegentlich auch etwas dazuzulernen.

Ganz klar gibt es Einschränkungen für Arbeiten, die aus Sicherheitsgründen nicht durchgeführt werden sollten. Dazu zählen Arbeiten z. B. an der Klimaanlage und am Airbagsystem.

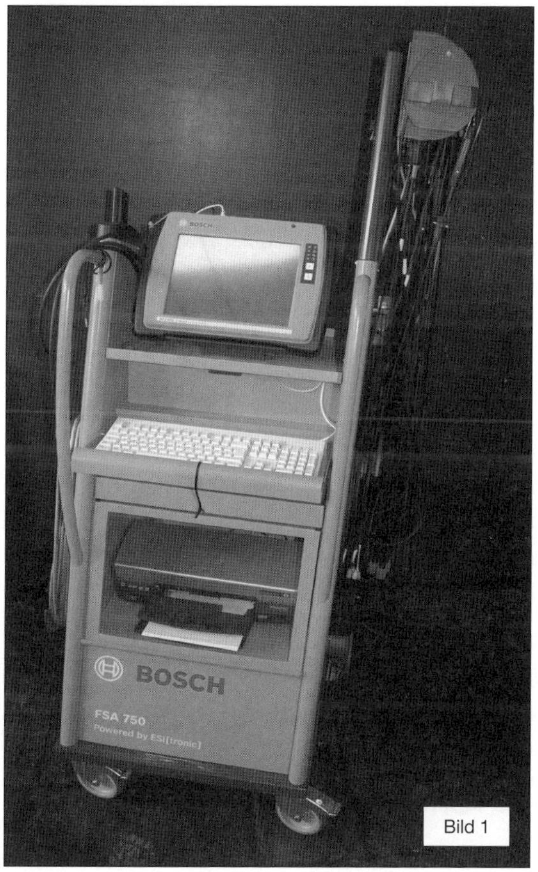

Bild 1

Bild 1
Bosch KTS 650/670 mit FSA 750-Modul und Abgastester.

»Die Tester kann sich keiner leisten!«, ist auch eine These, die wir widerlegen werden. Anhand der Beschreibungen der Spezialwerkzeuge und deren ungefähren Preise lassen sich hier die Kosten leicht überschauen. Die notwendige Ausrüstung ist bei den meisten Schraubern oftmals schon vorhanden. Andere Teile sind gar nicht so teuer und lassen sich sinnvoll als Geburtstagsgeschenkidee an die Lieben weitergeben. Die Aufgabe dieses Reparaturhandbuches ist es, eine Hilfestellung für Wartungsarbeiten und Reparaturen am Audi TT zu geben.
Das Buch wendet sich an die ambitionierten Schrauber, die mit ihrer Erfahrung Reparaturen, Wartungsarbeiten und Einstellungen an ihrem Fahrzeug vornehmen wollen. Da zu allen diesen Arbeiten ein OBD-Diagnosetester dazugehört und dieser für deutlich unter 100 Euro im günstigsten Fall erhältlich ist, wird die Arbeit anhand eines »Beispiel«-Testers dargestellt. Sie halten ein Buch in der Hand, das Lernstoff, Informationsquelle und Nachschlagewerk ist. Es soll die praktische Arbeit am Fahrzeug erleichtern und Sie ermutigen sich »Know-how« anzueignen, auch als Ungeübter den ersten Schritt zu machen oder als Erfahrener sich recht tiefgehend mit der Diagnose auseinanderzusetzen.
Um einen möglichst schnellen Zugriff auf die Informationen in diesem Buch zu ermöglichen, sind die technischen Daten, die zur Einstellung, Reparatur und Wartung benötigt werden, in einem separaten Kapitel zusammengefasst. Alle technischen Angaben, die speziell bei den Arbeiten benötigt werden, finden Sie natürlich auch an den entsprechenden Stellen. Die Montagearbeiten werden auf gängige Reparaturen beschränkt. Sie sollten aber immer sicherstellen, dass Sie in der Lage sind, die Reparaturen selbst durchzuführen. Ungeeignete Messgeräte oder auch fehlerhafte Handhabung eines Messgerätes können nicht nur finanzielle Folgen haben. Für die Arbeiten an Airbagsystemen ist eine spezielle Ausbildung erforderlich, die mit einem Sachkundenachweis abgeschlossen wird.

⚠ Unterlassen Sie es zu Ihrer eigenen Sicherheit, an Sitzen oder anderen Bauteilen Hand anzulegen, ohne diese spezielle Ausbildung abgeschlossen zu haben. Arbeiten an diesem System ohne Sachkunde sind GROB fahrlässig und gefährden Ihr Leben. Sollten Probleme an diesem System auftauchen, suchen Sie immer eine Werkstatt auf und erkundigen Sie sich auch darüber, inwieweit die »Airbag-Sachkunde« besteht.

⚠ In den einzelnen Airbageinheiten befinden sich zwar »kleine«, aber nicht ungefährliche Mengen an Sprengstoff. Nicht umsonst sind der Transport, der Umgang und die Lagerung gesetzlich im Sprengstoffgesetz geregelt. Die Arbeiten am Airbagsystem werden aus diesem Grunde nicht beschrieben. Es gibt aber auch so noch genügend Arbeiten, die Sie durchaus in Eigenregie angehen können.
Natürlich beschäftigt sich dieses Buch nicht nur mit Elektronik oder der reinen Montagearbeit. Auch einige Arbeiten mit den Diagnosegeräten wurden mit Praxisbezug ausgewählt und im Detail dargestellt.

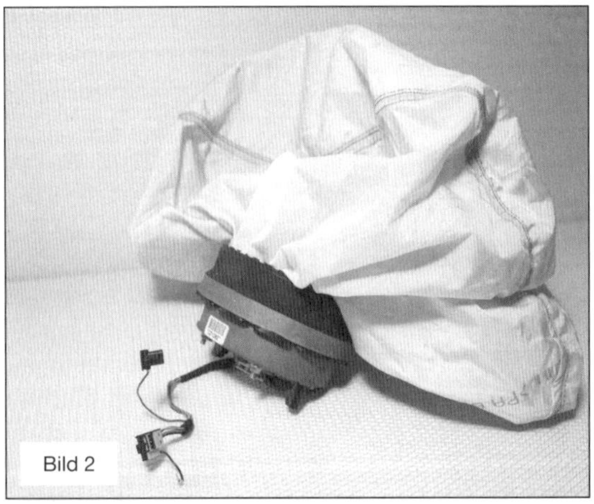
Bild 2

Bild 2
EXPLOSIV: gezündeter Airbag.

Bild 3

Bild 3
»Self-made«-Beulendoktor.

Sicherheit geht immer vor

Sicherheit hat beim Heimwerken absolute Priorität. Sie sollten nur Arbeiten anpacken, die Sie wirklich beherrschen. Handwerkliche Tätigkeiten, mit denen man in der Praxis bislang wenig oder gar keine Erfahrung hatte, sollte man niemals auf die leichte Schulter nehmen. Unsachgemäß ausgeführte Arbeiten können früher oder später fatale Folgen haben (Bilder 4-12).

Umgang mit Pyrotechnik-Bauteilen

Der Sicherheitsaspekt gilt insbesondere für pyrotechnische Bauteile. Diese enthalten einen Treibstoff, bei dessen Abbrand ein Gas erzeugt wird. In manchen Fällen steht für die Gaserzeugung noch zusätzlich in einem Druckbehälter gespeichertes Druckgas zur Verfügung.
Die Zündung erfolgt über elektrische/ mechanische Anzünder. Bei unsachgemäßer Handhabung von Komponenten dieser Systeme kann es zu schweren Unfällen kommen. Deshalb keine Schraub- oder gar Reparaturversuche an der Sicherheitsausstattung vornehmen, sondern bei notwendigen Instandsetzungen an eine Fachwerkstatt mit Fehler-Auslesegeräten, Diagnose-Einrichtungen und geschultem Personal wenden!

Mechaniker, die an Rückhaltesystemen arbeiten, müssen spezielle Schulungen nachweisen und bei den zuständigen Behörden gemeldet sein. Pyrotechnische Bauteile dürfen auch nur im eingebauten Zustand und mit vom Hersteller frei gegebenen Diagnosesystemen geprüft werden, keinesfalls mit Prüflampe, Voltmeter oder Ohmmeter.
Nach dem Berühren von gezündeten pyrotechnischen Bauteilen: Hände waschen!
Bauteile, die auf eine harte Unterlage herabgefallen sind oder Beschädigungen zeigen, dürfen nicht mehr verbaut werden.

Lagerung, Transport und Entsorgung von Airbag-, Gurtstraffer- und Batterieabtrennungseinheiten (pyrotechnische Bauteile) unterliegen der jeweiligen nationalen Gesetzgebung.

Bild 4
Gehörschutz: Bei Blecharbeiten mit Winkelschleifer u. Ä. notwendig.

Bild 5
Schutzbrille: Besonders beim Bohren, Schleifen und Meißeln tragen.

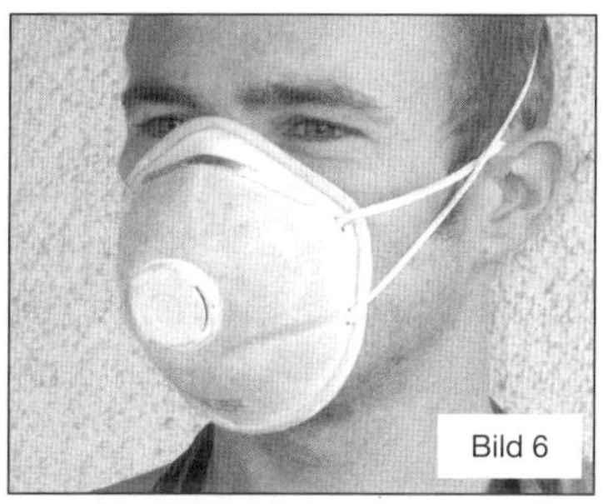
Bild 6
Atemschutzmaske mit auswechselbaren Filterelementen: Bei Arbeiten mit atemgängigen Stäuben unerlässlich.

Bild 7
Bei Arbeiten in der Grube: Unbedingt für Frischluft sorgen.

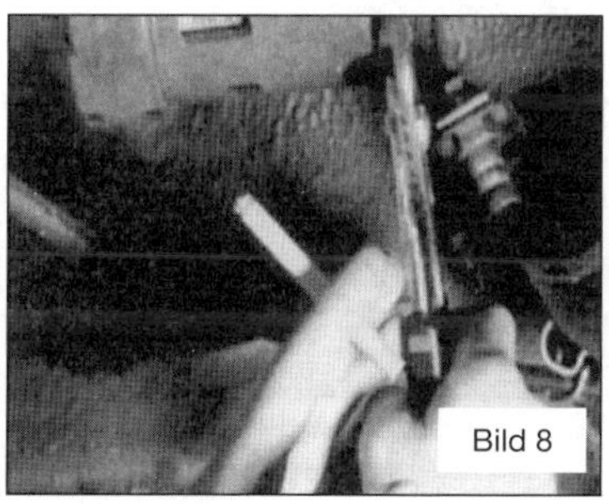
Bild 8
Nicht rauchen: Das sollte eigentlich bei Arbeiten gerade an der Kraftstoffanlage die Regel sein.

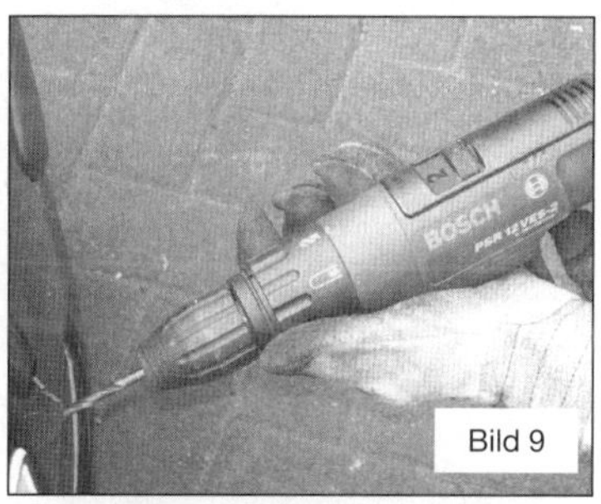

Bild 9
Arbeitshandschuhe: Bei vielen Arbeiten angebracht, beim Umgang mit Bohrmaschinen jedoch sehr gefährlich.

Bild 10
Leere Sprühdosen, Altöl, Bremsflüssigkeit u. Ä. als Sondermüll entsorgen.

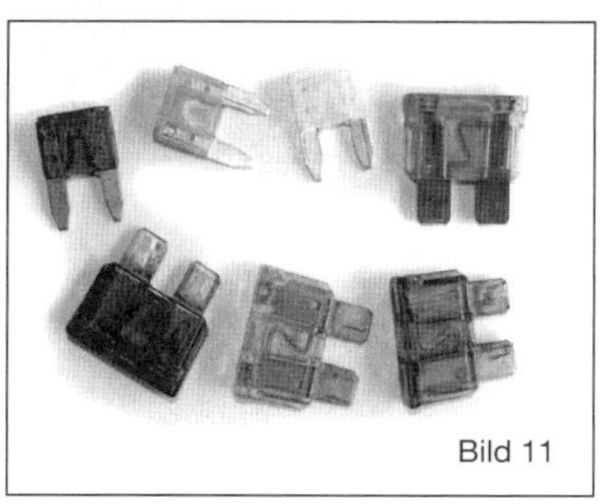
Bild 11
Durchgebrannte Sicherungen niemals mit Alufolie, Büroklammern o. Ä. flicken.

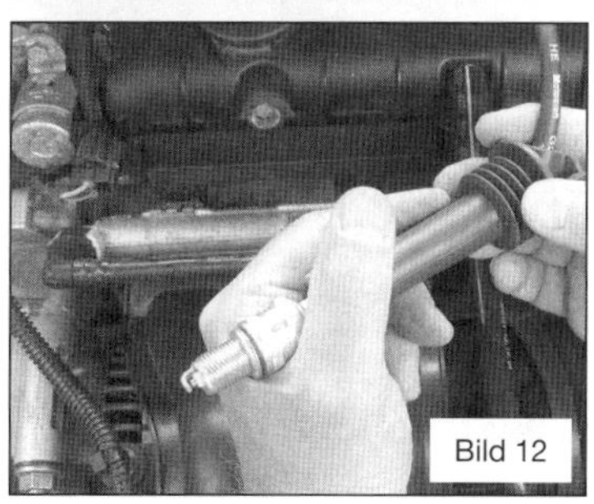
Bild 12
Hochspannung: Vorsicht bei laufendem Motor oder eingeschalteter Zündung.

Umgang mit Bauteilen der Klimaanlage
Für das Kfz-Gewerbe sind z. B. auf europäischer Ebene zahlreiche relevante Gesetze erlassen worden. National ist z. B. in der BRD zusätzlich zur Präzisierung der europäischen Gesetzgebung ab dem 1. August 2008 die Chemikalien-Klimaschutzverordnung in Kraft getreten.

- Verordnung (EG) Nr. 1005/2009
- Verordnung (EG) Nr. 842/2006
- Verordnung (EG) Nr. 706/2007
- Verordnung (EG) Nr. 307/2008
- Richtlinie 2006/40/EG
- Chemikalien-Klimaschutzverordnung, Kreislaufwirtschafts- und Abfallgesetz (für die BRD)

Alle Personen, die an Kraftfahrzeug-Klimaanlagen Wartungs- und Reparaturarbeiten durchführen, müssen eine Schulung oder ein Trainingsprogramm besucht haben und die Sachkunde nachweisen (Sachkunde-Nachweis).

⚠ Beim unkontrollierten Druckablassen besteht Gefahr durch Vereisung. Hieraus können schwerwiegende Verletzungen entstehen (Gefrierbrand ist nicht nur bei Grillfleisch unschön!). Bei nicht entleertem Kältemittelkreislauf tritt Kältemittel aus. Das Kältemittel ist vor dem Öffnen des Kältemittelkreislaufs abzusaugen. Wird der Kältemittelkreislauf nach dem Absaugen innerhalb 10 Minuten nicht geöffnet, kann durch Nachverdampfung Druck im Kältemittelkreislauf entstehen. Das Kältemittel muss dann nochmals abgesaugt werden. Alle geöffneten Bauteile des Kältemittelkreislaufs sind gegen Eintritt von Luftfeuchtigkeit mit geeigneten Verschlussstopfen zu verschließen. Es ist verboten beim Betrieb, bei Instandsetzungsarbeiten und bei Außerbetriebnahme von Erzeugnissen, die Kältemittel enthalten, entgegen dem Stand der Technik, die in ihnen enthaltenen Stoffe in die Atmosphäre entweichen zu lassen.

Bild 13

Bild 13
Achtung Stromschlag! Restladungen und Induktionsspannungen können gesundheitsgefährdend sein.

Verletzungsgefahr durch automatischen Motorstart bei Fahrzeugen mit Start-Stopp-System
Bei Fahrzeugen mit aktiviertem Start-Stopp-System (erkennbar an einer Meldung im Schalttafeleinsatz) kann der Motor bei Bedarf automatisch starten.

☞ Deshalb sicherstellen, dass bei Arbeiten am Fahrzeug das Start-Stopp-System deaktiviert ist (Zündung ausschalten, bei Bedarf Zündung wieder einschalten).

Verletzungsgefahr bei Arbeiten an der elektrischen Anlage
Nicht nur die schon angesprochene Zündanlage birgt einige Überraschungen, die Sie in ungünstigen Situationen oder bei körperlichen Vorschäden leicht in Lebensgefahr bringen können. Im Gegensatz zur Hauselektrik sind keine »Personenschutzschalter« vorgesehen. Ziehen Sie grundsätzlich nicht leitende Handschuhe an, wenn Sie an Bauteilen arbeiten, deren Ladungszustand Sie nicht kennen.

Elektrischer Antrieb im Audi TT
In der Baureihe 8N (1998-2000) wurde noch kein elektrischer Antrieb verbaut. Erst im aktuellen Modell dem F3 wurde unter der Modellbezeichnung »Audi TT RS Hybrid« ein permanent erregter Synchonmotor, zusammen mit einem 1,4-l-TFSI (Turboaufgeladenem Benzin-Direkteinspritzer) verbaut.
Die Fahrzeuge mit elektrischem Antrieb werden wir in gesonderten Buchbänden mit den Anforderung an die Montage betrachten.

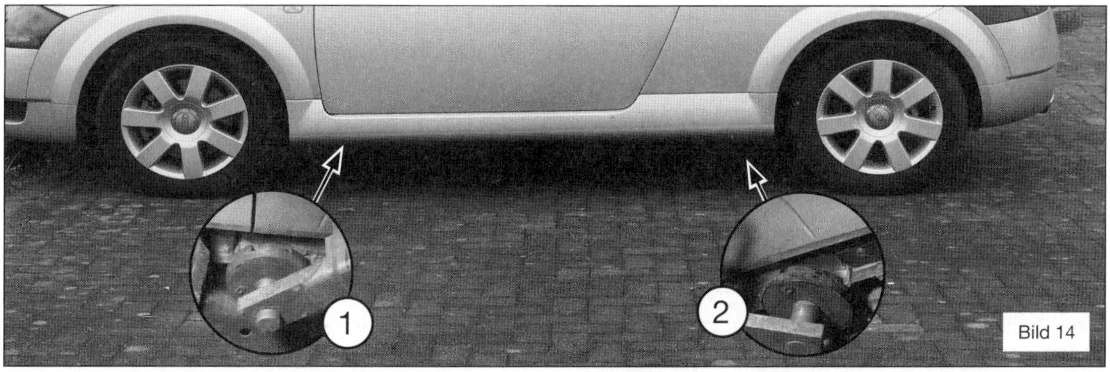

Bild 14
Aufnahmepunkte an der Karosserie für Wagenheber und Hebebühne.
1 Wagenheberaufnahme am Schweller vorne
2 Wagenheberaufnahmepunkt am Schweller hinten

Richtiges Aufbocken

Im Bordwerkzeug des Audi TT ist, wie bei vielen Fahrzeugen heute, kein Wagenheber mehr vorhanden. Spindelwagenheber sind für das Fahrzeuggewicht weniger geeignet. Wenn Sie einen Werkstattwagenheber einsetzen, sollte grundsätzlich eine geeignete Gummi- oder Holzzwischenlage verwendet werden, um Schäden an der Karosserie oder auch am Korrosionsschutz der Karosserie zu vermeiden. Die im Bordwerkzeug vorhandenen Unterlegkeile sichern gegen Wegrollen.

Das Fahrzeug darf keinesfalls an der Motorölwanne, am Getriebe, an der Hinterachse, der Vorderachse oder an den Unterholmen angehoben werden, da sonst schwerwiegende Schäden eintreten können.

Es darf nur an den auf den Abbildungen gezeigten Aufnahmepunkten angehoben werden. Andere Bereiche sind nicht in der Lage, das Fahrzeuggewicht auf der Hebebühne sicher und ohne Schäden aufzunehmen.

Wichtige Grundregeln:

Aufgrund der Unfallgefahr niemals bei angehobenem Fahrzeug den Motor anlassen.

Wenn unter dem Fahrzeug gearbeitet werden soll, muss es mit geeigneten Unterstellböcken sicher abgestützt werden.

Wenn möglich, sollten Sie das Fahrzeug niemals beladen anheben. Beachten Sie, dass das angehobene Fahrzeug nicht kippt oder abrutschen kann.

Bei Arbeiten auf der Hebebühne müssen Sie das Fahrzeug zusätzlich mit Spanngurten an der Hebebühne gegen Abrutschen sichern.

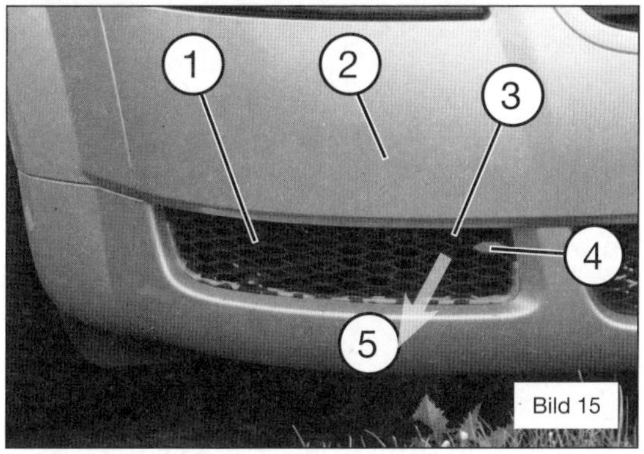

Bild 15
Abdeckung der Abschleppöse vorne im Stoßfänger.
1 Abdeckung
2 Stoßfänger
3 Gewinde für die Abschleppöse
4 Aussparung für den Drahthaken
5 Zugrichtung

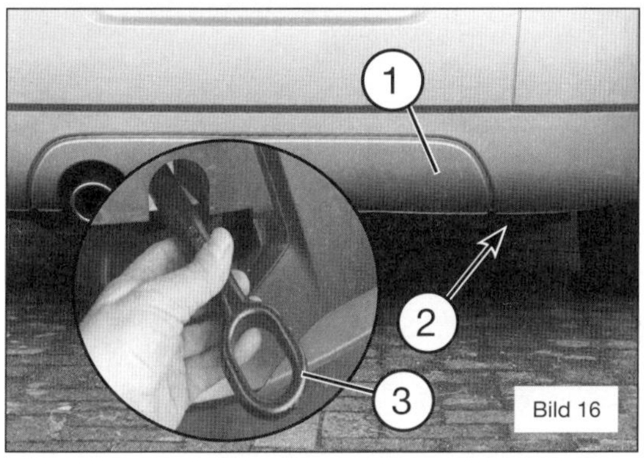

Bild 16
Einschrauben der Abschleppöse hinten.
1 Abdeckung
2 Gewinde für die Abschleppöse
3 Abschleppöse

An- und Abschleppen

Bei manchen Pannen muss das Fahrzeug abgeschleppt werden. Anschleppen, weil der Motor nicht anspringen will, sollte man nur, wenn keine Möglichkeit besteht, den Motor mit Starthilfekabeln zu starten.

Fahrzeuge ohne Schmiermittel im Schaltgetriebe oder mit Automatikgetriebe dürfen nur mit angehobenen Antriebsrädern abgeschleppt werden.

Das Anschleppen von Fahrzeugen mit automatischem Getriebe zum Starten des Motors ist aus technischen Gründen nicht möglich. Beim Abschleppen von Fahrzeugen mit automatischem Getriebe muss der Wählhebel in Position »N« sein, und es darf nicht weiter als 50 km und nicht schneller als 50 km/h geschleppt werden, da sonst das Getriebe zerstört wird. Grundsätzlich ist es natürlich auch hier besser, zumindest die Antriebsachse anzuheben.

Zum An- und Abschleppen sollten Kunstfaserseile oder Seile aus ähnlich elastischem Material verwendet werden. Sicherer ist eine Abschleppstange. Beim Abschleppen dürfen keine unzulässigen Zugkräfte und keine stoßartigen Belastungen auftreten. Seil oder Stange dürfen nur an den vorgesehenen Abschleppösen vorn oder hinten angebracht werden. Die einschraubbare Öse befindet sich im Bordwerkzeug, die Einschraubgewinde werden nach Entfernen einer kleinen Abdeckung in den Stoßfängerverkleidungen vorn und hinten zugänglich. Von Hand eindrehen, mit durchgestecktem Radschraubenschlüssel festziehen.

⚠ Bei Schleppmanövern abseits regulärer Straßen besteht die Gefahr, dass die Befestigungsteile überlastet werden. Wird ein Abschleppseil verwendet, muss der Fahrer des ziehenden Wagens beim Anfahren und Schalten besonders weich einkuppeln.

Der Fahrer des gezogenen Wagens hat darauf zu achten, dass das Seil straff gehalten wird. An beiden Fahrzeugen die Warnblinkanlage einschalten. Die Zündung muss eingeschaltet sein, damit das Lenkrad nicht blockiert ist und Blinkleuchten, Hupe und Scheibenwischer bei Notwendigkeit eingeschaltet werden können. Da der Bremskraftverstärker nur bei laufendem Motor arbeitet, muss ggf. das Bremspedal kräftiger getreten werden. Beim Anschleppen von Fahrzeugen mit Schaltgetriebe ist Folgendes zu beachten:

- Vor dem Anschleppen 2. oder 3. Gang einlegen, Kupplung halten.
- Zündung einschalten, damit das Lenkrad nicht blockiert und Blinkleuchten, Hupe sowie Wisch-/Waschanlage benutzt werden können.
- Kupplungspedal loslassen, wenn beide Fahrzeuge in Bewegung sind.
- Sobald der Motor angesprungen ist, Kupplung treten und Gang herausnehmen, um Auffahren auf das Zugfahrzeug zu vermeiden.

Einige Kniffe für Schrauber

Eine unlösbare Verschraubung oder eine abgerissene Schraube haben schon manchen Heimwerker von seinem Reparaturvorhaben wieder abgebracht. Unsere Hinweise sollen helfen, ungewohnte Arbeiten durchzuführen.

Passendes Werkzeug

Achten Sie gerade dann, wenn Verschraubungen schlecht zugänglich sind oder schon erkennbare Korrosionsschäden haben, auf passgenaues Werkzeug. Nichts ist ärgerlicher, als eine unnötige Mehrarbeit selbst verschuldet zu haben.

Verrostete Verschraubungen lösen

- Die freiliegenden Gewindegänge des Gewindebolzens von Rost und Schmutz befreien.
- Gewinde mit einer Drahtbürste säubern und anschließend mit Rostlöser besprühen.
- Bei Schnell-Rostlösern die Mutter sofort losdrehen.
- Bei anderen Rostlösern etwas warten.
- Wenn die Kanten einer Mutter bereits rund gedreht sind, oder wenn Rost die Anlageflächen deformiert hat, helfen nur noch Hitze oder Gewalt.
- Erwärmen Sie die Verschraubung.
- Gripzange verwenden. Damit lässt sich die Mutter fest greifen und oft losdrehen.
- Hilft das nicht weiter, wird ein scharfer Meißel angesetzt und die Mutter aufgemeißelt.
- Eine gut zugängliche Mutter kann auch entlang des Gewindes mit einer Metallsäge aufgesägt werden. Werkstätten benutzen einen Mutternsprenger.

Innensechskant- und Innenvielzahnschrauben lösen

- Das Schraubenloch muss von jeglichem Schmutz gesäubert sein, ehe das Werkzeug angesetzt wird.
- Am besten eignen sich Steckeinsätze mit langem Sechskant oder Vielzahn (Torx).
- Im Gegensatz zu Winkelschlüsseln, bei denen die Kraft schräg ansetzt, vertragen die Steckeinsätze einen Hammerschlag auf der Adapterseite mit dem Vierkant. Der Schlag lockert den Sitz der Schraube und erleichtert merklich das Lösen.

Schlitz- und Kreuzschlitzschrauben lösen

Schrauben können so fest sitzen, dass sie sich nicht mehr mit dem Schraubendreher herausdrehen lassen. Bei Kreuzschlitzschrauben dreht sich der Schraubendreher auch bei starkem Druck auf den Griff aus dem Kreuzschlitz heraus. Nach einigen erfolglosen Versuchen ist der Schlitz vermurkst, die Schraube ist praktisch unlösbar.

- Stabilen Schraubendreher ansetzen und mit kräftigem Hammerschlag auf das Griffende versuchen die Schraubverbindung zu lösen. Meistens bricht die mit dem Kopf fest korrodierte Schraube los. Sie lässt sich dann normal herausdrehen.
- Hilft der kräftige Hammerschlag nichts, muss ein Schlagschrauber her. Bei jedem Schlag auf dessen Griffoberseite wird der Schraubendrehereinsatz unter Druck ein wenig weitergedreht.

Blechschrauben ausbohren

Lässt sich in einem Schraubenkopf kein Werkzeug mehr ansetzen, hilft nur noch Ausbohren.

- Erst entfernt man mit einem passenden Bohrer den Schraubenkopf, eventuell mit einem kleineren Bohrer vorbohren.
- Das Gewindeteil lässt sich jetzt entweder durchstoßen oder mit einer Zange von der Rückseite abnehmen. Andernfalls mit einem dünnen Bohrer das Gewindeteil ausbohren. Den Bohrerdurchmesser nicht zu groß wählen, sonst hält später nur eine dickere Blechschraube.

Stehbolzen lösen und festdrehen

- Anlagefläche für Schraubenschlüssel schaffen.
- Auf dem freien Gewindeteil zwei Muttern fest gegeneinander drehen (kontern).
- An den blockierten Muttern den Schraubenschlüssel ansetzen und den Bolzen lösen.

Abgerissene Schrauben ausbohren

Das Gegengewinde, in dem die abgerissene Schraube steckt, sollte möglichst wenig Schaden nehmen.

- Körnerschlag auf Schraubenrest Mitte.
- Bis Schraubengröße M8 mit einem Kernlochbohrer arbeiten. Das ist der Durchmesser einer Schraube ohne Gewindeflanken.

Faustregel: Gewindedurchmesser multipliziert mit 0,8.

- Schrauben größer als M8 mit einem dünneren Bohrer vorbohren.
- Wenn sich die Metallreste nicht mit einer Reißnadel aus den Gewindegängen entfernen lassen, Gewinde nachschneiden.

Gewinde schneiden

Hat das Metall noch genug Substanz, kann ein größeres Gewinde eingeschnitten werden. Andernfalls muss eine Gewindebuchse eingesetzt werden.

Das Nach- oder Neuschneiden von Gewinden geht in drei Stufen vor sich. Die entsprechenden Gewindeschneider heißen Vorschneider (mit einem Ring am Schaft gekennzeichnet), Mittelschneider (zwei Ringe am Schaft) und Fertigschneider (drei Ringe oder ohne Kennzeichnung).

- Gewindeschneider nacheinander unter ständigem Ölen in das vorgebohrte Kernloch hinein- und wieder herausdrehen.
- Beim Hineindrehen ab und zu absetzen und ein Stück zurückdrehen, sonst werden die Metallspäne zu lang und klemmen.

Bild 17
Genaues Bohren ist erforderlich, um die Bauteile nicht zu beschädigen.

Bild 18
Gewindeschneiden mit Vorsicht und Bedacht.

Bild 1
Abmessung Seitenansicht TT-Coupé.
A Überhang vorne
B Radstand
C Überhang hinten
D Fahrzeuglänge

Die Abmessungen können je nach Ausstattung, Fahrwerksausführung und Rad/Reifenkombinationen unterschiedlich ausfallen!

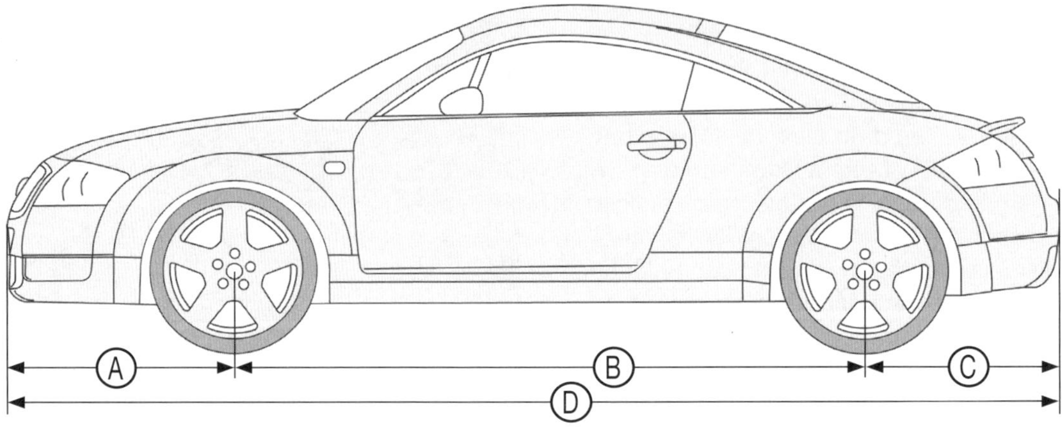

Bild 1

2 Modell

Modellvorstellung

Die Namensgebung des Audi TT begründet sich in den sportlichen Erfolgen der Marke DKW (Auto Union) und NSU bei der **T**ourist **T**rophy der Isle of Man mit Drehschiebergesteuerten Zweitaktmotorrädern. Angelehnt an den legendären NSU Prinz TT und seine sportlichen Erfolge wurde der Name für den Sportwagen übernommen. Auf der Plattform des Golf IV kam im Herbst 1998 zuerst das Coupé mit 180 beziehungsweise 225 PS auf den Markt. Im Herbst 1999 kam der Roadster (vormalige Bezeichnung der Studie war noch TTS) auf den Markt. Im August 2003 wurde der TT mit dem VR6-Motor aus dem Golf R32 angeboten. Diese Variante ist sehr selten und genauso gesucht.

Markante Veränderungen

Als Reaktion auf einige Unfälle im Hochgeschwindigkeitsbereich wurde das ABS-System mit ESP nachgerüstet und das Fahrzeugheck wurde mit einem Heckspoiler versehen, der bei hohen Geschwindigkeiten den erforderlichen Andruck auf die Hinterachse erbrachte. Ab 2000 gab es die Nachrüstung dann in der Serienausstattung.
Ab September 2005 wurde die Leistung der kleineren Motorvarianten gesteigert.
Weitere Veränderungen gab es bei einzelnen Karosserie- und Fahrwerkselementen.

Abmessungen

Die Abmessungen können je nach Ausstattung und Fahrwerksausführung abweichen. Wir stellen Ihnen die Abmessung der Karosserievariante in den Bildern 1-5 vor und beziffern sie in der Tabelle im Anschluss. Die Abweichungen für die Allradvarianten »Quattro« haben wir in Klammer gefasst.

Bild 2
Abmessung Seitenansicht TT-Roadster.
A Überhang vorne
B Radstand
C Überhang hinten
D Fahrzeuglänge

Die Abmessungen können je nach Ausstattung, Fahrwerksausführung und Rad/Reifenkombinationen unterschiedlich ausfallen!

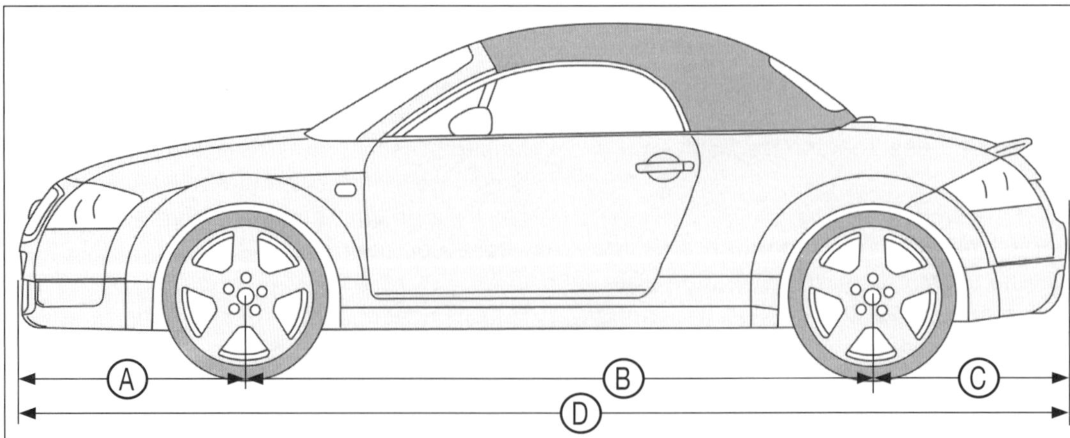

Bild 2

Kürzel	Bezeichnung	Abmessung
A	Überhang vorne	578 mm
B	Radstand (Quattro)	2422 mm (2429 mm)
C	Überhang hinten (Quattro)	744 mm (737 mm)
D	Fahrzeuglänge	4041 mm
E	Fahrzeughöhe (Quattro)	1349 mm (1348 mm)
F	Spurweite vorne	1528 mm
G	Karosseriebreite vorne	1764 mm
H	Fahrzeugbreite mit Spiegel	1856 mm
I	Ladekantenhöhe (Quattro)	773 mm (772 mm)
J	Spurweite hinten (Quattro)	1513 mm (1505 mm)
K	Karosseriebreite hinten	1764 mm

Ausstattungsvarianten

Die Ausstattung des TT konnte durch die Ausstattungspakete »Advance«, Advance Sport (nur für das Audi TT Coupé), Advance Lifestyle (nur für den Audi TT Roadster), stilvoll ergänzt werden.

S-Line und S-Line Plus:

Eine weitere spezifische Besonderheit liegt in den Ausstattungsvarianten »S-Line« und »S-Line Plus«. Die beiden Ausstattungspakete ergänzen die Ausstattungslinien markant in sportlicher Richtung. Neben den »S-Line«-Schriftzügen werden am Fahrzeug eine andere Front und Heckschürze sowie ein Dachkantenspoiler verbaut. Mit dem »S-Line plus«-Paket wird dann die Innenausstattung mit Sportsitzen vorne, sportlichem Lederlenkrad und veränderten Dekorleisten ausgerüstet. Hinzu kommen noch andere Rad-Reifen-Kombinationen und ein Sportfahrwerk der Quattro GmbH.

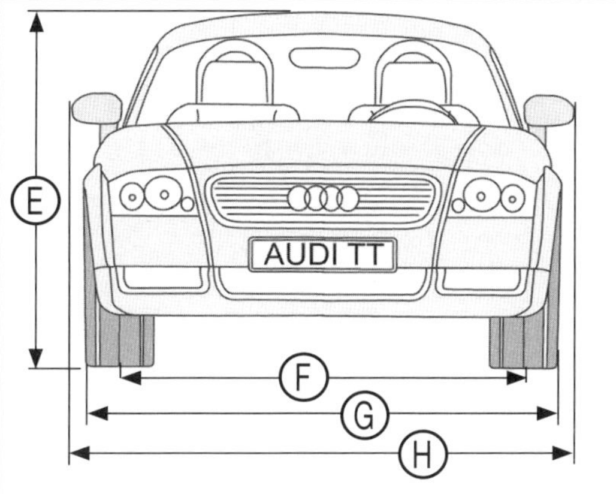

Bild 3

Bild 3
Abmessung Frontansicht.
E Fahrzeughöhe
F Spurweite vorne
G Karosseriebreite vorne
H Fahrzeugbreite mit Außenspiegeln

Die Abmessungen können je nach Ausstattung, Fahrwerksausführung und Rad/Reifenkombinationen unterschiedlich ausfallen!

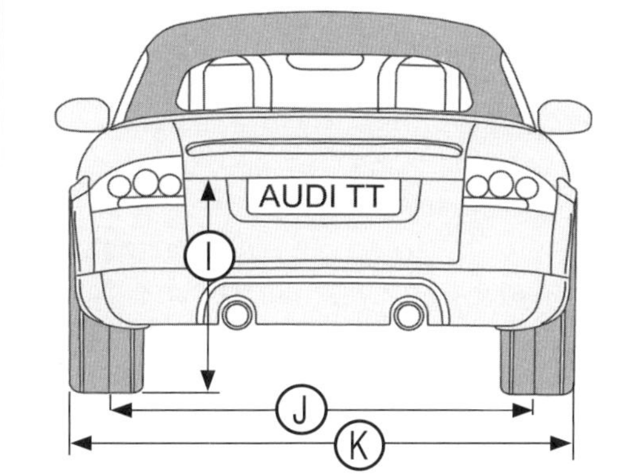

Bild 4

Bild 4
Abmessung Heckansicht.
I Ladekantenhöhe
J Spurweite hinten
K Karosseriebreite hinten

Die Abmessungen können je nach Ausstattung, Fahrwerksausführung und Rad/Reifenkombinationen unterschiedlich ausfallen!

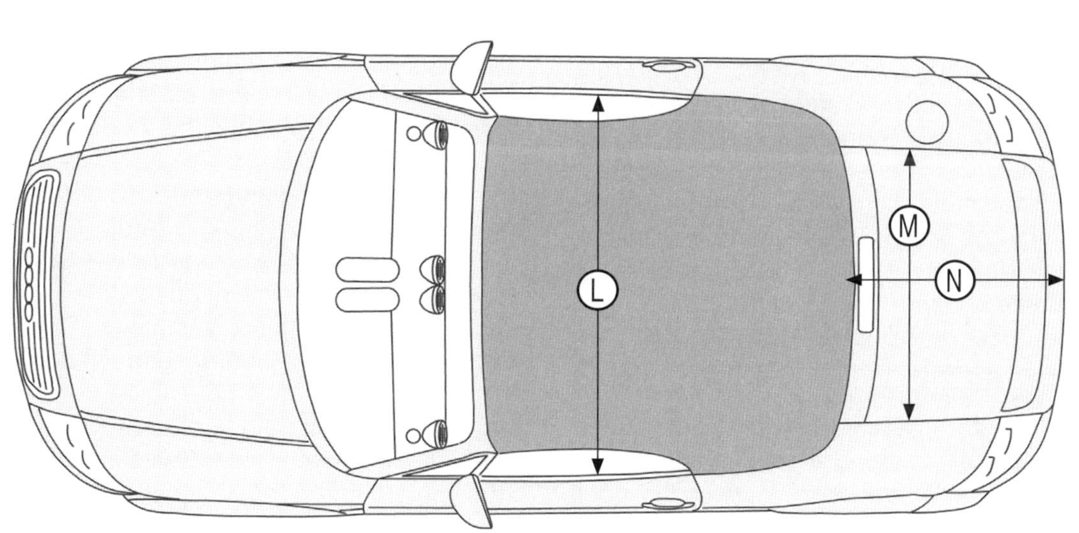

Bild 5

Bild 5
Abmessung Draufsicht.
L Innenraumbreite
M Kofferraumbreite
N Kofferraumtiefe

Die Abmessungen können je nach Ausstattung, Fahrwerksausführung und Rad/Reifenkombinationen unterschiedlich ausfallen!

Sichtprüfung

Messen

Bild 6
Entwicklung der Modellreihe.
A TT Baureihe 1 »8N«
(1998 - 2006)
B TT Baureihe 1 »8J«
(2006 - 2014)
C TT Baureihe 1 »FV«
(2014- 2023)

Bild 6

Motor und Antrieb

1,8-Liter-Turbo-Benzinmotoren:
Legendär ist sie schon: die Motorbaureihe von VW-Audi mit 1,8-l-Hubraum, 5 Ventilen und grundsätzlich turboaufgeladen. Laufleistungen über 300.000 km sind keine Seltenheit. Der Nockentrieb erfolgt über einen Zahnriemen.

Getriebevarianten:
Vier unterschiedliche Getriebebauarten stehen für die unterschiedlichen Motorisierungen zur Verfügung. Als Schaltgetriebe werden ein 5-Gang-Getriebe und ein 6-Gang-Getriebe verwendet. Das 6-GangGetriebe kommt auch bei den Schalt-Allradfahrzeugen zum Einsatz. Hinzu kommen noch ein Wandlerautomatikgetriebe »tiptronic« und das DSG-Getriebe. Ein angeflanschtes Winkelgetriebe realisiert dann über die Kardanwelle den Antrieb für die Hinterachse.

Audi TT Quattro:
Ausgeliefert wurde der TT auch als Frontantrieb. Die Allradvarianten des Audi TT sind zuerst einmal an den unscheinbaren Schriftzügen zu erkennen. Die Technik dahinter ist allerdings legendär. Die Allradtechnik ist ein deutlicher Zugewinn an Traktion, Geradeauslauf und aktiver Sicherheit im Vergleich zu den frontgetriebenen Fahrzeugen. Die Verteilung der Antriebskraft auf die vier Räder ist nicht nur bei losem oder rutschigem Untergrund spürbar. Den Quattroantrieb gab es bei den 1,8-l- und den 3,2-l-TDI-Motoren mit dem 5-Gang- und 6-Gang-Schalt-Getriebe oder dem 6-Gang-DSG-Getriebe.

Assistenzsysteme

Fahrassistenzsysteme gehören heute zu fast jeder Ausstattungsliste der Fahrzeuge in diesen Baujahren. Auch im Audi TT finden Sie viele Systeme, die ohne Elektronik und vernetzte Systeme im Auto nicht denkbar wären. Je nach Ausstattung unterschiedliche Systeme und Funktionen, die aus Verknüpfungen der Systeme entstehen.

Sicherheitssysteme

Airbagsystem:
Zur Serienausstattung des Audi TT zählen je ein Full-Size-Airbag für Fahrer und Beifahrer sowie Seiten-Airbags auf der Fahrer- und Beifahrerseite. Die Airbags im Lenkrad und in der Instrumententafel werden ausgelöst, wenn ein Aufprall entsprechender Stärke von vorn erfolgt und die Kollisionskräfte innerhalb eines 60°-Winkels wirken. Die Seiten-Airbags werden durch den jeweiligen Crash-Sensor einzeln, je nach Aufprall von links oder rechts, ausgelöst.

Bremssysteme:
Auch das Bremssystem des Audi TT verfügt über EBD (Electronic Brake Force Distribution), die elektronische Bremskraftverteilung auf Vorder- und Hinterräder, ESP (Electronic Stability Program) ist die elektronische Kontrolle der Fahrzeugstabilität ohne den bewussten Einsatz des Bremspedals. Das Bremssystem erfasst die Fahrsituation über unterschiedliche Sensoren im Fahrzeug und die Verbindung der Räder zur Straße über die ABS-Sensoren und greift über die Ansteuerung einzelner Bremszangen in die Fahrstabilität oder auch in den Antrieb ein.

Hydraulische Servolenkung

Die Zahnstangenlenkung des Audi TT wird mit einer hydraulischen Flügelzellenpumpe unterstützt. Über den Keilrippenriemen wird die Flügelzellenpumpe zusammen mit dem Generator und soweit vorhanden mit dem Klimakompressor angetrieben. Der verbaute Drucksensor dient der Leerlaufstabilisierung. Die Ansteuerung der Servounterstützung erfolgt über die Steuerventile, die unter dem Anschluss des Kreuzgelenkes zur Lenksäule verbaut sind.

Identifizierung

Fahrgestellnummer
Die Fahrzeug-Identifizierungsnummer (2 im Bild 7) befindet sich auf der Querwand im Motorraum unter der Abdeckung und ist durch ein in die Verkleidung eingearbeitetes Sichtfenster einsehbar. Des Weiteren auf der Fahrerseite auf dem Typenschild (1) am Stoßdämpferdom auf der rechten Seite und auf dem Fahrzeugdatenträger (3) im Kofferraum unter dem Kofferraumteppich.

Aufschlüsselung der Fahrzeug-Identifizierungsnummer (FIN):

FIN	Bedeutung
TRU	Herstellerzeichen
ZZZ	Füllzeichen
8N	Fahrzeugtyp
Z	Füllzeichen
X	Modelljahr (A = 2010 bis R = 2024)
1	Produktionsort (Györ, Ungarn)
010000	Laufende Nummerierung

Das Typenschild (1 im Bild 7)
Das Typenschild findet sich je nach Fahrzeugvariante (1 im Bild 9) am Stoßdämpferdom auf der Beifahrerseite.

Der Fahrzeugdatenträger (3 im Bild 7)
Der Fahrzeugdatenträger wird in der Regel einmal im Kofferraum unter der Abdeckung und ein weiteres Mal auf der Innenseite des Deckels des Serviceplans verklebt. Auf ihm können Sie auch die Fahrgestellnummer (1 im Bild 10) ablesen. Zusätzlich finden Sie weitere Angaben aus der Produktion:

Die Farbnummer:
Die Farbnummer (4) und die Ausstattungscodenummer (6) sind hier vermerkt. Die Farbnummer kann auch, soweit es sich um den originalen Farbton handelt, leicht über den Fachhandel über die Fahrgestellnummer ausgelesen werden. Diese Informationen können Sie über Ersatzteilprogramme oder im Netz abfragen.

Die Motornummer:
Die Motornummer auf den 4-Zylinder-Motoren finden Sie als Einschlag oder Fräs-

Bild 7

Bild 7
Fahrgestellnummer und Plaketten.
1 Typenschild
2 Fahrgestellnummer
3 Fahrzeugdatenträger

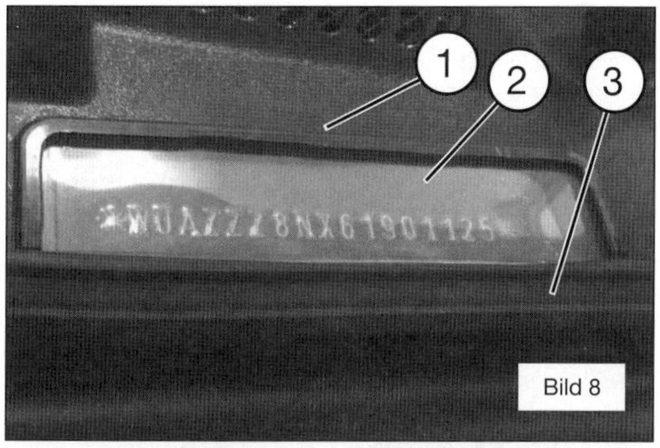

Bild 8

Bild 8
Gravur im Kotflügelstehblech.
1 Wasserkastenabdeckung
2 Abdeckung über der eingestanzten Fahrgestellnummer
3 Dichtprofil zum Motorraum

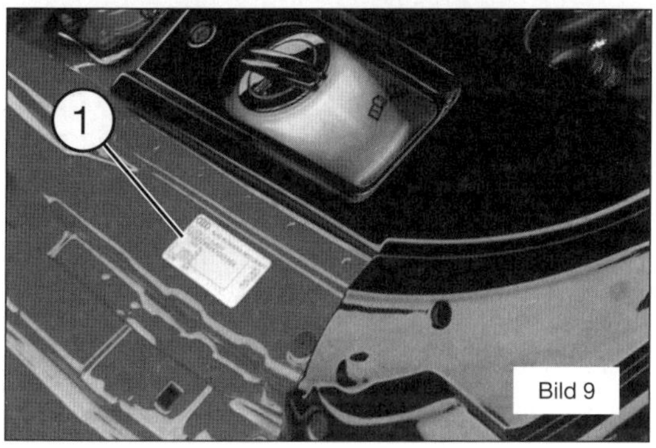

Bild 9

Bild 9
Im unteren Bereich der B-Säule auf der Beifahrerseite.
1 Fahrzeugtypenschild

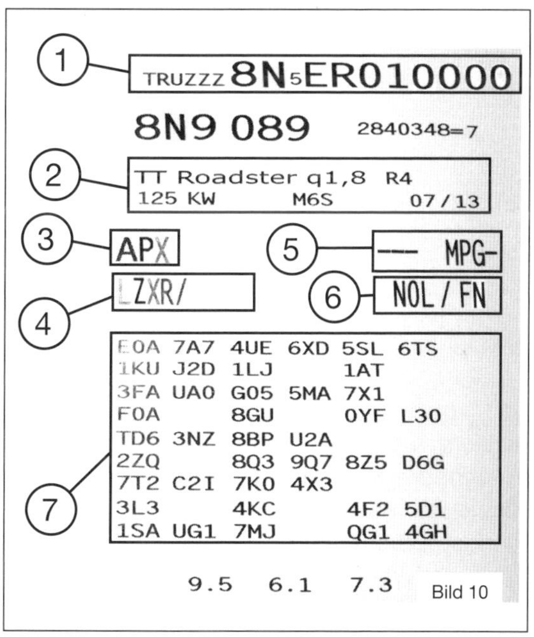

Bild 10

Bild 10
Fahrzeugdatenträger vorne im Serviceheft.
1 Fahrgestellnummer
2 Fahrzeugtyp, Motorisierung und Herstellungsdatum
3 Motorkennbuchstabe
4 Farbnummer
5 Getriebekennnummer
6 Innenausstattungscode
7 Ausstattungs- und Ausrüstungscodierung

zahlen auf einer Fläche auf dem Motorblock links neben dem Ölfiltergehäuse. Auf den 6-Zylinder-Motoren ist sie links neben der Riemenscheibe zu finden. Sie ist meist aber schlecht lesbar und bei eingebautem Motor zudem grundsätzlich schlecht zugänglich. Auf dem Fahrzeugdatenträger finden Sie den Motorkennbuchstaben (3), den Sie für die Bestellung der Ersatzteile benötigen.

Die Getriebekennnummer:
Die Getriebekennzeichnung kann an zwei unterschiedlichen Stellen erfolgen. Meist finden Sie die Kennnummer im Bereich des Differenzialgehäuses. Die Getriebenummer finden Sie als Einschlag oder Fräszahlen hinter der Getriebebetätigung (Schaltzügen). Natürlich finden Sie die Kennnummer auch auf dem Datenträger (5 im Bild 10).

Servicevorgaben

SIA (Service-Intervall-Anzeige)

Die SIA wird für eine flexible Wartungsintervallanzeige verwendet. Der nächste Servicetermin wird in Abhängigkeit von der Fahrleistung und der Fahrweise des Fahrers ermittelt. Die Zeit zwischen einzelnen Serviceterminen verlängert sich, wenn das Fahrzeug schonend, bei mittleren Drehzahlen gefahren und Kurzstrecken vermieden wurden, bei denen der Motor die Betriebstemperatur nicht erreicht hat. Kurz vor dem Erreichen des Servicetermins wird bei jedem Einschalten der Zündung die verbleibende Strecke oder die verbleibenden Tage bis zum Service im Tachodisplay angezeigt. Ist der Service fällig, wird »SERVICE« beziehungsweise »Service fällig« im Tachodisplay angezeigt.

Rücksetzen der SIA ohne Diagnosetester

Die Rückstellung mit dem Diagnosetester hat einen gewichtigen Vorteil: Wenn das Fahrzeug sowieso am Diagnoseanschluss (Stecker unter dem Armaturenbrett) hängt, können Sie bei dieser Gelegenheit gleich den Fehlerspeicher auslesen (lassen). Das Auslesen des Fehlerspeichers ist übrigens Prüfpunkt bei jedem Kundendienst und sollte nicht vernachlässigt werden. Eine Rücksetzung ist aber über die Tachometertasten möglich. Setzen Sie nur nach erfolgtem Service zurück.

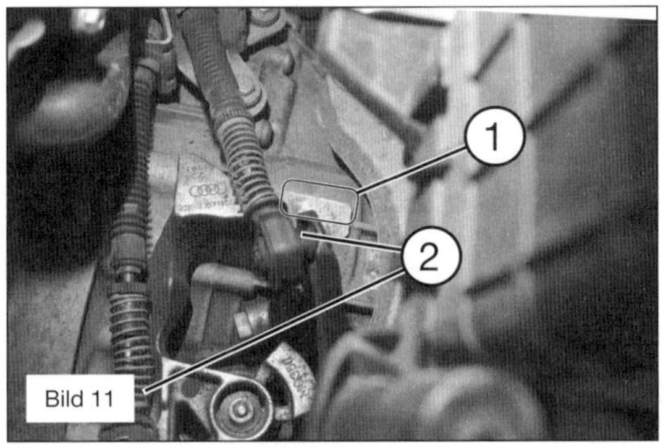

Bild 11
Getriebekennnummer oben am Schaltgetriebe (beim 6-Gang-Getriebe).
1 Kennnummer
2 Schaltzüge

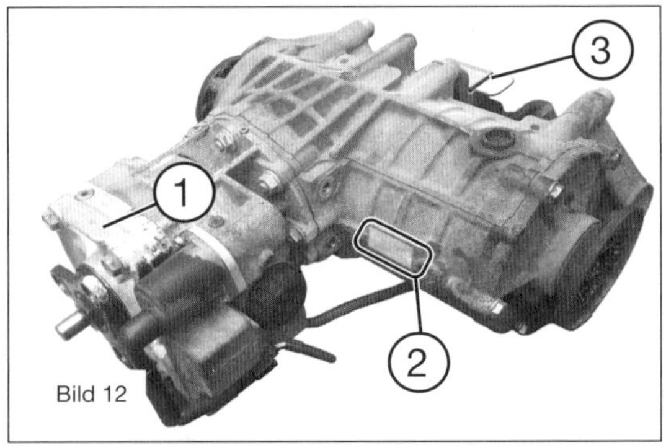

Bild 12
Getriebekennnummer am Achsgetriebe hinten beim Quattro.
1 Kennung auf der Haldexkupplung
2 Eingefräste Kennung
3 Getriebetypenschild

Bild 13
Motornummer schwungradseitig am Motorgehäuse.

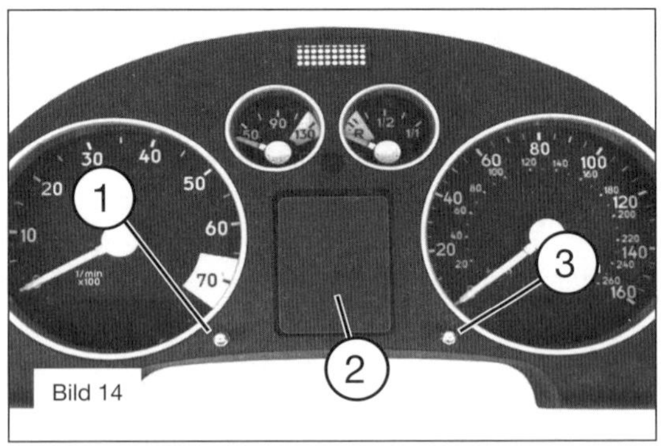

Bild 14
Anfrage über die Tachometertasten.
1 Prüftaste
2 Tachometerdisplay
3 Rücksetztaste

Rücksetzen über die Tachometertaste:
- Schalten Sie die Zündung aus.
- Drücken Sie die Taste »Rücksetztaste« (3 im Bild 14) und halten Sie sie fest.
- Schalten Sie die Zündung ein.

Im Display wird nun der Schriftzug »SERVICE« angezeigt.

- Drehen Sie die Taste (1) nach links und

halten Sie sie fest, bis der Schriftzug «SERVIECE IN 15.000« angezeigt wird.

Die Rückstellung des Serviceereignisses ist nun erfolgt.

Bei der Anzeige »dEF« liegt eine Störung im Tachometer vor. Tachometer und Anschlüsse müssen geprüft und der Fehler umgehend behoben werden.

Rücksetzen mit dem Diagnosetester

Die Rücksetzung der Wartungsanzeige funktioniert nur mit Testern, die für diese Funktion auch vorgesehen sind.

Grundsätzlich sollten Sie die Inspektionen und Wartungsarbeiten nicht außerhalb der Intervalle zurücksetzen. Da längst keine Ölzettel mit Datum und Fahrleistung mehr im Motorraum zu finden sind, ist die Wartungsanzeige die wichtigste Informationsquelle für den Wartungsstatus Ihres Fahrzeuges.

- Den Tester im Fahrzeug an der OBD-Anschlussdose anschließen.
- Zündung einschalten und den Tester starten. Der VDO-Tester in unserem Beispiel beginnt mit einer »Fastceck«Anwendung.
- Die Inspektionsrücksetzung erfolgt im Tachometersteuergerät. Der Zugang wird meist über die »Geführte Funktionen« erleichtert.
- Anschließend muss der Fahrzeughersteller angewählt werden. Die weiteren Details werden vom Tester selbstständig über die Steuergeräte bezogen.
- Wählen Sie mit den Pfeiltasten die Kachel »geführte Funktionen« an und bestätigen Sie diese mit dem Haken.
- Wählen Sie aus den »Beschreibungen« in der nächsten Bildmaske die erforderliche Rücksetzung aus und bestätigen Sie diese mit dem Haken.

Sie können nun die abgelegten Servicedaten einsehen. Um mit der Rücksetzung fortzufahren, werden Sie vom Tester aufgefordert, die Rückstellung zu bestätigen. Folgen Sie den Anweisungen auf dem Bildschirm.

Im Anschluss werden Sie aufgefordert, die Zündung auszuschalten und anschließend wieder einzuschalten. Abschließend wird die erfolgte Rückstellung im Display des Testers bestätigt.

- Kontrollieren Sie die Servicerückstellung durch erneutes Einschalten der Zündung.

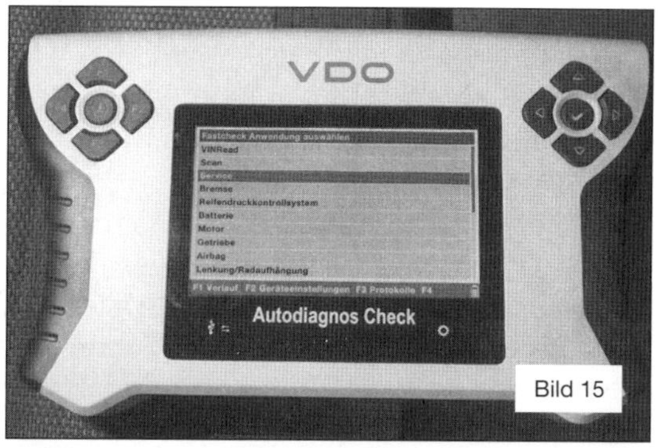

Bild 15

Bild 15
»Fastcheck«Anwendung als Eingangsmaske beim VDO-Tester. Unter »Service« erfolgt der Zugang zur Wartungsanzeige.

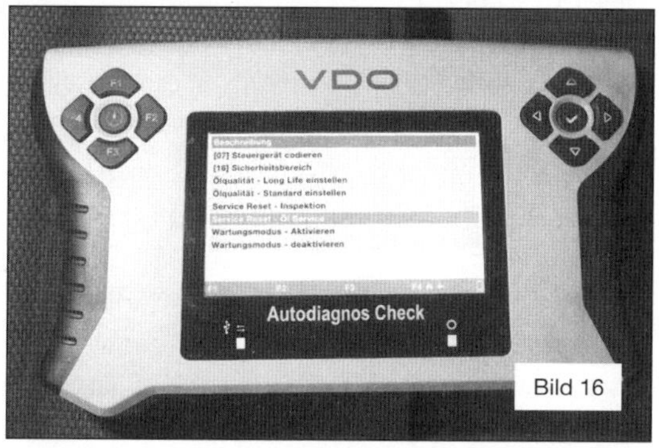

Bild 16

Bild 16
Bildschirmmaske mit Zugang zu den »Geführten Funktionen« beim VDO-Tester.

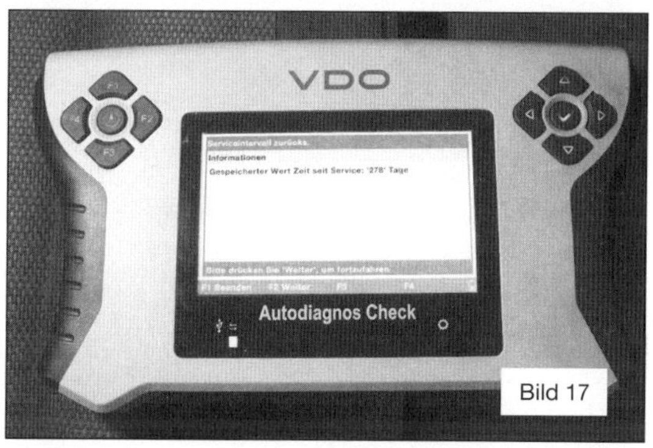

Bild 17

Bild 17
Übersicht der »Geführten Funktionen« beim VDO-Tester.

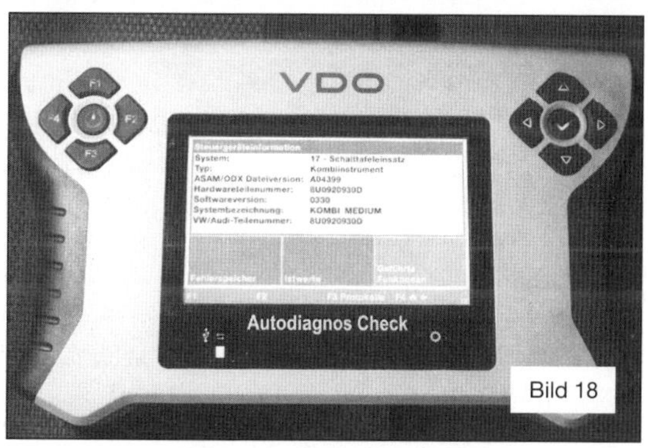

Bild 18

Bild 18
Anzeige des aktuellen abgespeicherten Servicestandes.

Wartung nach Plan

Bei Fahrzeugen, die überwiegend auf Kurzstrecken oder im Anhängerbetrieb eingesetzt werden, sollten die Wartungsintervalle verkürzt werden. Wir haben hier einen eigenen Wartungsplan erstellt, der (angelehnt an den originalen Wartungsplan)

Sichtprüfung Messen

die Arbeitsschritte in einen Arbeitsablauf integriert. Die folgenden Tabellen können Sie sich durchaus kopieren und für die eigene Verwendung im Serviceheft Ihres Audi TT ablegen. In der Spalte Bemerkung können Sie Auffälligkeiten oder auch die Haltbarkeit von Verbandskasten oder Reifenfüllset vermerken. So können Sie zu einem späteren Zeitpunkt nachvollziehen, welche Arbeiten nach der Wartung noch anliegen.

Ölservice (»Ö« in den nachfolgenden Tabellen) als kleine Inspektion
Wir empfehlen, diese Wartungsschritte alle 15.000 km oder zumindest einmal im Jahr durchzuführen.

Wartung (»W« in den nachfolgenden Tabellen) als große Inspektion
Wir empfehlen, diese Wartungsschritte alle 30.000 km oder zumindest alle zwei Jahre durchzuführen.

Zusatzarbeiten (»Z« in den nachfolgenden Tabellen)
Für die Zusatzarbeiten finden Sie Anmerkungen im Beschreibungstext oder auch Fälligkeitshinweise. Diese Arbeiten fallen dann je nach Beschreibung zusätzlich zu den beschriebenen Wartungsarbeiten nach dem Wartungsplan an. Bei Verschmutzung beispielsweise des Kühlmittels muss dieses vorzeitig ersetzt werden.

Regelmäßige Kontrollen

Hier beschreiben wir die Arbeitsschritte, die Sie zwischendrin z. B. beim Tanken oder bei der Fahrzeugreinigung oder aber vor einer größeren Ausfahrt kontrollieren sollten. Die Arbeiten ersetzen nicht die Arbeitsschritte für die Fahrzeugwartung. Die beschriebenen Kontrollen fallen unabhängig von den Wartungsintervallen an.

Arbeitsschritte	Bemerkung	OK/Defekt
Scheibenwaschwasser auffüllen. Scheibenwischer und Waschanlage prüfen.		
Wasserablauf im Wasserkasten prüfen (Blätter u. Blütenreste).		
Motorölstand und Kühlflüssigkeit prüfen, eventuell nachfüllen.		
Kontrollleuchten, Standlicht, Abblend- und Fernlicht prüfen.		
Bremsleuchten, Blinker und Warnblinker sowie das Signalhorn (auch Lichthupe) prüfen.		
Bremsen und Bremsflüssigkeit prüfen, Handbremshebelweg prüfen und eventuelle Einstellung prüfen.		
Reifen (und falls vorhanden, Reserverad): Zustand, Reifenlaufbild, Fülldruck und Profiltiefe prüfen. Wenn damit ausgestattet: Haltbarkeitsdatum des Reifenreparatur-Sets prüfen (Bild 19).		
Prüfen Sie, ob das Haltbarkeitsdatum des Verbandskastens überschritten ist (Bild 20). Das Ablaufdatum ist Bestandteil der Prüfung im Rahmen der Hauptuntersuchung.		

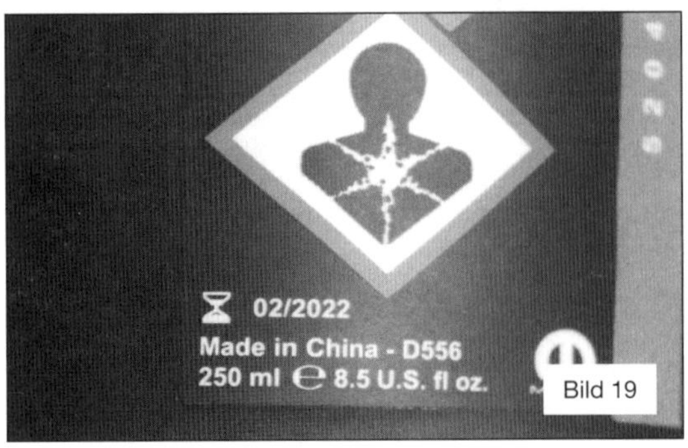

Bild 19

Bild 19
Fälligkeitsdatum für das Reifenfüllset.

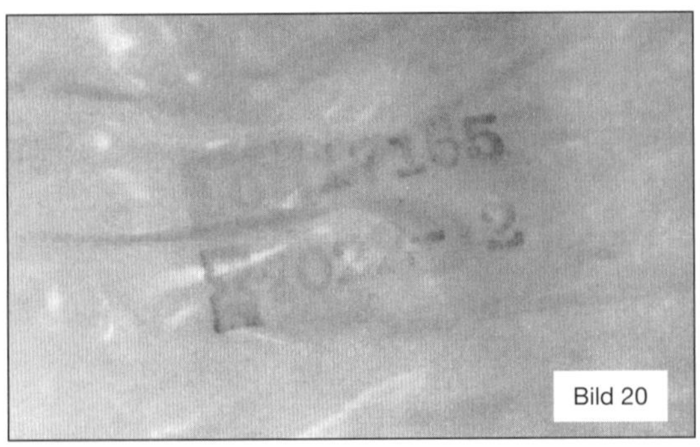
Bild 20

Bild 20
Fälligkeitsdatum für den Verbandskasten.

Wartung nach Plan

Umfang im Fahrzeuginnenraum

Hier beschreiben wir die Arbeiten, die im Fahrzeuginnenraum durchgeführt werden sollen (Ö = Ölservice 10.000 - 20.000 km, W = Wartung 20.000 - 40.000 km, Z = Zusatzarbeiten):

Ö	W	Z	Bezeichnung	Bemerkung	Ok/Defekt
X	X		Elektrische Fensterheber, Heckscheibenheizung, Sitzheizung, Zigarettenanzünder und Spiegeleinstellung auf Funktion prüfen.		
X	X		Bedienelemente von Heizung, Lüftung und Klimaanlage auf Funktion prüfen.		
X	X		Scheibenwischer, Scheibenwaschanlage auf Funktion prüfen.		
X	X		Leuchten im Kombiinstrument und Innenbeleuchtung prüfen.		
X	X		Kombiinstrument: Serviceanzeige zurücksetzen.		
		X	Verbandskasten prüfen.	Verfallsdatum:	
		X	Reifendichtmittel prüfen.	Verfallsdatum:	
	X		Batterie: Flüssigkeitsstand prüfen	eventuell korrigieren	
		X	Aktivkohle-Staubfilter Innenraum erneuern (je nach Verschmutzung).		
X	X		Fehlerspeicher auslesen.		
	X		Kupplungspedalweg prüfen/nachstellen.		
X	X		Wartungsintervall zurücksetzen ( ) Manuell / ( ) Tester.		

Umfang an der Fahrzeugaußenseite

In diesem Abschnitt geht es um die Karosserie und die Anbauteile außen (Ö = Ölservice 10.000 - 20.000 km, W = Wartung 20.000 - 40.000 km, Z = Zusatzarbeiten):

Ö	W	Z	Bezeichnung	Bemerkung	Ok / Defekt
X	X		Außenbeleuchtung auf Funktion prüfen.		
		X	Scheinwerfereinstellung prüfen und einstellen.		
			Scheinwerferreinigungsanlage Dichtigkeit, Einstellung und Funktion prüfen.		
X	X		Karosserie im sichtbaren Bereich auf Lackschäden prüfen.		
X	X		Zustand der Türdichtungen prüfen.		
X	X		Frontscheibe auf Beschädigung prüfen.		
	X		Zentralverriegelung auf Funktion prüfen.		
	X		Scharniere und Türschlösser und Klappen schmieren.		

Umfang an der Fahrzeugunterseite

Arbeiten unter dem Fahrzeug sind in diesem Abschnitt als Schwerpunkt anzusehen (Ö = Ölservice 10.000 - 20.000 km, W = Wartung 20.000 - 40.000 km, Z = Zusatzarbeiten):

Ö	W	Z	Bezeichnung	Bemerkung	OK / Defekt
X	X		Reifen auf Beschädigung und Rissbildung prüfen.		
X	X		Alle sichtbaren Teile der Fahrzeugunterseite auf Beschädigungen und Undichtheit prüfen.		
X	X		Alle Anschlussleitungen und Anschlusskabel auf Beschädigungen und schadhafte Befestigung prüfen.		
X	X		Motor, Getriebe und Bauteile der Betriebshilfsstoffe auf Undichtheiten und schadhafte Befestigung prüfen.		
		X	Haldex-Öl beim Quattro.	Wechsel alle 3 Jahre (am besten mit Filter)	
X	X		Alle sichtbaren Teile der Abgasanlage auf Beschädigungen, Undichtheiten und schadhafte Befestigung prüfen.		
X	X		Hitzeschutzbleche auf Beschädigungen, Befestigung und Korrosion prüfen.		
X	X		Gummilagerung der Hinterachse und der Stoßdämpfer hinten auf Verschleiß, Rissbildung oder Beschädigungen prüfen.		
X	X		Alle sichtbaren Teile von Motor und Getriebe auf Beschädigungen, Undichtheiten und schadhafte Befestigung prüfen.		
X	X		Antriebswellen auf Spiel und den Zustand der Manschetten überprüfen.		
X	X		Spur- und Lenkstangen Manschetten prüfen.		
X	X		Keilrippenriemen im sichtbaren Bereich auf Verschleiß prüfen		
	X		Vorderachsgelenke auf Spiel prüfen, Manschetten prüfen.		
	X		Spur- und Lenkstangengelenke auf Spiel prüfen (1 x jährlich).		
	X	X	Koppelstangen und Stabilisatoren: Lagerungen und Manschetten prüfen.		
		X	Keilrippenriemen erneuern	bei Bedarf	
		X	Kühlmittel Hauptkreislauf erneuern (alle 180.000 km)	siehe auch: »Umfang im Motorraum«	
		X	Dichtmanschetten, Radbremszylinder und Bremsnachsteller auf Beschädigung prüfen.		
X	X		Unterbodenverkleidung auf Beschädigungen, Befestigung und Korrosion prüfen.		

Umfang im Motorraum

Arbeiten, die speziell im Motorraum anfallen, werden hier vorgestellt
(Ö = Ölservice 10.000 - 20.000 km, W = Wartung 20.000 - 40.000 km, Z = Zusatzarbeiten):

Ö	W	Z	Bezeichnung	Bemerkung	OK / Defekt
X	X		Motorkühlsystem: Kühlmittelstand und Frostschutzgehalt prüfen.		
		X	Motorkühlsystem: Wechsel (alle 180.000 km)	oder bei Verschmutzung	
X	X		Motor Öl- und Filterwechsel.		
		X	Getriebeölstand kontrollieren/wechseln.	Schaltgetriebe: Kontrolle alle 60.000 km, Wechsel bei 180.000 km S-tronik: Wechsel bei 60.000 km	
	X		Kraftstoffleitungen auf Dichtheit und Zustand prüfen.		
		X	Kraftstofffilter wechseln.		
		X	Luftfiltereinsatz erneuern	alle 90.000 km	
		X	Innenraumfiltereinsatz erneuern	alle 30.000 km oder 2 Jahre	
		X	Zahnriemen (Nockenwelle)	Kontrolle alle 30.000 km Wechsel bei 210.000 km	
X	X		Scheibenwaschanlage: Flüssigkeitsstand prüfen, richtigstellen.		
X	X		Bremsanlage: Bremsflüssigkeitsstand prüfen.		
X	X	X	Bremsflüssigkeit Nasssiedepunkt prüfen/erneuern (alle 2 Jahre).		

Umfang rund um das Thema Rad und Bremse

In diesem Abschnitt stellen wir Ihnen die Arbeiten für die Wartung an Rad und Bremse vor
(Ö = Ölservice 10.000 - 20.000 km, W = Wartung 20.000 - 40.000 km, Z = Zusatzarbeiten):

Ö	W	Z	Bezeichnung	Bemerkung	OK / Defekt
X	X		Bremsentest auf einem Prüfstand durchführen und Ergebnisse notieren.		
	X		Vorderachse: Bremsbelagstärke prüfen Bremsscheiben auf Zustand prüfen.		
	X		Hinterachse: Bremsbelagstärke prüfen Bremsscheiben auf Zustand prüfen.		
	X		Zustand, Einbaulage und Leichtgängigkeit der Bremsseile prüfen.		
X	X		Reifendruck korrigieren und den korrigierten Reifendruck unter Bemerkungen vermerken.		
	X		Zustand von Bremsleitungen und Schläuchen prüfen.		
	X		Befestigungen von Bremsleitungen und Schläuchen prüfen.		

Bild 1
Werkbank und Ablage.

Bild 2
Kistchen und Kästchen – das spart Zeit.

Bild 3
Standardwerkzeug in der Übersicht.

1 Unterstellböcke
2 Auffahrrampen
3 Rollbrett
4 Sprühfett, Rostlöser und Bremsenreiniger
5 Ratschenkasten-Werkzeugset
6 Schlosserhammer 500 g und Schlosserhammer 200 g
7 Durchschlagset und Körner
8 Schlitz-Schraubendreherset
9 Kreuz-Schraubendreherset
10 Ringschlüsselset
11 Gabelschlüsselset
12 Drehmomentschlüssel
13 Wasserpumpenzange
14 Seitenschneider
15 Grip- oder Schnappzange
16 Schleifpapier Korn 120
17 Handbohrmaschine
18 Hydraulischer Wagenheber
19 Bohrerset
20 Innensechskant/Torx/Vielzahnset

3 Werkzeug und Ausrüstung

Ob nun reines Hobby oder beruflich: Das Schrauben birgt gewisse Risiken. Vom kleinen Kratzer bis hin zum tödlichen Unfall ist schon alles vorgekommen. Ärgerlich ist es aber auch schon, wenn durch einen unpassenden Schraubenschlüssel eine Schraube so beschädigt wird, dass sie sich nur mit einem erheblichen Aufwand lösen lässt. Einige Arbeiten werden durch Spezialwerkzeug deutlich erleichtert. Sollten Sie bestimmte Tätigkeiten öfter durchführen, scheuen Sie sich nicht, die Preise für das Spezialwerkzeug anzufragen. Gelegentlich sind die Preise so günstig, dass es sich nicht mal lohnt, die Werkzeuge nachzubauen.

Bild 1

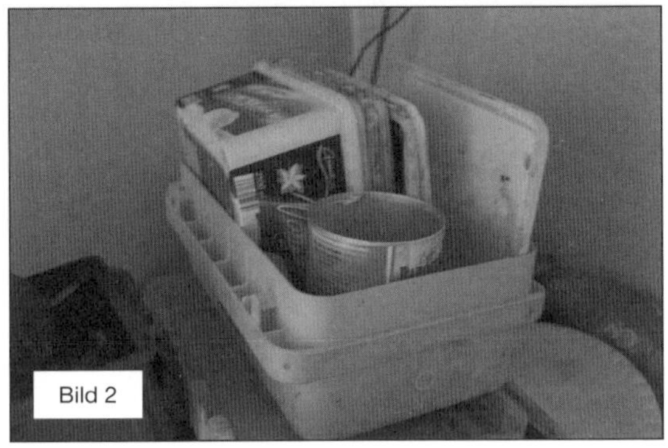

Bild 2

Standardausrüstung für mechanische Arbeiten

Sicherlich ist es immer besser, auf die Werkzeugsätze der Top-Markenhersteller zurückzugreifen. Als Basis allerdings sind auch schon günstigere Ausführungen recht bekannter Marken erhältlich. Gerade für die Arbeiten an modernen Fahrzeugen müssen neben den üblichen Sechskantnüssen auch Vielzahn- und Torxeinsätze zur Verfügung stehen (Bild 4). Eine günstige Alternative für unsere Zwecke bieten »Snap On«- oder »KS-Tool«-Werkzeugkoffer, die ein sehr komplettes Angebot liefern. Sind die Sätze im Angebot, kann man sein Werkzeugsortiment mit einem solchen Set leicht auch um 100 Euro erweitern.

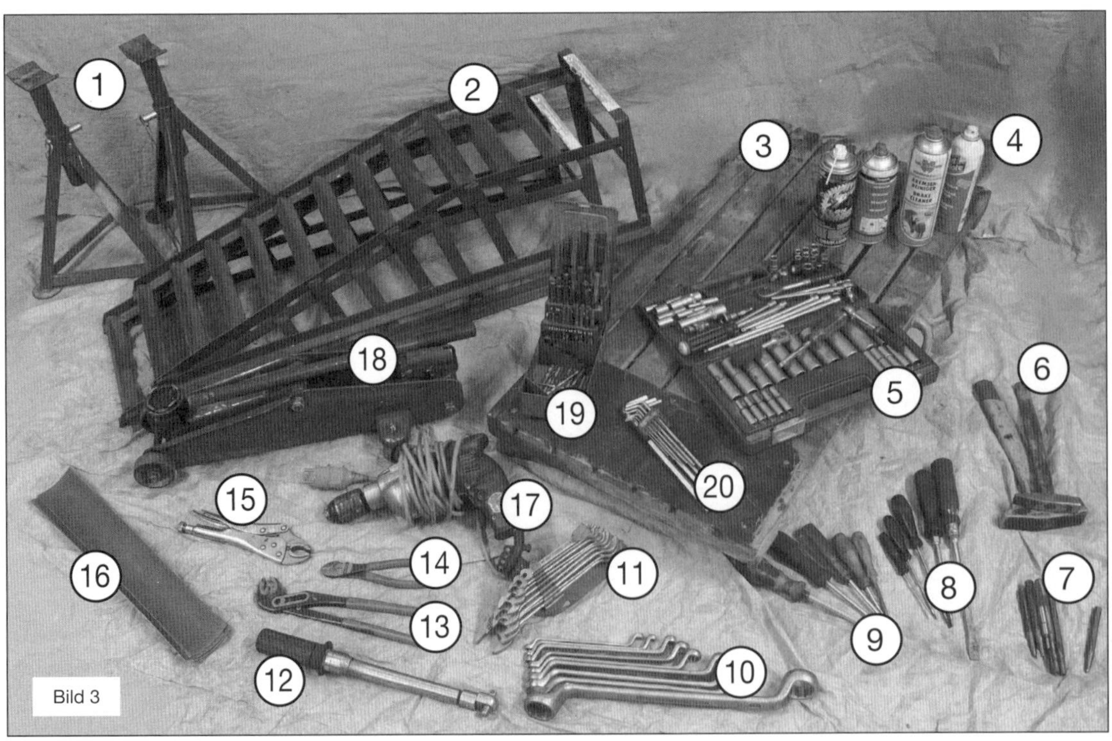

Bild 3

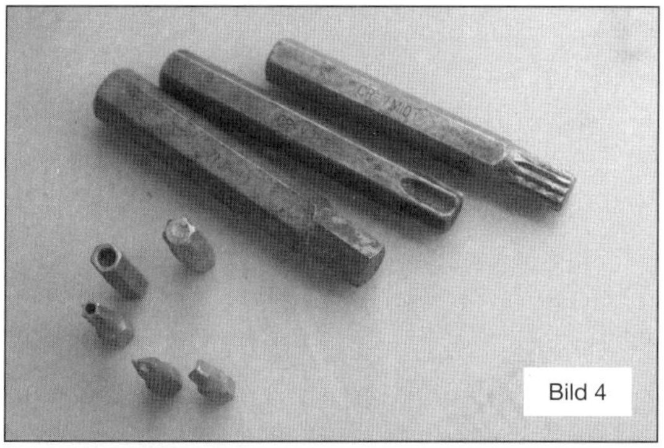
Bild 4

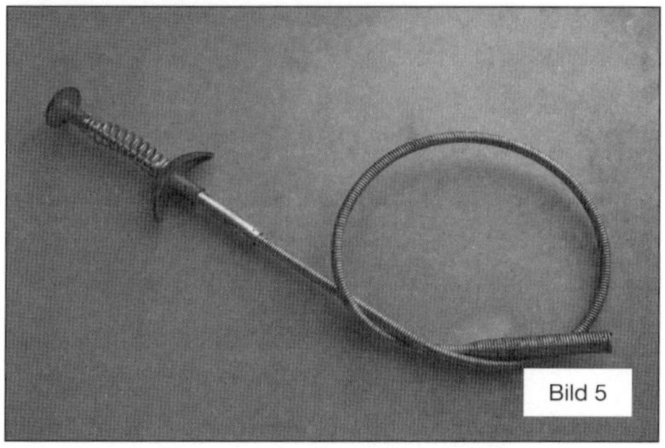
Bild 5

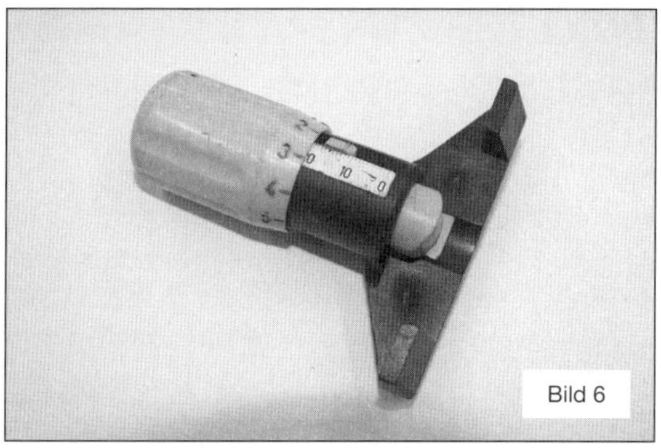
Bild 6

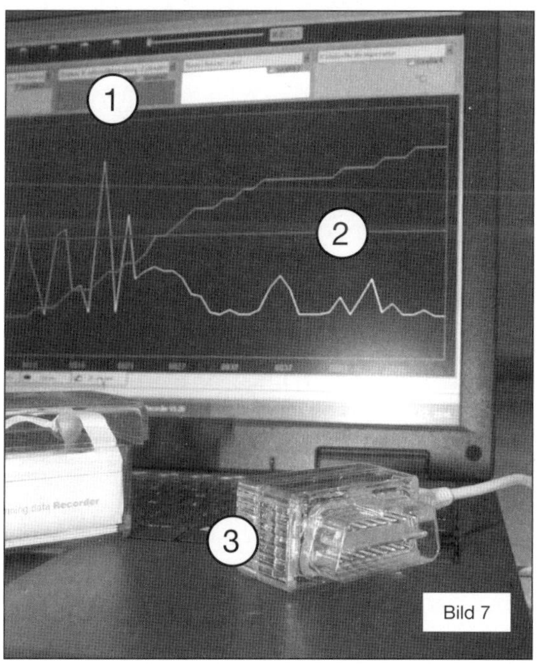

Bild 7

An Werkzeug lässt sich leider kein Geld einsparen. Zum einen ist die Lebenserwartung dieses Werkzeuges stark an den Anschaffungspreis gekoppelt und zum anderen ist es extrem wichtig, dass die Maßhaltigkeit genau stimmt.
Wenn es um die Demontage von einzelnen Bauteilen geht oder auch nur zur Ablage von ausgebauten Fahrzeugteilen, ist eine Werkbank sehr hilfreich (Bild 1). Ist sie stabil genug, kann sie bei der Demontage der Motorteile gute Dienste leisten. Bei der Demontage fallen regelmäßig einige Schrauben an. Um diese besser wieder zuordnen zu können und sie sicher und sauber zu lagern, empfiehlt es sich, für die einzelnen Baugruppen jeweils eine, am besten verschließbare Kiste zu verwenden (Bild 2).

Spezialwerkzeuge

Ein hilfreicher Spezialist für enge Stellen ist ein sogenannter Greifer oder auch ein »Magnet am Stiel« (Bild 5). Der Motorraum ist gerade bei heutigen Fahrzeugen recht zugebaut. Fällt eine Schraube oder Klammer hinunter, muss diese natürlich wieder herausgesammelt werden. Oft genug wird es für die Finger zu eng. Der Versuch, mit einem Schraubendreher das Entfallene in erreichbare Nähe zu bekommen, endet meist mit einer noch verzwickteren Lage. Der Greifer oder auch ein Magnet kann helfen, die entflohenen Teile ohne fingerbrecherische Aktionen wieder einzufangen.

Riemenvorspannungsprüfer (Bild 6)

Bei allen Motorvarianten ohne automatischen Riemenspanner muss dieser entsprechend den Angaben des Herstellers gespannt werden. Ist er zu lose, können genau wie bei zu fester Spannung Schäden an Riemen oder den Umlenkungen entstehen.

Standardausrüstung für Arbeiten an der elektrischen Anlage

Diagnose-Tools und Auslesegeräte

Unabdingbar ist heutzutage die in jedem Steuergerät eingebauten Fehlerspeicher auszulesen. Es geht schon lange nicht mehr

Bild 4
Innensechskant, Torx und Vielzahn bis öfter mal was Neues.

Bild 5
Greifer, um unzugängliche Stellen erreichen zu können.

Bild 6
Zahnriemenvorspannungsprüfer.

Bild 7
Aufzeichnen während der Fahrt. Alle OBD-Daten bis zu 24 Stunden erfassen.
1 Laptop
2 Kennlinien
3 Datenlogger

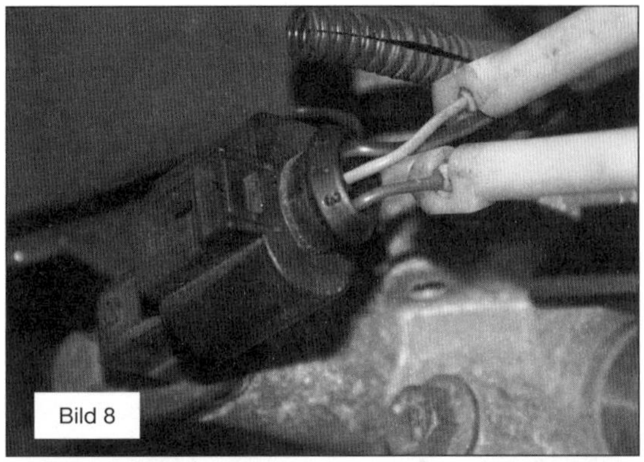

Bild 8
Nadelkontaktierer im Einsatz.

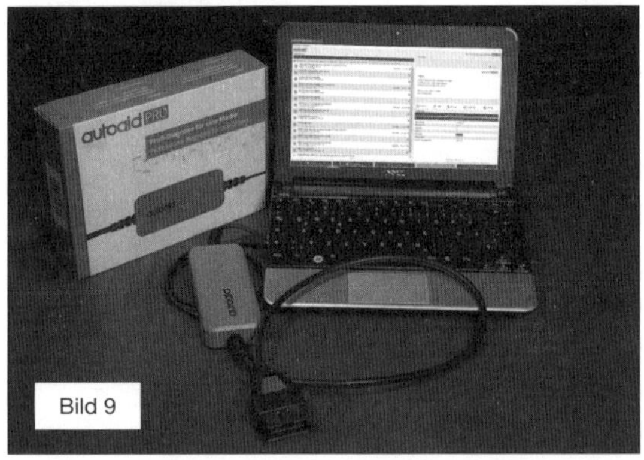

Bild 9
Freier Tester.
Autoaid STARTER, PRO oder EXPERT als Diagnoseset mit Dongel und Software.

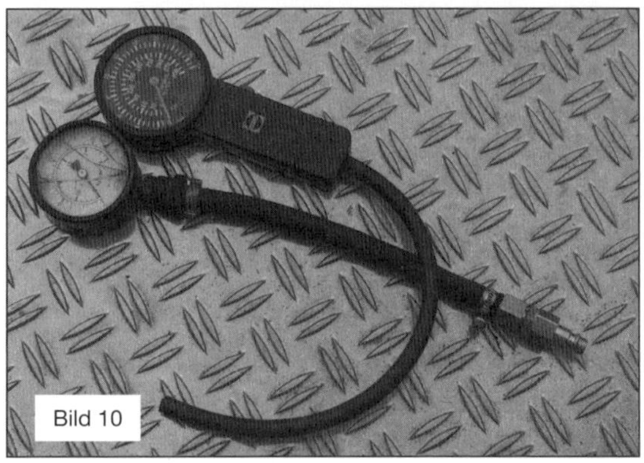

Bild 10
Kraftstoffdruckmanometer. Die Alten sind die besten: Sind die Innereien aus Blech, lassen sich damit nicht nur Luft-, sondern auch der Öl- und der Kraftstoffdruck messen. Anschlüsse und Gewindestücke gibts oft schon beim örtlichen Hydraulik-Händler oder im Werkzeugladen.

darum, die großen Fehler abzulegen, sondern eben auch kleine Funktionsstörungen, die vom Steuergerät erkannt werden, für eine Fehlerabfrage bei der Inspektion oder bei der Reparatur zu sichern. Es gibt heute schon Auslesegeräte für die OBD (On Board Diagnose) unter 100 Euro, die zumindest das Auslesen nach Codenummer ermöglichen. Wir verwenden den »Autoaid« (Autoaid GmbH und den VAG-COM (PCI-Diagnosetechnik), um die Auslese, einige Bauteilprüfungen und Einstellungen im Bordnetz durchzuführen. Diese PC-basierten Diagnosesysteme liegen zwischen 300 und 600 Euro ungefähr beim Preis eines Profiwerkzeugkastens. Zusätzlich wird lediglich ein Notebook mit Windows-Betriebssystem oder ein ausgedienter Desktop-PC benötigt. Regelmäßige, kostenlose Software-Updates halten Sie stets auf dem neuesten Stand (Bild 9). Die Auslesegeräte werden zunehmend vielfältiger und es ergeben sich neue Möglichkeiten. Der »C-Recorder« ermöglicht eine Langzeitüberwachung der Bordelektronik bis zu 24 h Fahrzeit (Nr. 3 in Bild 7). Das ist eine sehr hilfreiche Variante für die Fehlersuche, gerade bei kaum zu ortenden sporadisch auftretenden Fehlern.

Sinnvolle Anschaffung für die Messtechnik

Messspitzen

Riesige Probleme bereitet es, eine Messung an einem angeschlossenen Kabel am Bauteil in Funktion zu realisieren. Zumal ja weder die Isolierung noch das Kabel selbst oder der Stecker beschädigt werden sollen. Die Firma Rose Messtechnik in Limburg-Offheim stellt einen Nadelkontaktierer (Bild 8) her, der genau diese Anforderungen erfüllt (www.rose-netztechnik.de). Das Anstichloch im Kabel ist so klein, dass es keine relevanten Löcher in der Isolierung hinterlässt.

Messbechersatz »kraftstofffest«

Für die Messungen an der Benzinpumpe oder auch nur mal, um den Kraftstoff aufzufangen, werden Behältnisse mit Volumenangaben benötigt. Mit etwas Geduld finden sich in der Haushaltsabteilung des Supermarktes recht günstig verwendbare Messbecher oder Schüsseln. Auch ausrangierte Messuhren eignen sich durchaus für die Prüfung des Kraftstoff- oder Öldruckes.

Zum Selbermachen

Natürlich sind Messwerkzeuge in der Regel teuer. Es sei denn, man zeigt etwas Kreativität und Bastlerspürsinn. Die Profigeräte sind sicherlich deutlich professioneller, der Eigenbau aber ist genauso einsatzfähig und kostet oft nur wenige Euro. Messkabelsätze lassen sich aus passenden Anschlüssen vom Schrottplatz leicht und funktionell selbst herstellen (Bilder 11 bis 13). Neben normalen Labormesskabeln werden unter-

Bild 11

Bild 12

schiedliche Anschlüsse, Stecker und Y-Kabel benötigt, um Bauteile und Funktionen rund um die Motorsteuerung zu prüfen. Im Laufe der Berufsjahre sammeln sich schnell die unterschiedlichen Messadapter an.

Arbeiten an der Karosserie

Die Standardausrüstung für Arbeiten an der Karosserie haben wir im Bild 14 als Übersicht zusammengestellt. Mit der Ausrüstung lassen sich auch Korrosionsschäden und Kampfspuren, die im Alltagseinsatz entstehen, beseitigen. Korrosionsschutz und Ausbesserung des Unterbodens gehören schließlich auch zu den Wartungsarbeiten. Zumindest zu den erweiterten Arbeiten rund um die Wartung.

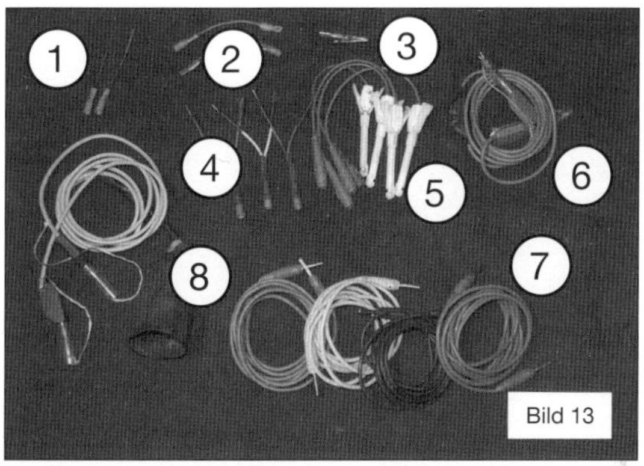

Bild 13

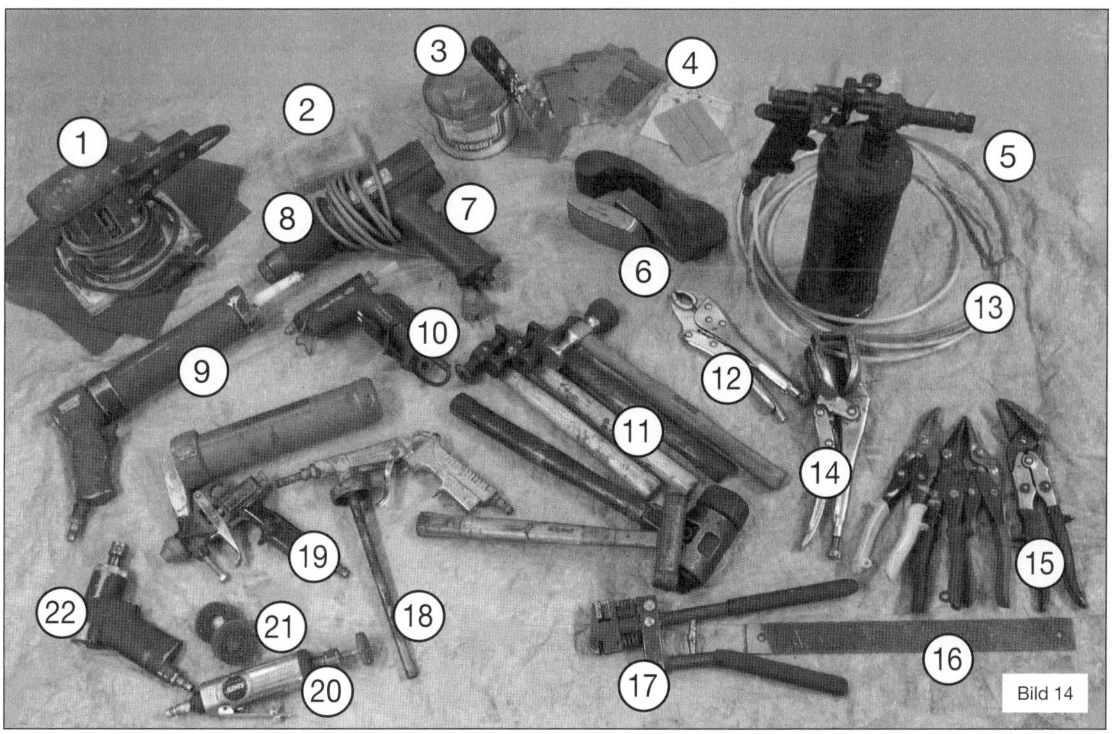

Bild 14

Bild 11
Freier Tester.
FI-Com als Diagnoseset mit Dongel und Software.

Bild 12
Die Kabel und Stecker ermöglichen den Test auch außerhalb des Fahrzeuges.

Bild 13
Messkabelsatz.
1 Messspitzen
2 Flachstecker auf Rundstecker für Laborkabel
3 Krokodilklemme
4 Y-Stecker
5 Nadelkontaktierer
6 Anschlusskabel mit Sicherung
7 Laboranschlusskabel
8 Anschlusskabel mit Schalter

Bild 14
Standard-Ausrüstung für Arbeiten an der Karosserie.
1 Schwingschleifer
2 Schleifklotz
3 Spachtelmasse
4 Japanspachtelset
5 Hohlraumpistole
6 Ausbeuleisen
7 Heißluftföhn
8 Schleifpapier
9 Kartuschen-Pistole
10 Heißklebepistole
11 Hammerset
12 Gripzange flach
13 Hohlraumversiegelungssonden
14 Gripzange abgesetzt und breit
15 Scherenset für gerade und kurvige Schnitte
16 Karosseriefeile
17 Absetzzange
18 Unterbodenschutzpistole
19 Nahtabdichtungs-Spritzpistole
20 Luftschleifer gerade
21 Bristol Look-Kunststoffschleifpads
22 Luftschleifer winklig

4 Motoren

Die Modellreihe 8N des Audi TT wurde mit einer klassischen Saugrohreinspritzung ausgerüstet. Die Einspritzung erfolgt für jeden Zylinder einzeln in das Saugrohr vor die jeweiligen Einspritzventile. Alle Vierzylinder-Motoren haben 1,8-l-Hubraum und werden mit einem Turbolader aufgeladen. In den größeren Leistungsstufen kamen dann zwei Ladeluftkühler zum Einsatz. Kleinere Unterschiede, die für die Montage relevant sind, werden wir Ihnen im Rahmen der Arbeitsbeschreibungen im Detail vorstellen. Der zuletzt verbaute VR6-Motor ist werkseitig ein Saugmotor und kam entsprechend ohne Turbolader aus.

In diesem Buch stellen wir Ihnen die Vierzylindermotoren vor, die im Audi 8N im Bauzeitraum zwischen 1998 bis 2006 eingebaut wurden. Die Otto-Motoren (Benziner) bilden hier eine Gruppe mit 14 Motorkennbuchstaben und Leistungsstufen. Die Basis für diese Motoren sind zwei Motorbaureihen. Die Baureihe für den 1,8-l-Turbo-Vierzylinder trägt die VW/Audi eigne Baureihenbezeichnung EA113. Die Motoren sind mit drei Einlassventilen und zwei Auslassventilen je Zylinder ausgestattet. Die VR6 die Baureihenbezeichnung EA390 steht für den VR6 der Volkswagen Audi-Gruppe. Der Motor ist ein klassischer Vier-Ventil-Motor. Beide Motoren weisen, bei entsprechender Pflege, sachgemäßem Umgang und regelmäßiger Wartung, sehr häufig Laufleistungen über 300.000 km auf.

Die Motormerkmale - Technische Daten

1,8-l-(Ottomotoren)					
Bezeichnung	**1,8-l-Turbo**				
Motorkennbuchstabe	AUM	BVP	AJQ	AUQ	APP
Bauzeitraum	01/2001 - 06/2006	09/2005 - 06/2006	07/1998 - 08/2000	09/2000 - 06/2006	11/1999 - 09/2000
Motorbaureihe	VW EA113				
Aufladung	Turbolader K03, 1 Ladeluftkühler				
	0,6 bar		0,85 bar		
Gemischaufbereitung	SRE				
Zylinder / Motorbauart	4-Zylinder/Reihe				
Ventile je Zylinder	5				
Max. Leistung/Drehzahl	110 kW (150 PS) bei 5700 1/min	120 kW (163 PS) bei 5700 1/min	132 kW (180 PS) bei 5700 1/min		132 kW (180 PS) bei 5700 1/min
Max. Drehmoment/Drehzahl	210 Nm bei 1750 - 4600 1/min	225 Nm bei 1950 - 4700 1/min	235 Nm bei 1950 - 5000 1/min		132 kW (180 PS) bei 5700 1/min
Nockenwellenantrieb	Zahnriemen (Steuerkette zwischen den Nockenwellen)				
Bauform Nockentrieb	DOHC				
Hubraum	1781 cm³				
Bohrung	81,0 mm				
Hub	86,4 mm				
Getriebe und Antrieb	Frontantrieb	Frontantrieb	Frontantrieb Allradantrieb	Frontantrieb Allradantrieb	Frontantrieb

1,8-l-(Ottomotoren)					
Bezeichnung	**1,8-l-Turbo**				
Motorkennbuchstabe	ARY	AUQ	BVR	APX, , BEA	AMU
Bauzeitraum	09/2000 - 05/2005	06/2005 - 06/2006	09/2005 - 06/2006	07/1998 - 08/2001	03/2000 - 08/2002
Motorbaureihe	VW EA113				
Aufladung	Turbolader K03, 1 Ladeluftkühler			Turbolader K04, 2 Ladeluftkühler	
	0,6 bar			1,00 bar	
Gemischaufbereitung	SRE				
Zylinder/Motorbauart	4-Zylinder/Reihe				
Ventile je Zylinder	5				
Max. Leistung/Drehzahl	132 kW (180 PS) bei 5700 1/min		140 kW (190 PS) bei 5700 1/min	165 kW (224 PS) bei 5900 1/min	
Max. Drehmoment/Drehzahl	132 kW (180 PS) bei 5700 1/min			280 Nm bei 2200 - 5500 1/min	280 Nm bei 2200 - 5500 1/min
Nockenwellenantrieb	Zahnriemen (Steuerkette zwischen den Nockenwellen)				
Bauform Nockentrieb	DOHC				
Hubraum	1781 cm³				
Bohrung	81,0 mm				
Hub	86,4 mm				
Getriebe und Antrieb	Allradantrieb	Frontantrieb, Allradantrieb		Allradantrieb	Allradantrieb

	1,8-l-(Ottomotoren)		3,2-l-(Ottomotoren)
Bezeichnung	**1,8-l-Turbo**		**3,2-l-Sauger**
Motorkennbuchstabe	BAM	BFV	BHE
Bauzeitraum	09/2000 - 06/2006	03/2005 - 06/2006	07/2003 - 06/2006
Motorbaureihe	VW EA113		VW EA390
Aufladung	Turbolader K04, 2 Ladeluftkühler		keine
	1,00 bar	1,20 bar	-
Gemischaufbereitung	SRE		
Zylinder / Motorbauart	4-Zylinder/Reihe		VR6
Ventile je Zylinder	5		4
Max. Leistung/Drehzahl	165 kW (224 PS) bei 5900 1/min	176 kW (240 PS) bei 5700 1/min	184 kW (250 PS)
Max. Drehmoment/Drehzahl	280 Nm bei 2200 - 5500 1/min	320 Nm bei 2300 - 5000 1/min	320 Nm bei 2800 - 3200 1/min
Nockenwellenantrieb	Zahnriemen (Steuerkette zwischen den Nockenwellen)		Steuerkette
Bauform Nockentrieb	DOHC		
Hubraum	1781 cm³		3189 cm³
Bohrung	81,0 mm		84,0 mm
Hub	86,4 mm		95,9 mm
Getriebe und Antrieb	Allradantrieb		

Arbeiten am Motor

Maßnahmen für Sicherheit, einwandfreie Funktion und Sauberkeit

⚠ Bei Arbeiten am Motor, an der Kraftstoffversorgung (Kapitel 7) und an der Einspritzanlage sind bestimmte Maßnahmen zu treffen und Hinweise zu befolgen. Diese dienen der Arbeitssicherheit und der einwandfreien Funktion aller Systeme. Fehlfunktion oder Schäden durch Verunreinigung sollen durch diese Maßnahmen vermieden werden. Wir stellen sie hier als grundlegend für alle folgenden Arbeiten an Motor und Gemischaufbereitung voran.

Sicherheit

■ Bei allen Montagearbeiten am Kraftstoffsystem unbedingt Schutzbrille und Schutzhandschuhe tragen. Hautkontakt mit Kraftstoff vermeiden. Abschließend grundsätzlich die Hände waschen.

■ Der Kraftstoff bzw. die Kraftstoffleitungen im Kraftstoffsystem können sehr heiß werden (Verbrühungsgefahr). Das Kraftstoffsystem steht unter Druck. Vor dem Öffnen des Systems deshalb Putzlappen um die Verbindungsstelle legen und durch vorsichtiges Lösen der Verbindung Druck abbauen.

■ Aus Sicherheitsgründen muss vor dem Öffnen des Kraftstoffsystems die Sicherung für die Kraftstoffpumpe aus dem Sicherungshalter entfernt werden, da die Pumpe durch den Türkontaktschalter der Fahrertür aktiviert werden kann.

■ Kraftstoffleitungen sind mit Schnellverschlüssen gesichert. Kraftstoffschläuche dürfen nur mit Federbandschellen gesichert werden. Die Verwendung von Klemm- oder Schraubschellen ist nicht zulässig.

■ Beim Aus- und Einbau des Gebers für Kraftstoffvorratsanzeige oder der Kraftstoffpumpe (Kraftstofffördereinheit) aus gefüllten oder teilweise gefüllten Kraftstoffbehältern muss bereits vor Beginn der Arbeiten in die Nähe der Montageöffnung des Kraftstoffbehälters der Schlauch einer eingeschalteten Abgas-Absauganlage zum Absaugen der frei werdenden Kraftstoffgase gelegt werden.

☞ Grundsätzlich muss die Zündung ausgeschaltet werden und ein sauberer Putzlappen um die Verbindungsstelle gelegt werden. Dann wird die Verbindungsstelle vorsichtig geöffnet und der Druck abgelassen. Der ausfließende Kraftstoff muss aufgefangen werden.

■ Abschließend sollten der Fehlerspeicher abgefragt, alle Einträge gelöscht und ein Readinesscode erzeugt werden.

Funktionssicherheit

■ Bei allen Montagearbeiten, insbesondere aufgrund der engen Bauverhältnisse im Motorraum, Leitungen aller Art z. B. für Kraftstoff, Kühl- und Kältemittel, Unterdruck und elektrische Leitungen so verlegen, dass die ursprüngliche Leitungsführung wieder hergestellt wird.

■ Alle Kabelbinder, die beim Ausbau gelöst oder aufgeschnitten werden, sind beim Einbau an der gleichen Stelle wieder zu befestigen.

■ Um Beschädigungen an den Leitungen zu vermeiden, auf ausreichenden Freigang zu allen beweglichen oder heißen Bauteilen achten.

Sauberkeit (5 Regeln)

■ Verbindungsstellen und deren Umgebung vor dem Lösen gründlich reinigen.

■ Ausgebaute Teile auf einer sauberen Unterlage ablegen und abdecken. Keine fasernden Lappen benutzen.

■ Geöffnete Bauteile sorgfältig abdecken bzw. verschließen, wenn die Reparatur nicht umgehend ausgeführt wird.

■ Nur saubere Teile einbauen: Ersatzteile erst unmittelbar vor dem Einbau aus der Verpackung nehmen. Keine Teile verwenden, die unverpackt (z. B. im Regal oder in Werkzeugkästen) aufgehoben wurden.

■ Bei geöffneter Kraftstoff- und Einspritzanlage möglichst nicht mit Druckluft arbeiten und das Fahrzeug nach Möglichkeit nicht bewegen.

Diagnosetester einsetzen

An diesem Kapitel lässt es sich leicht erkennen, dass viele Funktionen über die Elektronik virtuell realisiert worden sind.

☞ Die Anschaffung eines Testers für die Diagnose ist zwingend erforderlich. Nicht einmal der Anbau der Anhängerkupplung oder das Einstellen des Lichtes ist mehr möglich, wenn man eine fachgerechte Arbeit abliefern möchte.

Es geht nicht darum, die Einträge im Fehlerspeicher zu löschen, um dann mal »rumzuraten«, was es denn gewesen sein könnte. Es wäre das Gleiche, wenn Sie die Seiten dieses Buches ungelesen ausreißen und dann raten, was denn dringestanden haben könnte. Die Diagnose über die Fehlerspeicher vereinfacht die Arbeit am Fahrzeug um einiges. Man muss lediglich lernen, mit diesem »Werkzeug« zu arbeiten. Ohne Tester bleibt nur der Weg zum Händler, um den Fehlerstatus zu erfassen oder Einstellungen zu machen.

VW-/Audi-Tester

Ein großer Teil der Reparaturarbeiten schließt die Diagnose von Fehlern ein. Diese wird durch das Werkstatttestsystem bei den Audi-Werkstätten im Zusammenspiel mit den Diagnosegeräten unterstützt. Diese können in der Fachwerkstatt an allen vernetzten Arbeitsplätzen betrieben werden und bieten direkten Zugriff auf aktuelle Werkstattliteratur sowie Unterstützung vom Hersteller über Telediagnose. Bei der Diagnose werden alle Kunden- und Fahrzeugdaten an die angeschlossenen Geräte weitergeleitet und sind automatisch an jedem Arbeitsplatz abrufbar. Während einer Reparatur können technische Problemlösungen nachgeschlagen oder im Servicenetz des Herstellers tagesaktuelle Zusatzinformationen abgerufen werden. Diese Anbindung an das Netzwerk ermöglicht Software-Updates von Steuergeräten, Geheimnis- und Komponentenschutz, Softwareversionsmanagement, Übertragung von Diagnoseprotokollen, die besagte Telediagnose, die softwaregestützte Durchführung von Aktionen und viele weitere Funktionen.

Das System »WIS/ASRA« steht mit aktuellen Daten zur Verfügung. Möglich sind dadurch:

- Datenaustausch zwischen kaufmännischem Bereich und Werkstatt.
- Datenaustausch über Werkstattauslastung und Terminvereinbarung.
- Austausch von Kunden-, Fahrzeug- und Termindaten.
- Rückfluss von Daten über bereits ausgeführte Reparaturen von der Werkstatt auf den Fortschrittsmonitor, sodass der Serviceberater gegebenenfalls in den laufenden Prozess eingreifen kann.

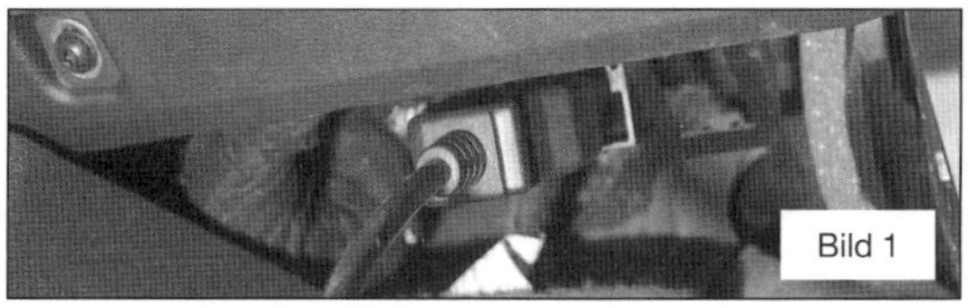

Bild 1

Bild 1
Anschluss eines Diagnose-Dongels an der fahrzeugeigenen OBD-Anschlussdose.

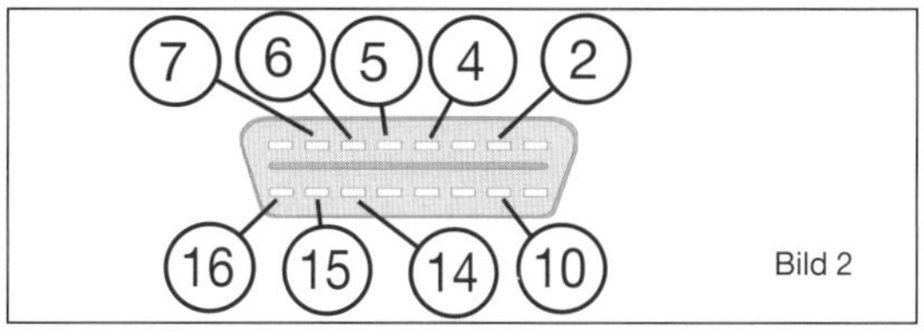

Bild 2

Bild 2
Belegung des OBD-Anschlusssteckers.
2 SAE J1850 BUS+
4 Masse Karosserie
5 Masse Signal
6 CAN-High
7 ISO 9141 und ISO14230 K-Line
10 SAE J1850 BUS-
14 CAN-Low
15 ISO 9141 und ISO14230 L-Line
16 Batterieplus

- Datenrückfluss von der Werkstatt für Qualitätskontrolle und Rechnungserstellung.
- Bereitstellung von Daten über benötigte Arbeitszeiten, Arbeitspositionen und Ersatzteile.
- Einbeziehung des Teiledienstes ab Terminvorbereitung in den Service-Prozess.

Testgerät für Mehrmarkenwerkstätten

Gerade für Mehrmarkenwerkstätten und auch freie Werkstätten ergibt sich durch die Vielzahl der unterschiedlichen Fahrzeugmarken das Problem, den Zugang zu den einzelnen Fahrzeugen mit möglichst wenigen Testern zu realisieren. Schließlich müssen die Tester nicht nur angeschafft, sondern auch auf dem neuesten Stand gehalten werden. Neben den Großen der Branche wie Bosch und Gutmann sind auch günstigere Tester als Komplettlösung wie der »VDO Autodiagnose Check« (Bild 3) als Beispiel für ein unabhängiges Handgerät oder dem »Autoaid« (Bild 4) als Beispiel für einen Laptop-basierten Tester auf dem Markt. Der Schwerpunkt für diese Testerkategorie liegt in typischen Servicearbeiten und der Diagnose rund um den Antrieb.

Diagnosewerkzeuge für den Schrauber

Natürlich wählen wir wie auch beim Werkzeug nicht die billigste Variante aus, son-

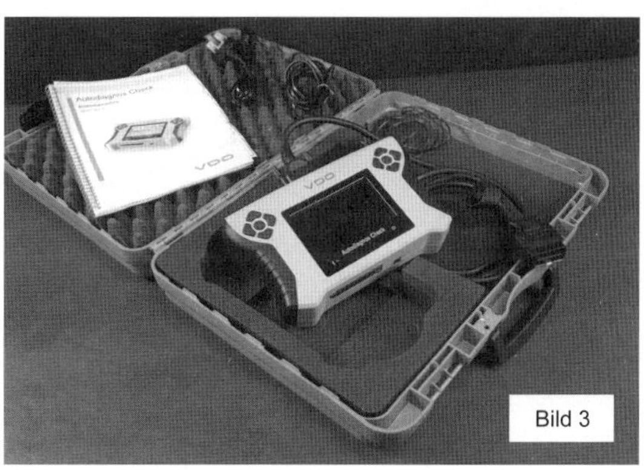

Bild 3

Bild 3
VDO-Diagnosetester. Kleines Handgerät ohne Messfunktionen.

Sichtprüfung

Messen

Bild 4

Autoaid.

Dongel mit OBD-Zugang und Software auf Laptop oder PC.

Bild 5

OBD-Handtester zum Lesen und Löschen.

dern empfehlen Ihnen die Anschaffung eines Systems, das im Laufe der nächsten Jahre noch einiges an Potenzial liefern wird.

Beispiel Laptoplösung »Autoaid«:
Der Fahrzeughersteller Audi ist bei den meisten Testerherstellern für die Diagnose außerhalb des genormten Bereichs der OBD im Fokus. Das verkleinert die Auswahl an Testern erheblich. Die Berliner Firma Autoaid liefert ab etwa 100 Euro ein Diagnosetool, das auch im Audi TT eine schon herausragende Diagnosetiefe liefert. Gerade diejenigen unter den Lesern, die dem Thema »Diagnose« kritisch gegenüberstehen, werden zumeist nach wenigen Versuchen erkennen, wie einfach der Umgang mit Laptop und Fahrzeug wird. Eine typische Situation im Umgang mit den Fahrzeugen dieser Generation liegt in der schon recht umfangreichen Steuerung und Regelungstechnik. Abgestimmt und eingestellt wird oft nur noch auf der virtuellen Ebene.

Handgeräte zum Lesen und Löschen
OBD2 ist das Zauberwort, welches den Zugang zumindest zu den Motorsteuergeräten ermöglicht. Die Normung der Diagnose ermöglicht zumindest in diesem Bereich den Zugang zu allen aktuellen Fahrzeugen. Um den Fehlerspeicher auszulesen oder auch Prüffunktionen der Eigendiagnose ausführen zu können, reicht meist schon ein Diagnosetool, welche durchaus schon um 50 Euro in diversen Onlineversteigerungen angeboten werden. Oft noch günstiger sind die kleinen Handgeräte (Bild 5) schon im Baumarkt um die Ecke erhältlich. Wichtig ist, dass die entsprechende Software und zumindest eine Beschreibung auf Deutsch mitgeliefert wird. Normalerweise geht die Diagnosetiefe der günstigen Handgeräte aber nicht über das Motorsteuergerät hinaus.

Fehlerspeicher abfragen
Schwierig? Kann ich nicht? Ach was! Wer es schafft, E-Mails abzurufen, ohne den Computer zu zerstören, kann auch diese Arbeiten leicht erlernen. Wir zeigen Ihnen an einigen Beispielen, wie Aufgaben dieser Art angegangen werden können, und möchten Sie animieren, sich zusammen mit Fachforen auch mit der Thematik Tester und

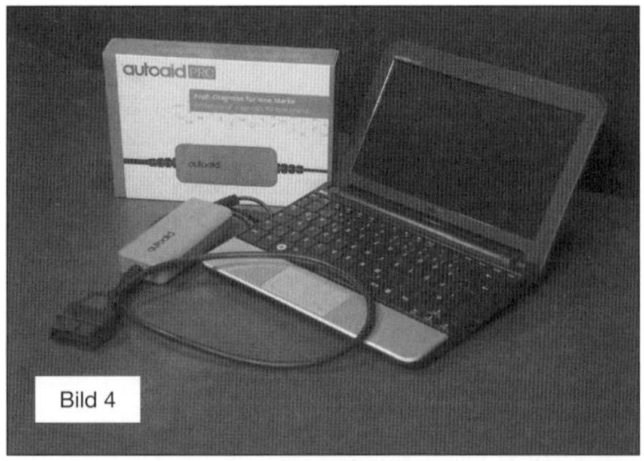

Bild 4

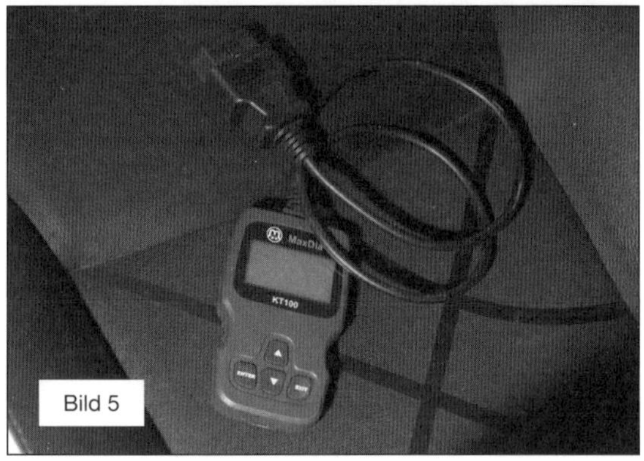

Bild 5

Diagnose genauer auseinanderzusetzen. Die Vorgehensweise unterscheidet sich zwischen den einzelnen Testgeräten kaum. Auch dann, wenn Sie ein Handgerät benutzen, werden Sie über die Menüführung eine ähnliche Beschreibung wie die Folgende erhalten. Wir werden diese Beschreibung am »Autoaid PRO« vorstellen.

- Wir gehen davon aus, dass Sie den Diagnosetester ordnungsgemäß nach Handbuch installiert haben.
- Schließen Sie den Diagnosetester an die OBD-Dose im Fahrerfußraum an.

Die Diagnosedose finden Sie unter der Verkleidung links im Kniebereich der Armaturentafel (Bild 2). Der Anschluss ist sofort erkennbar. Stecken Sie den OBD-Stecker in die Diagnosedose und den Anschluss in die entsprechende Anschlussdose Ihres Testers.

- Starten Sie die entsprechende Diagnosesoftware auf Ihrem Laptop oder dem Tester (Bild 6).
- Schalten Sie die Zündung ein.
- Starten Sie die Testersoftware. Autoaid hat auf einen klassischen Startbildschirm verzichtet und führt Sie direkt in den Diagnosemodus zur Fahrzeugauswahl.

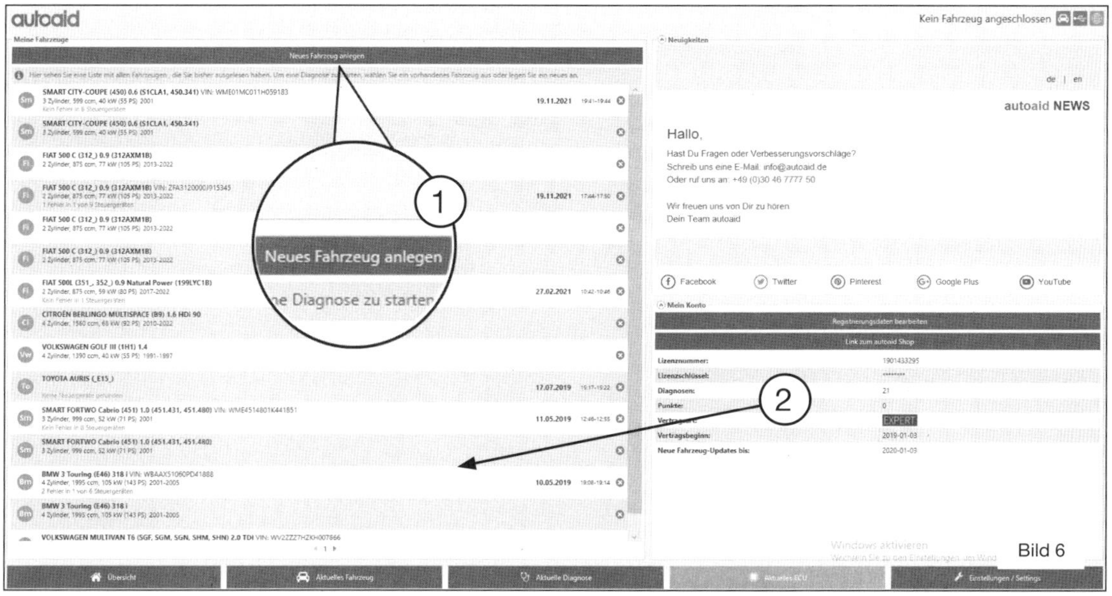

Bild 6
Startmaske des Diagnosetesters.
1 Funktionstaste zum Anlegen eines neuen Fahrzeuges
2 Liste der Fahrzeuge, die bereits angelegt wurden

■ Klicken Sie mit einem Klick auf die Taste »neues Fahrzeug anlegen (1 im Bild 6)«. Die Diagnosesoftware wird nun gestartet und die Bildschirmmaske wechselt zur Auswahl des Fahrzeugherstellers.
■ Wählen Sie den Hersteller »Audi« (Bild 7) mit einem Klick an. Die Bildschirmmaske wechselt zur Auswahl des Fahrzeugmodells.
■ Wählen Sie das Modell Ihres Audi TT (Bild 8) an. Die Bildschirmmaske wechselt nun zur Auswahl der Motorvariante.
■ Wählen Sie die Modellbezeichnung (1 im Bild 8) Ihres Audi TT mit der passenden Motorbezeichnung mit einem Klick aus.

Der Tester fragt nun alle Steuergeräte ab und stellt den Fehlerstatus (1 im Bild 9) in einer Übersicht dar.

■ Wählen Sie das Steuergerät für die Zentralelektronik (2) Ihres Audi TT mit einem Klick an.

Soweit Fehler vorliegen, können Sie hier die Details (3 im Bild 10), Informationen zum Fahrzeug (1) einsehen oder über die Funktionstasten (2) Funktionen und Sensoren prüfen und auch einen abgearbeiteten Fehler löschen.

Hier stellt sich dann auch ein Unterschied in der Diagnosetiefe der einzelnen Tester heraus. Bei einfachen Testern beschränkt man sich auf die Möglichkeiten, den Fehlerspeicher zu lesen und zu löschen. Je mehr Funktionen sich hinter dem einzelnen Steuergerät verbergen, umso aufwendiger ist die Software des Diagnosesystems.

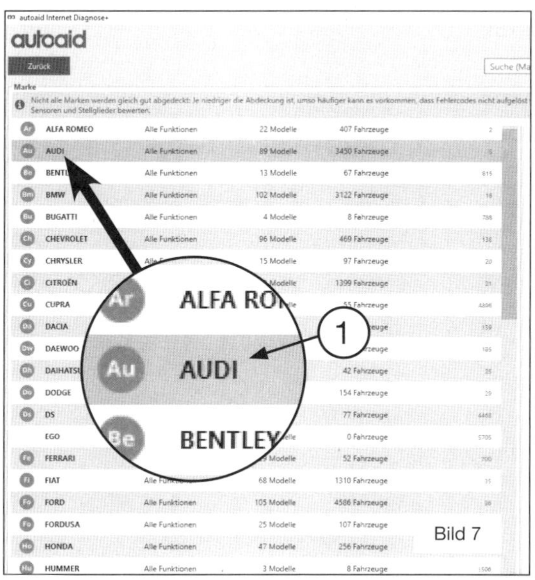

Bild 7
Anwahl des Fahrzeugherstellers.
1 Audi in der umfangreichen Herstellerliste

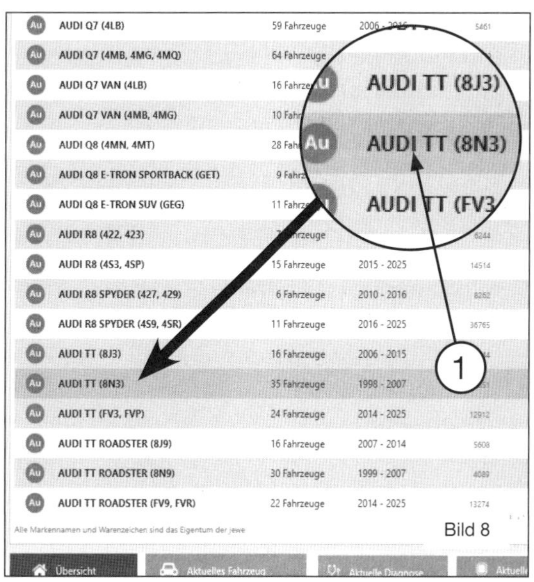

Bild 8
Anwahl des Fahrzeugtyps des Herstellers Audi.
1 Anwahl unseres Audi TT 1,8-l-Turbo-Quattro

Bild 9
Praktische Übersicht vorliegender Fehler aller verbauten Steuergeräte.
1 Statusübersicht der Steuergeräte
2 Anwahl Zentralelektronik (mit Doppelklick)
3 Anwahl für Wartungsarbeiten und Ähnliches
4 Erkannter Fehlereintrag

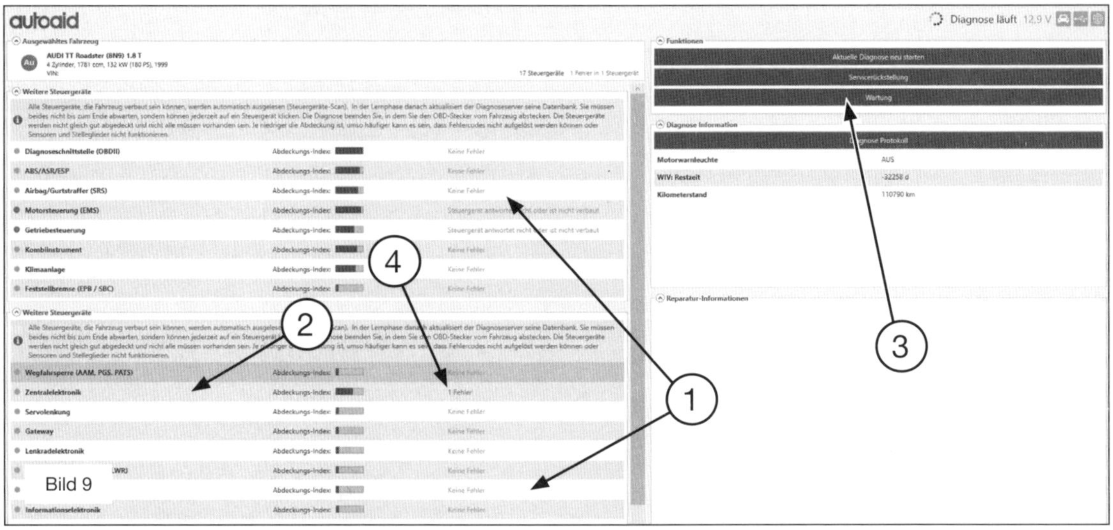

Fehlerspeichereinträge drucken

Wenn Sie die Fehlereinträge speichern oder ausdrucken wollen, wählen Sie die entsprechende Funktion über die Funktionstasten Ihres Computers aus.

Fehlerspeichereinträge löschen

Sind Fehler im Fehlerspeicher abgelegt, die bekannt sind und lediglich noch nicht gelöscht wurden, können Sie nun wie im Folgenden beschrieben vorgehen.

- Klicken Sie die Funktionstaste »Fehler löschen« (2 im Bild 10) an.
- Lassen Sie das Fahrzeug einige Minuten laufen.
- Klicken Sie die Funktionstaste »Fehlerspeicher erneut lesen« (2) an und kontrollieren Sie, ob der Fehler nicht erneut vorliegt.

Derselbe Vorgang kann auf dem Handgerät nachvollzogen werden. Lediglich die Anwahl ist deutlich geringer. Für einen Ausdruck muss eigentlich jedes mobile Gerät an einen Computer oder Laptop angeschlossen werden.

Die Anwahl der Funktionen erfolgt meist über die Pfeiltasten. »Enter« betätigt die getroffene Anwahl und »ESC«, erlaubt den Rückzug aus der angewählten Maske.

Reine OBD2-Geräte ermöglichen in der Regel nur den Zugang zur Motorelektronik. Die Belegung und die Steuergerätesprache ist nur für den OBD2-Bereich verbindlich auf die abgasrelevanten Bauteile und die Motorelektronik geregelt.

Motor- und Unterbodenabdeckung aus- und einbauen

Die Motorabdeckung (Geräuschdämmung) ist bei allen Modellen verbaut. Über dem Ventildeckel fällt die Abdeckung aus Kunststoff und die darunter liegende Geräuschdämmmatte unterschiedlich aus. Die Demontage allerdings unterscheidet sich nicht nennenswert. Die Geräuschdämmung unter dem Motor ist grundsätzlich fast baugleich.

Bild 10
Übersicht für das Motorsteuergerät im Detail.
1 Informationsfeld
2 Funktionstasten
3 Detailinformationen, wenn Fehler im Steuergerät abgelegt sind

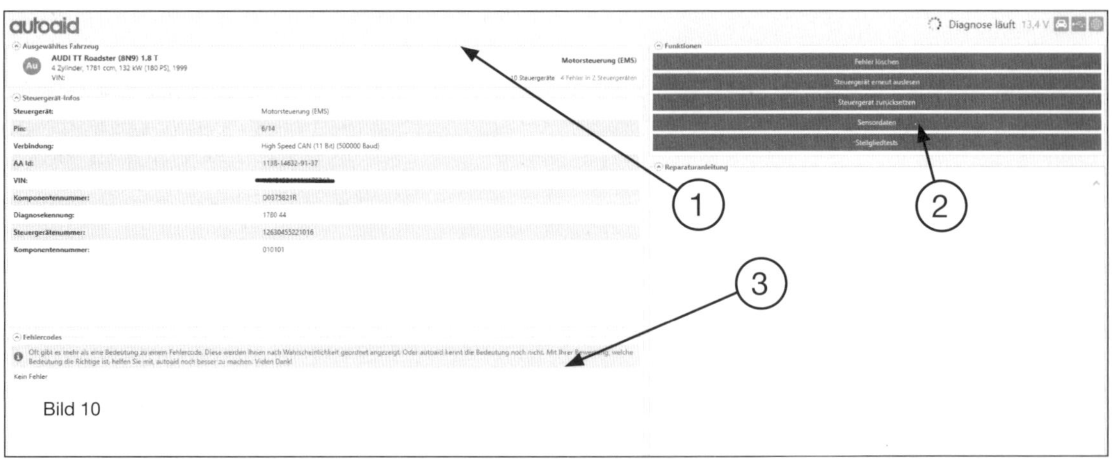

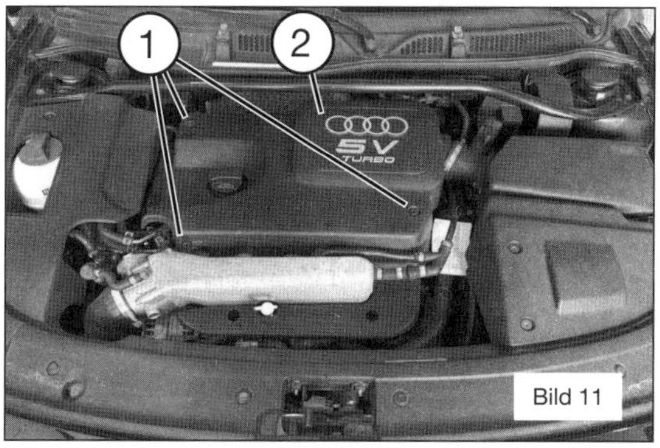

Bild 11

Bild 11
1,8-l-Turbo-Motoren.
1 Schrauben
2 Motorabdeckung oben

Bild 12

Bild 12
3,2-l-SV6-Motoren.
1 Verkleidung Schlossträger rechts
2 Verkleidung Schlossträger links
3 Abdeckung vorne links

Geräuschdämmung oben über dem Ventildeckel demontieren

Lediglich am 1,8-l-Turbo-Motor ist eine Motorabdeckung oben verbaut. Die Montagearbeiten für die Motorraumabdeckung oben unterscheiden sich für den 1,8-l-Turbo- und den 3,2-l-VR6-Motor nicht.

Motorabdeckung oben 1,8-l-Turbo-Motor:

■ Drehen Sie die Schrauben (1 im Bild 11) heraus.
■ Ziehen Sie die Motorabdeckung (2) nach oben ab.
■ Nehmen Sie die Geräuschdämmung über dem Ventildeckel ab (soweit verbaut).

Die Montage erfolgt sinngemäß in umgekehrter Reihenfolge.
■ Tragen Sie etwas Fett auf die Rastpunkte und Aufnahmen der oberen Verkleidung auf. Sie lässt sich später deutlich leichter lösen.

Geräuschdämmung unten demontieren

Die Geräuschdämmung unter dem Motor besteht aus dem Unterfahrschutz (Bilder 13 und 14) und den seitlichen Abschlussverkleidungen rechts und links (Bild 15).

Unterfahrschutz demontieren:

■ Je nach Ausführung drehen Sie die Schrauben rechts und links (3 im Bild 13) im Radlauf heraus.
■ Drehen Sie die Schrauben (2 in den Bildern 13 oder 14) heraus.
■ Drehen Sie die Schrauben (1 in den Bildern 13 oder 14) bis auf eine heraus.
■ Drehen Sie die verbliebenen Schrauben (1 in den Bildern 13 oder 14) heraus und nehmen Sie die Geräuschdämmung unten ab.

Die Montage erfolgt sinngemäß in umgekehrter Reihenfolge.

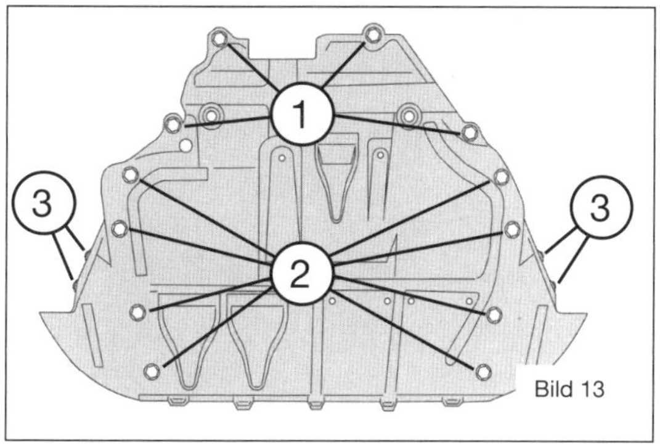

Bild 13

Bild 13
Geräuschdämmung unten Coupé vorne.
1 Schrauben am Fahrschemel
2 Schrauben unten
3 Verschraubung im Radhaus.

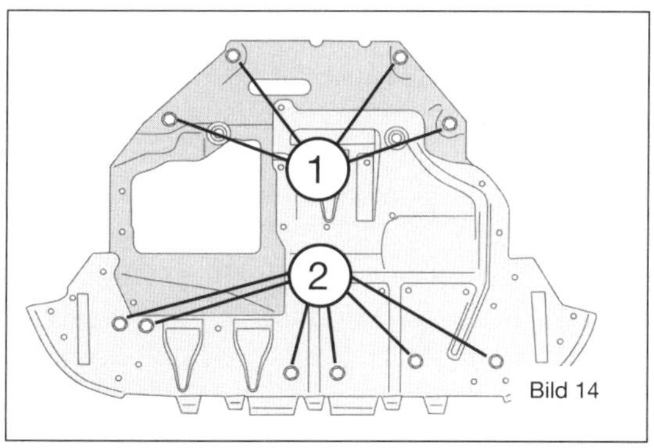

Bild 14

Bild 14
Geräuschdämmung unten Coupé vorne.
1 Schrauben am Fahrschemel
2 Schrauben unten

■ Reinigen Sie die Gewinde und Blechmuttern gründlich mit Druckluft oder Bremsenreiniger.
■ Drehen Sie die Schrauben und Muttern zuerst nur leicht an und richten Sie die Geräuschdämpfung spannungsfrei aus.
■ Drehen Sie die Schrauben nacheinander handfest an.

Abschlussverkleidung demontieren:

■ Bauen Sie, wie bereits beschrieben, den Unterfahrschutz ab.
■ Drehen Sie die Schrauben (2 im Bild 15) heraus und nehmen Sie die seitliche Abschlussverkleidung rechts (1) ab.
■ Drehen Sie die Federklammern (4) heraus.
■ Drehen Sie die Schraube (5) heraus und nehmen Sie die seitliche Abschlussverkleidung links (3) ab.

Bild 15
Geräuschdämmung unten Motorraum seitlich.
1 Abdeckung rechts
2 Schrauben
3 Abdeckung links
4 Federklammern
5 Schraube
6 Blechmuttern

Die Montage erfolgt sinngemäß in umgekehrter Reihenfolge.

- Reinigen Sie die Gewinde und Blechmuttern gründlich mit Druckluft oder Bremsenreiniger.
- Drehen Sie die Schrauben und Muttern zuerst nur leicht an und richten Sie die Geräuschdämpfung spannungsfrei aus.
- Drehen Sie die Schrauben nacheinander handfest an.

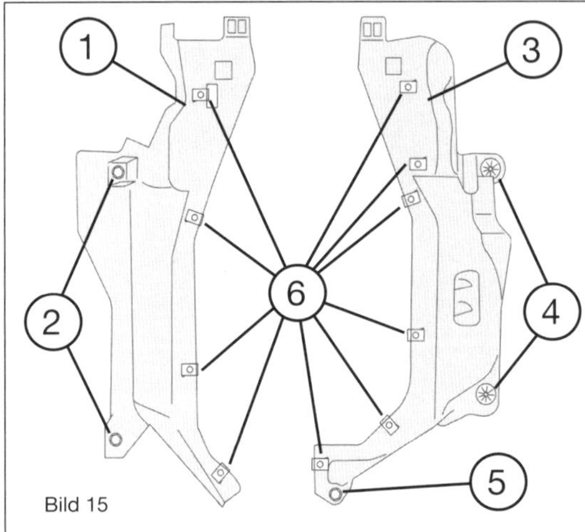

Bild 15

Prüfung auf Undichtigkeiten und Beschädigung

Die Sichtprüfung ist von oben und unten vorzunehmen, weshalb die Geräuschdämpfung oben und unten abzubauen ist.

Sichtprüfung wie folgt durchführen:

- Motor und Bauteile im Motorraum auf Undichtigkeiten und Beschädigungen prüfen.
- Leitungen, Schläuche und Anschlüsse des Kraftstoffsystems, des Kühl- und Heizsystems, des Ölkreislaufs, der Klimaanlage, der Ansauganlage und der Bremsanlage auf Undichtigkeiten, Scheuerstellen, Porosität und Brüchigkeit prüfen.
- Alle festgestellten Mängel durch Reparatur beseitigen.
- Bei nicht verbrauchsbedingtem Flüssigkeitsverlust muss grundsätzlich die Ursache ermittelt und der Schaden beseitigt werden.

Bild 16
Kontrolle der Spannung des Keilrippenriemens.

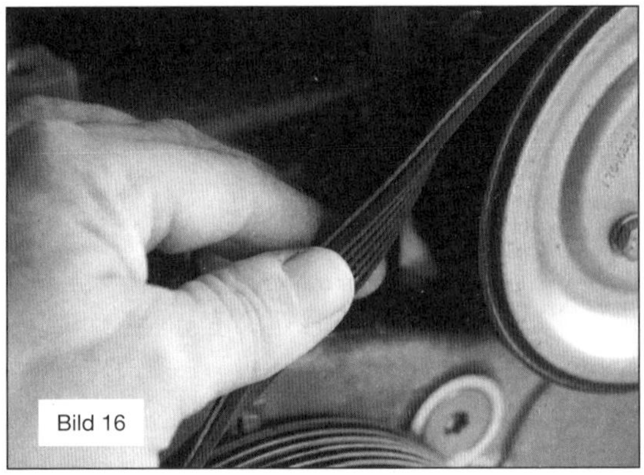
Bild 16

Keilrippenriemen prüfen

Der Keilrippenriemen oder auch Flachriemen ist für den Antrieb vieler Nebenaggregate wie der Klimaanlage und dem Generator zuständig. Die unterschiedlichen Einbaulagen des Keilrippenriemens Ihres Audi TT stellen wir Ihnen auch für die Montagearbeiten am Generator-Aus- und Einbau an dieser Stelle vor. In diesem Kapitel werden wir uns neben der Einbaulage auch mit den unterschiedlichen Spannvorrichtungen befassen und den Umgang mit ihnen darstellen.

Zustand prüfen

Kontrollieren Sie den Keil- und Keilrippenriemen nach folgenden Gesichtspunkten an mehreren Stellen:

- Unterbaurisse (Anrisse, Kernbrüche, Querschnittsbrüche),
- Lagentrennung (Deckschicht, Zugstränge),
- Ausbruch am Unterbau,
- Ausfransen der Zugstränge,
- Flankenverschleiß (Materialabtrag, Ausfransungen, Flankenverhärtung, Oberflächenrisse),
- Öl- und Fettspuren.

Schraubertipp:
Einbaulage des Keilrippenriemens

- Achten Sie vor dem Einbau des Keilrippenriemens darauf, dass alle Aggregate (Generator, Klimakompressor) festmontiert sind.
- Beim Einbauen des Keilrippenriemens achten Sie bitte auf die Laufrichtung und auf einen korrekten Sitz des Riemens in den Riemenscheiben.
- Nach fertiggestellter Arbeit grundsätzlich den Motor starten und Riemenlauf kontrollieren.

Spannung für Keilrippenriemen prüfen (mit automatischer Spannvorrichtung)

■ Drücken Sie den Keilrippenriemen in einem Bereich, wo er frei hängt (siehe auch Bild 17), mit einem kräftigen Daumendruck nach unten.

Die Spannrollen müssen nun ruckfrei und ohne zu hakeln nachgeben. Wenn Sie den Druck wegnehmen, muss sich die Spannrolle ohne Verzögerung und ruckfrei zurückbewegen und den Antriebsriemen wieder spannen.

■ Verdrehen Sie den Keilrippenriemen in einem Bereich, wo er frei hängt (siehe auch Bild 16).

■ Der Antriebsriemen muss sich etwa 90° leicht verdrehen lassen. So ist die optimale Vorspannung erreicht.

Keilrippenriemen aus- und einbauen

Der Keilrippenriemen treibt als wichtiger Teil des Kurbeltriebs die Nebenaggregate Drehstromgenerator und Klimakompressor an. Der Aufbau sieht für die Motorvarianten ähnlich aus, unterscheidet sich aber im Detail. Sehen Sie sich die Einbaulage des Riemens genau an. Zeichnen Sie sich dazu eine Skizze oder markieren Sie den Riemenlauf anhand der Abbildungen in diesem Buch.

Wapu, Lima, Klima und Servo

Wir fassen die Arbeitbeschreibungen trotz leichter Unterschiede zusammen und stellen Ihnen eine allgemeingültige Variante zusammen. Die Einbaulage und die Montage ist für die unterschiedlichen Motoren sehr ähnlich. Der Keilrippenriemen ist durchaus unterschiedlich schwierig erreichbar.

Fahrzeug zwischen den Hebebühnensäulen ausrichten und die vier Aufnahmeteller an den vom Fahrzeughersteller vorgeschriebenen Hebebühnenaufnahmepunkten platzieren.

■ Die Geräuschdämpfung unten wie beschrieben ausbauen.

Soll der gebrauchte Keilrippenriemen wieder verwendet werden, muss die Laufrichtung auf dem Keilrippenriemen markiert werden.

■ Keilrippenriemen entspannen und den Stift zum Arretieren der Keilrippenriemen-

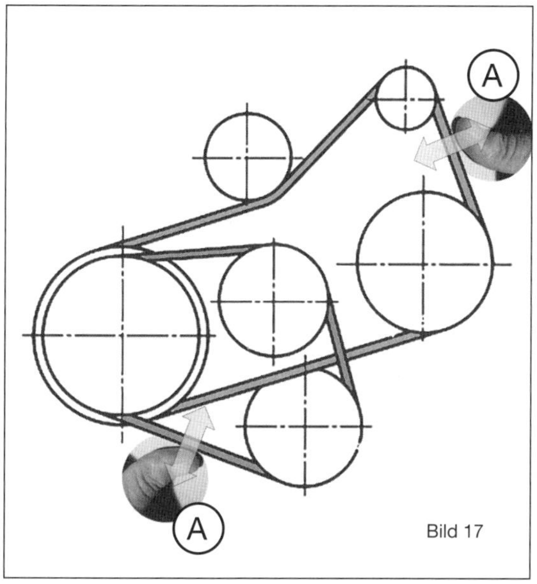

Bild 17
Riemenspannung prüfen. Grundsätzlich an Stellen, an denen der Riemen frei hängt (A).

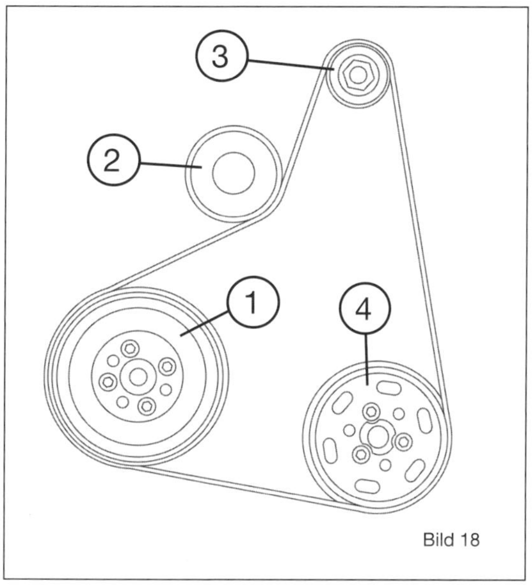

Bild 18
Einbaulage Keilrippenriemen 1,8-l-Motor ohne Klimaanlage.
1 Riemenscheibe
2 Spannrolle
3 Generator
4 Servopumpe

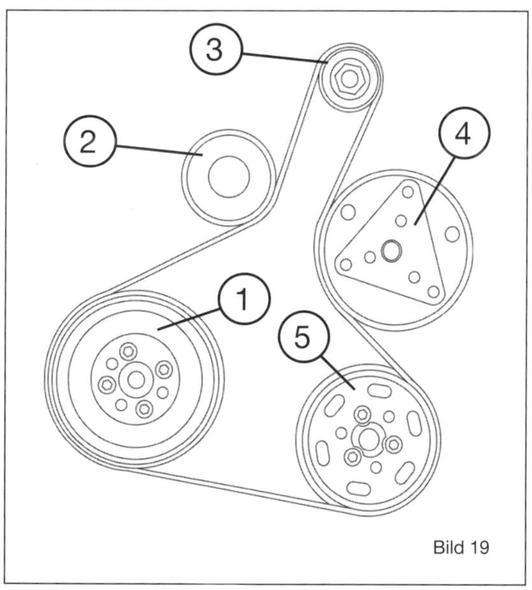

Bild 19
Einbaulage Keilrippenriemen 1,8-l-Motor mit Klimaanlage.
1 Riemenscheibe
2 Spannrolle
3 Generator
4 Klimakompressor
5 Servopumpe

Bild 20
Einbaulage Keilrippenriemen 3,2-l-Motor mit Klimaanlage.
1 Riemenscheibe
2 Wasserpumpe
3 Spannrolle
4 Generator
5 Klimakompressor
6 Servopumpe

Bild 21
Automatischer Spanner beim 1,8-l-Motor.
1 Riemenspanner
2 Schrauben
3 Bewegungsrichtung zum Entspannen
4 Passender Maulschlüssel
5 Bohrung im Spannarm
6 Bohrung im Halter
7 Absteckstift
8 Spannrolle
9 Schwenkrichtung
10 Spannarm

Bild 22
Automatischer Spanner beim 3,2-l-Motor.
1 Schraube M8x40
2 Gewinde im Halter
3 Spannarm
4 Spannrolle
5 Halter
6 Schrauben

Spannvorrichtung einsetzen.
■ Keilrippenriemen abnehmen. Bei weiterführenden Arbeiten am Motor oder Steuergehäusedeckel die Spannvorrichtung entlasten.

Die Montage erfolgt sinngemäß in umgekehrter Reihenfolge.
■ Vor dem Einbau des Keilrippenriemens ist die Spannvorrichtung auf Beschädigungen zu prüfen und ggf. zu erneuern.
■ Vor dem Einbau des Keilrippenriemens darauf achten, dass alle Aggregate (Generator, Klimakompressor, Flügelpumpe) fest angebaut sind.
■ Starten Sie den Motor und kontrollieren Sie den Riemenlauf.

Demontage des automatischen Riemenspanners

Austausch von Spanner und Umlenkrolle

Die Umlenkrolle (8 im Bild 21 oder 4 im Bild 22) sowie der automatische Riemenspanner sind oft einzeln erhältlich.

Spanner und/oder Umlenkrolle sollten dann gewechselt werden, wenn Sie folgende Merkmale feststellen können:
■ Laufspuren oder Schäden sind auf der Rolle erkennbar.
■ Das Lager macht hörbare Geräusche.
■ Das Lager oder die Rolle weist seitliches Spiel auf.

Demontage des Riemenspanners

Es wurden am 1,8-l-Motor und am 3,2-l-Motor unterschiedliche Keilrippenriemenspanner verbaut.

Demontage am 1,8-l-Motor (Bild 21):
■ Bauen Sie wie bereits beschrieben die Motorabdeckung oben und unten ab.
■ Stecken Sie einen passenden Schlüssel auf den Vierkant oben auf.
■ Verdrehen Sie den Spanner im Uhrzeigersinn (Pfeil 9) so weit, bis die Bohrungen übereinander stehen, um den Keilrippenriemen zu entspannen.
■ Stecken Sie den Sicherungsstift (7) in die Bohrung und fixieren Sie so den automatischen Spanner.
■ Nehmen Sie den Keilrippenriemen ab.
■ Drehen Sie die Schrauben (2) heraus.

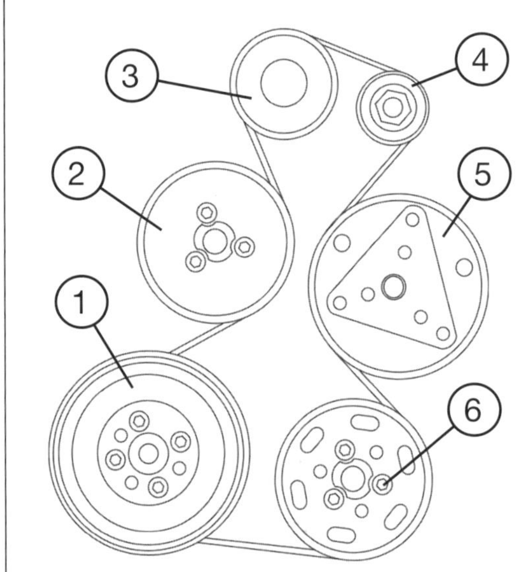

Bild 20

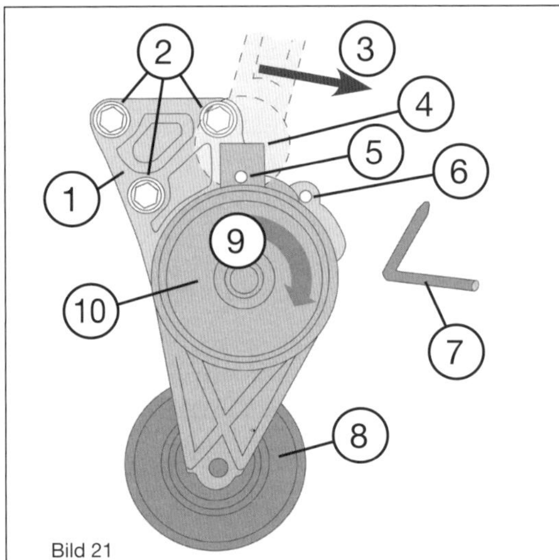

Bild 21

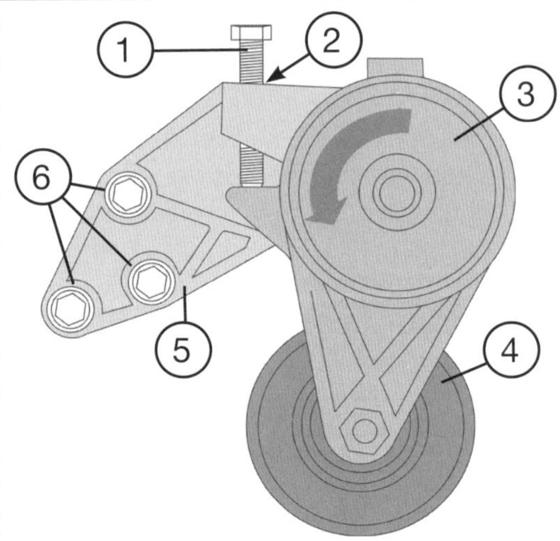

Bild 22

■ Nehmen Sie den Riemenspanner zusammen mit der Spannrolle ab.

Die Montage erfolgt sinngemäß in umgekehrter Reihenfolge.

Achten Sie auf den korrekten Sitz des Antriebsriemens auf den Riemenscheiben.

■ Starten Sie den Motor und kontrollieren Sie den Riemenlauf.

Demontage am 3,2-l-Motor (Bild 22):

■ Bauen Sie wie bereits beschrieben die Motorabdeckung unten ab.

■ Drehen Sie eine Schraube (M8x40) (1 im Bild 22) in das Gewinde im Halter der Spannrolle hinein und entspannen Sie den Keilrippenriemen.

■ Nehmen Sie den Keilrippenriemen ab.

■ Drehen Sie die Schrauben (6) heraus.

■ Nehmen Sie den Riemenspanner zusammen mit der Spannrolle ab.

Die Montage erfolgt sinngemäß in umgekehrter Reihenfolge.

■ Achten Sie auf den korrekten Sitz des Antriebsriemens auf den Riemenscheiben.

■ Starten Sie den Motor und kontrollieren Sie den Riemenlauf.

Zahnriemenschutz am 1,8-l-Motor demontieren

Die Montagearbeiten für die unterschiedlichen Motorkennbuchstaben unterscheiden sich kaum. Wir stellen Ihnen hier eine allgemeingültige Beschreibung zur Verfügung. Für den Wechsel des Zahnriemens oder Arbeiten am Zahnriementrieb müssen alle drei Teile (2, 3 und 4 im Bild 23) demontiert werden.

Zahnriemenabdeckung oben (2 im Bild 23) aus- und einbauen

■ Bauen Sie die Motorabdeckung oben und unten wie bereits am Anfang des Kapitels beschrieben ab.

■ Demontieren Sie den Halter für die Kühlmittelleitung zum Abgasturbolader.

■ Öffnen Sie die beiden Sicherungsklammern (1 im Bild 23).

■ Ziehen Sie die Zahnriemenverkleidung oben aus der Zahnriemenverkleidung Mitte (2) heraus.

Die Montage erfolgt sinngemäß in umgekehrter Reihenfolge.

Achten Sie auf den korrekten Sitz der oberen Zahnriemenverkleidung in der mittleren Zahnriemenverkleidung.

Zahnriemenabdeckung Mitte aus- und einbauen (3 im Bild 23)

■ Bauen Sie die Motorabdeckung oben und unten wie bereits am Anfang des Kapitels beschrieben ab.

■ Bauen Sie die Zahnriemenverkleidung oben ab.

■ Drehen Sie die Schrauben (7 im Bild 23) heraus und nehmen Sie die Riemenscheibe ab.

■ Drehen Sie die Schrauben (5) heraus und nehmen Sie die Zahnriemenabdeckung Mitte ab.

Die Montage erfolgt sinngemäß in umgekehrter Reihenfolge.

Achten Sie auf den korrekten Sitz der oberen Zahnriemenverkleidung in der mittleren Zahnriemenverkleidung.

Die Riemenscheibe passt nur in einer Montageposition.

Zahnriemenabdeckung unten aus- und einbauen (4 im Bild 23)

■ Bauen Sie die Motorabdeckung oben und unten wie bereits am Anfang des Kapitels beschrieben ab.

■ Drehen Sie die Schrauben (7 im Bild 23) heraus und nehmen Sie die Riemenscheibe ab.

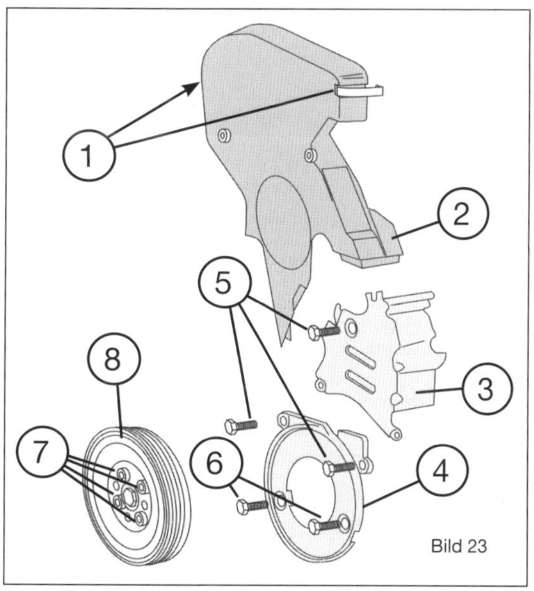

Bild 23 Zahnriemenabdeckung beim 1,8-l-Motor.
1 Sicherungsklammern
2 Zahnriemenabdeckung oben
3 Zahnriemenabdeckung Mitte
4 Zahnriemenabdeckung unten
5 Schrauben
6 Schrauben
7 Schrauben
8 Riemenscheibe

Sichtprüfung Messen

Bild 24
Zahnriemen beim 1,8-l-Motor.
1 Markierung auf dem Nockenwellenrad
2 Markierung auf der Zahnriemenabdeckung
3 Zahnriemenabdeckung (hinteres Teil)
4 Zahnriemen
5 Wasserpumpe
6 Markierung auf der Riemenscheibe
7 Markierung auf der unteren Zahnriemenabdeckung
8 Kurbelwellenrad
9 Riemenscheibe
10 Führungsrolle
11 Spannrolle
12 Nockenwellenrad

■ Bauen Sie die Zahnriemenverkleidung oben und Mitte ab.
■ Drehen Sie die Schrauben (6) heraus und nehmen Sie die Zahnriemenabdeckung unten ab.

Die Montage erfolgt sinngemäß in umgekehrter Reihenfolge.
■ Drehen Sie die Schrauben der mittleren und der unteren Verkleidung zuerst von Hand ein und richten Sie die Zahnriemenverkleidungen spannungsfrei aus.

Achten Sie auf den korrekten Sitz der oberen Zahnriemenverkleidung in der mittleren Zahnriemenverkleidung.

Die Riemenscheibe passt nur in einer Montageposition.

Zahnriemen am 1,8-l-Motor demontieren

Die Montagearbeiten für die unterschiedlichen Motorkennbuchstaben unterscheiden sich nicht wesentlich. Wir stellen Ihnen hier eine allgemeingültige Beschreibung zur Verfügung und gehen auf die Besonderheiten der einzelnen Bautypen gesondert ein.

Auch beim Zahnriemen gilt: Vor dem Ausbau die Laufrichtung markieren, den Riemen auf Verschleiß prüfen und ihn nicht knicken. Der Ausbau ist nicht kompliziert, die Arbeit wird aber durch den Gebrauch von Spezialwerkzeugen erleichtert.

Es besteht erhebliche Zerstörungsgefahr durch Überspringen des Zahnriemens. Die Kurbelwelle darf nur in Motordrehrichtung durchgedreht werden.
■ Bauen Sie die Motorabdeckung oben und unten wie bereits am Anfang des Kapitels beschrieben ab.
■ Demontieren Sie den Halter für die Kühlmittelleitung zum Abgasturbolader.
■ Bauen Sie den Keilrippenriemen und den automatischen Riemenspanner aus.
■ Bauen Sie die Zahnriemenabdeckungen oben ab.
■ Demontieren Sie den Unterdruckschlauch am Drosselklappenstück.
■ Demontieren Sie den Unterdruckschlauch zum Aktivkohlefilter.
■ Ziehen Sie das Magnetventil (Regenerierventil) vom Aktivkohlefilter ab.

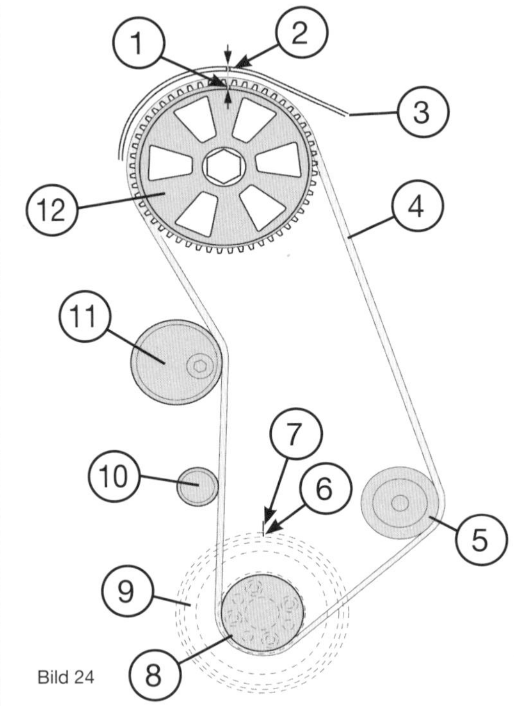

Bild 24

■ Lösen Sie die Befestigungsmutter des Aktivkohlefilters und legen Sie den Aktivkohlefilter mit angeschlossenen Leitungen aus dem Arbeitsbereich heraus.

Fahrzeuge aus dem US-Markt:
■ Lösen Sie die Befestigungsmutter des Unterdruckbehälters und nehmen Sie ihn ab.

Weiter für alle Fahrzeuge:
■ Demontieren Sie den Ausgleichsbehälter für Kühlmittel und legen Sie ihn mit angeschlossenen Leitungen aus dem Arbeitsbereich heraus.
■ Demontieren Sie den Vorratsbehälter für Servolenkungsöl und legen Sie ihn mit angeschlossenen Leitungen aus dem Arbeitsbereich heraus.
■ Drehen Sie den Motor auf Zünd-OT.

Hierzu muss die Markierung auf dem Nockenwellenrad (1 im Bild 24) mit der Markierung auf der hinteren Zahnriemenabdeckung am Nockenwellenrad (2) fluchten und die Markierungskerbe (6) mit der Markierung auf der unteren Zahnriemenabdeckung fluchten.

Ersatzweise können auch die Markierungen auf der Schwungradseite »0« auf ihre Markierung ausgerichtet werden.
■ Drehen Sie die Schrauben (7 im Bild 23) heraus und nehmen Sie die Riemenscheibe ab.

■ Bauen Sie die Zahnriemenabdeckungen Mitte und unten ab.
■ Setzen Sie die Motorauffangvorrichtung auf die Kotflügelkanten auf und hängen Sie den Motor mit der rechten Motoraufhängungsöse an die Auffangvorrichtung.
■ Heben Sie den Motor leicht an.
■ Drehen Sie die Schrauben (1, 2 und 3 im Bild 25) heraus und nehmen Sie die Motorstütze ab.
■ Drehen Sie die drei Schrauben der Motorstütze am Motorblock heraus und nehmen Sie sie ab.
■ Drehen Sie die Spannschraube (VW T10092) oder eine andere geeignete Schraube (1 im Bild 26) durch den Spannarm (7) in die Spannvorrichtung (5) ein.
■ Spannen Sie den Spannarm so weit vor, dass Sie ihn mit dem Sicherungsstift (6) in der Bohrung sichern können.
■ Winkeln Sie den Absteckstift um 90° ab und stecken ihn in die Bohrung ein.
■ Markieren Sie die Laufrichtung des Zahnriemens, wenn er wieder verwendet werden soll.
■ Nehmen Sie den Zahnriemen ab.

Die Montage erfolgt sinngemäß in umgekehrter Reihenfolge.
■ Drehen Sie den Motor auf Zünd-OT.

Hierzu muss die Markierung auf dem Nockenwellenrad (1 im Bild 24) mit der Markierung auf der hinteren Zahnriemenabdeckung am Nockenwellenrad (2) fluchten und die Markierungskerbe (6) mit der Markierung auf der unteren Zahnriemenabdeckung fluchten.

Ersatzweise können auch die Markierungen auf der Schwungradseite »0« auf ihre Markierung ausgerichtet werden.

Spann- und Führungsrolle am 1,8-l-Motor demontieren

Die Montagearbeiten für die unterschiedlichen Motorkennbuchstaben unterscheiden sich nicht wesentlich. Wir stellen Ihnen hier eine allgemeingültige Beschreibung zur Verfügung und gehen auf die Besonderheiten der einzelnen Bautypen gesondert ein.

Ausbau der Spannrolle (11 im Bild 24)
■ Demontieren Sie die Zahnriemenabdeckungen, wie bereits beschrieben.

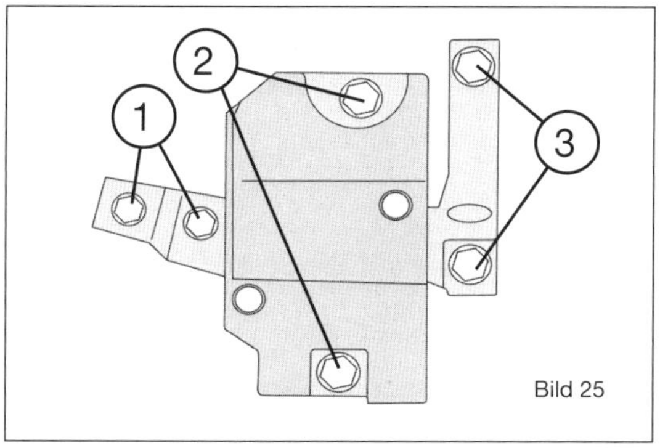

Bild 25
Motorhalter rechts beim 1,8-l-Motor.
1 Schrauben
2 Schrauben
3 Schrauben

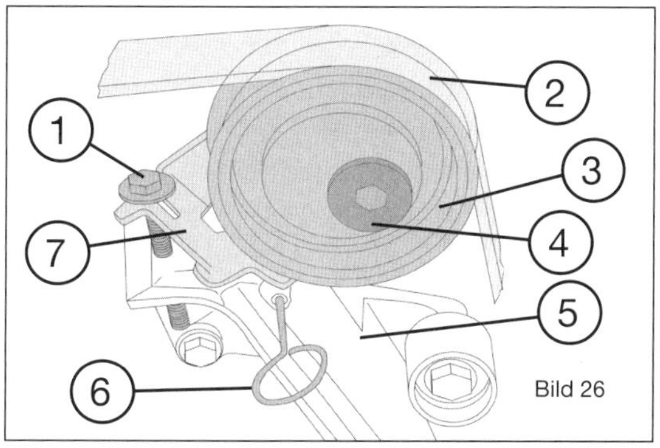

Bild 26
Zahnriemen-Spannrolle beim 1,8-l-Motor.
1 Spannschraube T10092
2 Zahnriemen
3 Spannrolle
4 Schraube
5 Spannvorrichtung
6 Sicherungsstift
7 Spannarm

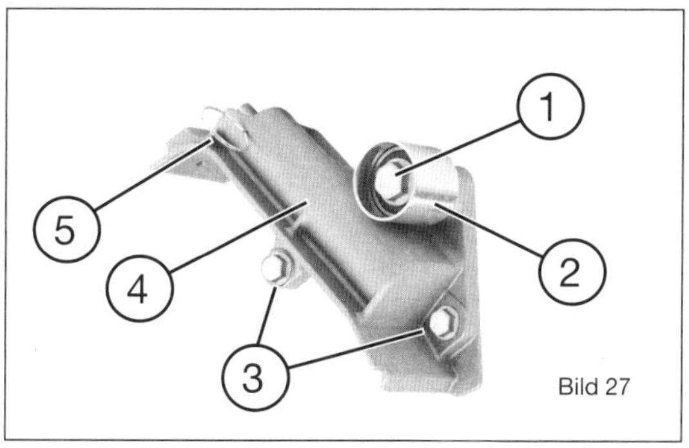

Bild 27
Zahnriemen-Spannrolle beim 1,8-l-Motor.
1 Schraube
2 Führungsrolle
3 Schrauben
4 Spannvorrichtung
5 Sicherungsstift

■ Markieren Sie die Laufrichtung des Zahnriemens, wenn er wieder verwendet werden soll.
■ Demontieren Sie den Zahnriemen.
■ Drehen Sie die Schraube (4) heraus.
■ Nehmen Sie die Spannrolle zusammen mit der Schraube und der hinter der Spannrolle verbauten Scheibe ab.

Die Montage erfolgt sinngemäß in umgekehrter Reihenfolge.

Achten Sie auf die Laufrichtung des Zahnriemens.

Ausbau der Spannvorrichtung (4 im Bild 27)
■ Demontieren Sie die Zahnriemenabdeckungen wie bereits beschrieben.
■ Markieren Sie die Laufrichtung des Zahnriemens, wenn er wieder verwendet werden soll.
■ Demontieren Sie den Zahnriemen.
■ Demontieren Sie die Spannrolle.

Bild 29
Markierungen Steuerkette am 1,8-l-Motor.
1 Auslassnockenwelle
2 Steuerkette
3 Farbmarkierung
4 Einlassnockenwelle
5 Markierungen auf der Nockenwelle
6 Pfeil auf den Lagerdeckeln der Nockenwellen

- Drehen Sie die Schrauben (3) heraus.
- Nehmen Sie die Spannvorrichtung zusammen ab.

Die Montage erfolgt sinngemäß in umgekehrter Reihenfolge.

Achten Sie auf die Laufrichtung des Zahnriemens.

Ausbau der Führungsrolle (2 im Bild 27)
- Demontieren Sie die Zahnriemenabdeckungen, wie bereits beschrieben.
- Markieren Sie die Laufrichtung des Zahnriemens, wenn er wieder verwendet werden soll.
- Demontieren Sie den Zahnriemen oder entspannen Sie ihn zumindest.
- Drehen Sie die Schraube (1) heraus.
- Nehmen Sie die Führungsrolle (2) ab.

Die Montage erfolgt sinngemäß in umgekehrter Reihenfolge.

Kontrollieren Sie die Steuerzeiten des Motors (Bild 24).

Achten Sie auf die Laufrichtung des Zahnriemens.

Steuerkette zwischen den Nockenwellen am 1,8-l-Motor

Funktion der Nockenwellenverstellung über den verstellbaren Steuerkettenspanner
Die Antrieb der Auslassnockenwelle erfolgt

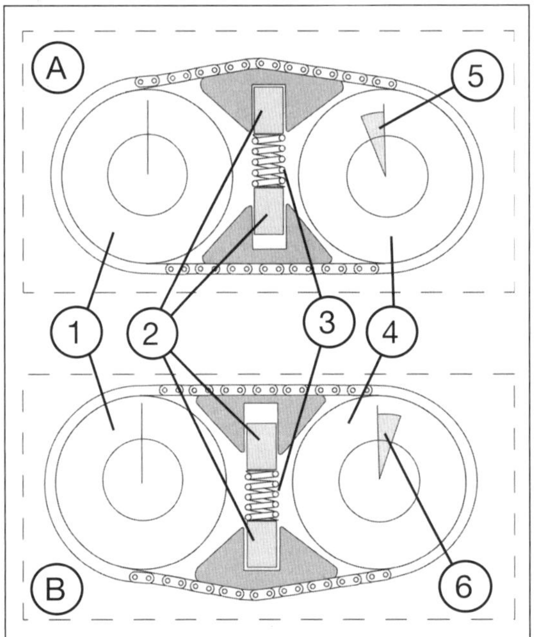

Bild 28

Bild 28
Verstellbarer Steuerkettenspanner.
A Grundstellung (Spätverstellung)
B Frühverstellung
1 Auslassnockenwelle
2 Steuerkolben
3 Spannfeder
4 Einlassnockenwelle
5 Spätverstellung
6 Frühverstellung

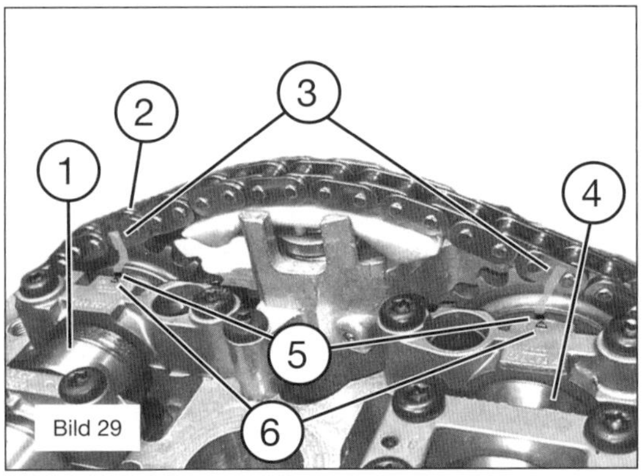

Bild 29

über den Zahnriemen durch die Kurbelwelle. Die Einlassnockenwelle wird über eine Steuerkette von der Auslassnockenwelle angetrieben. Die Steuerkette hat etwas Überlänge und wird von einer im verstellbaren Steuerkettenspanner verbauten Feder (3 im Bild 28) gespannt. Druckfrei steht der Arbeitskolben in der oberen Stellung (A) in »Spätverstellung« Die Kette wird nach oben gedrückt und verdreht so die Einlassnockenwelle in Richtung spät. Über die Ansteuerung des Magnetventils öffnet das Motorsteuergerät ein Magnetventil, das den Arbeitskolben nach unten drückt. Die Steuerkette wird nach unten gedrückt und verdreht so die Einlassnockenwelle in Richtung früh.

Hydraulischen Steuerkettenspanner und die Nockenwellen aus- und ausbauen
- Drehen Sie den Motor auf Zünd-OT.

Hierzu muss die Markierung auf dem Nockenwellenrad (1 im Bild 24) mit der Markierung auf der hinteren Zahnriemenabdeckung am Nockenwellenrad (2) fluchten und die Markierungskerbe (6) mit der Markierung auf der unteren Zahnriemenabdeckung fluchten.
- Demontieren Sie den Zahnriemen.
- Drehen Sie den Motorblock aus der OT-Stellung heraus.

Stehen die Kolben in OT-Stellung, kann beim Verdrehen der Nockenwelle an einen Kolben anstoßen und verziehen.
- Lösen Sie die Zentralschraube des Nockenwellenrades (Zahnriemenrad).
- Ziehen Sie das Nockenwellenrad ab.
- Entsichern Sie den Steckkontakt und ziehen Sie den Steckkontakt zum Ventil der Nockenwellenverstellung ab.
- Demontieren Sie den Ventildeckel (Zylinderkopfhaube).

■ Nehmen Sie die beiden Ölabweiser heraus.
■ Entsichern Sie den Steckkontakt und ziehen Sie den Steckkontakt zum Nockenwellensensor am Zylinderkopf vorne rechts ab.
■ Drehen Sie die beiden Schrauben am Gehäusedeckel heraus und nehmen Sie den Nockenwellengeber vom Zylinderkopf ab.

Überprüfen Sie, dass die Markierungen auf der Nockenwelle (5 im Bild 29) den Markierungen auf den Lagerböcken (6) gegenüber stehen.

Soll die alte Steuerkette weiterverwendet werden, markieren (3) Sie die Einbauposition entsprechend zu den Markierungen für die Nockenwellen (Abstand 16 Kettenrollen) mit einer Farbmarkierung.

■ Setzen Sie den Halter (VW 3366) in den Steuerkettenspanner ein und ziehen Sie ihn vorsichtig von Hand an.

Bei zu starkem Anzugsmoment kann der Steuerkettenspanner beschädigt werden.

■ Drehen Sie die Schrauben (2 im Bild 30) heraus.
■ Lösen Sie die Verschraubungen für die Lagerdeckel (3 und 5) für beide Nockenwellen über Kreuz und drehen Sie sie heraus.
■ Lösen Sie die Verschraubungen für die Lagerdeckel (A und B im Bild 31).
■ Lösen Sie die Verschraubungen für die Lagerdeckel (2 und 4) für beide Nockenwellen über Kreuz und drehen Sie sie heraus.
■ Nehmen Sie die Nockenwellen zusammen mit dem Steuerkettenspanner heraus.

Die Montage erfolgt sinngemäß in umgekehrter Reihenfolge.

■ Soweit noch nicht erfolgt, drehen Sie den Motorblock aus der OT-Stellung heraus.

Stehen die Kolben in OT-Stellung, kann beim Verdrehen der Nockenwelle ein Ventil aufsetzen und verziehen.

■ Tragen Sie etwas Dichtmasse auf den Zylinderkopf (2 im Bild 32) auf und erneuern Sie die Dichtung.

Kontrollieren Sie, dass die Passhülsen für die Lagerdeckel und den Kettenspanner im Zylinderkopf einsitzen.

■ Legen Sie die Steuerkette auf die Zahnräder der Nockenwelle auf.
■ Zwischen den Markierungen der Nockenwellen müssen 16 Kettenrollen Abstand eingehalten werden.

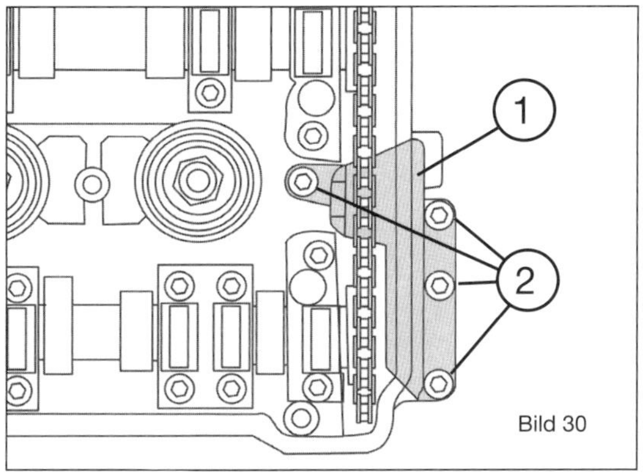

Bild 30

Bild 30
Befestigung Steuerkettenspanner 1,8-l-Motor.
1 Steuerkettenspanner
2 Schrauben

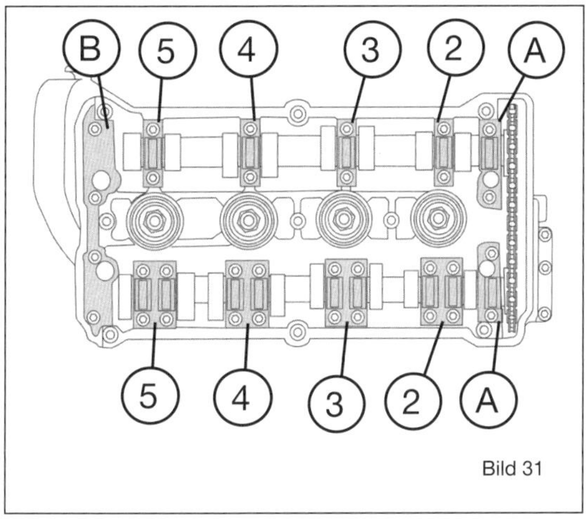

Bild 31

Bild 31
Nockenwellenlager am 1,8-l-Motor.
A Nockenwellenlager am Steuerkettenrad
B Nockenwellenlager zahnriemenseitig
2-5 Lagerbock mit geprägter Nummerierung

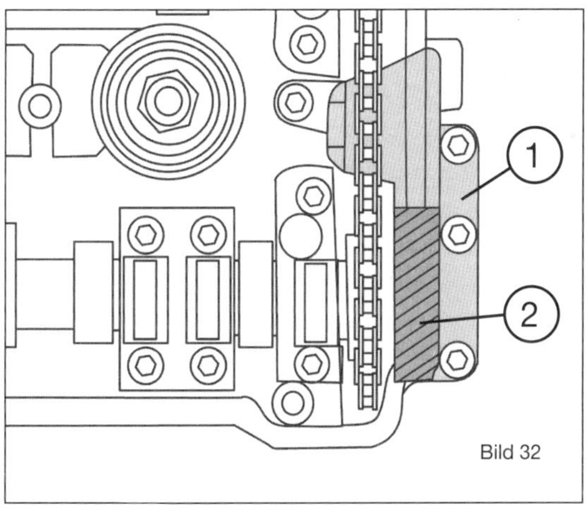

Bild 32

Bild 32
Dichtfläche Steuerkettenspanner 1,8-l-Motor.
1 Steuerkettenspanner
2 Dichtfläche

■ Bei Wiederverwendung der alten Steuerkette legen Sie die bei der Demontage gesetzten Farbmarkierungen der Steuerkette auf den Nockenwellenmarkierungen ab.
■ Benetzen Sie die Lagerflächen der Nockenwelle mit etwas Öl.
■ Legen Sie den gesicherten Steuerkettenspanner in die Steuerkette ein.
■ Verschrauben (2 im Bild 30) Sie den hydraulischen Kettenspanner.
■ Ziehen Sie die Lagerdeckel (2 und 4 im Bild 31) über Kreuz an.

Sichtprüfung Messen

Bild 33
Steuerkastendeckel am 3,2-l-VR6-Motor.
1 Nockenwellengeber Einlassnockenwelle
2 O-Ringe
3 Steuerkastendeckel oben
4 Dichtring
5 Dichtring
6 Steuerkettenspanner
7 Zylinderkopfdichtung
8 Steuerkastendeckel unten
9 Wellendichtring
10 Thermostatgehäuse
11 Wellendichtring
12 Dichtring
13 Nockenwellengeber Auslassnockenwelle
14 Schrauben

■ Bauen sie die Lagerdeckel an den Kettenrädern (A und B) wieder ein.
■ Entspannen Sie den Kettenspanner mit dem Halter (VW-3366) und ziehen Sie den Sicherungsstift heraus.

Prüfen Sie, dass die Nockenwellen auf den Markierungen (Bild 29) stehen.

Eventuell müssen die Nockenwellen leicht hin und her gedreht werden, bis die Markierungen genau passen.

Nach dem Einbau der Nockenwellen muss der Motor mindesten 30 Minuten ruhen, damit sich die Hydrostößel setzen können. Es besteht sonst die Gefahr, dass ein noch offenstehendes Ventil beim Verdrehen der Kurbelwelle beschädigt wird.

■ Bestreichen Sie die Dichtfläche des Doppellagerbocks (B im Bild 31).
■ Montieren Sie die verbliebenen Lagerdeckel.
■ Ersetzen Sie die Dichtringe für die Auslass- und die Einlassnockenwelle.
■ Bauen Sie das Zahnriemennockenwellenrad wieder ein.

Der schmale Steg und die »OT-Markierung« müssen nach außen zeigen.

■ Verdrehen Sie die Kurbelwelle in OT-Stellung.
■ Bauen Sie den Zahnriemen wie bereits beschrieben wieder ein.

Steuerkastendeckel am 3,2-l-Motor demontieren

Ausbau des Steuerkastendeckels oben

Der Ausbau ist ohne den Ausbau des Motors möglich. Diese Arbeiten sind im Rahmen der Vorbereitung für die Demontage des Zylinderkopfs erforderlich.

■ Lassen Sie das Kühlmittel ab. Die Arbeitsschritte stellen wir Ihnen im Kapitel 6 genauer vor.
■ Bauen Sie das Ansaugrohr aus. Die Arbeiten hierzu stellen wir Ihnen im Kapitel 8 genauer vor.
■ Demontieren Sie die Verkleidung zwischen Scheinwerfer und Luftfilterkasten.
■ Entsichern Sie den Steckkontakt und ziehen Sie den Stecker zum Luftmassenmesser ab.
■ Drehen Sie die beiden Befestigungsschrauben des Luftfilterkastens heraus und nehmen Sie den Luftfilterkasten komplett heraus.

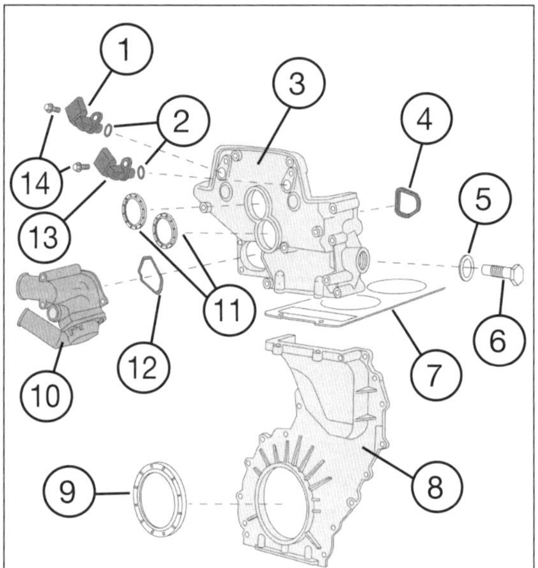

Bild 33

■ Lösen Sie die Schutzabdeckung für die elektrischen Leitungen und klappen Sie den Halter des Sicherungskastens nach oben.
■ Entsichern Sie die Rasten im mittleren Bereich, indem Sie mit einem Schraubendreher die Rastnasen nach oben entriegeln.
■ Nehmen Sie den Sicherungskasten ab und legen Sie ihn mit angeschlossenen Leitungen aus dem Arbeitsbereich heraus.
■ Drehen Sie die Schrauben heraus und bauen Sie den Träger des Sicherungskasten ab.
■ Entsichern Sie den Steckkontakt und ziehen Sie den Stecker zum Kühlwassertemperaturgeber ab.
■ Demontieren Sie die Kühlmittelschläuche am Thermostatgehäuse.
■ Drehen Sie die Schrauben heraus und schwenken Sie den Halter für den Sekundärluftschlauch nach vorne.
■ Drehen Sie die Schraube am Halter für den Kabelstrang heraus.
■ Ziehen Sie das Thermostatgehäuse vom Kühlmittelrohr ab.

Drücken Sie das Kühlmittelrohr beim Abziehen mit einem geeigneten Hebel in Richtung Kühlmittelpumpe.

■ Ziehen Sie den Luftschlauch und den Unterdruckschlauch am Sekundärluftventil ab.
■ Demontieren Sie die Masseleitung.
■ Ziehen Sie die Kühlmittelschläuche ab.
■ Legen Sie die Drosselklappensteuereinheit auf der Wasserkasten-Stirnwand ab.

■ Kennzeichnen Sie die Anschlusskabel zu den Hallgebern der Nockenwelle und den Steuerventilen der Nockenwellenversteller.
■ Entsichern Sie die Steckkontakte und ziehen Sie sie ab.
■ Bauen Sie den Ventildeckel (Zylinderkopfhaube) ab.
■ Drehen Sie den Steuerkettenspanner (4 im Bild 34) heraus.
■ Drehen Sie die Schrauben (5) heraus.
■ Drehen Sie die Schrauben (2) gleichmäßig heraus.
■ Lösen Sie den Steuergehäusedeckel oben vorsichtig von der Zylinderkopfdichtung und vom Zylinderkopf ab.
■ Nehmen Sie den Steuergehäusedeckel waagerecht vom Zylinderkopf ab.

Die Montage erfolgt sinngemäß in umgekehrter Reihenfolge.
■ Reinigen Sie die Dichtflächen gründlich.
■ Bestreichen Sie die Dichtflächen dünn mit Silikondichtmasse (VW-AMV 18800102).
■ Drücken Sie etwas Silikondichtmasse in die Bohrungen in der Zylinderkopfdichtung (Übergang der Dichtflächen an der Zylinderkopfdichtung und am Zylinderkopf) ein.
■ Setzen Sie den Steuergehäusedeckel gerade an und setzen Sie die Schrauben ein.
■ Ziehen Sie die Schrauben (2 im Bild 34) gleichmäßig mit 5 Nm an.
■ Ziehen Sie die Schrauben (5) mit 23 Nm fest.
■ Ziehen Sie die Schrauben (2) mit 23 Nm nach.

Ausbau des Steuerkastendeckels unten

Für den Ausbau des unteren Steuergehäusedeckels ist der Ausbau des Motors nicht zwingend erforderlich. Allerdings müssen das Getriebe, die Kupplung und die Schwungscheibe demontiert werden. Den Ausbau der Komponenten werden wir im Kapitel 10 »Kraftübertragung« genauer betrachten.

■ Lassen Sie das Motoröl ab.

■ Lassen Sie das Kühlmittel ab. Die Arbeitsschritte stellen wir Ihnen im Kapitel 6 genauer vor.
■ Bauen Sie den Motor aus.
■ Bauen Sie das Ansaugrohr aus. Die Arbeiten hierzu stellen wir Ihnen im Kapitel 8 genauer vor.

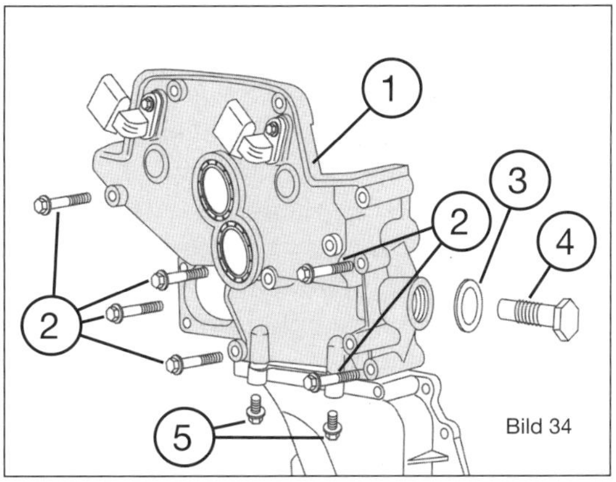

Bild 34
Steuergehäusedeckel 3,2-l-Motor oben.
1 Steuergehäusedeckel
2 Schrauben
3 Dichtring
4 Steuerkettenspanner
5 Schrauben

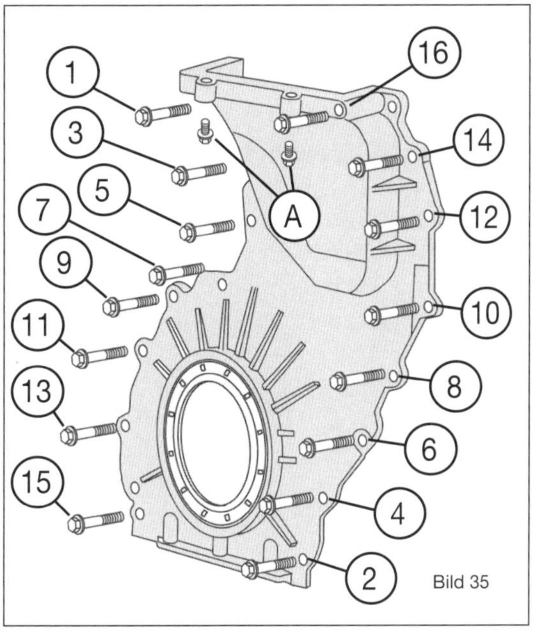

Bild 35
Steuergehäusedeckel 3,2-l-Motor unten.
A Schrauben werden bereits beim Steuergehäusedeckel oben demontiert.
1-16 Montagereihenfolge in mehreren Stufen

■ Demontieren Sie das Getriebe. Die Arbeiten hierzu werden wir im Kapitel 10 genauer betrachten.
■ Bauen Sie das Zweimassen-Schwungrad aus. Auch diese Arbeiten werden wir im Kapitel 10 genauer darstellen.
■ Bauen Sie den Ventildeckel (Zylinderkopfhaube ab.
■ Demontieren Sie das Thermostatgehäuse
■ Bauen Sie die Ölwanne ab.
■ Drehen Sie den Motor in Zünd-OT-Stellung und legen Sie das Nockenwellenlineal (VW T10068) in die Nut der Nockenwellen rechts ein.
■ Demontieren Sie den Steuergehäusedeckel oben, wie bereits beschrieben.
■ Drehen Sie die Schrauben 1-16 heraus.
■ Für die Demontage ist die Reihenfolge nicht relevant.
■ Ziehen Sie den Steuergehäusedeckel waagerecht vom Motorgehäuse ab.

Sichtprüfung Messen

Bild 36
Steuerketten 3,2-l-Motor.
1 Nockenwellenversteller Einlassnockenwelle
2 Führungsschiene oben
3 Nockenwellenversteller Auslassseite
4 Spannschiene Steuerkette Nockenwellen
5 Steuerkettenspanner
6 Lagerbolzen Spannschiene
7 Doppelrad Zwischenwelle
8 Steuerkette zu den Nockenwellen
9 Kettenspanner mit Spannschiene
10 Schrauben
11 Schrauben
12 Kurbelwellenrad
13 Steuerkette zur Zwischenwelle
14 Führungsschiene
15 Führungsbolzen
16 Führungschiene
17 Schrauben

Die Montage erfolgt sinngemäß in umgekehrter Reihenfolge.

- Reinigen Sie die Dichtflächen gründlich.
- Bestreichen Sie die Dichtflächen dünn mit einer Silikondichtmasse (VW-AMV 18800102).
- Setzen Sie den Steuergehäusedeckel gerade an und setzen Sie die Schrauben ein.
- Ziehen Sie die Schrauben in der Reihenfolge (1-16 im Bild 35) gleichmäßig mit 5 Nm an.
- Ziehen Sie die Schrauben (1-16) mit 23 Nm fest.

Steuerkette am 3,2-l-Motor demontieren

Die Steuerkette ist getriebeseitig verbaut. Genauer betrachtet handelt es sich um zwei Steuerketten. Die erste Steuerkette (Kurbelwelle/Zwischenwelle) treibt die Zwischenwelle an. Die zweite Steuerkette (Zwischenwelle/ Nockenwellen) treibt die Nockenwellen an.

Demontage des Ansaugrohrs

- Demontieren Sie das Getriebe. Die Arbeiten hierzu werden wir im Kapitel 10 genauer betrachten.
- Bauen Sie das Zweimassen-Schwungrad aus. Auch diese Arbeiten werden wir im Kapitel 10 genauer darstellen.
- Schalten Sie die Zündung aus und klemmen Sie das Masseband der Batterie im Kofferraum ab.
- Drücken Sie die Spreizclips etwa 4 mm ein und ziehen Sie sie heraus.
- Nehmen Sie die Verkleidung am Schlossträger rechts und links ab.
- Demontieren Sie die Verkleidung über dem Kühlmittelausgleichsbehälter auf der rechten Seite aus.
- Ziehen Sie den Ölmessstab heraus.
- Kennzeichnen Sie die Laufrichtung des Keilrippenriemens und bauen Sie ihn wie bereits beschrieben ab.
- Drehen Sie die obere Befestigungsschraube für den Generator heraus.
- Drehen Sie die Befestigungsschrauben oben für die Lüfterzarge heraus.
- Trennen Sie den Sekundärluftschlauch am Schnellverschluss und legen Sie ihn frei.
- Bauen Sie die Geräuschdämpfung unter dem Motor ab.

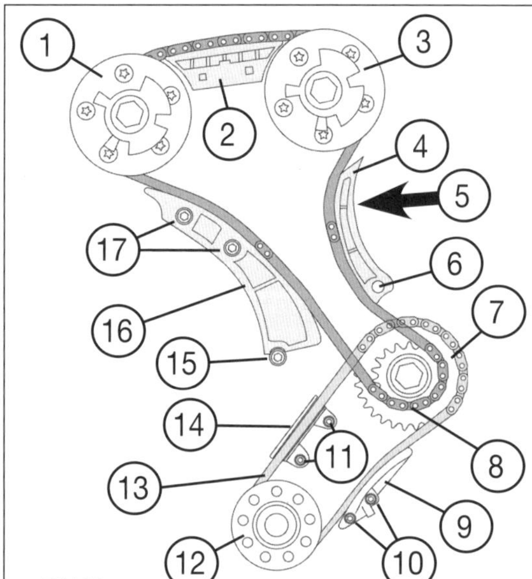

Bild 36

- Demontieren Sie die Abschlussverkleidungen rechts und links.
- Bauen Sie das Ladeluftrohr unter dem rechten Längsträger aus.
- Demontieren Sie die Riemenscheibe der Servopumpe.
- Bauen Sie die Servopumpe vom Halter ab und hängen Sie sie mit angeschlossenen Schläuchen am Schlossträger auf.
- Wenn vorhanden, schrauben Sie den Halter der Druckleitung für die Servolenkung ab.
- Lösen Sie den Halteclip des Kühlmittelschlauches.
- Entsichern Sie den Steckkontakt und ziehen Sie den Stecker am Motor für die Sekundärluftpumpe ab.
- Demontieren Sie die Halter für den Luftfilter für die Sekundärluft.
- Bauen Sie die Sekundärluftpumpe zusammen mit ihrem Halter vom Motor ab.
- Entsichern Sie die Steckkontakte und ziehen Sie den elektrischen Anschluss an der Lüfterzarge unten links ab.
- Drehen Sie die Befestigungsschrauben unten für die Lüfterzarge heraus.
- Nehmen Sie die Lüfterzarge zusammen mit den beiden Lüftermotoren nach unten heraus.
- Entsichern Sie die Steckkontakte und ziehen Sie den elektrischen Anschluss am Klimakompressor ab.
- Drehen Sie die Befestigungsschrauben für den Klimakompressor heraus und nehmen Sie ihn ab.

Der Klimakompressor kann nur bei noch angesetzter oberer Befestigungsschraube vom Halter abgenommen werden. Dazu muss der Motor gleichzeitig mit einem Montagehebel zur linken Fahrzeugseite gedrückt werden. Hierzu ist ein zweiter Mechaniker erforderlich. Nötigenfalls alle Schrauben der Motorlagerung um eine Umdrehung lösen.

- Befestigen Sie den Klimakompressor mit angeschlossenen Leitungen am Aufbau.
- Drehen Sie die untere Befestigungsschraube für den Generator heraus.
- Nehmen Sie den Generator vom Halter ab, demontieren Sie die Halteschelle für die elektrischen Leitungen.
- Klemmen Sie den B+-Anschluss vom Generator ab.
- Entsichern Sie die Steckkontakte und ziehen Sie den elektrischen Anschluss am Generator ab.
- Nehmen Sie den Generator heraus.
- Drehen Sie die Befestigungsschraube am Ansaugrohr heraus und ziehen Sie das Führungsrohr für den Ölmessstab heraus.
- Drehen Sie die Befestigungsschraube heraus und ziehen Sie den Unterdruckbehälter vom Saugrohr ab.
- Legen Sie den Unterdruckbehälter mit angeschlossenen Leitungen aus dem Arbeitsbereich heraus.
- Lösen Sie die untere Schraube der Kühlmittelpumpe.
- Drehen Sie die fünf Schrauben des Halters für den Generator und den Klimakompressor heraus.
- Nehmen Sie den Halter ab.
- Drehen Sie die Schrauben vorn am Ansaugrohr heraus.
- Entsichern Sie den Steckkontakt und ziehen Sie den elektrischen Anschluss an den Zündspulen ab.

Verwenden Sie zum Entsichern der Steckkontakte das Spezialwerkzeug (VW T10118). Die Zungen der Steckersicherung können leicht beschädigt werden.

- Ziehen Sie die Zündspulen gerade nach oben ab.

Verwenden Sie zum Abziehen der Zündspulen das Spezialwerkzeug (VW T10095/a). Die Zündspulen können leicht verkanten oder/und beschädigt werden.

- Bauen Sie die Domstrebe aus.
- Legen Sie das Anschlusskabel zum Drosselklappenmodul frei.
- Entsichern Sie den Steckkontakt und ziehen Sie den elektrischen Anschluss am Drosselklappenmodul ab.
- Bauen Sie den Ansaugschlauch zwischen Luftfilterkasten und Drosselklappenmodul aus.
- Entsichern Sie die Steckkontakte und ziehen Sie die elektrischen Anschlüsse am Drosselklappenmodul und am Heizwiderstand für die Kurbelgehäuseentlüftung ab.
- Drehen Sie die vier Schrauben zum Saugrohr am Drosselklappenmodul heraus und legen Sie das Drosselklappenmodul mit angeschlossenen Kühlmittelschläuchen zur Seite.
- Ziehen Sie die am Ansaugrohr angeschlossenen Unterdruckschläuche ab.
- Drehen Sie die Befestigungsschrauben der Rohrleitungen hinten am Saugrohr heraus.

Legen Sie ein Tuch als Schutz auf die Kante des Schlossträgers, um Beschädigungen oder Kratzer am Saugrohr zu vermeiden.

- Schwenken Sie das Saugrohr nach vorn und ziehen Sie den Unterdruckschlauch für die Saugrohrumschaltung ab.
- Nehmen Sie das Saugrohr nach oben heraus.
- Verschließen Sie alle Öffnungen am Saugrohr und am Zylinderkopf mit sauberen fusselfreien Lappen.

Die Montage erfolgt sinngemäß in umgekehrter Reihenfolge.

Prüfen Sie die Zündspulen auf Beschädigungen und ersetzen Sie diese soweit erforderlich.

Schlagen Sie Klemmhülsen im Halter für den Generator und den Klimakompressor zurück, um den Einbau des Generators und den Klimakompressors zu erleichtern.

Demontage des Ventildeckels

Es sind erhebliche Vorarbeiten erforderlich, aber der Ausbau des Motors ist nicht zwingend erforderlich.

- Bauen Sie, wie bereits beschrieben, das Ansaugrohr aus.
- Reinigen Sie den Bereich um den Ventil-

deckel gründlich, um zu verhindern, dass Verschmutzungen in den Motor gelangen.

- Drehen Sie die Schrauben des Ventildeckels in der Reihenfolge (11-1 im Bild 37) heraus.
- Nehmen Sie den Ventildeckel (Zylinderkopfhaube) ab.

Die Montage erfolgt sinngemäß in umgekehrter Reihenfolge.

Prüfen Sie die Ventildeckeldichtung und die Schrauben auf Schäden und ersetzen Sie diese wenn erforderlich.

- Drehen Sie die Schrauben des Ventildeckels in der Reihenfolge (1-11 im Bild 37) fest.

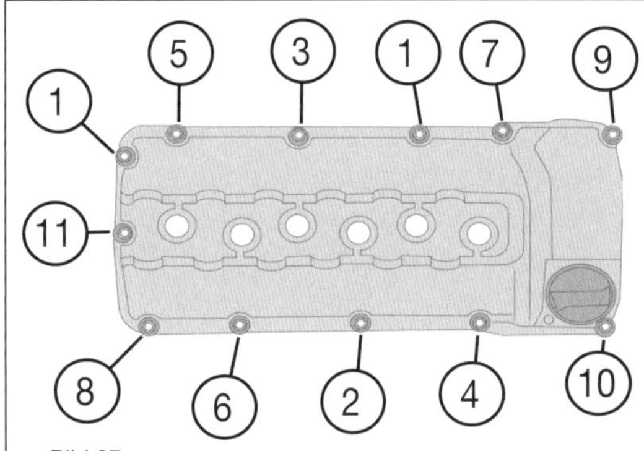

Bild 37

Bild 37
Ventildeckel (Zylinderkopfhaube) am 3,2-l-Motor.
1-11 Anzugsreihenfolge Ventildeckelschrauben
11-1 Lösereihenfolge Ventildeckelschrauben

Motor auf Zünd-OT stellen

- Demontieren Sie den Ventildeckel (Zylinderkopfhaube) wie bereits beschrieben.
- Drehen Sie den Motor an der Zentralschraube der Riemenscheibe so weit, dass die Markierung (4 im Bild 38) auf der Riemenscheibe der Markierung (3) auf dem Steuergehäusedeckel genau gegenüber steht.
- Prüfen Sie, ob sich das Nockenwellenlineal (VW T10068) in die Nuten der Nockenwelle einlegen lässt und das Lineal auf der Zylinderkopfkante (Bild 39) aufliegt.

Ist das nicht der Fall, muss die Kurbelwelle eine Umdrehung weiter gedreht werden.

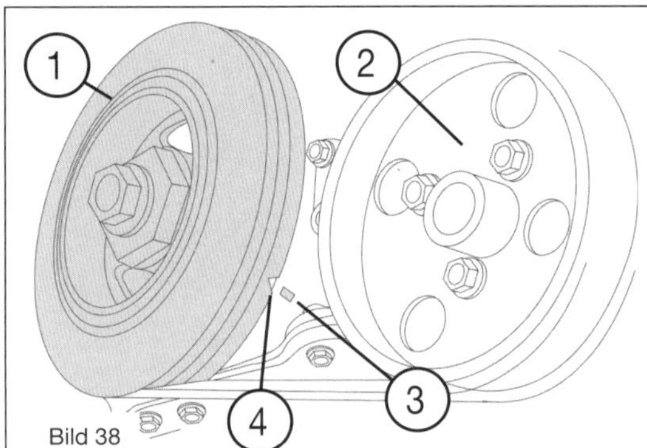

Bild 38

Bild 38
Markierung an der Riemenscheibe 3,2-l-Motor.
1 Riemenscheibe Kurbelwelle
2 Riemenscheibe Servopumpe
3 Markierung am Steuergehäusedeckel unten
4 Markierung Kurbelwellen-Riemenscheibe

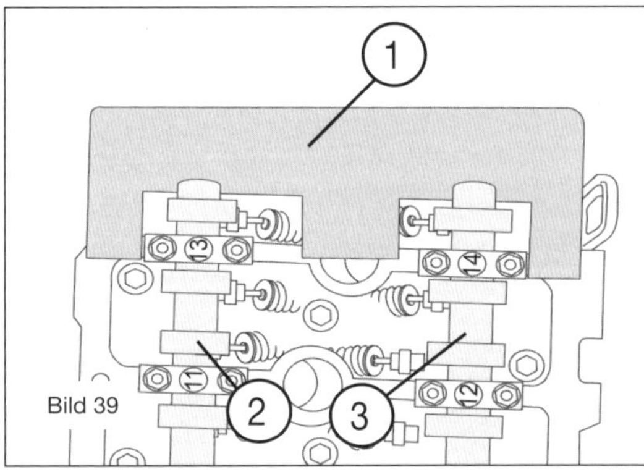

Bild 39

Bild 39
OT-Stellung der Nockenwellen am 3,2-l-Motor.
1 Nockenwellenlineal (VW T10068)
2 Einlassnockenwelle
3 Auslassnockenwelle

Demontage der Steuerkette

Die Demontage der Steuerkette oder der Spannvorrichtungen ist sehr aufwendig. Für die Demontage müssen nach Herstellervorgaben die Antriebseinheit (Motor und Getriebe) ausgebaut, das Getriebe, die Kupplung und die Schwungscheibe demontiert werden. Den Ausbau beschreiben wir am Ende dieses Kapitels.

- Lassen Sie das Motoröl ab.
- Lassen Sie das Kühlmittel ab. Die Arbeitsschritte stellen wir Ihnen im Kapitel 6 genauer vor.
- Bauen Sie den Motor aus.
- Flanschen Sie das Getriebe ab.
- Bauen Sie die Schwungscheibe ab.
- Demontieren Sie das Ansaugrohr.
- Bauen Sie den Ventildeckel ab.
- Drehen Sie den Motor auf Zünd-OT.
- Demontieren Sie das Thermostatgehäuse.
- Bauen Sie die Ölwanne ab.
- Kennzeichnen Sie die Anschlusskabel zu den Hallgebern (1 und 2 im Bild 40) der Nockenwellen und den Steuerventilen der Nockenwellenversteller (3 und 4).
- Entsichern Sie die Steckkontakte und ziehen Sie sie ab.
- Bauen Sie den Kettenspanner (5) aus.

Demontieren Sie den Steuergehäusedeckel oben wie bereits beschrieben.

- Demontieren Sie den Steuergehäusedeckel unten, wie bereits beschrieben.
- Markieren Sie die Laufrichtung der Steuerketten mit einem geeigneten und gut sichtbaren Filz- oder Lackstift.

Steuerkette zu den Nockenwellen:

■ Drehen Sie die beiden Schrauben (17 im Bild 36) heraus.

■ Nehmen Sie die Führungsschiene (16) nach schräg oben ab.

■ Nehmen Sie die Steuerkette zu den Nockenwellen (8) vom Zwischenrad ab.

■ Ziehen Sie die Steuerkette vorsichtig hinter dem Steg der Zylinderkopfdichtung heraus.

⚠ Die Zylinderkopfdichtung darf weder verbogen noch anderweitig beschädigt werden.

Die Montage erfolgt sinngemäß in umgekehrter Reihenfolge.

☞ Achten Sie auf die Laufrichtung der Steuerkette.

Steuerkette zur Zwischenwelle:

■ Halten Sie mit dem Gegenhalter (VW T10069) die Kurbelwelle fest und lösen Sie die Zentralschraube der Zwischenwelle um etwa eine Umdrehung.

■ Drehen Sie die beiden Schrauben (10 im Bild 36) heraus.

■ Nehmen Sie den Kettenspanner mit Spannschiene (9) heraus.

■ Drehen Sie die Zentralschraube der Zwischenwelle heraus und nehmen Sie die Steuerkette zusammen mit den Antriebsrädern von der Zwischenwelle ab.

■ Nehmen Sie die Steuerkette zusammen mit den Antriebsrädern heraus.

Die Montage erfolgt sinngemäß in umgekehrter Reihenfolge.

■ Legen Sie die Steuerkette auf das Steuerkettenrad der Kurbelwelle auf.

☞ Achten Sie auf die Laufrichtung der Steuerkette.

■ Legen Sie die Steuerkette zusammen mit den Antriebsrädern auf die Zwischenwelle auf.

👁 Achten Sie darauf, dass die Kurbelwelle sich in OT-Stellung befindet. Dazu muss der angeschliffene Zahn (6 im Bild 41) des Steuerkettenrades auf der Kurbelwelle auf gleicher Höhe mit der Trennfuge des Hauptlagers stehen.

👁 Die Markierung am Kettenrad der Zwischenwelle muss mit der Kerbe (5) auf der Anlaufscheibe der Zwischenwelle fluchten.

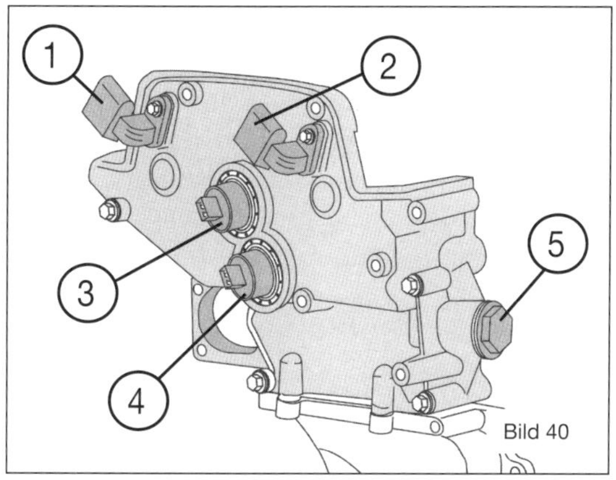

Bild 40

Montage am Steuergehäusedeckel oben.

1 Nockenwellensensor Einlassnockenwelle

2 Nockenwellensensor Auslassnockenwelle

3 Ventil für den Nockenwellenversteller Einlassnockenwelle

4 Ventil für den Nockenwellenversteller Auslassnockenwelle

5 Steuerkettenspanner

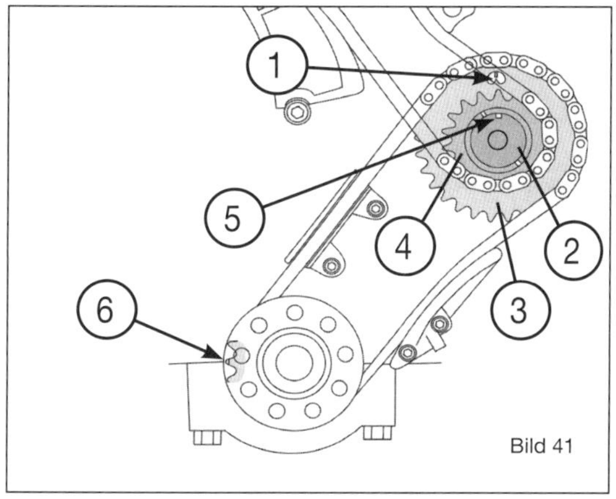

Bild 41

Steuerkette unten.

1 Markierung großes Zahnriemenrad an der Anlaufscheibe der Zwischenwelle

2 Zwischenwelle

3 Großes Zahnriemenrad

4 Kleines Zahnriemenrad

5 Nut Zwischenwelle

6 Angeschliffener Zahn

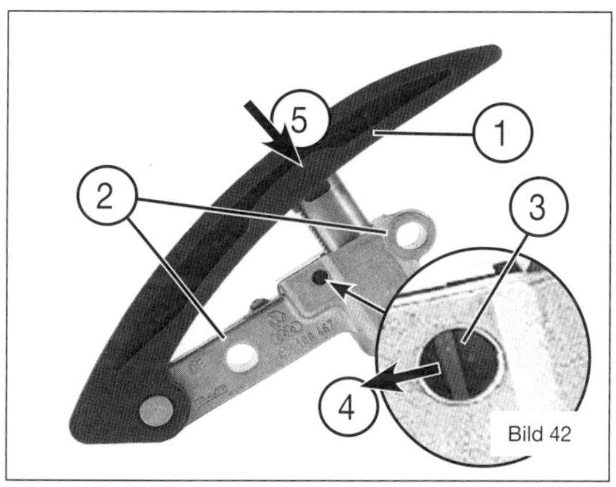

Bild 42

Steuerkettenspanner Steuerkette unten.

1 Spannschiene

2 Verschraubungen am Motorblock

3 Sicherung Steuerkettenspanner

4 Bewegungsrichtung zum Entsichern

5 Bewegungsrichtung zum Zusammendrücken

■ Montieren Sie das kleine Kettenrad (4) auf der Zwischenwelle.

☞ Es kann nur in einer Stellung auf der Zwischenwelle montiert werden.

■ Ersetzen Sie die Zentralschraube der Kettenräder für Zwischenwelle.

■ Ziehen Sie die Schraube handfest an.

■ Entriegeln Sie die Sperrverzahnung (3 im Bild 42) des Steuerkettenpanners, drücken hierbei den Steuerkettenspanner zusammen (5) und montieren Sie in wieder (2).

☞ Sobald der Steuerkettenspanner losgelassen wird, spannt er die Steuerkette unten.

Zylinderkopfhaube (Ventildeckel) am 1,8-l-Motor

■ Die Motorabdeckung oben wie bereits zu Anfang des Kapitels beschrieben abbauen.
■ Demontieren Sie das Luftführungsrohr oben zum Ladeluftkühler.
■ Entsichern Sie den Steckkontakt und ziehen Sie den Stecker zum Nockenwellengeber ab.
■ Demontieren Sie die Zahnriemenabdeckung oben.
■ Demontieren Sie das Umluftventil für den Turbolader und den Unterdruck-Vorratsbehälter von der Zylinderkopfhaube.
■ Bauen Sie die Unterdruckleitung zum Magnetventil des Aktivkohlebehälters vom Drosselklappenstutzen ab.
■ Schrauben Sie die Halter der Unterdruckleitung ab und legen Sie sie zur Seite.
■ Demontieren Sie den Schlauch der Kurbelgehäuseentlüftung vom Ventildeckel (Zylinderkopfhaube).
■ Bauen Sie den Halter für das Luftführungsrohr oben ab.
■ Schrauben Sie die Halteleiste für Wärmeschutzmanschette am Ventildeckel ab.
■ Demontieren Sie die Masseleitung der Zündspulen am Ventildeckel.
■ Ziehen Sie die elektrischen Steckverbindungen von den Zündspulen ab und legen Sie die elektrischen Leitungen aus dem Arbeitsbereich heraus.
■ Demontieren Sie die Zündspulen.

Es wurden unterschiedliche Zündspulen verbaut. Die geschraubten Varianten müssen abgeschraubt und gerade nach oben herausgezogen werden. Die gesteckten Varianten müssen mit einem Abzieher (VW T40039) heraus gezogen werden.

■ Drehen Sie die Muttern (7-1) heraus und nehmen Sie den Ventildeckel (Zylinderkopfhaube) ab.

Die Montage erfolgt sinngemäß in umgekehrter Reihenfolge.
■ Prüfen Sie den Zustand der Dichtung.
■ Versehen Sie Übergänge und Kanten der Dichtflächen für den Ventildeckel mit etwas Silikondichtmasse (1 in den Bildern 44 und 45).
■ Drehen Sie die Muttern (1-7) zuerst handfest an und ziehen Sie anschließend in der gleichen Reihenfolge mit 10 Nm fest.

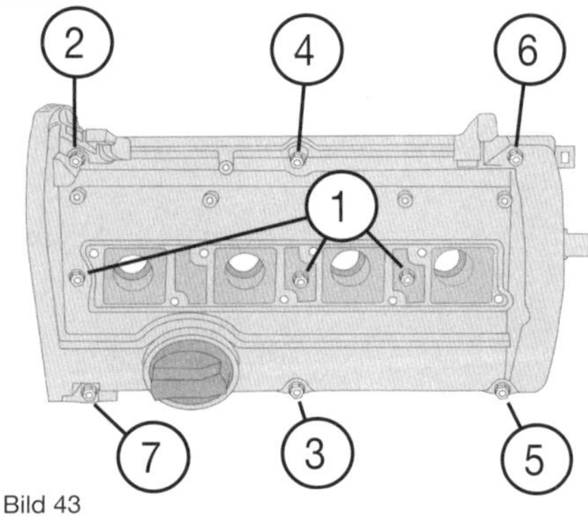

Bild 43
Ventildeckel (Zylinderkopfhaube) am 1,8-l-Motor.
1-7 Anzugsreihenfolge Ventildeckelschrauben
7-1 Lösereihenfolge Ventildeckelschrauben

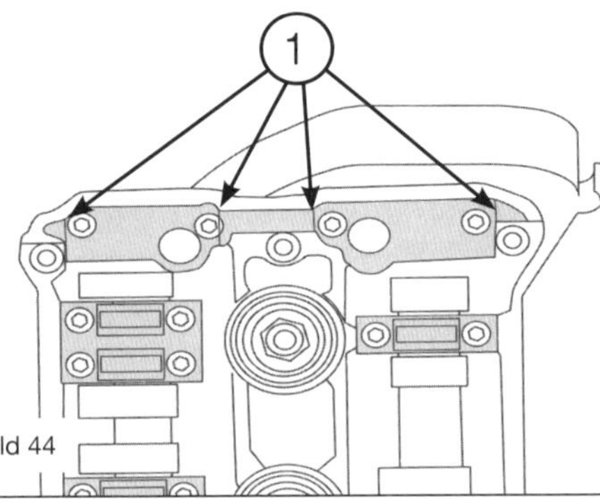

Bild 44
Übergänge der Dichtfläche am Ventildeckel (Zahnriemenseitig) beim 1,8-l-Motor.
1 Dichtmasse an den Übergangsstellen

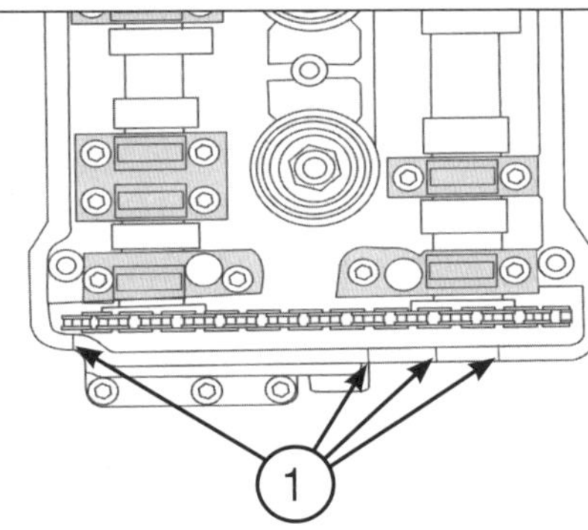

Bild 45
Übergänge der Dichtfläche am Ventildeckel (Steuerkettenseitig) beim 1,8-l-Motor.
1 Dichtmasse an den Übergangsstellen

Zylinderkopfhaube (Ventildeckel) am 3,2-l-Motor

Die Demontage des Ventildeckels am VR6-Motor haben wir bereits im Rahmen der Demontagearbeiten der Steuerkette in diesem Kapitel unter der Überschrift »Demontage des Ventildeckels« beschrieben.

Zylinderkopf am 1,8-l-Motor

■ Lassen Sie das Kühlmittel ab. Die erforderlichen Schritte hierzu stellen wir Ihnen im Kapitel 6 im Detail vor.

■ Demontieren Sie die Halter vor dem Saugrohr und ziehen Sie sie vom Führungsrohr für den Ölpeilstab ab.
■ Lösen Sie den Kühlmittelschlauch von der Halteplatte und legen Sie die Halteplatte zusammen mit den angeschlossenen Schläuchen zur Seite.
■ Soweit verbaut, bauen Sie den Abgastemperaturgeber vom Ansaugrohr ab.
■ Lösen Sie den Schlauch zur Kurbelgehäuseentlüftung.
■ Schrauben Sie die Saugrohrstütze am Ansaugrohr ab.
■ Drehen Sie die Verschraubungen am Zylinderkopf ab und nehmen Sie das Saugrohr vom Zylinderkopf ab.

Verschließen Sie alle Öffnungen mit fusselfreien Lappen.

■ Soweit vorhanden, bauen Sie den Luftführungsschlauch zur Sekundärluftpumpe vom Luftfiltergehäuse ab.
■ Demontieren Sie den Luftführungsschlauch vom Luftmassenmesser.
■ Entsichern Sie die Steckkontakte und trennen Sie die elektrische Steckverbindung am Luftmassenmesser.
■ Lösen Sie die beiden Schrauben und nehmen Sie das Luftfiltergehäuse heraus.
■ Demontieren Sie das Druckregelventil der Kurbelgehäuseentlüftung und das mechanische Umluftventil von der Luftführung.
■ Trennen Sie die Schlauchverbindung am Rückschlagventil zum Aktivkohlebehälter.
■ Entsichern Sie die elektrische Steckverbindung am Magnetventil für Ladedruckbegrenzung und ziehen Sie sie ab.
■ Bauen Sie beide Schläuche vom Magnetventil für Ladedruckbegrenzung ab.
■ Demontieren Sie die Luftführung vom Stutzen des Abgasturboladers und legen Sie ihn frei.
■ Bauen Sie das Luftführungsrohr zum Ladeluftkühler oben aus.
■ Lösen Sie die Verschraubungen des Turboladers am Abgaskrümmer und drehen Sie sie heraus.
■ Soweit verbaut, entsichern Sie den Steckkontakt und ziehen Sie den Anschlussstecker der Nockenwellenverstellung ab.
■ Bauen Sie den Kühlmittelflansch links am Zylinderkopf ab und legen Sie ihn zusammen mit den Kühlschläuchen zur Seite.
■ Demontieren Sie, wie bereits in diesem

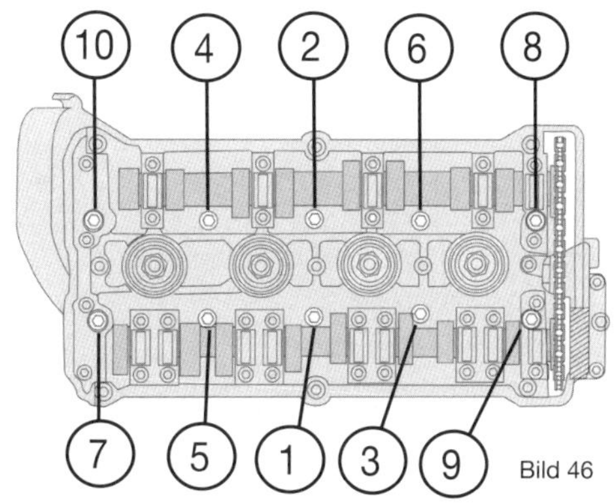

Bild 46

Bild 46
Zylinderkopfschrauben am 1,8-l-Motor.
1-10 Anzugsreihenfolge Zylinderkopfschrauben
10-1 Lösereihenfolge Zylinderkopfschrauben

Kapitel beschrieben, den Zahnriemen.
■ Demontieren Sie, wie bereits in diesem Kapitel beschrieben, den Ventildeckel (Zylinderkopfhaube.
■ Lösen Sie die Zylinderkopfschrauben (10-1 im Bild 46).

Die Montage erfolgt sinngemäß in umgekehrter Reihenfolge.
■ Ziehen Sie die Zylinderkopfschrauben in der Reihenfolge 1-10 zuerst mit 40 Nm an.
■ Ziehen Sie die Zylinderkopfschrauben in der Reihenfolge 1-10 um 90° weiter fest.
■ Ziehen Sie die Zylinderkopfschrauben in der Reihenfolge 1-10 um weitere 90° weiter fest.

Verwenden Sie grundsätzlich neue Zylinderkopfschrauben.

■ Reinigen Sie die Dichtflächen gründlich, vermeiden Sie lang gezogene Riefen.

Kontrollieren Sie, dass sich keine Rückstände in den Gewindebohrungen der Zylinderkopfschrauben befinden.

■ Führen Sie nach Abschluss der Arbeiten einen Ölwechsel mit Filter durch.

Schraubertipp: Risse im Zylinderkopf

Zylinderköpfe mit Rissen zwischen den Ventilsitzen bzw. zum Zündkerzengewinde können ohne Herabsetzung der Lebensdauer weiterverwendet werden:

■ Wenn der Anriss maximal 0,3 mm Breite aufweist

■ Wenn der Anriss nur die ersten 4 Gewindegänge des Kerzengewindes betrifft.

■ Erneuern Sie das Kühlmittel.
■ Prüfen Sie die Dichtigkeit beim Warmlaufen und nach einer Probefahrt.

Zylinderkopf am 3,2-l-VR6-Motor

■ Lassen Sie das Kühlmittel ab. Die erforderlichen Arbeitsschritte stellen wir Ihnen im Kapitel 6 im Detail vor.

Die nächsten Arbeitsschritte haben wir Ihnen im Rahmen der Arbeiten an der Steuerkette unter der Überschrift »Demontage des Ansaugrohrs« beschrieben.

■ Bauen Sie das Ansaugrohr aus. Demontieren Sie den Ventildeckel (Zylinderkopfhaube).
■ Nehmen Sie die Steuerkette zumindest von den Kettenrädern (Nockenwellenverstellern) ab oder bauen Sie sie aus.
■ Bauen Sie die Entkopplungselemente (Flexstücke) zusammen mit dem Abgasvorrohr aus.
■ Reinigen Sie den Bereich um den Zylinderkopf zum Motorblock gründlich.
■ Drehen Sie die Schrauben in der Reihenfolge 20-1 im Bild 47 los.
■ Heben Sie den Zylinderkopf mit einem Motorheber oder einem zweiten Mechaniker vom Zylinderblock ab.

Die Montage erfolgt sinngemäß in umgekehrter Reihenfolge.
■ Ziehen Sie die Zylinderkopfschrauben in der Reihenfolge 1-20 zuerst mit 30 Nm an.
■ Ziehen Sie die Zylinderkopfschrauben in der Reihenfolge 1-20 mit 50 Nm nach.
■ Ziehen Sie die Zylinderkopfschrauben in der Reihenfolge 1-20 um 90° weiter fest.

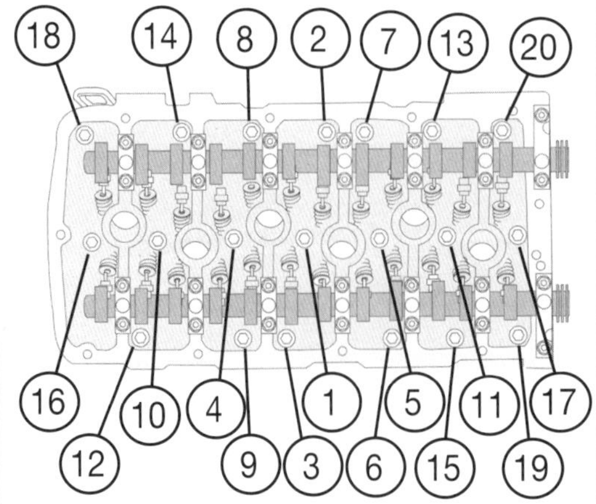

Bild 47

Bild 47
Zylinderkopfschrauben am 3,2-l-Motor.
1-20 Anzugsreihenfolge Zylinderkopfschrauben
20-1 Lösereihenfolge Zylinderkopfschrauben

■ Ziehen Sie die Zylinderkopfschrauben in der Reihenfolge 1-20 um weitere 90° weiter fest.

Verwenden Sie grundsätzlich neue Zylinderkopfschrauben.

■ Reinigen Sie die Dichtflächen gründlich, vermeiden Sie lang gezogene Riefen.

Kontrollieren Sie, dass sich keine Rückstände in den Gewindebohrungen der Zylinderkopfschrauben befinden.

■ Führen Sie nach Abschluss der Arbeiten einen Ölwechsel mit Filter durch.

Arbeiten an den Nockenwellen

Demontage der Nockenwellen beim 1,8-l-Motor

Der Zylinderkopf muss nicht unbedingt ausgebaut werden.
■ Demontieren Sie den Zahnriemen, wie bereits beschrieben.
■ Drehen Sie den Motor an der Kurbelwelle etwa 45° zurück.

Stehen die Kolben in OT-Stellung, kann beim Verdrehen der Nockenwelle ein Ventil anstoßen und sich verziehen.

Die Demontage der Nockenwellen haben wir unter der Überschrift »Steuerkette zwischen den Nockenwellen am 1,8-l-Motor« beschrieben.

Demontage der Nockenwellen beim 3,2-l-Motor

Der Zylinderkopf muss nicht unbedingt ausgebaut werden. Der Arbeitsumfang fällt aber trotzdem nicht gering aus. Nach den Herstellerunterlagen muss der Motor ausgebaut werden.

■ Lassen Sie das Motoröl ab.
■ Lassen Sie das Kühlmittel ab. Die Arbeitsschritte stellen wir Ihnen im Kapitel 6 genauer vor.
■ Bauen Sie den Motor aus. Die Arbeitsschritte hierzu stellen wir Ihnen am Ende dieses Kapitels genauer vor.
■ Flanschen Sie das Getriebe ab.
■ Bauen Sie die Schwungscheibe ab.

Die Arbeitsbeschreibungen zu Kupplung und Getriebe finden Sie im Kapitel 10 dieses Buches.

■ Demontieren Sie die Halter vor dem Saugrohr und ziehen Sie sie vom Führungsrohr für den Ölpeilstab ab.

■ Lösen Sie den Kühlmittelschlauch von der Halteplatte und legen Sie die Halteplatte zusammen mit den angeschlossenen Schläuchen zur Seite.
■ Soweit verbaut, bauen Sie den Abgastemperaturgeber vom Ansaugrohr ab.
■ Lösen Sie den Schlauch zur Kurbelgehäuseentlüftung.
■ Schrauben Sie die Saugrohrstütze am Ansaugrohr ab.
■ Drehen Sie die Verschraubungen am Zylinderkopf ab und nehmen Sie das Saugrohr vom Zylinderkopf ab.
■ Bauen Sie den Ventildeckel ab.
■ Drehen Sie den Motor auf Zünd-OT.
■ Demontieren Sie das Thermostatgehäuse.
■ Bauen Sie die Ölwanne ab.
■ Kennzeichnen Sie die Anschlusskabel zu den Hallgebern (1 und 2 im Bild 48) der Nockenwellen und den Steuerventilen der Nockenwellenversteller (3 und 4).
■ Entsichern Sie die Steckkontakte und ziehen Sie sie ab.
■ Bauen Sie den Kettenspanner (5) aus.
■ Demontieren Sie den Steuergehäusedeckel oben, wie bereits beschrieben.
■ Demontieren Sie den Steuergehäusedeckel unten, wie bereits beschrieben.
■ Markieren Sie die Laufrichtung der Steuerketten mit einem geeigneten und gut sichtbaren Filz- oder Lackstift.
■ Drehen Sie die Schrauben (11 im Bild 49) heraus und nehmen Sie die Führungsschiene heraus.

Tipp: Nehmen Sie das Nockenwellenlineal aus den Nuten der Nockenwellen für die OT-Stellung heraus.

■ Halten Sie mit einem Gabelschlüssel die Einlassnockenwelle auf dem Sechskant der Nockenwelle gegen und lösen Sie die Zentralschraube des Nockenwellenverstellers für die Einlassnockenwelle (1).
■ Nehmen Sie den Nockenwellenversteller für die Einlassnockenwelle (1) ab.
■ Halten Sie mit einem Gabelschlüssel die Auslassnockenwelle auf dem Sechskant der Nockenwelle gegen und lösen Sie die Zentralschraube des Nockenwellenverstellers für die Auslassnockenwelle (1).
■ Nehmen Sie den Nockenwellenversteller für die Auslassnockenwelle (1) ab.
■ Legen Sie die Steuerkette auf der Führungsschiene oben (2) ab.

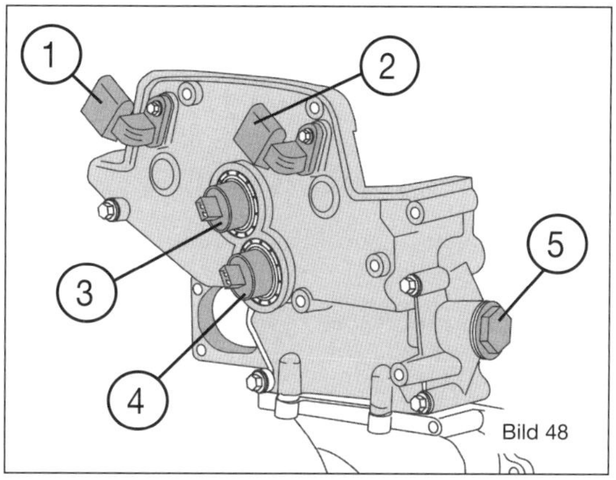

Bild 48
Montage am Steuergehäusedeckel oben.
1 Nockenwellensensor Einlassnockenwelle
2 Nockenwellensensor Auslassnockenwelle
3 Ventil für den Nockenwellenversteller Einlassnockenwelle
4 Ventil für den Nockenwellenversteller Auslassnockenwelle
5 Steuerkettenspanner

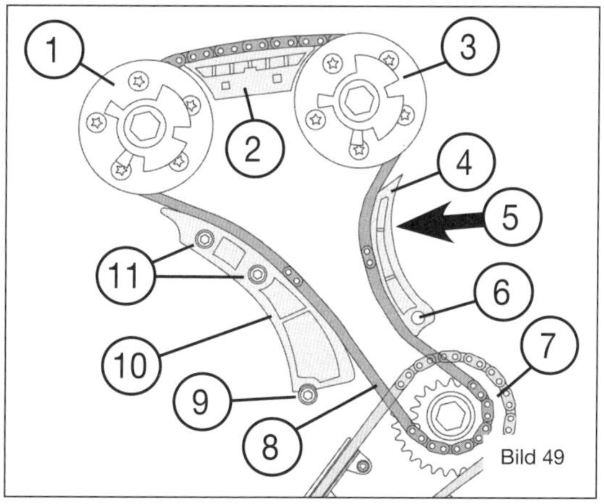

Bild 49
Steuerketten 3,2-l-Motor.
1 Nockenwellenversteller Einlassnockenwelle
2 Führungsschiene oben
3 Nockenwellenversteller Auslassseite
4 Spannschiene Steuerkette Nockenwellen
5 Steuerkettenspanner
6 Lagerbolzen Spannschiene
7 Doppelrad Zwischenwelle
8 Steuerkette zu den Nockenwellen
9 Führungsbolzen
10 Führungsschiene
11 Schrauben

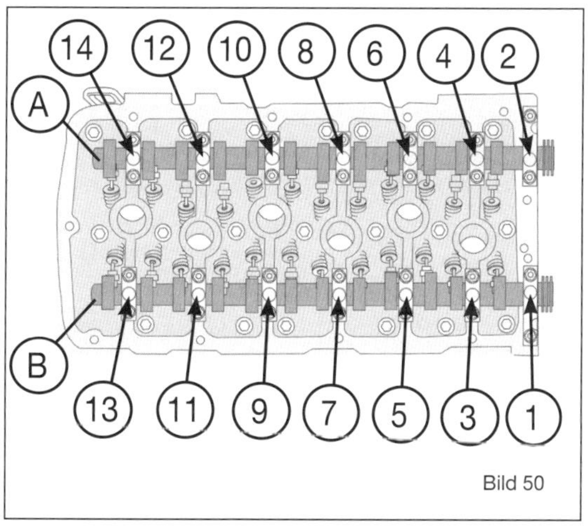

Bild 50
Nockenwellenlager am 3,2-l-Motor.
A Einlassnockenwelle
B Auslassnockenwelle
1-14 Nummerierung der Nockenwellenlager

■ Drehen Sie die vier Schrauben des Steuergehäuses am Zylinderkopf heraus.
■ Ziehen Sie das Steuergehäuse vorsichtig von der Dichtfläche am Zylinderkopf und den Nockenwellen ab.

Tipp: Die Nummerierung auf Lagerdeckeln steht in der dargestellten Einbaulage auf dem Kopf. Sie sind also von der Einlassseite lesbar. Zusätzlich zeigt die Nase der Lagerdeckel nach außen.

■ Demontieren Sie die beiden Lagerdeckel (1 und 13 im Bild 50).

■ Demontieren Sie die beiden Lagerdeckel (3 und 11).
■ Demontieren Sie den Lagerdeckel (7).
■ Lösen Sie die beiden Lagerdeckel (5) und (9) abwechselnd über Kreuz und nehmen Sie sie ab.
■ Nehmen Sie die Einlassnockenwelle (A) heraus.
■ Demontieren Sie die beiden Lagerdeckel (2 und 14).
■ Demontieren Sie die beiden Lagerdeckel (4 und 12).
■ Demontieren Sie den Lagerdeckel (8).
■ Lösen Sie die beiden Lagerdeckel (6 und 10) abwechselnd über Kreuz und nehmen Sie sie ab.
■ Nehmen Sie die Auslassnockenwelle (B) heraus.

Die Montage erfolgt sinngemäß in umgekehrter Reihenfolge.
■ Drehen Sie den Motor an der Kurbelwelle etwas zurück. Kein Kolben darf sich in der OT-Stellung befinden.

⚠ Stehen die Kolben in OT-Stellung, kann beim Verdrehen der Nockenwelle ein Ventil an einen Kolben anstoßen.

⚠ Nach dem Einbau der Nockenwellen darf der Motor etwa eine halbe Stunde nicht gestartet werden. Die hydraulischen Ausgleichelemente (Hydrostößel) müssen sich setzen, da sonst die Ventile auf den Kolben aufsetzen können.

☞ Nach den Arbeiten am Ventiltrieb den Motor mindestens zwei Umdrehungen vorsichtig durchdrehen um sicherzustellen, dass kein Ventil beim Starten auf einem Kolben aufsetzt.

👁 Die EInlassnockenwelle trägt die Kennnummer »022 101«. Die Auslassnockenwelle die Kennnummer »022 102«.

👁 Achten Sie darauf, dass die Schlepphebel auf dem jeweiligen Ventilschaft aufliegen und im jeweiligen Hydrostößel eingeclipst sind.

☞ Die Lagerdeckel 7 und 8 übernehmen Seitenführungsaufgaben. Streichen Sie die Lagerdeckel seitlich leicht mit dem Festschmierstoff (VW G052 723 A2) ein.

■ Tragen Sie etwas Öl auf die Lagerstellen auf und legen Sie die Einlassnockenwelle (A im Bild 47) in den Zylinderkopf ein.
■ Montieren Sie die beiden Lagerdeckel (5 und 9), ziehen Sie sie abwechselnd über Kreuz mit 5 Nm an.
■ Ziehen Sie die Lagerdeckel (5 und 9) mit einem Drehwinkel von 45° nach.
■ Montieren Sie die beiden Lagerdeckel (1 und 13), ziehen Sie sie mit einem Drehmoment von 5 Nm an und mit einem Drehwinkel von 45° nach.
■ Montieren Sie den Lagerdeckel (7), ziehen Sie sie mit einem Drehmoment von 5 Nm an und mit einem Drehwinkel von 45° nach.
■ Montieren Sie die beiden Lagerdeckel (3 und 11), ziehen Sie sie mit einem Drehmoment von 5 Nm an und mit einem Drehwinkel von 45° nach.
■ Tragen Sie etwas Öl auf die Lagerstellen auf und legen Sie die Auslassnockenwelle (B im Bild 47) in den Zylinderkopf ein.
■ Montieren Sie die beiden Lagerdeckel (6 und 10), ziehen Sie sie abwechselnd über Kreuz mit 5 Nm an.
■ Ziehen Sie die Lagerdeckel (2 und 14) mit einem Drehwinkel von 45° nach.
■ Montieren Sie den Lagerdeckel (8), ziehen Sie sie mit einem Drehmoment von 5 Nm an und mit einem Drehwinkel von 45° nach.
■ Montieren Sie die beiden Lagerdeckel (4 und 12), ziehen Sie sie mit einem Drehmoment von 5 Nm an und mit einem Drehwinkel von 45° nach.
■ Bringen Sie die beiden Nockenwellen wieder in die OT-Stellung und legen Sie das Nockenwellenlineal ein (siehe Bild 39).
■ Demontieren Sie das Filtersieb im Steuergehäuse und reinigen Sie es vor der Wiedermontage.
■ Ölen Sie die Anlagestellen der Wellendichtringe leicht ein und schieben Sie das Steuergehäuse vorsichtig auf die Nockenwellen auf.

Prüfen des Axialspiels der Nockenwellen

☞ Für die Prüfung sind erhebliche Vorarbeiten erforderlich. Grundsätzlich sollten Sie diese Prüfung aufgrund der Demontagearbeiten immer dann durchführen, wenn Sie Arbeiten am Zylinderkopf oder an den Nockenwellen durchführen.

Vorarbeiten beim 1,8-l-Motor:
■ Bauen Sie die Nockenwellen wie beschrieben aus und nehmen Sie die Hydrostößel heraus.

Vorarbeiten beim 3,2-l-VR6-Motor:
■ Bauen Sie die Nockenwellen wie beschrieben aus und nehmen Sie die Hydrostößel und die Schlepphebel heraus.

Weiter für alle Motoren:
■ Befestigen Sie einen Messuhrhalter (3 im Bild 51) am Nockenwellengehäuse (2) und richten Sie die Messuhr (4) wie im Bild 51 gezeigt aus.
■ Drücken Sie die Nockenwelle von Hand nach außen (5) und stellen Sie die Messuhr (4) auf Null.
■ Drücken (5) Sie die Nockenwelle (19 von Hand nach innen und lesen Sie den Messwert auf der Messuhr ab.

Das Axialspiel der Nockenwellen darf höchstens 0,20 mm beim 1,8-l-Motor und 0,10 mm beim 3,2-l-Motor betragen.

Prüfungen an der Nockenwelle
Auch die Nockenwelle unterliegt dem Verschleiß, oftmals finden sich bereits durch genaues Betrachten Mängel, die natürlich auch entsprechend bewertet werden müssen.

Optische Kontrolle der Lagerstellen (Bild 52):
■ Kontrollieren Sie alle Lagerstellen der Nockenwelle im Zylinderkopf und auch an der Nockenwelle auf Schäden wie Klemmspuren und Grate.
■ Liegen Beschädigungen vor, müssen die entsprechenden Bauteile ersetzt werden.

Kontrolle der Tassenstößel und der Nockenflanken:
■ Ziehen Sie jeden Hydrostößel aus seiner Bohrung im Zylinderkopf heraus und prüfen Sie die Leichtgängigkeit im Zylinderkopf und auf mögliche Klemm- oder Fressspuren.
■ Achten Sie auf der Stößelfläche auf mögliche Schäden oder Verschleißspuren.

Die Tassenstößel müssen grundsätzlich in der alten Position verbaut werden.

■ Kontrollieren Sie die Nockenflanken auf Verschleißspuren oder Grate.
■ Liegen Beschädigungen vor, müssen die entsprechenden Bauteile ersetzt werden.

Kontrolle des Ventilspiels:
Die Motoren im Audi TT sind alle mit hydraulischen Ventilspiel-Ausgleichs-Elementen

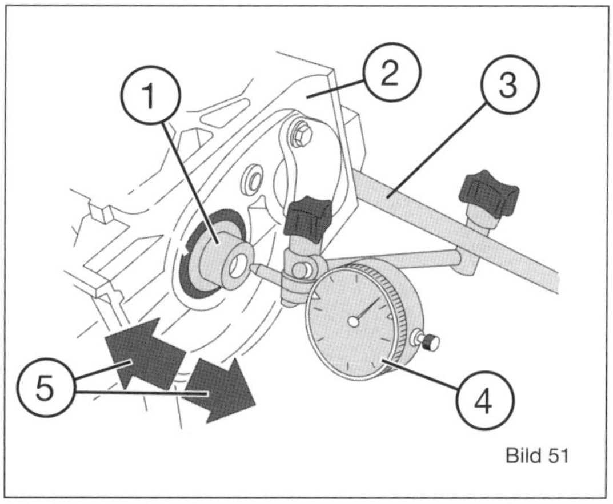

Bild 51

Bild 51
Axialspielmessung an der Nockenwelle.
1 Nockenwelle
2 Nockenwellengehäuse
3 Messuhrhalter
4 Messuhr
5 Spielprüfung

Bild 52

Bild 52
Eingelaufene Nockenwelle.

(kurz Hydrostößel) ausgerüstet. Rasselnde Geräusche können von der Steuerkette, dem Steuerkettenspanner und natürlich auch von den Hydrostößeln verursacht werden. Das Ventilspiel ist nicht einstellbar.

Wechsel der beiden Nockenwellendichtringe am 1,8-l-Motor
Es sind zahnriemenseitig zwei Dichtringe verbaut. Der Dichtring der Auslassnockenwelle sitzt hinter dem Zahnriemenrad. Der Dichtring der Einlassnockenwelle hinter dem Nockenwellensensor.

Dichtring der Auslassnockenwelle:

Die Wellendichtringe sollen bis auf die Dichtlippe grundsätzlich ohne Öl als Montagehilfe eingesetzt werden.

■ Stellen Sie den Motor auf die OT-Stellung und nehmen Sie den Zahnriemen wie beschrieben ab.
■ Lösen Sie die Zentralschraube des Nockenwellenrades mit Hilfe eines Gegenhalters und ziehen Sie es ab.
■ Drehen Sie zur Führung des Dichtringausziehers (VAG 2085) die Zentralschraube des Nockenwellenrades handfest bis zum

Sichtprüfung Messen

Anschlag in die Nockenwelle hinein.

■ Drehen Sie das Innenteil des Dichtringausziehers (VAG 2085) zwei Umdrehungen (etwa 3 mm) aus dem Außenteil heraus und arretieren Sie das Innenteil mit der Rändelschraube.

■ Ölen Sie den Gewindekopf des Dichtringausziehers (VAG 2085) ein, setzen Sie ihn unter kräftigem Druck so weit wie möglich in den Dichtring ein und schrauben ihn hinein.

■ Lösen Sie die Rändelschraube und drehen Sie das Innenteil des Dichtringausziehers gegen die Nockenwelle, bis der Dichtring aus dem Zylinderkopf herausgezogen ist.

■ Entfernen Sie den Dichtring mit einer Zange.

■ Reinigen Sie die Lauf- und Dichtfläche an Zahnriemen und Zylinderkopf.

■ Drehen Sie die Zentralschraube des Nockenwellenrades heraus.

■ Stecken Sie die Führungshülse (VAG T10071/1) auf die Nockenwelle auf.

☞ Ölen Sie die Führungshülse nicht ein und schieben Sie den Dichtring über die Führungshülse auf die Nockenwelle auf.

■ Nehmen Sie die Führungshülse (VAG T10071/1) von der Nockenwelle ab.

Die weitere Montage erfolgt sinngemäß in umgekehrter Reihenfolge.

■ Drehen Sie den Motor an der Kurbelwelle etwas zurück. Kein Kolben darf sich in der OT-Stellung befinden.

⚠ Stehen die Kolben in OT-Stellung, kann beim Verdrehen der Nockenwelle ein Ventil an einen Kolben anstoßen.

☞ Beachten Sie die Steuerzeiten wie bereits in diesem Kapitel beschrieben.

Dichtring der Einlassnockenwelle:

■ Demontieren Sie die Motorabdeckung oben.

■ Demontieren Sie die Abdeckung rechts über dem Ausgleichsbehälter.

■ Entsichern Sie die Steckkontakte und ziehen Sie die Steckverbindung zum Nockenwellengeber ab.

■ Bauen Sie die Zahnriemenabdeckung oben wie bereits beschrieben ab.

■ Demontieren Sie den Nockenwellengeber am Zylinderkopf.

■ Drehen Sie zur Führung des Dichtringausziehers (VAG 2085) die Schraube (VAG 2085/1) handfest bis zum Anschlag in die Nockenwelle hinein.

■ Drehen Sie das Innenteil des Dichtringausziehers (VAG 2085) zwei Umdrehungen (etwa 3 mm) aus dem Außenteil heraus und arretieren Sie das Innenteil mit der Rändelschraube.

■ Stecken Sie die Führungshülse (VAG T10071/5) auf die Nockenwelle auf.

☞ Ölen Sie die Führungshülse nicht ein und schieben Sie den Dichtring über die Führungshülse auf die Nockenwelle auf.

■ Nehmen Sie die Führungshülse (VAG T10071/5) von der Nockenwelle ab.

■ Pressen Sie den Dichtring mit der Druckhülse (VAG T10071/3) und einer Schraube (M8x60) bis zum Anschlag ein.

Die weitere Montage erfolgt sinngemäß in umgekehrter Reihenfolge.

Kompressionsdruck prüfen

Die Prüfwerte des Kompressionsdrucks in den einzelnen Zylindern zeigen an, ob der Motor sich noch in einem guten mechanischen Zustand befindet oder ob er für einen Austausch reif ist, zumindest aber komplett überholt werden muss.

☞ Zur Prüfung werden ein Kompressionsdruck-Prüfgerät, ein Zündkerzenschlüssel sowie ein Drehmomentschlüssel 5 bis 50 Nm benötigt.

⚠ Die Motoröltemperatur muss mindestens 30 °C und die Batteriespannung mindestens 11,5 V betragen.

Vorbereitung und Druckprüfung

■ Motorabdeckungen oben oder den Luftfilterkasten ausbauen, um den Zugang zu den Glühkerzen und den Anschlüssen zu den Glühkerzen zu ermöglichen.

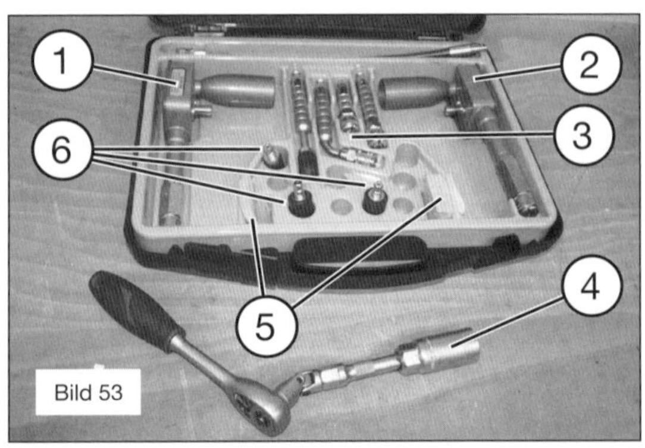

Bild 53
Kompressionsdruckschreiber.
1 Schreiber für Dieselmotoren
2 Schreiber für Ottomotoren
3 Verlängerungen
4 Knarre mit Kerzenschlüssel
5 Schreiberkarten für Otto- und Dieselmotoren
6 Dichtkonus für das Andrücken auf die Kerzenbohrungen im Zylinderkopf

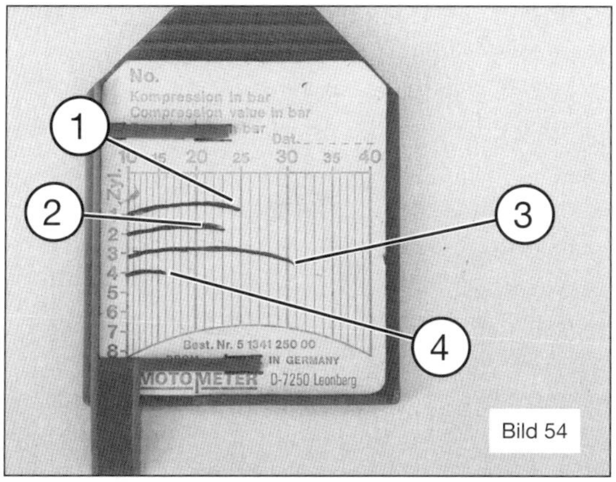

Bild 54

Bild 54
Auswertung des Schreiberkärtchens. Der gemessene Druck sollte bei etwa 23 - 30 bar liegen und zwischen den einzelnen Zylindern höchstens 1,5 bar abweichen.
1 Abgelesener Druck 25 bar
2 Abgelesener Druck 23 bar
3 Abgelesener Druck 32 bar
4 Abgelesener Druck 16 bar

- Die Steckkontakte aller Glühkerzen abziehen und die Anschlusskabel zur Seite legen.
- Alle Glühkerzen ausbauen.
- Soweit erforderlich, die Drossel- oder Abstellklappe im Ansaugtrakt öffnen. Der Luftansaugweg muss frei sein.
- Den Kompressionsdruck mit Kompressionsdruck-Prüfgerät prüfen. Die Handhabung des Prüfgerätes ist in der jeweiligen Bedienungsanleitung beschrieben.
- Den Anlasser so lange betätigen, bis kein Druckanstieg mehr vom Prüfgerät angezeigt wird. Der Höchstdruck sollte spätestens nach 12 bis 15 Umdrehungen erreicht sein.

Auswertung

- Werten Sie die Schreiberkarte oder die Messergebnisse (Bild 54) aus:

Der Druck sollte beim Otto-Motor zwischen 11 und 14 bar liegen und beim TDI-Motor zwischen 20 und 31 bar.

Der Druckunterschied zwischen einzelnen Zylindern (höchster und niedrigster) darf höchstens 3,0 bar betragen.

- Fallen die Messergebnisse deutlich anders aus, sollte mittels Druckverlustprüfung die Undichtigkeit des Brennraums genauer lokalisiert oder der Motor für eine genauere Diagnose zerlegt werden.

Rückbau und in Betrieb setzen

- Glühkerzen mit dem Glühkerzenschlüssel einschrauben und mit dem richtigen Drehmoment festziehen.
- Der weitere Zusammenbau erfolgt sinngemäß in entgegengesetzter Reihenfolge zum Ausbau.
- Fehlerspeicher abfragen und ggf. vorhandene Fehler beheben, danach Fehlerspeicher löschen.

Druckverlusttest

Oft schon vergessen war er schon vor einigen Jahrzehnten bekannt. Da der Tester in den meisten Werkstätten nicht mehr oder kaum noch zum Einsatz kommt, lässt sich ab und an ein solches Gerät auch von Bosch (Bild 55) schon mal günstig erstehen. 25 bis 150 Euro werden es dann meist. Auch mit diesem Gerät wird die Dichtheit des Zylinders bewertet. Nur dass nicht der Motor den Druck aufbringt, sondern der Motor mit Luftdruck aus dem Tester beaufschlagt wird. Undichtheiten können nun zum einen zahlenmäßig erfasst und zum anderen »erhört« werden. Die Diagnose fällt deshalb deutlich präziser aus als das Ergebnis des Kompressionstests.

Vorbereitung

- Bauen Sie alle Glühkerzen aus.
- Schalten Sie die Zündung aus.
- Prüfen Sie, ob die Steuerzeiten in Ordnung sind.
- Schließen Sie den Druckverlustprüfer an die Druckluftversorgung Ihrer Werkstatt an.
- Stimmen Sie den Druckschreiber auf den Kompressordruck Ihrer Werkstatt ab.
- Wählen Sie den passenden Gewindeadapter und den Anschlussschlauch für den Druckverlusttest aus.
- Stellen Sie Radio und andere Lärmquellen ab.
- Verdrehen Sie den Motor so weit, bis er am Ende des Verdichtungstaktes oder am Anfang des Arbeitstaktes steht.
- Ertasten Sie vorsichtig den Kolbenboden mit einem OT-Finder (Bild 56) und verdrehen Sie den Motor bis zu Zünd-OT.
- Blockieren Sie den Motor (Gang einlegen, Handbremse anziehen). Sollten Sie den Motor mit einem passenden Schlüssel auf der

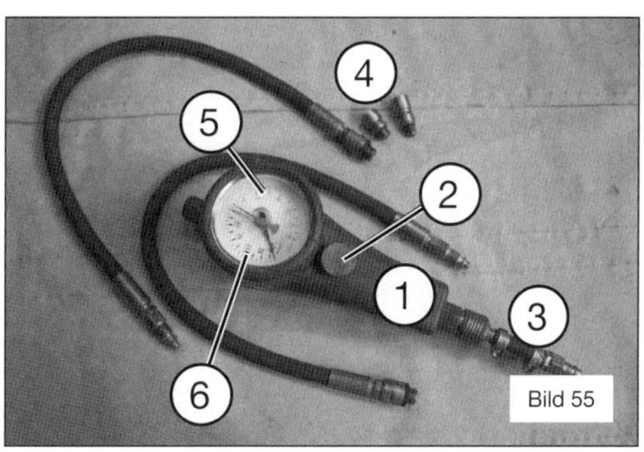

Bild 55

Bild 55
Meist recht günstig zu ersteigern: der Druckverlustprüfer.
1 Gehäuse
2 Einstellrad für Druckangleich
3 Anschlussschlauch Druckluftnetz
4 Prüfanschluss
5 Skala Messuhr Kompressionsdruck
6 Skala Messuhr Kompressionsdruck

Bild 56
Der OT-Finder. Auf dem Weg nach OT verdrängt der Kolben Luft und schiebt den Anzeigekolben im Gerät nach oben. Fällt er schlagartig ab, wurde der OT-Punkt überschritten.

Bild 57
Nicht verwechseln: Mit Ventil (1) ist er für den Kompressionstest gerüstet, ohne Ventil (2) für den Druckverlusttest.

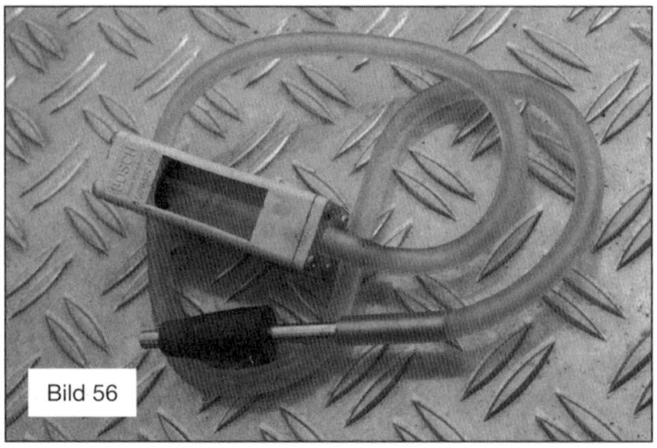
Bild 56

Kurbelwelle festhalten wollen, achten Sie darauf, dass sich der Motor verdrehen kann, sobald der Prüfdruck des Testers auf dem Kolben lastet. Er erzeugt ein nicht unbedeutendes Drehmoment, das Sie eventuell nicht von Hand halten können.

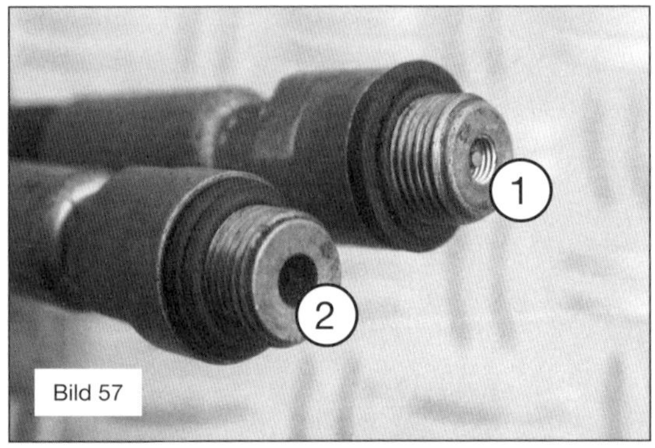

Bild 57

⚠ Es besteht Verletzungsgefahr an den Händen durch Abrutschen des Werkzeugs oder Klemmen!

Messung/Prüfung

■ Führen Sie den Anschlussschlauch des

Beschreibung (Bilder 58 und 59)	Toleranz	Ursache
Druckverlust zu groß: Zischgeräusch am Ansaugtrakt feststellbar, keine Zischgeräusche am Auspuff feststellbar.	Bis 15 % sind zulässig.	Einlassventil nicht sauber geschlossen, Einlassventil undicht, Einlassventil beschädigt; Steuerzeiten stimmen nicht, Motor steht nicht im Zünd-OT (Arbeitstakt).
Druckverlust zu groß: Zischgeräusche am Auspuff feststellbar, keine Zischgeräusche am Ansaugtrakt feststellbar.	Bis 15 % sind zulässig.	Auslassventil nicht sauber geschlossen, Auslassventil undicht, Auslassventil beschädigt, Steuerzeiten stimmen nicht, Motor steht nicht im Zünd-OT (Arbeitstakt).
Druckverlust zu groß: Zischgeräusche am Auspuff feststellbar, Zischgeräusche am Ansaugtrakt feststellbar.	Bis 15 % sind zulässig.	Beide Ventile nicht sauber geschlossen, beide Ventile undicht, beide Ventile beschädigt; Steuerzeiten stimmen nicht, Motor steht nicht im Zünd-OT (Arbeitstakt).
Druckverlust zu groß: keine Zischgeräusche am Auspuff feststellbar, keine Zischgeräusche am Ansaugtrakt feststellbar.	Bis 15 % sind zulässig.	Druckverlust über Kolben und Zylinder, Kolben und/oder Kolbenringe verschlissen oder defekt, Zylinderkopfdichtung defekt (während der Prüfung »blubbert« der Ausgleichsbehälter).

Bild 58
Druckverlust problematisch.

Bild 59
Druckverlust in Ordnung.

Bild 58

Bild 59

Druckverlusttesters zuerst in das Glühkerzen- oder Zündkerzenloch des 1. Zylinders ein.
■ Kuppeln Sie den Messschlauch an das Messgerät an.
■ Werten Sie jeden Zylinder einzeln, wie in der Tabelle beschrieben, aus.
■ Wiederholen Sie diesen Vorgang nun für alle Zylinder des Motors, Auswertung (Bilder 58 und 59).
■ Notieren Sie den angezeigten Druckverlust für jeden Zylinder einzeln.

Ein Druckverlust beim 4-Takt-Hubkolbenmotor ist bis zu 15 % zulässig. Über 15 % muss die Ursache gesucht werden.

■ Drehen Sie den Öldeckel ab und achten Sie auf Zischgeräusche aus dem Motorblock.
■ Legen Sie den Kopf auf den Luftfilter oder besser noch, entfernen Sie den Luftfilter und hören Sie, ob Zischgeräusche aus dem Ansaugtrakt wahrnehmbar sind.
■ Kontrollieren Sie auch am Auspuff, ob hier ein Luftstrom oder ein Zischgeräusch hörbar ist.

Verschleißmessung am Motor

Zugegeben, in der heutigen Zeit werden diese Arbeiten nur noch selten durchgeführt. Es ist aber nicht so, dass man die Verschleißmessung am Motor nicht mehr benötigen würde. Vielmehr wird sie oft aus Zeitgründen nicht mehr durchgeführt.

Im privaten Bereich legen wir nun aber eher Wert auf eine kostengünstige Reparatur und möchten gerne den Zustand unseres Gefährtes sicher dokumentieren. Sollten Sie den Motor einmal so weit zerlegt haben oder sind auf der Suche nach erhöhtem Ölverbrauch des Motors, können Sie, nachdem Zylinderkopf und Kolben demontiert wurden, den Motorblock ausmessen. Oftmals ist der Kolbenausbau auch am eingebauten Motor realisierbar. Schließlich müssen wir lediglich die Ölwanne abnehmen können, um die Pleuellager abschrauben zu können. Ob und wie weit die Laufleistung oder auch ungünstige Betriebszustände dem Motor zugesetzt haben, muss mit einigen einzelnen Messungen kontrolliert werden. Für die Messungen werden ein Innenmessgerät mit Innentaster, eine Messuhr, ein Messschieber, eine Fühlerlehre sowie eine Bügelmessschraube benötigt. Die Messung beschreibt den Zustand von Zylinder und Kolben. Das Zusammenspiel dieser Bauteile wird durch die Auswertung der Messergebnisse bewertet.

Messungen am Zylinder

Vorbereitung der Messungen:
■ Demontieren Sie den Zylinderkopf.
■ Reinigen Sie Zylinderlaufbahn und Kolben.
■ Messen Sie mit Hilfe des Messschiebers den Zylinderdurchmesser.

Legen Sie anhand dieses Maßes fest, welche Adaptionsstücke in das Innenmessgerät eingebaut werden müssen.

■ Montieren Sie das ausgewählte Adaptionsstück am Innenmessgerät.
■ Führen Sie die Messuhr in die Aufnahme ein. Festgezogen wird sie aber erst, nachdem die Voreinstellung durchgeführt wurde.
■ Richten Sie die Messuhr gerade in der Zylinderlaufbahn aus und stellen sie mit einer Vorspannung von 2 mm fest.
■ Richten Sie das Grundmaß (entweder das mit dem Messschieber ermittelte und gerundete oder ein vom Hersteller angegebenes) mit der Bügelmessschraube aus.
■ Führen Sie die Feinjustierung des Innenmessgerätes durch.

Messungen:
■ Als Nächstes wird nun das Innenmessgerät in den zu messenden Zylinder eingeführt. Die Messung der Zylinderbuchse soll den Verschleiß genau darstellen.

Da der Verschleiß im Zylinder in der Regel durch die unterschiedlichen Belastungszustände ungleichmäßig ausfällt, werden die Zylinder in zwei Richtungen und drei Ebenen beurteilt. Die Messrichtung wird in die Richtung »A« und »B« aufgeteilt, wobei »B« dann die Messung in Achsenrichtung der Kurbelwelle und »A« die Messung in Drehrichtung der Kurbelwelle darstellt.

Die Messhöhe nennt sich recht einfach »1«, »2« oder »3«. So wird ein sehr genaues Bild des Zylinderverschleißes dargestellt.

Zuerst einmal sollten alle Messungen in der Richtung »A« gemacht und in das Auswertungsblatt eingetragen werden.

Erst dann werden die Messungen in der Richtung »B« durchgeführt und eingetragen. Das erspart das mehrmalige

Einsetzen des Innenmessgerätes in den Zylinder.

■ Führen Sie die Messung in Richtung »A« durch und tragen Sie diese ins Auswerteblatt ein.

■ Führen Sie die Messungen in der Richtung »B« durch und tragen Sie diese in das Auswerteblatt ein.

■ Werte, die über das Grundmaß gehen, werden als »+«-Wert eingetragen.

Werte, die das Grundmaß unterschreiten, werden in der Tabelle als »-«-Wert geführt. Diese Praxis spart viel Rechnerei und somit auch mögliche Fehlerquellen ein.

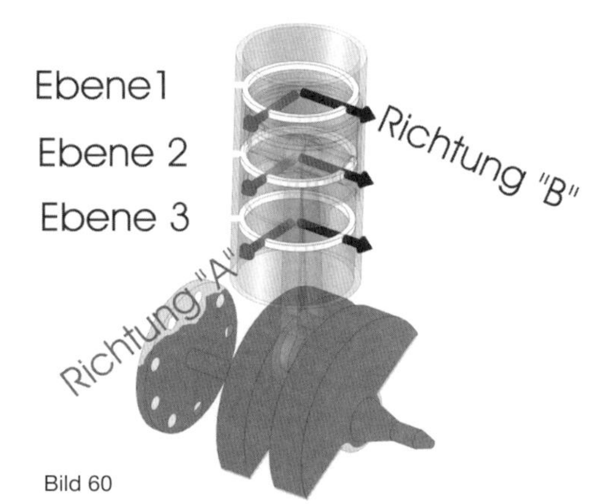

Bild 60

Bild 60
Messebenen und Messrichtungen am Zylinder.

Messungen am Kolben

Nachdem die Messungen festgehalten wurden, werden nun die Kolben gemessen. Die Bügelmessschraube ist nun noch auf das Grundmaß des Zylinders eingestellt.

■ Sie muss nun etwas geöffnet werden. Die Messungen werden grundsätzlich 90° versetzt zur Kolbenbolzenachse durchgeführt.

■ Die Messung erfolgt nach Herstellerangaben am Kolbenhemd (Bild 61). Bei den meisten Herstellern liegt diese Messhöhe bei ca. 1,5 cm vom Hemdende, also vom unteren Ende des Kolbens.

■ Auch hier werden die Messergebnisse im Messprotokoll unter dem Begriff Kolbendurchmesser notiert.

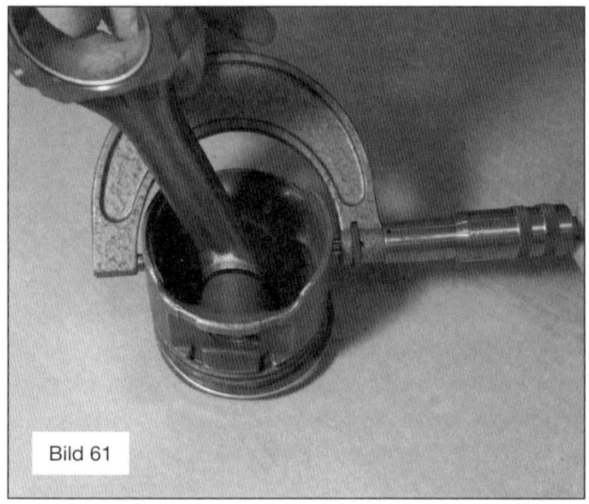

Bild 61

Bild 61
Messung des Kolbendurchmessers.

Kolben und Ölabstreifringe:

Neben dem Verschleiß am Kolbenhemd können auch die Kolbenringe beziehungsweise die Ölabstreifringe sowie die Ringnuten im Kolben verschleißen. Durch die Bewertung der Kolbenringe mit Stoß- und Höhenspiel kann hier eine ausreichend genaue Aussage über den Zustand der Bauteile getroffen werden.

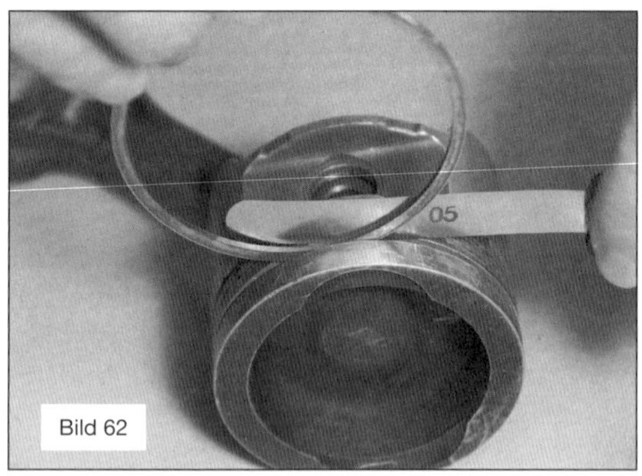

Bild 62

Bild 62
Höhenspielmessung am in die Ringnut eingelegten Kolbenring.

Höhenspiel prüfen (Bild 62):

Der Kolbenring dichtet den Kolben zum Zylinder ab. Er schleift bei jeder Kolbenbewegung an der Zylinderwand entlang. Zwar wird er durch das Motoröl geschmiert, Verschleiß entsteht dennoch. Der Verschleiß der Kolbenringe muss also auch beachtet und vermessen werden.

■ Nun wird der Kolbenring in die Ringnut eingelegt.

■ Mit Hilfe der Fühlerlehre wird nun geprüft, wie groß das Spiel des Kolbenrings nach oben und unten ist.

■ Die Messwerte werden natürlich auch im Auswertebogen festgehalten.

Stoßspiel prüfen (Bild 63):

Mit dieser Prüfung wird der Verschleiß des Kolbenringes selbst geprüft.

■ Zuerst einmal muss der Kolbenring genau

gerade in den Zylinder eingesetzt werden.

■ Liegt der Kolbenring wie gezeigt im Zylinder, wird nun wiederum mit der Fühlerlehre das Spaltmaß zwischen den beiden Kolbenringenden gemessen.

■ Auch hier muss ein Maß aus den Herstellerunterlagen herausgesucht werden. Über den Daumen darf dieses Maß nicht größer als 0,8 mm ausfallen.

Auswertung Zylinder und Kolben

Die Messung ist der eine Teil, die Auswertung der Ergebnisse ist aber mindestens genauso wichtig.

Nachdem nun die Ergebnisse aus den Messungen des Zylinders und der Kolben vorliegen, können wir schon eine Aussage über die Verwendbarkeit von Zylinder und Kolben treffen.

■ Die folgenden Begriffe können aus den Messwerten ermittelt werden. Die Ergebnisse hieraus stellen wir Ihnen für die einzelnen Begriffe vor.

Die Ovalität:
Ovalität ist die Verformung des Zylinders. Sie kann zum einen durch die Einwirkung von Temperatur und zum anderen durch den Verschleiß entstehen. Sie wird als die größte Ovalität angegeben und vergleicht die Ovalität der einzelnen Messebenen eines Zylinders.

Das Laufspiel:
Es beschreibt, wie viel Platz zwischen Kolben und Zylinder ist. Auch hier müssen wieder die Herstellerangaben zurate gezogen werden. Als Daumenwert kann von einem Laufspiel von 0,04 mm bis zu 0,06 mm ausgegangen werden.

■ Das Laufspiel errechnet sich, wenn man den Kolbendurchmesser vom größten und dem kleinsten Zylinderdurchmesser abzieht.

Lagerspiel an Kurbelwelle und Pleuel mit Plastigage messen

Im Gegensatz zu den Messungen mit dem Innenmessgerät ist die Messung mit Plastigage ungenauer, aber dafür sehr schnell durchzuführen.

Liegen keine besonderen Verschleißspuren oder eigenartig anmutende Lagertragbilder vor, ist diese Messmethode durchaus legitim.

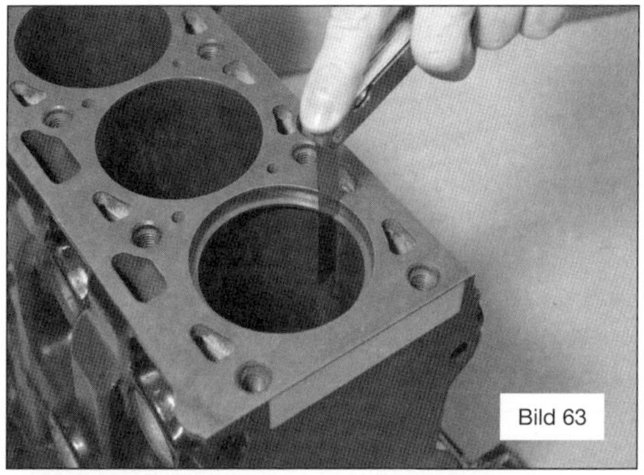

Bild 63

Bild 63
Stoßspielmessung am im Zylinder gerade eingelegten Kolbenring.

Bild 64

Bild 64
Lagerspielprüfung mit Plastigage.

Für die Messung werden die Lager komplett montiert (oder bleiben es). Um gut an die Lagerdeckel heranzukommen, empfiehlt es sich, die Kolben in eine Stellung zu bringen, an der die Lagerdeckel bequem de- und montiert werden können.

■ Demontieren Sie die Lagerdeckel und reinigen Sie die Lagerstelle mit einem fusselfreien Lappen.

■ Legen Sie einen Messfaden ein und montieren Sie das Lager wieder.

■ Ziehen Sie das Lager auf das Solldrehmoment an. Der Messfaden wird nun »platt gedrückt«.

■ Nach dem Entfernen des Lagerdeckels lässt sich anhand der Breite des Messfadens mit der mitgelieferten Tabelle das Lagerspiel ermitteln.

Beurteilen von Planflächen

Für diese Prüfung ist ein Präzisionslineal erforderlich. Das Haarlineal wird auf dem Zylinderkopf aufgelegt und gegen das Licht gehalten. Diese Prüfung über Kreuz und an mehreren Stellen am Zylinderkopf durchgeführt, lässt so die gesamte Fläche des Zylinderkopfes auf Ebenheit prüfen.

Sichtprüfung Messen

Bild 65
Abmessungen am Ventil.
a Tellerdurchmesser
b Schaftdurchmesser
c Ventillänge
d Sitzbreite
α Sitzwinkel

Bild 66
Abmessungen am Ventilsitz.
a Ventiltellerdurchmesser
b Maximales Nachbearbeitungsmaß
c Sitzbreite
α Sitzwinkel
Y Korrekturwinkel innen

Ventil und Führung beurteilen

Ventil ausmessen (Bild 65):
Natürlich gibt es auch Abmessungen am Ventil. Die Tellerbreite und die Ventilsitzbreite gehören auch zu den Abmessungen, die bei der Beurteilung eines Ventils sehr wichtig sind. Daran entscheidet sich, inwieweit ein Ventil wieder eingesetzt, überarbeitet oder erneuert werden muss. In den meisten Fällen ist aber die Überarbeitung nicht zulässig und auf das Einläppen oder Einschleifen beschränkt.

Abmessungen am 1,8-l-Motor:

Abmessung	Sollwert
a Tellerdurchmesser (Einlassventil)	26,80 mm bis 27,00 mm
a Tellerdurchmesser (Auslassventil)	29,80 mm bis 30,00 mm
b Schaftdurchmesser (Einlassventil)	5,95 mm bis 5,97 mm
b Schaftdurchmesser (Auslassventil)	5,94 mm bis 5,95 mm
c Baulänge (Einlassventil)	104,84 mm bis 105,34 mm
c Baulänge (Auslassventil)	103,64 mm bis 104,14 mm
α Sitzwinkel	45°

Abmessungen am 3,2-l-Motor:

Im VR6-Motor wurden aufgrund der versetzten Einbaulage zwei verschiedene Baulängen für das Einlassventil und das Auslassventil verbaut.

Abmessung	Sollwert
a Tellerdurchmesser (Einlassventil)	31,00 mm
a Tellerdurchmesser (Auslassventil)	27,00 mm
b Schaftdurchmesser (Einlassventil)	5,96 mm
b Schaftdurchmesser (Auslassventil)	5,94 mm
c Baulänge (kurzes Einlassventil)	102,20 mm
c Baulänge (langes Einlassventil)	136,10 mm
c Baulänge (kurzes Auslassventil)	102,50 mm
c Baulänge (langes Auslassventil)	136,40 mm
α Sitzwinkel	45°

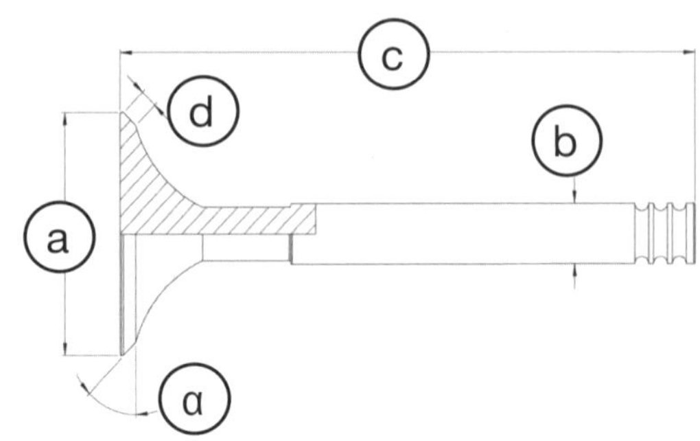

Bild 65

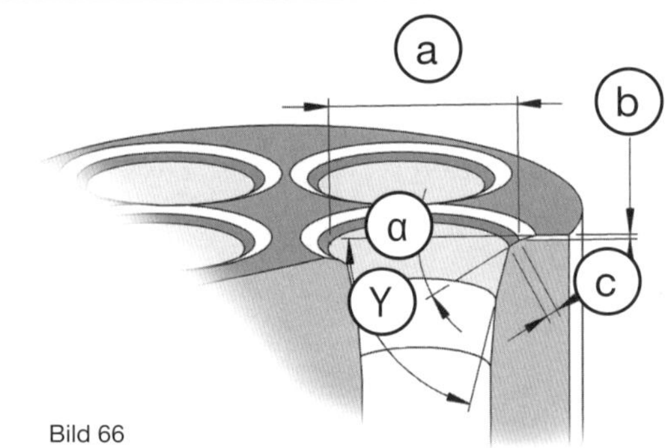

Bild 66

Winkel im Zylinderkopf (Bild 66)

Auch der Zylinderkopf unterliegt werkseitigen Maßangaben. Beachten Sie auch die Ventilabmessungen (Bild 65) und den erforderlichen Abstand zur Dichtfläche des Ventildeckels.

Abmessung	Sollwert
a Ventiltellerdurchmesser (Einlassventil)	26,20 mm
b Maximales Nachbearbeitungsmaß	-
c Ventilsitzbreite	1,50 mm bis 1,80 mm
α Sitzwinkel	45°
Y Korrekturwinkel innen	60°
Korrekturwinkel oben	30°

Einbaulage des Ventils bewerten (Bild 67)

Wird der Ventilsitz oder das Ventil nachbearbeitet oder erneuert, muss geprüft werden, ob das Ventil noch ausreichend tief im Zylinderkopf sitzt. Mit jeder Nachbearbeitung wandert das Ventil weiter in den Zylinderkopf hinein. Das kann das Arbeitsspiel der Ausgleichselemente und somit den zwingend erforderlichen Ausgleich der Wärmeausdehnung einschränken.

Gemessen wird der kleinste Abstand zwischen Ventilschaftende und Planfläche der Ventildeckeldichtung.

Ventilsitzfläche und das Kippspiel müssen in Ordnung sein.

■ Demontieren Sie die Sicherungskeile, den Ventilteller und die Ventilfedern.

■ Drücken Sie das Ventil fest in den Ventilsitz im Zylinderkopf ein.

■ Messen Sie den Abstand zwischen Ventilschaftende und Planfläche der Ventildeckeldichtung.

Die Ventilbearbeitung darf nur so weit erfolgen, dass das Mindestmaß noch erreicht wird. Wird es unterschritten, sollten Sie die Messungen zuerst mit neuen Ventilen wiederholen. Wird auch hier dann das Mindestmaß unterschritten, muss der Zylinderkopf oder die Sitzringe im Zylinderkopf ersetzt werden.

Abmessungen für den 1,8-l-Motor:

Mindestmaß	Sollwert
Einlassventile außen	31,0 mm
Einlassventil Mitte	32,2 mm
Auslassventile	31,9 mm

Abmessungen für den 3,2-l-Motor:

Mindestmaß	Sollwert
Einlassventile kurz	31,8 mm
Einlassventil lang	10,2 mm
Auslassventile kurz	31,8 mm
Auslassventile lang	10,2 mm

Ventilschlag ausmessen (Bild 68)

Um den Ventilschlag beurteilen zu können, muss das ausgebaute Ventil spielfrei gelagert werden. Das geht schon recht gut auf einem Messprisma. Besser jedoch ist die Aufnahme in einer Ventilprüfvorrichtung. Beurteilt werden der Ventilschlag am Ventilteller und in der Mitte des Schaftes.

■ Legen Sie das Ventil (2) wie im Bild 68 gezeigt in einen Messprisma (1) ein.

■ Richten Sie eine Messuhr mit Halter so aus, dass der Tastkopf der Messuhr auf dem Ventilschaft (2) aufliegt.

Die Messung darf keinen Schlag ausweisen.

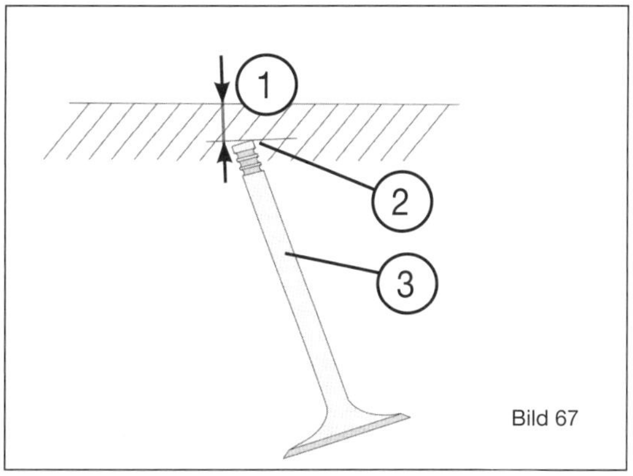

Bild 67

Bild 67
Einbaulage des Ventils.
1 Abstand zur Planfläche des Ventildeckels
2 Ventilschaftende
3 Ventilschaft

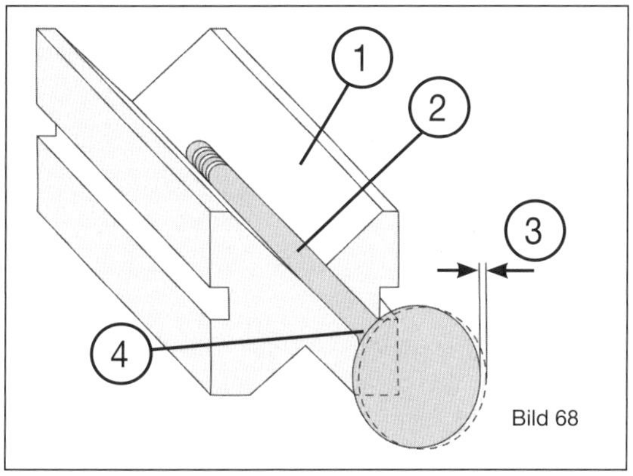

Bild 68

Bild 68
Prüfung des Ventilschlags.
1 Messprisma
2 Ventilschaft
3 Schlag am Ventilteller
4 Rand Ventilteller

■ Richten Sie eine Messuhr mit Halter so aus, dass der Tastkopf der Messuhr auf dem Ventiltellerrand (4) aufliegt.

Die Messung darf einen Schlag von maximal 0,01 mm ausweisen.

Abmessungen für den 1,8-l- und 3,2-l- Motor:

Der Ventilschlag (seitlicher Verzug) ist für beide Motorarten gültig.

Abmessung	Sollwert
Ventilkippen (Spiel in der Ventilführung)	< 0,01 mm

Ventilführung ausmessen

Der Ersatz der Ventilführung ist werkseitig nicht vorgesehen. Ist das Kippspiel auch mit neuen Ventilen zu groß, soll der Zylinderkopf ersetzt werden.

Auch diese Messung ist mit Hilfe einer Messuhr recht einfach zu bewerkstelligen.

■ Das Ventil wird ohne Ventilfedern, Klemmstücken und Ventilschaftdichtung eingeführt.

■ Nun wird das Kippen des Ventils mit einer Messuhr erfasst. Auch hier gelten durchaus unterschiedliche Werte, die von den jeweiligen Motorenherstellern vorgegeben werden. Auch muss darauf geachtet werden, dass die Messlänge (also das Maß, um das das Ventil aus dem Kopf herausragt) eingehalten wird.

Abmessungen für den 1,8-l- und 3,2-l-Motor:

Abmessung	Sollwert
Ventilkippen (Spiel in der Ventilführung)	< 0,8 mm

Antriebseinheit ausbauen

Im weiteren Arbeitsablauf muss die Batterie ausgebaut werden. Prüfen Sie deshalb, ob ein codiertes Radio eingebaut ist. Gegebenenfalls ist vorher die Anti-Diebstahl-Codierung zu erfragen.

Der Motor wird bei allen Varianten zusammen mit dem Getriebe nach unten ausgebaut.

■ Alle Kabelbinder, die beim Motorausbau gelöst oder aufgeschnitten werden, sind beim Motoreinbau an der gleichen Stelle wieder zu befestigen.

■ Offene Leitungen und Leitungsanschlüsse mit sauberen Stopfen aus dem Verschlussstopfenset für Motor verschließen.

■ Fangen Sie abgelassenes Kühlmittel zur Entsorgung oder Wiederverwendung nach Herstellervorgaben in einem sauberen Behälter auf.

Vorbereitungen mit Tester

Der Testereinsatz zu diesem Zeitpunkt ist sehr wichtig. Nicht, dass Sie nach der Montage einen Fehler suchen, den Sie sich »gefühlt» selbst eingebaut haben, der aber schon vor den Montagearbeiten vorhanden war.

■ Vorher die Ereignisspeicher der Steuergeräte mit dem Fahrzeugdiagnosetester abfragen.

■ Fehlereinträge notieren und die Abarbeitung mit einbeziehen.

Vorbereitung karosserieseitig

Um ausreichend Platz zu gewinnen, um den Motor zusammen mit dem Getriebe nach unten auszubauen, müssen diverse Bauteile demontiert werden. Es macht keinen Sinn, das Getriebe im Fahrzeug zu belassen. Das An- und Abflanschen und die Stabilisierung des Getriebes ist zu aufwendig.

⚠ Das Fahrzeug grundsätzlich auf der Hebebühne mit Spanngurten gegen Abrutschen oder Kippen sichern. Beim Ausbau der Antriebseinheit findet eine erhebliche Gewichtsverlagerung statt.

Schraubertipp: Entsorgung von Auslassventilen

Volkswagen/Audi verweist speziell auf die mit Natrium gefüllten Auslassventile hin. Die Füllung ermöglicht eine verbessert Wämeabgabe vom Ventilteller zum Ventilschaft. Natrium ist sehr reaktionsfreudig, was für die Entsorgung eine besondere Vorgehensweise erforderlich machen sollte.

■ Sägen Sie die Auslassventile in der Mitte des Ventilschaftes mit einer Eisensäge durch. Hierbei darf keine Berührung mit Wasser oder Feuchtigkeit entstehen.

■ Werfen Sie höchstens 10 Auslassventile in einen 10-l-Eimer mit Wasser.

⚠ Es entsteht eine zum Teil heftige Reaktion, bei der die Natriumfüllung verbrennt.

■ Anschließend können die Ventilreste über den Metallschrott entsorgt werden.

■ Demontieren Sie die Geräuschdämmung über dem Motor, am Schlossträger rechts und links sowie die Verkleidungen über der Batterie und dem Kühlmittelbehälter.

■ Klemmen Sie das Masseband an der Batterie bei ausgeschalteter Zündung ab.

■ Bauen Sie die Masseleitung der Batterie ab.

■ Stellen Sie das Getriebe in Neutralstellung.

Fahrzeuge mit 3,2-l-VR6-Motor:

■ Lösen Sie die Achswellenschrauben rechts und links, belassen sie aber noch handfest angezogen im Achswellengewinde.

Vorbereitungen am Motorheber

Die Aufhängung, um Motor und Getriebe abzulassen, wird von unten am Motorblock befestigt. Je nach Motorisierung kommen unterschiedliche Adapter zum Einsatz, die am Motor und Getriebeheber befestigt werden.

Eine Alternative ist die Antriebseinheit auf einem stabilen Montagetisch zu unterbauen und das Fahrzeug mit der Hebebühne entsprechend anzuheben oder abzusenken. Die Beschreibung erfolgt mit der Absenkung über den Motor und Getriebeheber. Die Arbeiten über einen Motorkran oder den Montagetisch müssen entsprechend angepasst werden.

⚠ Das Fahrzeug grundsätzlich auf der Hebebühne mit Spanngurten gegen Abrutschen oder Kippen sichern. Beim Ausbau der Antriebseinheit findet eine erhebliche Gewichtsverlagerung statt.

Arbeiten an der Klimaanlage

Wie schon in der Einleitung dieses Buches erwähnt, ist für die Arbeiten zum einen ein »Sachkundenachweis« und zum anderen ein Klimaservicegerät erforderlich. Die Klimaanlage muss nicht zwingend evakuiert werden. Es ist möglich, den Motorausbau durchzuführen, ohne die Klimaanlage zu demontieren.

⚠ Um Beschädigungen am Kondensator sowie an den Kältemittelleitungen/-schläuchen zu vermeiden, achten Sie darauf, dass die Leitungen und Schläuche nicht überdehnt, geknickt oder verbogen werden.

■ Befestigen Sie den Klimakompressor so am Aufbau, dass die Kältemittelleitungen/-Schläuche entlastet sind.

Ausbau der Motor- und Getriebeeinheit

Da die Montagearbeiten für die unterschiedlichen Motor- und Getriebevarianten im Kern recht ähnlich ausfallen, stellen wir Ihnen an dieser Stelle ein allgemeingültige Beschreibung vor. Besonderheiten für die unterschiedlichen Motorvarianten werden wir hervorheben.

☞ Der Motor wird zusammen mit dem Getriebe nach unten ausgebaut.

☞ Alle Kabelbinder, die beim Ausbau gelöst oder aufgeschnitten werden, müssen beim Einbau wieder an der gleichen Stelle wieder angebracht werden.

☞ Abgelassenes Kühlmittel muss zur Entsorgung bzw. zur Wiederverwendung in einem sauberen Behälter aufgefangen werden.

■ Bauen Sie die Motorabdeckung (2 im Bild 69) und die Abdeckung (3) vor dem Saugrohr aus.

■ Demontieren Sie soweit verbaut die Abdeckungen (6 und 7) am Schlossträger, die Abdeckung über der Batterie (4) und die über dem Kühlmittel-Ausgleichsbehälter.

■ Klemmen Sie die Masseleitung an der

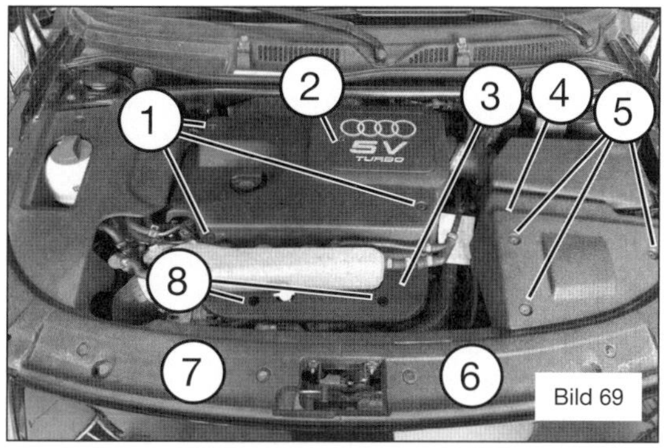

Bild 69

Bild 69
Abdeckungen oben im Motorraum beim 1,8-l-Motor.
1 Schrauben
2 Abdeckung oben
3 Hitzschutz vorne
4 Abdeckung vorne links
5 Schrauben
6 Abdeckung Schlossträger links
7 Abdeckung Schlossträger rechts
8 Schrauben

Batterie bei ausgeschalteter Zündung ab.

■ Öffnen Sie den Verschlussdeckel des Kühlmittel-Ausgleichsbehälters.

⚠ Beim Öffnen des Deckels des Kühlmittel-Ausgleichsbehälters kann heißer Dampf oder/und heißes Kühlmittel austreten! Decken Sie den Verschlussdeckel mit einem Lappen ab und öffnen Sie ihn vorsichtig.

■ Soweit vorhanden, bauen Sie den Halter für den Geber für Leuchtweitenregelung im Radhaus links ab und befestigen Sie ihn am Aufbau.

■ Demontieren Sie die Geräuschdämmung Mitte, rechts und links unten.

■ Demontieren Sie die Radhausschalen rechts und links.

■ Bauen Sie das Luftführungsrohr zum Ladeluftkühler vom Längsträger rechts unten ab.

■ Soweit vorhanden, demontieren Sie die Leitung für Servolenkung von der Querstrebe an der Fahrzeugfront.

■ Bauen Sie die Querstrebe an der Fahrzeugfront aus.

■ Stellen Sie die Auffangwanne für Werkstattkräne (VAG 6208) unter den Motor.

■ Öffnen Sie die Ablassschraube am Kühler durch Linksdrehen und lassen Sie das Kühlmittel ablaufen, ggf. Hilfsschlauch auf Stutzen aufstecken.

■ Ziehen Sie die Halteklammer heraus und nehmen den Kühlmittelschlauch vom Kühler ab.

■ Bauen Sie den Kühlmittelschlauch vom Ölkühler ab und lassen Sie das restliche Kühlmittel ablaufen.

■ Soweit vorhanden, bauen Sie die Querstrebe (Domstrebe) an den Federbeinen aus.

Fahrzeuge mit 3,2-l-VR6-Motor:

■ Bauen Sie den Halter rechts für die Domstrebe ab.

Bild 70
Steckkupplung am Unterdruckanschluss (ist nicht immer verwendet worden).
1 Unterdruckleitung
2 Schelle
3 Gummikappe
4 Steckkupplung
5 Raste

Bild 71
Unterdruckanschlüsse am 3,2-l-VR-6-Motor.
1 Kühlmittelschlauch zum Kühlmittelausgleichsbehälter
2 Unterdruckschlauch Aktivkohlebehälter
3 Unterdruckschlauch zur Abgasklappe
4 Kühlmittelschlauch zum Kühlmittelausgleichsbehälter
5 Kühlmittelschlauch zum Leitungsabzweig am Wärmetauscher für Heizung
6 Kühlmittelschlauch zum Wärmetauscher für Heizung
7 Unterdruckschlauch zum Magnetventil
8 Unterdruckschlauch zur Abgasklappe
9 Unterdruckschlauch zum Bremskraftverstärker

■ Demontieren Sie den Luftführungsschlauch zur Sekundärluftpumpe vom Luftfiltergehäuse.
■ Lösen Sie die Schlauchschelle und demontieren Sie den Luftführungsschlauch vom Luftmassenmesser.
■ Entsichern Sie den Steckkontakt und ziehen Sie die elektrische Steckverbindung am Luftmassenmesser ab.
■ Drehen Sie die beiden Schrauben in der Gummilagerung heraus und nehmen Sie das Luftfiltergehäuse heraus.

1,8-l-Fahrzeuge mit Schlauchverlegung in der Version 1:
■ Entsichern Sie den Steckkontakt und ziehen Sie die elektrische Steckverbindung und den Schlauch am Magnetventil für Ladedruckbegrenzung ab.
■ Ziehen Sie das Magnetventil für Ladedruckbegrenzung aus dem Luftführungsschlauch zum Turbolader heraus.
■ Ziehen Sie das mechanische Umluftventil und das Druckregelventil der Kurbelgehäuseentlüftung aus dem Luftführungsschlauch heraus.
■ Ziehen Sie die Sicherungsspange am Stutzen des Abgasturboladers heraus und bauen Sie den Luftführungsschlauch ab.
☞ Verschließen Sie die Öffnung im Ansaugtrakt des Abgasturboladers mit einem sauberen Lappen.
■ Trennen Sie den Schlauch an der Spritzwand zwischen Kühlmittel-Ausgleichsbehälter und Motor.
■ Trennen Sie den Schlauch an der Spritzwand vom Magnetventil für Ladedruckbegrenzung zum Abgasturbolader.

1,8-l-Fahrzeuge mit Schlauchverlegung in der Version 2:
■ Entsichern Sie den Steckkontakt und trennen Sie die elektrische Steckverbindung und den Schlauch am Magnetventil für Ladedruckbegrenzung.
■ Ziehen Sie das Magnetventil für Ladedruckbegrenzung aus dem Luftführungsschlauch zum Turbolader heraus.
■ Ziehen Sie das mechanische Umluftventil und das Druckregelventil der Kurbelgehäuseentlüftung aus dem Luftführungsschlauch zum Turbolader heraus.
■ Ziehen Sie die Sicherungsspange am Stutzen des Abgasturboladers heraus und bauen Sie den Luftführungsschlauch ab.

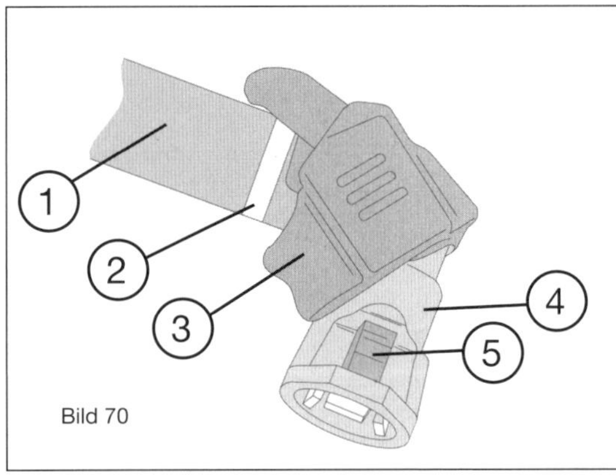

Bild 70

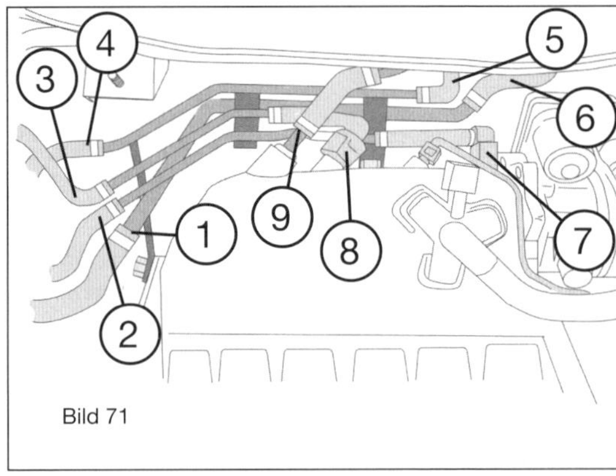

Bild 71

☞ Verschließen Sie die Öffnung im Ansaugtrakt des Abgasturboladers mit einem sauberen Lappen.

Fahrzeuge mit 3,2-l-VR6-Motor:
■ Lösen Sie die Schlauchschelle und ziehen Sie den Kühlmittelschlauch (1 und 4 im Bild 71) zum Ausgleichsbehälter ab.
■ Lösen Sie die Schlauchschelle und ziehen Sie den Unterdruckschlauch (2 und 7) zum Aktivkohlebehälter ab. Bei Fahrzeugen in der »USA-Ausführung« ist hier der Unterdruckbehälter verbaut.
■ Lösen Sie die Schlauchschelle und ziehen Sie den Unterdruckschlauch (3 und 8) zur Abgasklappe ab.
■ Lösen Sie die Schlauchschelle und ziehen Sie den Kühlmittelschlauch (5) zum Abzweig am Heizungswärmetauscher ab.
■ Lösen Sie die Schlauchschelle und ziehen Sie den Kühlmittelschlauch (6) am Heizungswärmetauscher ab.
■ Lösen Sie die Schlauchschelle und ziehen Sie den Unterdruckschlauch (9) zum Bremskraftverstärker ab.

Weiter für alle Varianten:
■ Soweit noch nicht erfolgt, entriegeln Sie die Halteklammern und bauen die Kühlmit-

telschläuche zum Heizungs-Wärmetauscher an der Spritzwand ab.
■ Öffnen Sie den Deckel der Hauptsicherungsbox an der Batterie.
■ Clipsen Sie die Schutzabdeckung für elektrische Leitungen an der Sicherungsbox ab.
■ Schrauben Sie die schwarze elektrische Leitung von der Hauptsicherungsleiste ab.
■ Bauen Sie die Batterie aus.

Fahrzeuge mit Batterieträger Version 2 mit eingefasster Batterie:
■ Ziehen Sie die Seitenwand zusammen mit der Hauptsicherungsbox nach oben ab.
■ Drehen Sie die Befestigungsschrauben heraus und bauen Sie den Batterieträger aus.

Weiter für alle Varianten:
■ Schrauben Sie die Masseleitung von der Verschraubung an Motor und Getriebe ab.
■ Demontieren Sie die elektrischen Anschlüsse am Anlasser (Starter).
■ Nehmen Sie die elektrische Steckverbindung aus dem Halter am Starter und trennen Sie diese.
■ Hängen Sie die elektrischen Leitungen aus dem Kunststoffhalter am Anlasser (Starter) aus und legen Sie diese zur Seite.
■ Hebeln Sie die Abdeckkappen an den Scheibenwischerarmen mit einem Schraubendreher ab und lösen Sie die Muttern einige Umdrehungen.
■ Lösen Sie die Scheibenwischerarme durch leichtes Hin- und Herkippen von der Scheibenwischerachse oder ziehen Sie die Wischerarme mit einem entsprechenden Abzieher (Bild 72) ab.
■ Drehen Sie die Muttern ganz herunter und nehmen Sie die Scheibenwischerarme ab.
■ Demontieren Sie die Gummidichtung des Wasserkastens vor der Windschutzscheibe und die Wasserkastenabdeckung.
■ Ziehen Sie den Waschwasserschlauch und die elektrischen Steckverbindungen an den Scheibenwaschdüsen ab.
■ Legen Sie die Wasserkastenabdeckung zur Windschutzscheibe hin ab.
■ Clipsen Sie die Abdeckung am Motorsteuergerät aus.
■ Entsichern Sie den Steuergerätestecker und ziehen Sie ihn ab.
■ Entriegeln Sie die Haltespange und ziehen Sie das Motorsteuergerät nach vorn aus dem Halter.

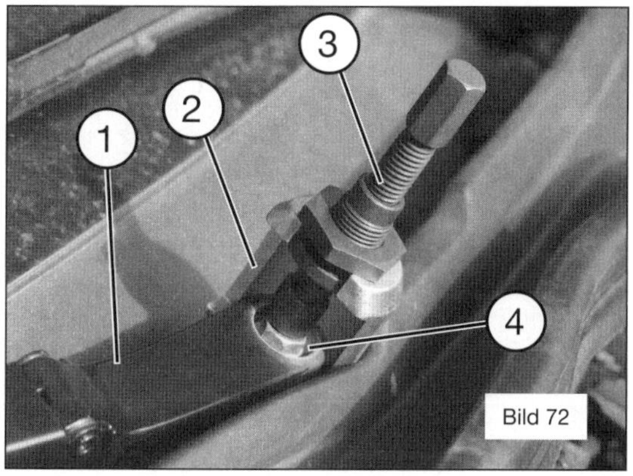

Bild 72

Bild 72
Wischerarm abziehen.
1 Scheibenwischerarm
2 Abzieherhülse
3 Abzieherspindel
4 Sicherungsmutter

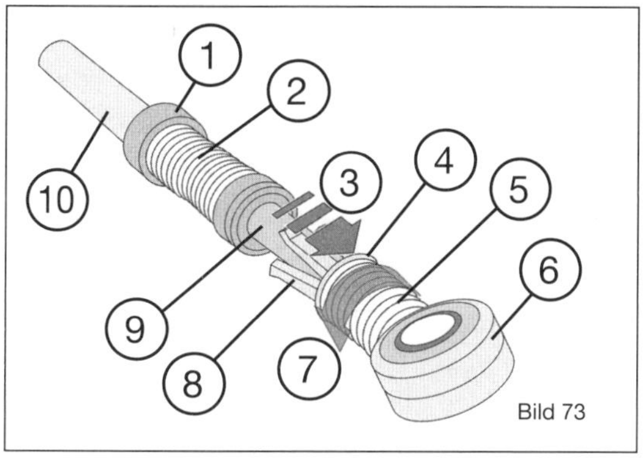

Bild 73

Bild 73
Schaltzug bis 2001.
1 Haltehülse
2 Haltefeder
3 Vorschieben der Klemmhülse
4 Schiebehülse
5 Schiebefeder
6 Gelenkkopf
7 Drehrichtung zum Sichern
8 Seilzugarretierung
9 Gewindestück am Seilzug
10 Seilzug

Tipp: Die Mehrfachsteckverbindung (Anschlussstecker) bleibt am Motorsteuergerät angeschlossen.
■ Öffnen Sie den Leitungskanal in Richtung Batterie links im Motorraum.
■ Entsichern Sie den Steckkontakt und ziehen die elektrische Steckverbindung im Leitungskanal auseinander.
■ Legen Sie den elektrischen Leitungsstrang zum Motorsteuergerät frei.
■ Legen Sie das Motorsteuergerät mit dem angeschlossenen Leitungsstrang auf dem Motor ab.
■ Sichern Sie das Motorsteuergerät gegen Herabfallen am Motor.
■ Demontieren Sie das Seilzugwiderlager vom Getriebe und clipsen Sie bei den Fahrzeugen mit Schaltgetriebe die Schlauchleitung des Kupplungs-Nehmerzylinders vom Seilzugwiederlager ab.

Fahrzeuge bis 06.2001:
Tipp: Bei der Montage ist die Grundeinstellung der Schaltzüge erforderlich.
■ Entriegeln Sie die Seilzugarretierung für Wähl- und Schaltseilzug, indem Sie die Schiebehülse (4 im Bild 73) zum Gelenk bis Anschlag drücken (3) und dann durch etwa eine viertel Umdrehung nach links (7) verriegeln.

Bild 74
Schaltzug ab 2001.
1 Gelenkkopf
2 Sicherungsscheibe
3 Sicherungsfeder
4 Welle Schaltgetriebe
5 Raste
6 Rasthülse
7 Schaltzug

Bild 75
Betätigungszug bei Fahrzeugen mit Automatik-Getriebe.
1 Gelenkkopf
2 Einstellschraube
3 Sicherungsklammer
4 Halter am Getriebe
5 Schaltzug

Bild 76
Betätigungszug bei Fahrzeugen mit DSG-Getriebe.
1 Sicherungsklammer
2 Gelenkkopf
3 Sicherungsklammer
4 Halter am Getriebe
5 Schaltzug
6 Einstellschraube
7 Schalthebel am Getriebe

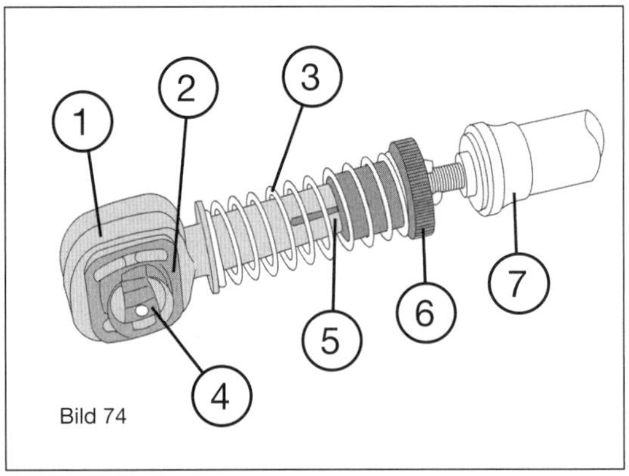

Bild 74

■ Ziehen Sie den jeweiligen Seilzug (9) aus der Seilzugarretierung (8).

Fahrzeuge ab 07.2001:
■ Clipsen Sie die Sicherungsscheibe vom Schaltseilzug und die Sicherungsscheibe (4 im Bild 74) vom Wählseilzug ab.
■ Ziehen Sie das Gelenk und die Seilzugarretierungen mit Seilzügen vom Hebel für Schaltwelle und Umlenkhebel ab.

Fahrzeuge mit Frontantrieb:
■ Demontieren Sie die Getriebestrebe am Getriebe ab.
■ Bauen Sie den Kupplungsnehmerzylinder aus und befestigen Sie ihn mit Draht am Aufbau.

Das Leitungssystem der Kupplung muss nicht geöffnet werden.

⚠ Das Kupplungspedal nach Ausbau des Kupplungsnehmerzylinders nicht mehr betätigen.

Fahrzeuge mit Doppelkupplungsgetriebe:
■ Stellen Sie den Wählhebel in Stellung »P« und hebeln Sie den Gelenkkopf (1 im Bild 75) am Wählhebelseilzug mit einem Schraubendreher vom Hebel der Schaltwelle am Getriebe ab.
■ Ziehen Sie die Sicherungsklammer (3) nach oben ab und nehmen Sie den Wählhebelzug vom Getriebe ab.

Fahrzeuge mit automatischem Getriebe 09A:
■ Soweit vorhanden, bauen Sie den Halter für die Kabelführung aus.
■ Stellen Sie den Wählhebel in Stellung »P« und ziehen Sie die Sicherungsklammer (1 im Bild 76) am Wählhebelseilzug vom Hebel der Schaltwelle am Getriebe ab.
■ Lösen Sie die Sicherungsklammer (3) am Seilzuggegenhalter (4) ab.

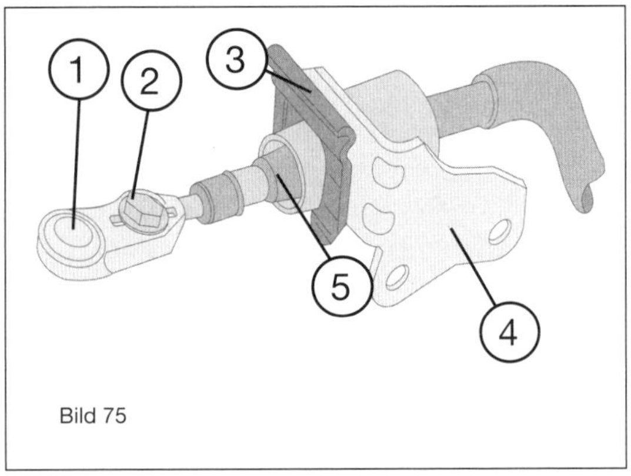

Bild 75

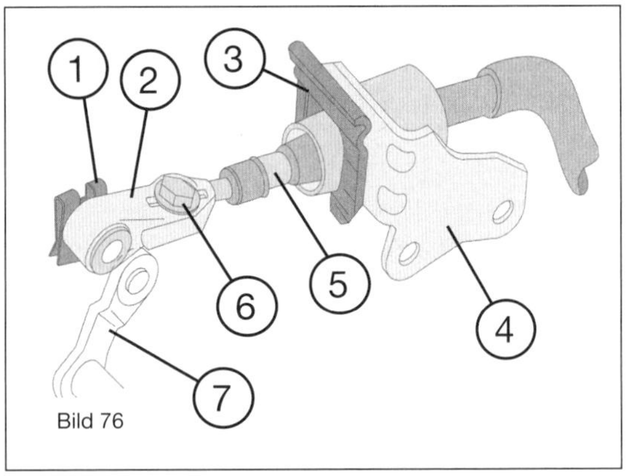

Bild 76

■ Nehmen Sie den Schaltzug (5) ab und legen Sie ihn zur Seite.
■ Schwenken Sie den Sicherungshebel, entsichern Sie die Steckkontakte und trennen Sie die elektrischen Steckverbindungen am Multifunktionsschalter und am Getriebeleitungsstrang.
■ Demontieren Sie das Masseband.
■ Schrauben Sie die Leitung für Servolenkung vorne am Getriebe ab.
■ Bauen Sie den Halter für die Servoleitung am Getriebe ab.
■ Schrauben Sie die Leitung für Servolenkung hinten am Getriebe ab und binden Sie sie am Aufbau seitlich hoch.

Fahrzeuge mit Allradantrieb:
■ Drücken Sie die Hydraulikleitung am Kupplungsnehmerzylinder mit einer Schlauchklemme (VAG 3094) ab.
■ Ziehen Sie die Leitungssicherung nach oben und dann die Hydraulikleitung aus der Schlauchkupplung heraus.

⚠ Das Kupplungspedal nach dem Abziehen der Hydraulikleitung nicht mehr betätigen.

Fahrzeuge mit Schlauchverlegung Version 1:
■ Demontieren Sie die Unterdruckleitung

zum Bremskraftverstärker am Ansaugrohr ab.

Fahrzeuge mit Schlauchverlegung Version 2:
■ Lösen Sie die Schelle und demontieren Sie die Unterdruckleitung zum Bremskraftverstärker vom Verteilerstück ab.

Weiter für alle Varianten:
■ Bauen Sie den Kühlmittelschlauch rechts zwischen Motor und Kühler aus.
■ Bauen Sie das Rohr für Sekundärluft vor dem Saugrohr vom Halter am Motor ab.
■ Drehen Sie die Schrauben heraus und nehmen Sie den Halter vom Führungsrohr für den Ölmessstab ab.
■ Entsichern Sie den Steckkontakt an der Unterseite des Halters und trennen Sie die elektrischen Steckverbindungen für das Umluftventil für den Turbolader und das Sekundärlufteinblasventil.
■ Bauen Sie den Unterdruckschlauch zu den elektrischen Umschaltventilen am Saugrohr ab.
■ Trennen Sie die elektrische Steckverbindung vor dem Saugrohr.
■ Bauen Sie den Kühlmittelschlauch links ab.

Fahrzeuge mit Schlauchverlegung Version 1:
■ Bauen Sie die Unterdruckleitung am Drosselklappenstück zum Aktivkohlebehälter ab.
■ Demontieren Sie den Luftführungsschlauch von der Drosselklappensteuereinheit.
■ Demontieren Sie den Unterdruckschlauch an der Spritzwand links zum Rückschlagventil ab.
■ Lösen Sie die Schlauchleitung aus den Haltern und legen Sie sie frei.
■ Drücken Sie die jeweilige Entriegelungstaste und ziehen Sie die Kraftstoff-Vorlauf- und die Kraftstoff-Rücklaufleitung ab.
⚠ Das Kraftstoffsystem steht unter Druck! Vor dem Öffnen des Systems sauberen Lappen um die Verbindungsstelle legen. Dann durch vorsichtiges Lösen der Verbindungsstelle Druck abbauen.

Fahrzeuge mit Schlauchverlegung Version 2:
■ Demontieren Sie die Unterdruckleitung zum Aktivkohlebehälter vom Drosselklappensteuereinheit.
■ Demontieren Sie den Luftführungsschlauch von der Drosselklappensteuereinheit.
■ Drücken Sie die jeweilige Entriegelungstaste und ziehen Sie die Kraftstoff-Vorlauf- und die Kraftstoff-Rücklaufleitung ab.
⚠ Das Kraftstoffsystem steht unter Druck! Vor dem Öffnen des Systems sauberen Lappen um die Verbindungsstelle legen. Dann durch vorsichtiges Lösen der Verbindungsstelle Druck abbauen.

Fahrzeuge in »Rest-der-Welt-Ausführung« mit Halogenscheinwerfern:
■ Drehen Sie die Befestigungsmutter ab und ziehen Sie den Aktivkohlebehälter nach oben.
■ Legen Sie die Anschlussleitungen am Aktivkohlebehälter frei und legen Sie den Aktivkohlebehälter aus dem Arbeitsbereich heraus zur Seite.

Fahrzeuge in »USA-Ausführung« mit Halogenscheinwerfern:
■ Drehen Sie die Befestigungsmutter ab und ziehen Sie den Unterdruck-Vorratsbehälter nach oben.
■ Legen Sie die Anschlussleitungen am Unterdruck-Vorratsbehälter frei und legen Sie den Unterdruck-Vorratsbehälter aus dem Arbeitsbereich heraus zur Seite.

Fahrzeuge in »USA-Ausführung«:
■ Drehen Sie die Befestigungsschraube des Vorratsbehälters für die Servolenkung heraus.

Fahrzeuge mit Gasentladungsscheinwerfern:
■ Demontieren Sie den vorderen Stoßfänger.
■ Bauen Sie den rechten Scheinwerfer aus.

Weiter für alle Varianten:
■ Entsichern Sie den Steckkontakt und ziehen die elektrische Steckverbindung am Ladedruckgeber ab.
■ Bauen Sie die Kühlmittelschläuche rechts am Motor ab.

☞ Kennzeichnen Sie vor dem Ausbau des Keilrippenriemens die Laufrichtung mit Kreide oder Filzstift. Umgekehrte Laufrichtung kann bei einem bereits gelaufenen Keilrippenriemen zur Zerstörung führen.
■ Bauen Sie wie bereits beschrieben den Keilrippenriemen ab.

Sichtprüfung

Messen

Bild 77
Verschraubungen am Getriebeflansch vorne.
1 Schrauben am Getriebeflansch
2 Achswelle
3 Getriebeflansch

Bild 78
Pendelstütze zwischen Getriebe und Fahrschemel.
1 Fahrschemel
2 Schraube
3 Blech
4 Schraube
5 Getriebe

■ Drehen Sie die beiden Schrauben der rechten Aggregatelagerung am Motor etwa 2 Umdrehungen heraus.
■ Drehen Sie die beiden Schrauben der linken Aggregatelagerung am Getriebe etwa 2 Umdrehungen heraus.
■ Drehen Sie die von oben zugänglichen Schrauben für Lüfterzarge heraus.
■ Demontieren Sie die Riemenscheibe für die Servopumpe.
■ Entsichern Sie den Steckkontakt und trennen Sie die elektrische Steckverbindung des Druckschalters für die Servolenkung.
■ Bauen Sie die Servopumpe ab und legen Sie sie mit angeschlossenen Hydraulikleitungen aus dem Arbeitsbereich heraus.
■ Demontieren Sie die Kühlschlange für Servolenkung am Getriebe.

Fahrzeuge mit Schaltgetriebe:
■ Entsichern Sie den Steckkontakt und trennen Sie die elektrische Steckverbindung am Schalter für Rückfahrleuchten am Getriebe.
■ Soweit verbaut, entsichern Sie den Steckkontakt und trennen Sie die elektrische Steckverbindung für den Geschwindigkeitsgeber am Getriebe.

Fahrzeuge mit Sekundärluftsystem:
■ Entsichern Sie den Steckkontakt und ziehen Sie die elektrische Steckverbindung am Motor für Sekundärluftpumpe ab.
■ Demontieren Sie die Schläuche.
■ Drehen Sie die Muttern heraus und nehmen Sie die Sekundärluftpumpe ab.
■ Legen Sie den elektrischen Leitungsstrang zur Karosserie frei.

Weiter für alle Varianten:
■ Entsichern Sie den Steckkontakt und ziehen Sie die elektrischen Steckverbindungen für den Kühlerlüfter links unten an der Lüfterzarge ab.
■ Soweit vorhanden, entsichern Sie den Steckkontakt und ziehen Sie die elektrischen Steckverbindungen für den Sensor für Öltemperatur und Ölstand an der Motorölwanne ab.
■ Drehen Sie die von unten erreichbaren Schrauben an der Lüfterzarge heraus und ziehen Sie die Lüfterzarge mit beiden Lüftern nach unten heraus.
■ Binden Sie die Servopumpe und die Hydraulikleitung nach links zum Schlossträger hoch.

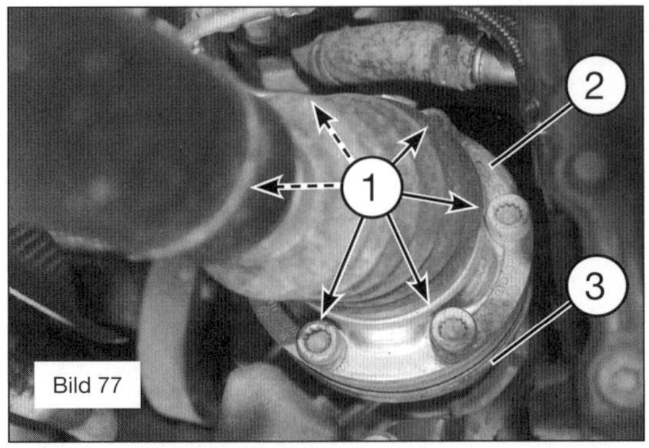

Bild 77

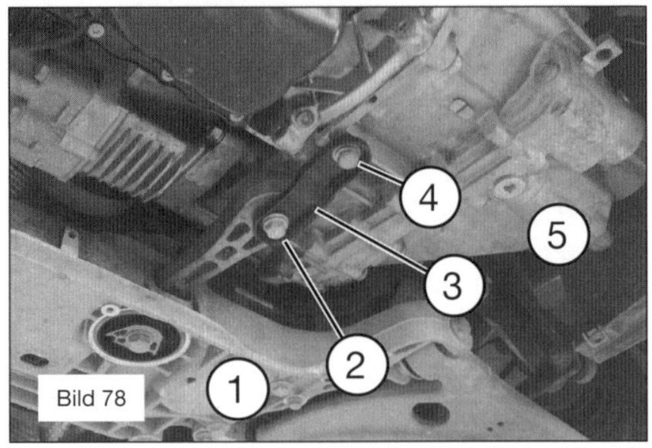

Bild 78

Fahrzeuge mit Klimaanlage:
■ Entsichern Sie den Steckkontakt und ziehen Sie die elektrische Steckverbindung für Magnetkupplung am Klimakompressor ab.
■ Demontieren Sie die Schrauben für den Klimakompressor heraus.
■ Binden Sie den Klimakompressor mit angeschlossenen Kältemittelschläuchen nach oben zum Motorhaubenschloss hoch.

Der Kältemittelkreislauf der Klimaanlage darf nicht geöffnet werden.

■ Demontieren Sie die Querstrebe hinten am Achsquerträger vorne.

Fahrzeuge mit Frontantrieb:
■ Demontieren Sie das Wärmeschutzblech für die Gelenkwelle rechts vom Motorblock.

Fahrzeuge mit Allradantrieb:
■ Demontieren Sie das Wärmeschutzblech für die Gelenkwelle rechts vom Winkelgetriebe.
■ Kennzeichnen Sie die Einbauposition der Gelenkwellenscheibe (Hardyscheibe) zum Winkelgetriebe.
■ Schrauben Sie die Kardanwelle mit Gelenkwellenscheibe (Hardyscheibe) vom Winkelgetriebe ab.

⚠ Achten Sie darauf, dass der Dichtring im Flansch der Kardanwelle beim Ausbau nicht beschädigt wird. Wenn das passiert, muss die Kardanwelle ersetzt werden. Soll das Fahrzeug rangiert werden, ist es sinnvoll die Kardanwelle komplett zu demontieren. Den Ausbau der Kardanwelle beschreiben wir im Kapitel 10.

■ Drücken Sie die Kardanwelle waagrecht so weit wie möglich nach hinten.

Weiter für alle Varianten:
■ Drehen Sie zuerst die Schrauben des Pendellagers am Achsträger, dann am Getriebe heraus.
■ Nehmen Sie die Pendelstütze ab.
⚠ Nach dem Lösen der Schrauben am Achsträger schwingt das Motor-Getriebe-Aggregat etwas nach vorn.
■ Demontieren Sie die Schutzabdeckung der elektrischen Leitungen zu den Lambdasonden.
■ Entsichern Sie den Steckkontakt und ziehen Sie die elektrischen Steckverbindungen ab.
■ Legen Sie die elektrischen Leitungen zu den Lambdasonden frei.

1,8-l-Fahrzeuge:
■ Drehen Sie die Muttern (Pfeile) der Verbindung zwischen Abgasvorrohr und Abgasturbolader heraus.
☞ Das Abkoppelelement im Abgasvorrohr darf nicht mehr als 10° geknickt werden.

Fahrzeuge mit 3,2-l-VR6-Motoren:
■ Schrauben Sie den Katalysator vom Abgasvorrohr ab.
■ Das Abgasvorrohr am Abgaskrümmer abschrauben und aus dem Montagebereich nach hinten legen.

Weiter für alle Varianten:
■ Trennen Sie die Abgasanlage an der Klemmhülse (Doppelmuffe).
■ Schieben Sie die Klemmhülse (Doppelmuffe) nach hinten und nehmen Sie das Abgasvorrohr mit Katalysator ab.
■ Schrauben Sie links und rechts die Koppelstange am Stabilisator ab.
■ Demontieren Sie die Gelenkwellen links und rechts von den Flanschwellen des Getriebes.

Fahrzeuge mit 3,2-l-VR6-Motoren:
■ Demontieren Sie die Gelenkwellen rechts und links.

1,8-l-Fahrzeuge:
■ Drücken Sie den Motor nach vorn und schwenken Sie gleichzeitig die rechte Gelenkwelle nach vorn.
■ Binden Sie die rechte Gelenkwelle mit Kabelbindern nach oben am Aufbau fest.
■ Binden Sie anschließend die linke Gelenkwelle mit Kabelbindern nach oben am Aufbau fest.
☞ Achten Sie darauf, dass der Oberflächenschutz der Gelenkwellen nicht beschädigt wird.
■ Demontieren Sie den Halter für die Sekundärluftpumpe vom Motorblock.
■ Montieren Sie den Motorhalter (VAG T10012) mit Mutter und Schraube mit 20 Nm am Zylinderblock fest.

Fahrzeuge mit 3,2-l-VR6-Motoren:
■ Lösen Sie die Schraube am Halter der Pumpe für Kühlmittelnachlauf und bauen Sie, wenn nicht schon erfolgt, den Halter für Nebenaggregate (Generator und Klimakompressor) ab.
■ Schrauben Sie den Motorhalter (VAG T40074) mit 20 Nm am Zylinderblock an.

Weiter für alle Varianten:
■ Stecken Sie den Druckstempel des Motor- und Getriebeheber (VAG 1383 A) am Motorhalter ein und heben Sie das Motor- und Getriebe-Aggregat leicht an.
■ Drehen Sie (mit Hilfe einer Leiter) die bereits gelösten Schrauben der Aggregatelagerung am Motor und am Getriebe heraus.
👁 Prüfen Sie, ob alle Schlauch- und Leitungsverbindungen zwischen Motor, Getriebe und Karosserie gelöst sind.
■ Ziehen Sie das Motor-Getriebe-Aggregat so weit wie möglich nach vorn und senken Sie es mit dem Motor- und Getriebeheber (VAG 1383 A) langsam nach unten ab.
☞ Führen Sie das Motor-Getriebe-Aggregat beim Absenken sorgfältig, um Beschädigungen zu vermeiden.

1,8-l-Fahrzeuge:
👁 Achten Sie besonders auf Freigang zur Druckdose für Ladedruckregelung des Abgasturboladers.

Die Montage erfolgt sinngemäß in umgekehrter Reihenfolge zur beschrieben Demontage.
■ Prüfen Sie alle Bauteile vor der Montage.

Bild 1
Markierungen an Ölmessstäben in Flachmetallform.
a Kein Öl nachfüllen
b In diesem geriffelten Feld kann Öl nachgefüllt werden
c Öl muss unbedingt nachgefüllt werden.
Pfeile: Markierungen für maximalen (1) und minimalen (2) Füllstand.

Bild 2
Markierungen an Ölmessstäben in Kunststoffausführung.
a Öl muss unbedingt nachgefüllt werden
b In diesem geriffelten Feld kann Öl nachgefüllt werden
c Kein Öl nachfüllen
Pfeile: Markierungen für maximalen (1) und minimalen (2) Füllstand

5 Motorschmierung

Alle Stellen im Motor, an denen Metalle aufeinander gleiten, müssen ständig mit Öl versorgt werden: Kolben, Zylinderlaufbahnen, die Lager von Kurbelwelle und Nockenwelle. Kein Triebwerk des Audi TT hielte mehr als einige wenige Minuten ohne passende Schmierung durch. Damit das Öl seine Aufgabe erfüllen kann, strömt es im Motorblock durch ein System von Leitungen und feinen Bohrungen an die richtige Adresse. Eine wichtige Rolle in diesem Kreislauf spielt die Ölpumpe. Sie holt über das Ölsaugrohr das Motoröl aus der Ölwanne und drückt es in die Leitungen. Zuvor muss die Flüssigkeit den im Hauptstrom des Schmiersystems sitzenden Ölfilter passieren. Dort werden Verunreinigungen wie Ruß, Metallabrieb und Staub herausgefiltert. Ein Überdruckventil an der Pumpe öffnet bei zu hohem Druck, sodass ein Teil des Öls in die Ölwanne zurückfließen kann. Der Motor verbraucht Öl, weil es teilweise in den Verbrennungsraum gelangt und dort verbrennt. Ein undichter Motor, defekte Ventilschaftabdichtungen, auch falsch eingebaute Kolbenringe oder zu viel Spiel zwischen Ventilführung und Ventilschaft treiben den Verbrauch in die Höhe. Wenn der Motor technisch in Ordnung ist, verbraucht er allerdings so wenig, dass zwischen den Ölwechselintervallen nichts oder nur eine geringe Menge nachgefüllt werden muss.

Motorölstand prüfen

■ Das Fahrzeug zum Messen des Ölstandes waagerecht abstellen. Motor abstellen und mindestens drei Minuten warten, damit das Öl in die Wanne zurückfließen kann.
■ Ölmessstab herausziehen, mit einem sauberen Putzlappen abwischen und den Messstab wieder bis zum Anschlag hineinschieben.

■ Messstab anschließend wieder herausziehen und Ölstand ablesen (Bilder 1 und 2).

☞ Die Bilder zeigen die hauptsächlich eingesetzten Varianten des Messstabs, es gibt aber noch andere Ausführungen.

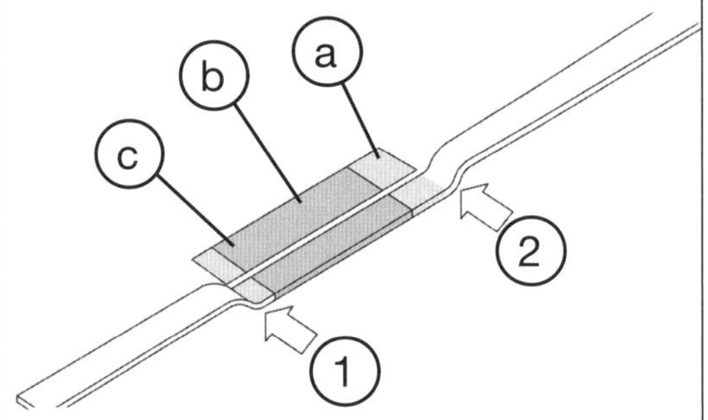

Bild 1

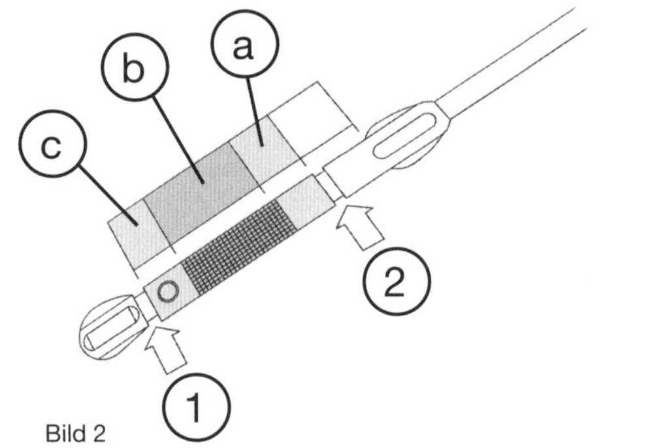

Bild 2

Das in den Bildern gezeigte Prinzip gilt jedoch generell. Die Markierungen besagen:
■ Bei Ölstand oberhalb der Markierung »a« (Max-Marke Pfeil 1) besteht die Gefahr von Katalysatorschäden.
■ Bei Nachfüllen im Bereich »b« kann es vorkommen, dass der Ölstand danach im Bereich »a« steht.
■ Beim unbedingt nötigen Nachfüllen von Öl im Bereich »c« genügt es, dass danach der Ölstand im Messfeld »b« (geriffeltes Feld) steht. Bei Ölstand unterhalb der c-Markierung (Min-Marke Pfeil 2) etwa 0,5 Liter Öl (bis zur a-Markierung) auffüllen.

Motoröl ablassen oder absaugen, Motoröl auffüllen

Ölwechsel mit Altölauffang- und Absauggerät

■ Öleinfüllverschlussdeckel abnehmen und Motoröl mit Altölauffang- und Absauggerät absaugen.

☞ Der Motorölwechsel mit einem Altölauffang- und Absauggerät sollte nach Möglichkeit bei betriebswarmem Motor durchgeführt werden.

Öl über Schraube ablassen

■ Fahrzeug anheben.
■ Demontieren Sie die Geräuschdämmung unter dem Motor.
■ Die Ölablassschraube unten in der Ölwanne herausdrehen und das austretende Öl auffangen.
■ Neue Ölablassschraube mit Dichtring handfest einschrauben und mit 30 Nm anziehen. Das Drehmoment darf nicht überschritten werden. Ein zu hohes Drehmoment könnte zu Undichtigkeiten oder sogar zu Beschädigungen im Bereich der Ölablassschraube führen.
■ Ölfilter ersetzen (im Anschluss).

Motoröl einfüllen

Werkseitig ist ein Qualitätsmehrbereichsöl eingefüllt, das außer in extrem kalten Klimazonen als Ganzjahresöl gefahren werden kann. Die Motoren benötigen die in der Tabelle im Kapitel 17 angegebenen Ölfüllmengen mit Ölfilterwechsel, der immer zum Ölwechsel gehört.

Wird der Filter nicht ausgebaut und gewechselt, werden rund 0,5 Liter weniger Öl benötigt. Beim Nachfüllen und beim Ölwechsel muss unbedingt die Spezifikation beachtet werden, wie sie der Hersteller vorschreibt.

■ Einfüllöffnung aufschrauben, Öl gemäß Spezifikation (VW/Audi-Freigabe) möglichst mit Trichter auffüllen.
■ Öleinfüllverschlussdeckel wieder aufschrauben.
■ Motor anlassen und auf Undichtigkeiten prüfen.
■ Motorölstand erneut prüfen und ggf. Öl nachfüllen.
■ Nachdem Öl erneut nachgefüllt worden ist, mindestens drei Minuten warten und dann erneut Ölstand prüfen.
■ Soweit verbaut, die Geräuschdämpfung einbauen und Fahrzeug ablassen.

Ölfilter wechseln

Zum Einsatz kommen hier im zwei Bauarten für die unterschiedlichen Motortypen.

Ölfilterpatrone beim 1,8-l-Motor (Bild 3)

■ Lassen Sie das Motoröl ablaufen.
■ Drehen Sie die Filterpatrone (1) los und lassen Sie das darin enthaltene Restöl ablaufen.
■ Nehmen Sie die Filterpatrone ab.

Kontrollieren Sie, dass der Dichtring des Ölfilters sich mit abgelöst hat und nicht am Ölkühler (12) festklebt.

■ Reinigen Sie die Anlagefläche des Filters gründlich.
■ Drehen Sie die Filterpatrone mit einem Anzugsdrehmoment von 20 Nm fest.
■ Reinigen Sie den Montagebereich von Ölrückständen.

Die Montage erfolgt sinngemäß in umgekehrter Reihenfolge.

■ Prüfen Sie bei laufendem Motor die Dichtigkeit von Ölfilter und Ablassschraube.

Ölfiltereinsatz beim 3,2-l-Motor (Bild 5)

■ Lassen Sie das Motoröl ablaufen.
■ Drehen Sie den Verschlussdeckel (12) los und lassen Sie das darin enthaltene Restöl ablaufen.
■ Nehmen Sie den Deckel (12) zusammen mit dem Ölfiltereinsatz (10) heraus.
■ Nehmen Sie die Dichtringe (11) aus dem Deckel (12) heraus.
■ Reinigen Sie Deckel und Ölfiltergehäuse.
■ Setzen Sie den neuen Ölfilter ein und zie-

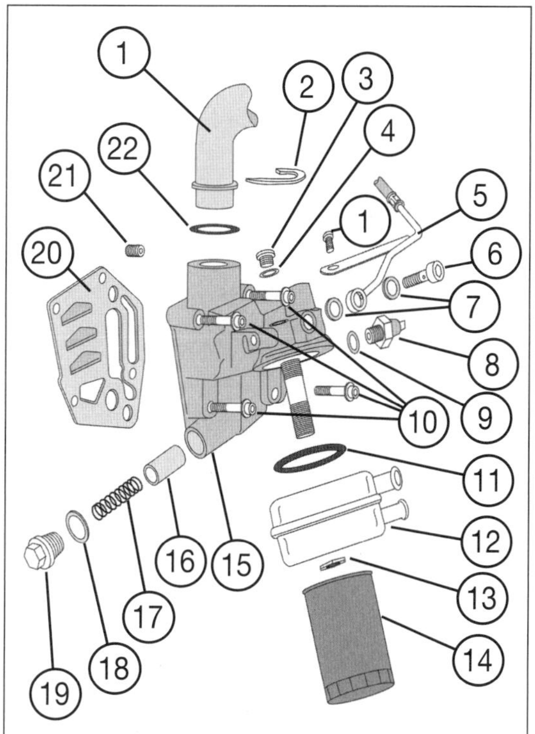

Bild 3

Bild 3
Ölfilter und Ölfilterhalter am 1,8-l-Motor.
1 Kurbelgehäuseentlüftung
2 Sicherungsring
3 Verschlussschraube
4 Dichtring
5 Öldruckleitung Turbolader
6 Hohlschraube
7 Dichtringe
8 Öldruckschalter 1,4 bar
9 Dichtring
10 Schrauben
11 O-Ring
12 Ölkühler
13 Mutter
14 Ölfilterpatrone
15 Ölfiltergehäuse
16 Steuerkolben Öldruck
17 Druckfeder
18 Dichtring
19 Verschlussschraube
20 Dichtung
21 Rückschlagventil
22 O-Ring

Sichtprüfung Messen

Bild 4
Adapter für Ölfilter und Deckeldemontage.

Bild 5
Ölfilter und Ölfilterhalter am 3,2-l-Motor.
1 Öldrückschalter 1,4 bar
2 Dichtring
3 O-Ringe
4 O-Ring
5 Verschlussdeckel
6 Ölkühler
7 O-Ring
8 Kunststoffeinsatz
9 Ölfiltergehäuse
10 Ölfiltereinsatz
11 O-Ring
12 Verschlussdeckel
13 Schraube
14 Verschlussschraube
15 Dichtring

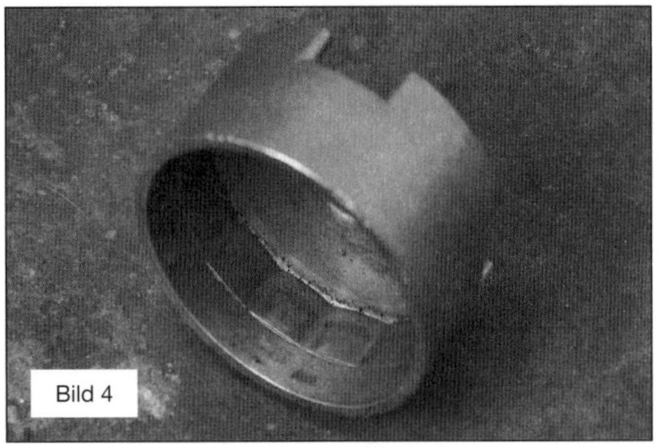
Bild 4

hen Sie den Deckel handfest an.

■ Ziehen Sie den Deckel mit etwa 25 Nm nach.

☞ Eine passende Nuss sowie ein Gelenkschlüssel können hier hilfreich sein.

☞ Ein Montageschlüssel wie im Bild 4 abgebildet kann hier sehr hilfreich sein.

Die Montage erfolgt sinngemäß in umgekehrter Reihenfolge.

■ Prüfen Sie bei laufendem Motor die Dichtigkeit von Ölfilter und Ablassschraube.

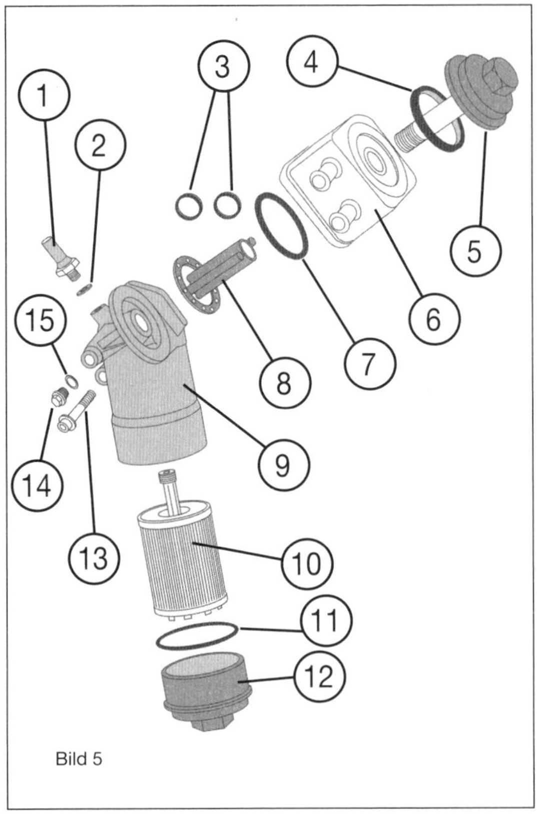

Bild 5

Ölwanne aus- und einbauen

Ölwanne am 1,8-l-Motor

■ Das Fahrzeug anheben.

■ Demontieren Sie die Geräuschdämmung unter dem Motor.

■ Lassen Sie das Motoröl wie bereits beschrieben ab.

■ Entsichern Sie den Steckkontakt und trennen Sie die elektrische Steckverbindung zum Ölsensor (C im Bild 6).

■ Drehen Sie die Schrauben der Rücklaufleitung des Turboladers heraus.

■ Nehmen Sie die Rücklaufleitung des Turboladers von der Ölwanne ab.

■ Drehen Sie die Schrauben des Ölwannenunterteils in der Reihenfolge (20-1) heraus.

☞ Drehen Sie die gegenüberliegenden Schrauben (1) und (2) nur 5 mm heraus, belassen sie aber im Gewinde

Bild 6
Untere Ölwanne bei den 1,8-l-Motoren.
1-20 Anzugsreihenfolge der Schrauben
20-1 Lösereihenfolge der Schrauben
A Schrauben
B Ölsensor
C Steckkontakt
D Ablassschraube
E Rücklaufleitung Turbolader
F Schrauben am Getriebeflansch

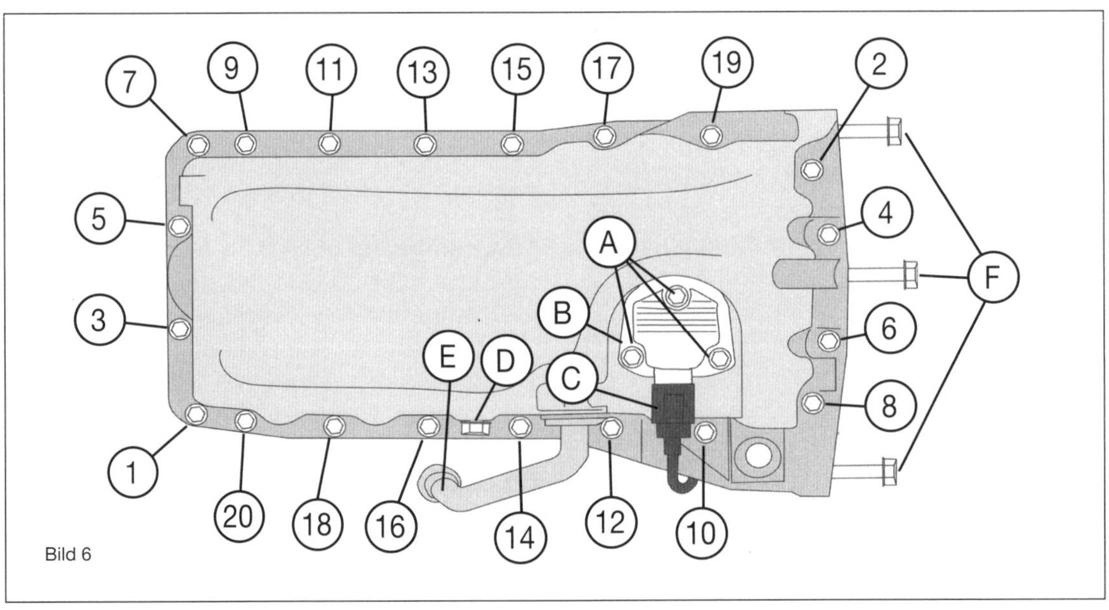

Bild 6

eingeschraubt. Sie dienen als Sicherung gegen Herunterfallen der Ölwanne.

■ Entfernen Sie die Ölwanne vorsichtig, indem Sie die Dichtmasse mit einem geeigneten Werkzeug einschneiden und die Ölwanne vorsichtig abhebeln.

■ Drehen Sie die beiden verbliebenen Schrauben heraus und nehmen Sie die untere Ölwanne ab.

■ Bauen Sie die darüberliegende Schwallsperre ab.

Die Montage erfolgt sinngemäß in umgekehrter Reihenfolge.

■ Entfernen Sie die Dichtmittelreste an der oberen Ölwanne mit einem Flachschaber.

■ Entfernen Sie die Dichtmittelreste an der Ölwanne mittels einer rotierenden Bürste, z. B. einer Handbohrmaschine (Bild 7) mit Kunststoffbürsten-Einsatz (Schutzbrille aufsetzen).

■ Reinigen Sie die Dichtflächen. Sie müssen öl- und fettfrei sein.

Prüfen Sie, ob das Mindesthaltbarkeitsdatum der Dichtmasse noch eine Verarbeitung zulässt.

■ Schneiden Sie die Tubendüse wie im Bild 8 auf 3 mm ein. Der V-Schnitt (2) ermöglicht auch ein Schräghalten der Düse, um die nicht gut zu erreichenden Bereiche mit einer ausreichenden Dichtmittelraupe zu versehen.

■ Eine aufrecht stehende Düse ergibt eine dreieckige Querschnittsfläche (3) der Dichtmittelraupe.

■ Tragen Sie das Dichtmittel wie im Bild 9 gezeigt auf die Ölwanne auf.

Die Dichtmittelraupe darf nicht dicker als angegeben sein, da sonst überschüssiges Dichtmittel in die Ölwanne gelangen und das Sieb an der Ölpumpe verstopfen kann.

■ Setzen Sie die Ölwanne sofort an und ziehen Sie die Schrauben in der Reihenfolge (1-20 im Bild 6) an.

Die Ölwanne muss nach dem Auftragen des Dichtmittels innerhalb von 5 Minuten eingebaut werden, da sonst das Dichtmittel bereits abbindet.

Beim Einbau der Ölwanne bei ausgebauten Motor muss darauf geachtet werden, dass die Ölwanne schwungradseitig bündig mit dem Zylinderblock abschließt.

■ Ziehen Sie die Schrauben im ersten Durchgang (1-20) mit 5 Nm an.

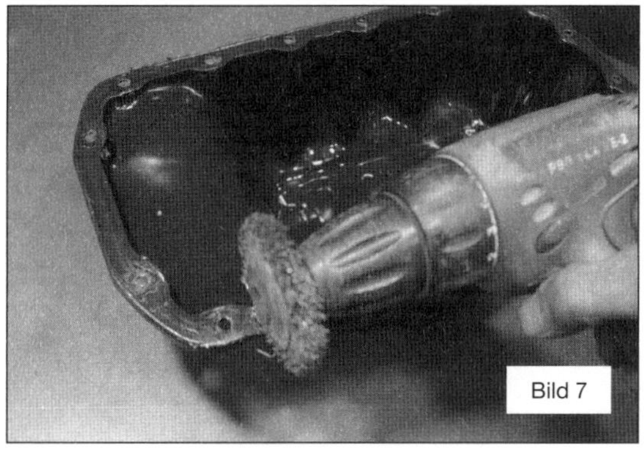

Bild 7
Reinigung mit einem Bürstenaufsatz auf einer Bohrmaschine.

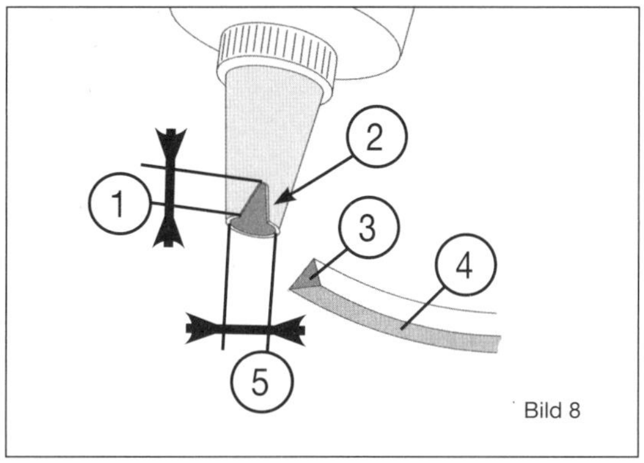

Bild 8
Trick mit der Dichtmitteldüse.
1 Einschnitt 3 mm
2 V-förmiger Einschnitt
3 Querschnitt der Dichtmittelraupe
4 Laufbahn der Dichtmittelraupe
5 Düsenanschnitt

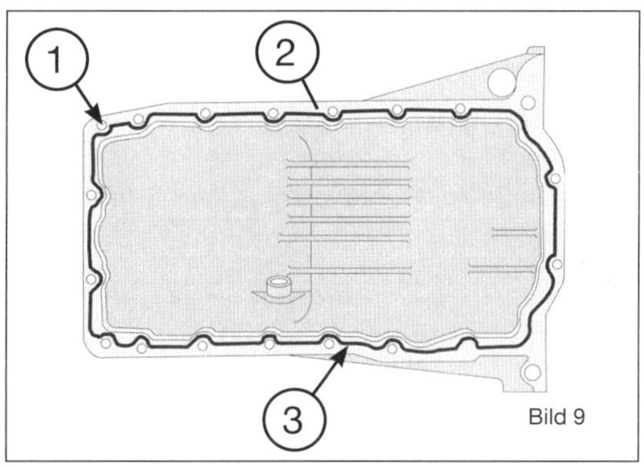

Bild 9
Ölwanne beim 1,8-l-Motor.
1 Schraubenloch der Ölwanne
2 Dichtfläche Ölwanne
3 Dichtmittelraupe (2 bis 3 mm Stärke)

■ Ziehen Sie die Schrauben zum Getriebe (F) mit 40 Nm fest.

■ Ziehen Sie die Schrauben im zweiten Durchgang mit (1-20) 15 Nm an.

Nach der Montage der Ölwanne muss das Dichtmittel etwa 30 Minuten trocknen. Erst danach darf Motoröl eingefüllt werden.

Ölwanne an den 3,2-l-Motoren

■ Das Fahrzeug anheben.

■ Demontieren Sie die Geräuschdämmung unter dem Motor.

■ Bauen Sie die Abschlussverkleidungen rechts und links wie bereits im Kapitel 4 unter der Überschrift »Motor- und Unterbodenabdeckung aus- und einbauen« beschrieben.

Sichtprüfung Messen

Bild 10
Untere Ölwanne bei den 3,2-l-Motoren.
1-26 Anzugsreihenfolge der Schrauben
26-1 Lösereihenfolge der Schrauben
A Ölsensor
B Steckkontakt
C Schrauben
D Ablassschraube
E Schrauben am Getriebeflansch

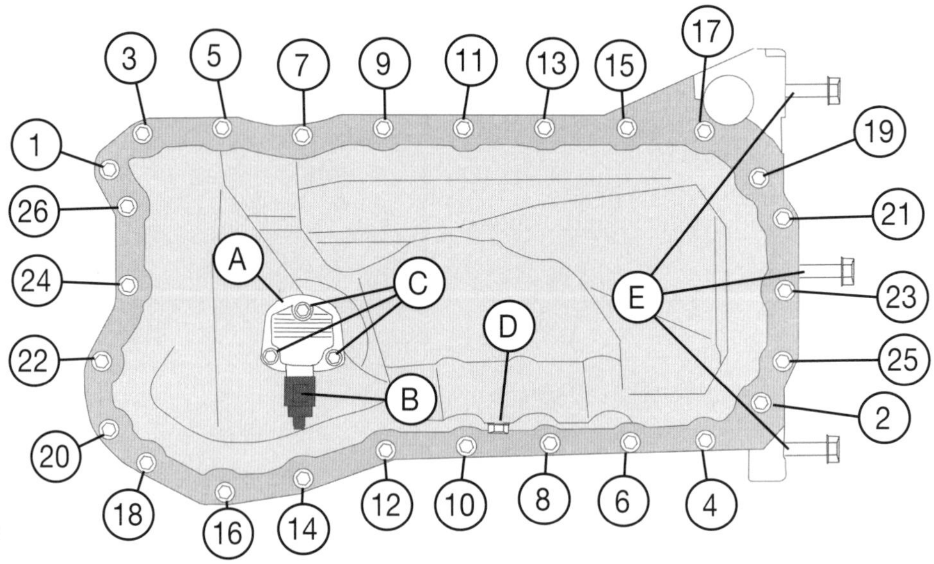

Bild 10

Bild 11
Ölwanne beim 3,2-l-Motor.
1 Schraubenloch der Ölwanne
2 Dichtfläche Ölwanne
3 Dichtmittelraupe (2 bis 3 mm Stärke)

■ Drehen Sie die Schrauben des Halters der Sekundärluftpumpe heraus und nehmen Sie die Sekundärluftpumpe mit dem Halter ab.
■ Lassen Sie das Motoröl wie bereits beschrieben ab.
■ Entsichern Sie den Steckkontakt und trennen Sie die elektrische Steckverbindung zum Ölsensor (C im Bild 6).
■ Drehen Sie die Schrauben des Ölwannenunterteils in der Reihenfolge (26-1 im Bild 10) heraus.

☞ Drehen Sie die gegenüberliegenden Schrauben (1) und (2) nur 5 mm heraus, belassen sie aber im Gewinde eingeschraubt. Sie dienen als Sicherung gegen Herunterfallen der Ölwanne.

■ Entfernen Sie die Ölwanne vorsichtig, indem Sie die Dichtmasse mit einem geeigneten Werkzeug einschneiden und die Ölwanne vorsichtig abhebeln.

Die Montage erfolgt sinngemäß in umgekehrter Reihenfolge.
■ Entfernen Sie die Dichtmittelreste an der oberen Ölwanne mit einem Flachschaber.
■ Entfernen Sie die Dichtmittelreste an der Ölwanne mittels einer rotierenden Bürste, z. B. einer Handbohrmaschine (Bild 7) mit Kunststoffbürsten-Einsatz (Schutzbrille aufsetzen).
■ Reinigen Sie die Dichtflächen. Sie müssen öl- und fettfrei sein.

☞ Prüfen Sie, ob das Mindesthaltbarkeitsdatum der Dichtmasse noch eine Verarbeitung zulässt.

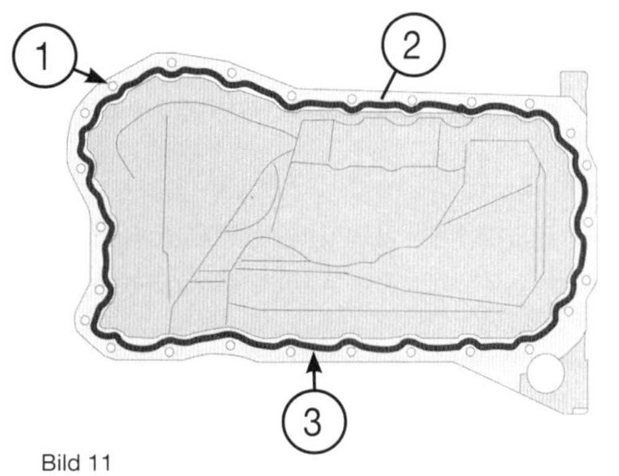

Bild 11

■ Schneiden Sie die Tubendüse wie im Bild 8 auf 3 mm ein. Der V-Schnitt (2) ermöglicht auch ein Schräghalten der Düse, um die nicht gut zu erreichenden Bereiche mit einer ausreichenden Dichtmittelraupe zu versehen.
■ Eine aufrecht stehende Düse ergibt eine dreieckige Querschnittsfläche (3) der Dichtmittelraupe.
■ Tragen Sie das Dichtmittel wie im Bild 11 gezeigt auf die Ölwanne auf.

⚠ Die Dichtmittelraupe darf nicht dicker als angegeben sein, da sonst überschüssiges Dichtmittel in die Ölwanne gelangen und das Sieb an der Ölpumpe verstopfen kann.

■ Setzen Sie die Ölwanne sofort an und ziehen Sie die Schrauben in der Reihenfolge (1-26 im Bild 10) an.

☞ Die Ölwanne muss nach dem Auftragen des Dichtmittels innerhalb von 5

Minuten eingebaut werden, da sonst das Dichtmittel bereits abbindet.

Beim Einbau der Ölwanne bei ausgebauten Motor muss darauf geachtet werden, dass die Ölwanne schwungradseitig bündig mit dem Zylinderblock abschließt.

■ Ziehen Sie die Schrauben im ersten Durchgang (1-26) mit 5 Nm an.

■ Ziehen Sie die Schrauben zum Getriebe (F) mit 40 Nm fest.

■ Ziehen Sie die Schrauben im zweiten Durchgang mit (1-26) 12 Nm an.

Nach der Montage der Ölwanne muss das Dichtmittel etwa 30 Minuten trocknen. Erst danach darf Motoröl eingefüllt werden.

Demontage der Ölpumpe

Vorbereitung für alle Motorvarianten

■ Bauen Sie die Motorabdeckung unten ab. Lassen Sie das Motoröl ab.

■ Demontieren Sie die Ölwanne.

Demontage der Ölpumpe am 1,8-l-Motor

Zur Demontage der Ölpumpe müssen die Riemenscheibe, der Zahnriemen und der Stirndeckel nicht zwingend demontiert werden. Diese Arbeiten werden erst dann fällig, wenn die Spannschiene oder/ und deren Andruckfeder oder die Antriebskette ersetzt werden müssen.

■ Drehen Sie die Schraube (4 im Bild 12) heraus.

■ Nehmen Sie das Kettenrad (11) zusammen mit der Antriebskette (1) von der Ölpumpe ab.

■ Drehen Sie die Schrauben (6) heraus.

■ Nehmen Sie die Ölpumpe ab.

■ Nehmen Sie das Antriebsrad aus der Steuerkette heraus.

Die Montage erfolgt sinngemäß in umgekehrter Reihenfolge.

■ Prüfen Sie, ob die Ölpumpe leichtgängig läuft. Ist das nicht der Fall, muss sie ersetzt werden.

■ Kontrollieren Sie das Filtersieb.

Kontrollieren Sie, ob die Passhülsen in der Ölpumpe (10) eingebaut sind.

Das Kettenrad lässt sich nur in einer Position auf die Ölpumpenwelle aufstecken.

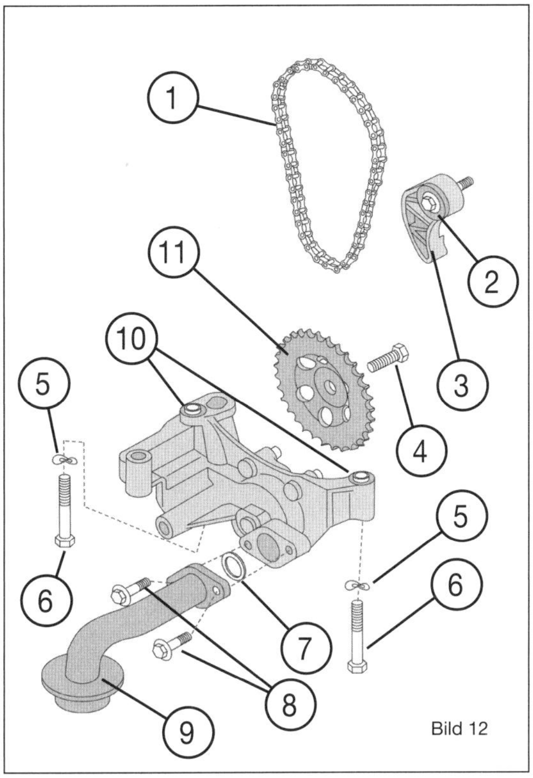

Bild 12
Ölpumpe beim 1,8-l-Motor.
1 Antriebskette
2 Schraube
3 Kettenspanner mit Feder
4 Schraube
5 Wellscheibe
6 Schraube
7 O-Ring
8 Schraube
9 Ansaugrohr mit Siebfilter
10 Passhülse
11 Antriebskettenrad

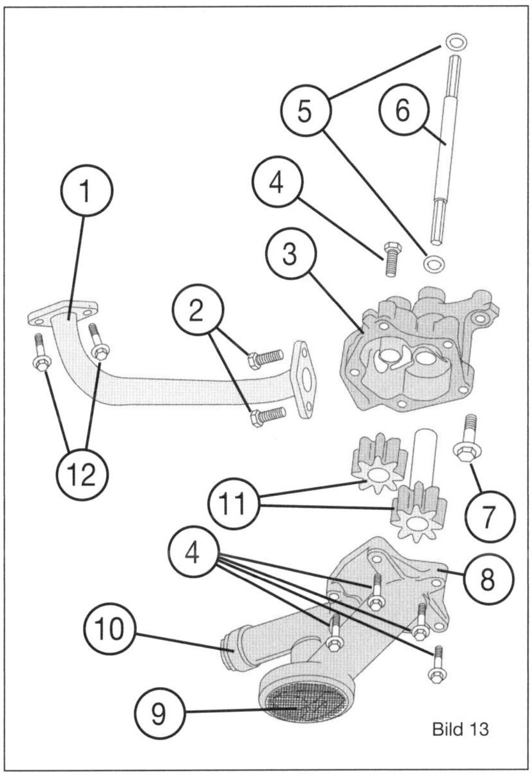

Bild 13
Ölpumpe beim 3,2-l-Motor.
1 Öldruckrohr
2 Schrauben
3 Ölpumpengehäuse
4 Schraube
5 Dichtringe
6 Antriebswelle
7 Schraube
8 Ölpumpendeckel
9 Ansaugbereich mit Filtersieb
10 Druckregelventil
11 Förderzahnräder
12 Schrauben

Demontage der Ölpumpe am 3,2-l-Motor

Die Ölpumpe wird über die Zwischenwelle, das Ölpumpenantriebsrad im Motorblock und Antriebswelle angetrieben.

■ Drehen Sie die Schrauben (12 im Bild 13) heraus.

Bild 14
Messaufbau zur Öldruckprüfung.
1 Anschluss Batterieplus
2 Anschluss am Öldruckschalter
3 Druckmessuhr
4 LED (Kontrolllampe)
5 Ventilsteller
6 Anschluss am T-Stück für den Öldruckschalter oder am Anschlussgewinde

Bild 15
Abdeckungen oben im Motorraum beim 1,8-l-Motor.
1 Schrauben
2 Abdeckung oben
3 Hitzeschutz vorne
4 Abdeckung vorne links
5 Schrauben
6 Abdeckung Schlossträger links
7 Abdeckung Schlossträger rechts
8 Schrauben

■ Drehen Sie die Schrauben (2) heraus. Nehmen Sie das Öldruckrohr von der Ölpumpe und dem Motorblock ab.
Drehen Sie die Schraube (7) heraus.
Ziehen Sie die Ölpumpe nach unten ab.
Nehmen Sie die Antriebswelle (6) heraus.

Die Montage erfolgt sinngemäß in umgekehrter Reihenfolge.
■ Prüfen Sie, ob die Ölpumpe leichtgängig läuft. Ist das nicht der Fall, muss sie ersetzt werden.
■ Kontrollieren Sie das Filtersieb.
Achten Sie darauf, dass die Antriebswelle im Antriebsrad und in der Ölpumpe einsitzt.

Öldruckprüfung

■ Prüfen Sie den Ölstand des Motors.

Lassen Sie den Motor warmlaufen. Der Öldruck fällt bei warmem Motor aufgrund des dünnflüssigeren Öls grundsätzlich geringer aus.

Öldruckprüfung am 1,8-l-Motor
■ Prüfen Sie, ob die Kontrollleuchte für Öldruck bei eingeschalteter Zündung leuchtet.

Im Fahrerinformationssystem »FIS« muss die Anzeige »OK« angezeigt werden.

■ Drehen Sie die Schrauben (1 im Bild 15) heraus und bauen Sie die Motorabdeckung oben (2) aus.
■ Drehen Sie die Schrauben (8) heraus und bauen Sie den Hitzeschutz (3) aus.
■ Demontieren Sie die Abdeckungen am Schlossträger (6 und 7).
■ Demontieren Sie die Abdeckung über der Batterie.
■ Bauen Sie die Verkleidung über dem Kühlmittelausgleichsbehälter aus.

Fahrzeuge mit Abgastemperaturregelung:
■ Entsichern Sie den Steckkontakt und ziehen Sie die elektrische Steckverbindung zum Abgastemperaturfühler ab.

Weiter für alle Varianten:
■ Drehen Sie die Schrauben an der Halteplatte für den Hitzeschutz (3) heraus und ziehen Sie sie vom Führungsrohr des Ölmessstabs ab.

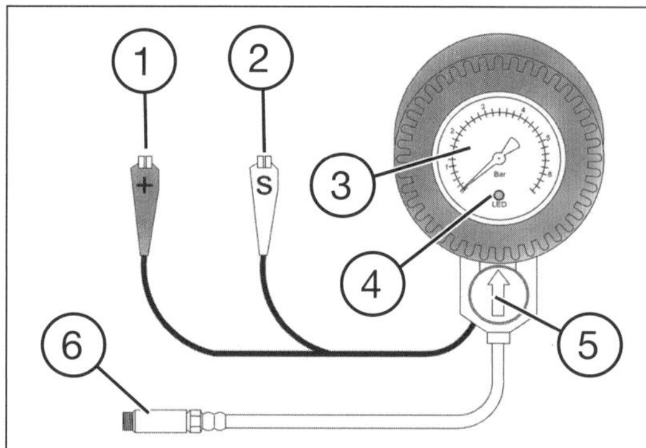

Bild 14

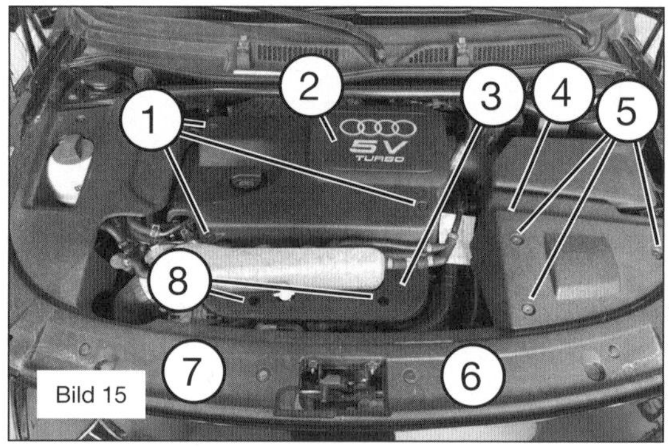

Bild 15

■ Lösen Sie den Kühlmittelschlauch an der Halteplatte und legen Sie sie mit den angeschlossenen Schläuchen aus dem Arbeitsbereich heraus.
■ Ziehen Sie die elektrische Steckverbindung des Öldruckschalters (8 im Bild 3) ab.
■ Bauen Sie den Öldruckschalter aus.

Legen Sie einen Lappen unter und fangen Sie austretendes Restöl auf.

■ Drehen Sie das Anschlussstück (6 im Bild 14) des Öldruckprüfers in die Bohrung des Öldruckschalters ein.
■ Montieren Sie den ausgebauten Öldruckschalter in die freie Bohrung des T-Stückes am Öldruckprüfer.
■ Starten Sie den Motor und lesen Sie den Druck ab, sobald die Leuchtdiode angeht.
■ Lassen Sie den Motor laufen und lesen Sie den Öldruck für die in der Tabelle angegebenen Drehzahlen ab.

Messwerte für den 1,8-l-Motor

Beobachten Sie das Prüfgerät und die Leuchtdiode bereits während des Startvorgangs. Der Schaltpunkt des Öldruckschalters kann bereits beim Starten überschritten werden.

Die Leuchtdiode muss bei 1,2 bar bis 1,6 bar anfangen zu leuchten.

Drehzahl	Druck
Leerlauf	1,3 bar
3500 1/min	3,5 bis 4,5 bar

Öldruckprüfung am 3,2-l-Motor

Der Öldruckschalter ist recht schlecht zu erreichen und macht einige Vorarbeiten erforderlich. Wir halten uns hier an die Arbeitsbeschreibungen, die Audi für den 3,2-l-TT vorgibt.

- Prüfen Sie, ob die Kontrollleuchte für Öldruck bei eingeschalteter Zündung leuchtet.

Im Fahrerinformationssystem »FIS« muss die Anzeige »OK« angezeigt werden.

- Demontieren Sie die Abdeckungen am Schlossträgen (6 und 7).
- Bauen Sie die Verkleidung über dem Kühlmittelausgleichsbehälter aus.
- Entspannen Sie den Keilrippenriemen, wie bereits im Kapitel 4 unter der Überschrift »Keilrippenriemen aus- und einbauen« beschrieben.

Kennzeichnen Sie die Laufrichtung des Keilrippenriemens, wenn er weiterhin verwendet werden soll.

- Öffnen Sie die Verbindungsstelle (1 im Bild 16) des Luftführungsrohrs und legen Sie das Luftführungsrohr frei.
- Bauen Sie die Geräuschdämmung unter dem Motor und die Anschlussverkleidungen wie im Kapitel 4 bereits beschrieben aus.

Beim Roaster:

- Stellen Sie die Auffangwanne für Werkstattkräne oder einen anderen geeigneten Auffangbehälter unter das Fahrzeug.
- Setzen Sie einen Schlauch auf den Stutzen des Ablasshahns (5 im Bild 17) am Kühler auf und drehen Sie die Ablassschraube nach links.

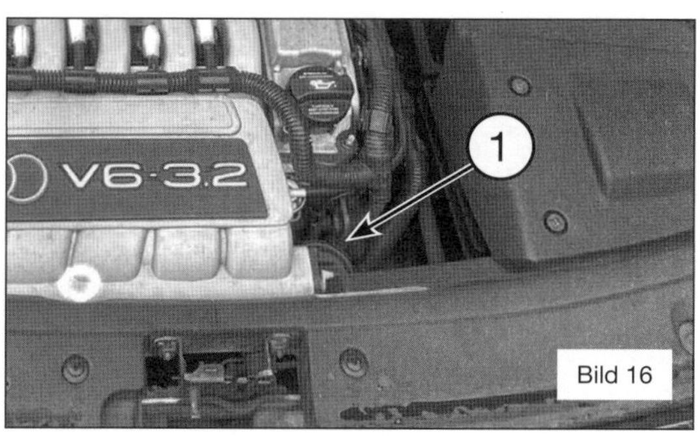

Bild 16
Abdeckungen oben im Motorraum beim 1,8-l-Motor.
1 Einbauposition der Verbindungsstelle Luftrohr für das Sekundärluftsystem

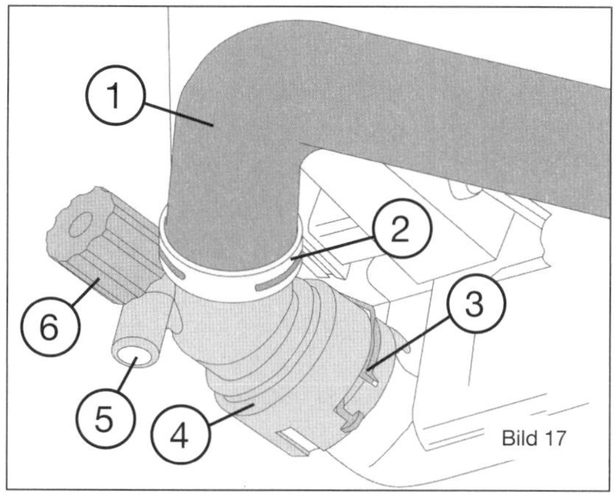

Bild 17
Abdeckungen oben im Motorraum beim 1,8-l-Motor.
1 Kühlmittelschlauch
2 Schelle Kühlmittel
3 Halteklammer
4 Schlauch Stutzen
5 Ablaufstutzen
6 Ablassschraube

- Entsichern Sie die Halteklammer des Ablass-Schlauch-Stutzens (Bild 17) zum Kühler und ziehen Sie den Stutzen ab.

Weiter für alle Fahrzeugvarianten:

- Demontieren Sie das Querrohr an der Fahrzeugfront unten.
- Demontieren Sie die Riemenscheibe der Servopumpe und lösen Sie sie vom Halter.
- Hängen Sie die Servopumpe mit angeschlossenen Schläuchen am Schlossträger auf.
- Soweit vorhanden, lösen Sie die Druckleitung für die Servopumpe.
- Lösen Sie den Kühlmittelschlauch aus dem Halter im Bereich der Sekundärluftpumpe.
- Entsichern Sie den Steckkontakt und ziehen Sie die elektrische Steckverbindung zur Sekundärluftpumpe ab.
- Legen Sie die Anschlussleitung zur Seite.
- Bauen Sie den Halter für den Kühlmittelschlauch ab.
- Schrauben Sie den Halter für den Luftfilter der Sekundärluftpumpe ab.
- Drehen Sie die beiden Halteschrauben heraus und nehmen Sie die Sekundärluftpumpe heraus.
- Entsichern Sie den Steckkontakt und ziehen Sie die elektrische Steckverbindung zum Öldruckschalter ab.
- Bauen Sie den Öldruckschalter aus.

Legen Sie einen Lappen unter und fangen Sie austretendes Restöl auf.

- Drehen Sie das Anschlussstück (6 im Bild 14) des Öldruckprüfers in die Bohrung des Öldruckschalters ein.
- Montieren Sie den ausgebauten Öldruckschalter in die freie Bohrung des T-Stückes am Öldruckprüfer.

■ Bauen Sie die Servopumpe wieder ein und montieren Sie den Keilrippenriemen.
■ Starten Sie den Motor und lesen Sie den Druck ab, sobald die Leuchtdiode angeht.
■ Lassen Sie den Motor laufen und lesen Sie den Öldruck für die in der nachfolgenden Tabelle angegebenen Drehzahlen ab.
■ Lassen Sie den Motor nur kurz laufen, da kein Kühlmittel befüllt ist.

Messwerte für den 3,2-l-Motor

Beobachten Sie das Prüfgerät und die Leuchtdiode bereits während des Startvorgangs. Der Schaltpunkt des Öldruckschalters kann bereits beim Starten überschritten werden.

Die Leuchtdiode muss bei 1,2 bar bis 1,6 bar anfangen zu leuchten.

Drehzahl	Druck
Leerlauf	> 2,0 bar
2000 1/min	3,5 bis 4,5 bar
Höchstdruck bei höherer Drehzahl	7,0 bar

Rückbau nach der Öldruckmessung

Die Montage erfolgt sinngemäß in umgekehrter Reihenfolge zur jeweiligen Demontage.
■ Ziehen Sie den Öldruckschalter mit 25 Nm fest.
■ Prüfen Sie die Dichtigkeit des Öldruckschalters am Ölfiltergehäuse vor der endgültigen Montage.

Messen des Ölverbrauchs

Ölverbrauch ist bis zu einem gewissen Maß für einen Verbrennungsmotor normal. Über die Kolbenringe und auch über die Motorentlüftung werden Öl oder Ölnebel in den Brennraum übertragen. Bei den Turbomotoren kommt auch der Turbolader mit dazu.

Vorarbeiten

■ Kontrollieren Sie Motor, Turbolader, Ladeluftleitungen und Anbauteile auf Ölspuren.
■ Eventuelle Undichtigkeiten müssen vor der Messung beseitigt werden.

Wenn der letzte Ölwechsel mehr als 1000 km zurückliegt, muss zuerst ein Ölwechsel durchgeführt werden.

■ Stellen Sie sicher, dass ein zugelassenes Motoröl eingefüllt wurde. Wenn sich nicht nachvollziehen lässt, welches Öl in den Motor eingefüllt wurde, sollten Sie zuerst das Öl wechseln.

Die Messung

■ Bringen Sie das Fahrzeug auf Betriebstemperatur (etwa 80 °C) und stellen Sie das Fahrzeug auf eine ebene Fläche ab.
■ Warten Sie 5 Minuten ab und kontrollieren Sie den Ölstand mit dem Ölmessstab.
■ Belassen Sie den Ölmessstab etwa 1 Minute komplett eingeschoben und ziehen Sie ihn dann heraus.

⚠ Der Ölstand darf nicht über der Maximum-Markierung stehen.

■ Markieren Sie den genauen Ölstand mit einer Reißnadel (1 im Bild 18) auf dem Ölmessstab (2).

Auswertung Ölverbrauch

■ Nach etwa 500 bis 1000 km Fahrtstrecke wiederholen Sie die Messung.
■ Stellen Sie das Fahrzeug wieder auf die gleiche ebene Fläche, auf der Sie die Eingangsmessung durchgeführt haben.
■ Füllen Sie mit einem Messbecher, soweit erforderlich, den Ölstand bis zur Markierung (durch die Reißnadel) auf. Gehen Sie hier in kleinen Schritten vor (etwa 100 ml).

Berechnen Sie den Ölverbrauch:

$$\frac{\text{Nachfüllmenge (in Litern)} \times 1000}{\text{Zurückgelegte Strecke (in km)}}$$

Das Ergebnis ergibt den Ölverbrauch auf 1000 km. Audi gibt einen zulässigen Ölverbrauch bis 0,8 Liter auf 1000 km an.

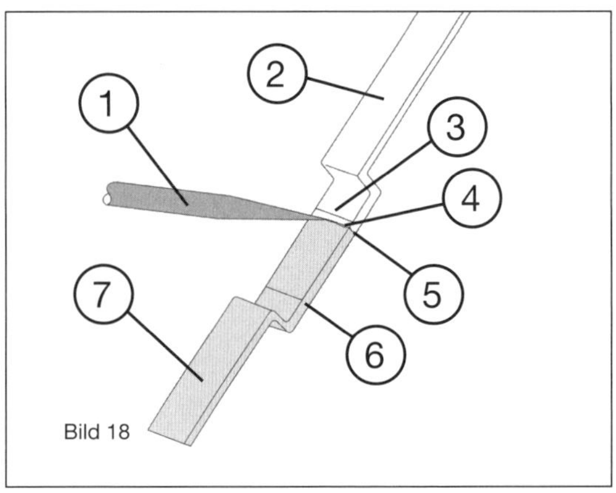

Bild 18

Bild 18
Auswertung des Ölverbrauchs.
1 Reißnadel
2 Ölstab
3 Maximalmarkierung
4 Markierung zum Ölstand
5 Ölstand
6 Minimalmarkierung
7 Motoröl

6 Kühlsystem

Funktion des Kühlkreislaufs
Das Kühlsystem sorgt für die richtige Betriebstemperatur des Motors. Es besteht aufbauseitig aus Kühler, Ladeluftkühler, Luftführungshutze mit Kühlerlüftern und Ausgleichsbehälter für Kühlmittel. Motorseitig gehören Kühlmittelschläuche und Kühlmittelrohre sowie ein Netz aus kleinen, genau bemessenen Kanälen in Motorblock und Zylinder, in denen die in den Ausgleichsbehälter eingefüllte Kühlflüssigkeit zirkuliert, zum System. So entsteht ein Wassermantel, der die Verbrennungswärme über die Schläuche des Kühlsystems an den Kühler abführt. Welche Wege im jeweils konkreten Betriebszustand das Kühlmittel im Kühlsystem nimmt, hängt von der Temperatur des Motors ab.

Zu den motorseitigen Aggregaten des Kühlsystems gehört auch der Motorölkühler. Eine mechanische Kühlmittelpumpe (»Wasserpumpe«) sorgt für den ständigen Kreislauf des Kühlmittels. Sie wird über den Keilrippenriemen angetrieben. Ein Kühlmittelregler (Dehnstoff-Thermostat) hält die Kühlmitteltemperatur konstant. Das Kühlsystem steht unter einem Überdruck von etwa 1,2 bis 1,5 bar bei Betriebstemperatur. Dadurch und durch den Einsatz von Kühlmittelzusätzen erhöht sich der Siedepunkt der Kühlflüssigkeit von 100 °C auf rund 120 °C.
Die höhere Temperatur ermöglicht einen wirtschaftlicheren und damit Kraftstoff sparenden Motorbetrieb. Wenn bei einem heißen Motor der Kühlmitteldruck 1,5 bar übersteigt, tritt das Überdruckventil am Ausgleichsbehälter in Aktion. Es öffnet dann und lässt zum Druckausgleich etwas Wasserdampf entweichen.

Sicht- und Funktionsprüfungen

Kühlmittelstand prüfen
■ Der Kühlmittelstand wird bei kaltem Motor am Kühlmittel-Ausgleichsbehälter geprüft. Dieser Behälter befindet sich im Motorraum rechts hinten. Er ist meist mit den Markierungen »Max« und »Min« gekennzeichnet, auf jeden Fall mit der »Min«-Markierung und einer Markierungslinie für den maximalen Füllstand.

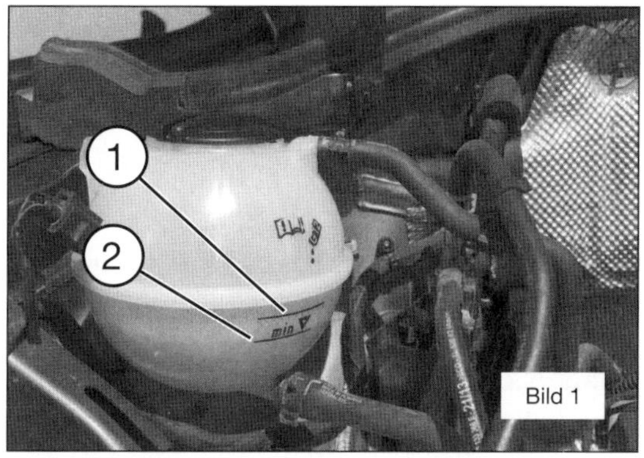

Bild 1
Kühlmittelstand am Kühlmittelausgleichsbehälter.
1 Maximum-Markierung
2 Minimum-Markierung

■ Ist der Motor kalt, muss das Kühlmittel zwischen »Max« und »Min« (Bild 1), bei warmem Motor etwas über der Markierungslinie für maximalen Füllstand stehen.
■ Bei nicht verbrauchsbedingtem Flüssigkeitsverlust muss die Ursache ermittelt und durch Reparatur beseitigt werden.

Frostschutz des Kühlmittels prüfen
Zur Frostschutzprüfung wird ein handelsüblicher Ansaugprüfer oder für genauere Prüfung ein sogenanntes Refraktometer benötigt. Beim Ansaugprüfer wird der jeweilige Frostschutz in °C angezeigt. Audi schreibt den Werkstätten aber vor, die Konzentration des Kühlmittelzusatzes bei der jüngsten Motorengeneration mit dem Refraktometer entsprechend Bedienungsanleitung zu prüfen (Bilder 2 und 3). Die Skala »1« des Refraktometers bezieht sich auf die Kühlmittelzusätze G12, G12 plus, G12 Plusplus und G30, die für die Audi-Kühlsysteme empfohlen werden. Die Skala »2« bezieht sich nur auf den zu verwendenden Kühlmittelzusatz G13.
■ Prüfen Sie den Kühlmittelstand im Ausgleichsbehälter bei kaltem Motor.

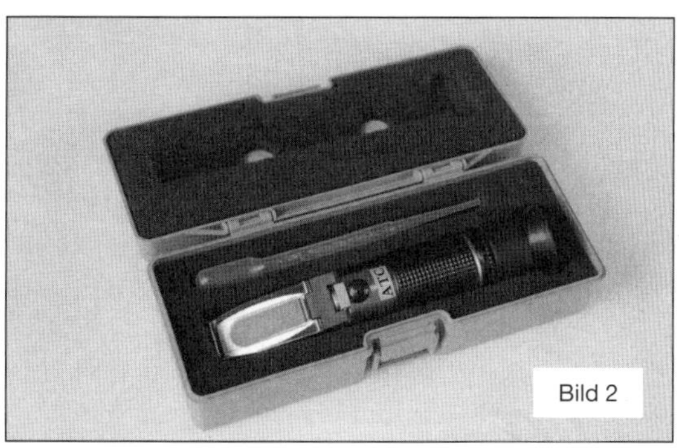

Bild 2
Refraktometer zur Frostschutzgehaltsprüfung.

Sichtprüfung Messen

Bild 3
Sichtfeld des Refraktometers.
1 G12; G12 Plus, G12 Plusplus, G11 und auch G30
2 G13
3 AdBlue
4 Scheibenfrostschutz
5 Säuredichte der Batterie

Bild 4
Frostschutzspindel zur Frostschutzgehaltsprüfung.

Bild 5
Druckpumpe mit Adapter auf dem Kühlmittelbehälter.
1 Adapter
2 Prüfpumpe
3 Sensor Kühlmittel

- Den genauen Wert bei den Prüfungen liest man an der Hell-Dunkel-Grenze ab. Zur besseren Veranschaulichung der Hell-Dunkel-Grenze wird mit der Pipette ein Tropfen Wasser auf das Glas gebracht. Die Hell-Dunkel-Grenze ist dann deutlich an der »Waterline« zu erkennen (Bild 3). Der Frostschutz muss bis etwa -25 °C gewährleistet sein.
- Bei zu geringem Frostschutz Kühlflüssigkeit ablassen und durch Kühlmittelzusatz G30 (violett) ergänzen.
- Probefahrt durchführen und Frostschutz des Kühlmittels erneut prüfen.

Kühlsystem auf Dichtigkeit prüfen
Zur Prüfung der Dichtheit des Kühlsystems und des Überdruckventils wird ein Kühlsystem-Prüfgerät mit Adapter (Bild 5) benötigt. Der Motor muss betriebswarm sein.
- Verschlussdeckel vom Kühlmittel-Ausgleichsbehälter öffnen.
- Adapter für das Kühlsystemprüfgerät in den Kühlmittelausgleichsbehälter schrauben.
- Anschlussstück in den Adapter für Kühlsystemprüfgerät klemmen und das Anschlussstück über den mitgelieferten Verbindungsschlauch mit dem Kühlsystem-Prüfgerät verbinden.
- Mit der Handpumpe des Kühlsystemprüfgerätes ca. 1,5 bar Überdruck erzeugen.

Fällt der Druck ab:
- Undichte Stelle suchen und Fehler beseitigen.

⚠ Bevor das Kühlsystemprüfgerät vom Verbindungsschlauch oder Anschlussstück getrennt wird, muss unbedingt der vorhandene Druck abgebaut werden.
- Dazu das Druckentlastungsventil am Kühlsystem-Prüfgerät drücken, bis das Druckmanometer den Wert »0« anzeigt.

Überdruckventil im Verschlussdeckel des Kühlmittelbehälters prüfen
- Verschlussdeckel des Kühlmittel-Ausgleichsbehälters in den Adapter für Kühlsystemprüfgerät schrauben, Anschlussstück in den Adapter für Kühlsystemprüfgerät klemmen und das Anschlussstück über den mitgelieferten Verbindungsschlauch mit dem Kühlsystem-Prüfgerät verbinden.
- Mit der Handpumpe des Kühlsystem-Prüfgerätes einen Überdruck von max. 1,6 bar erzeugen. Das Überdruckventil darf noch nicht öffnen.

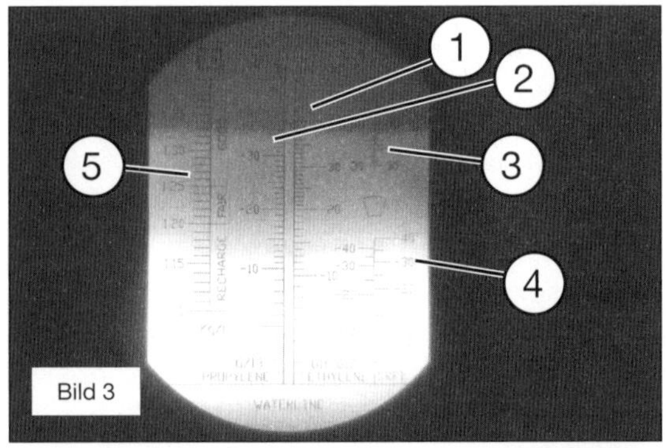

Bild 3

Bild 4

Bild 5

Öffnet das Überdruckventil vorzeitig: Verschlussdeckel ersetzen.
- Druck auf über 1,6 bar erhöhen. Das Überdruckventil muss öffnen.

Öffnet das Überdruckventil nicht: Verschlussdeckel ersetzen.

Kühlmittel ablassen, ergänzen, auffüllen

Kühlmittel ablassen
Die wesentlichen Arbeitsschritte unterscheiden sich nicht in den einzelnen Motorvarianten. Wir stellen Ihnen eine allgemeingültige Anweisung vor, die auch für Ihr Fahrzeug angewendet werden kann.

Vorbereitungen

■ Verschlussdeckel vom Kühlmittel-Ausgleichsbehälter öffnen.

Bei warmem Motor steht das Kühlsystem unter Druck, beim Öffnen des Ausgleichsbehälters kann deshalb heißer Dampf bzw. heißes Kühlmittel entweichen. Überdruck abbauen, dazu Verschlussdeckel mit einem Lappen abdecken und vorsichtig öffnen. Schutzbrille und Schutzbekleidung tragen, um Augenverletzungen und Verbrühungen zu vermeiden.

■ Das Fahrzeug auf die Hebebühne fahren.

■ Fahrzeug anheben und Motorspritzschutz (Geräuschdämpfung) abschrauben.

■ Auffangwanne für Werkstattkräne unter den Motor stellen.

Kühlmittel ablassen

Das abgelassene Kühlmittel darf nicht wiederverwendet werden.

Fahrzeuge mit Ablasshahn (Bild 17):

■ Öffnen Sie den Kühlerverschlussdeckel.

■ Drehen Sie die Ablassschraube unten links im Kühler los.

■ Öffnen Sie den Ausgleichsbehälterdeckel.

■ Lassen Sie das Kühlmittel ablaufen.

■ Entsorgen Sie das Kühlmittel fachgerecht.

Fahrzeuge ohne Ablasshahn:

■ Öffnen Sie den Kühlerverschlussdeckel.

■ Schlauchschellen lösen und den unteren Kühlerschlauch am Unterboden abziehen.

■ Lassen Sie das Kühlmittel ablaufen.

■ Entsorgen Sie das Kühlmittel fachgerecht.

Fahrzeuge mit Standheizung:

■ Kühlmittelschläuche auch am Heizsystem abbauen und restliches Kühlmittel ablaufen lassen.

■ Entsorgen Sie das Kühlmittel fachgerecht oder geben Sie es beim Händler zurück.

Kühlmittel zum Befüllen vorbereiten

Als Kühlmittelzusatz darf nur »G 12+« oder die originale Flüssigkeit nach Vorschriftenblatt TL VW 774 F verwendet werden. Erkennungsmerkmal ist die lila Färbung. Auf keinen Fall darf G 12+ mit anderen Kühlmittelzusätzen vermischt werden! Ist die Flüssigkeit im Ausgleichbehälter braun, wurde G12+ mit einem anderen Kühlmittel vermischt. In diesem Fall muss das Kühlmittel gewechselt werden. G 12+ und Kühlmittelzusätze verhindern Frost- und Korrosionsschäden, Kalkansatz und heben außerdem die Siedetemperatur an. Aus diesen Gründen muss das Kühlsystem unbedingt ganzjährig mit Kühlerfrost- und Korrosionsschutzmittel befüllt sein.

Frostschutz und Klimazonen:

Besonders in Ländern mit tropischem Klima trägt das Kühlmittel durch den höheren Siedepunkt bei hoher Belastung des Motors zur Betriebssicherheit bei. Der Frostschutz muss bis etwa -25 °C (in Ländern mit arktischem Klima bis etwa -35 °C) gewährleistet sein.

Die Konzentration des Kühlmittels darf auch in der warmen Jahreszeit bzw. in warmen Ländern nicht durch Nachfüllen von Wasser verringert werden. Der Kühlmittelzusatz-Anteil muss mindestens 40 % betragen. Ist aus klimatischen Gründen ein stärkerer Frostschutz erforderlich, kann der Anteil von G 30 erhöht werden, aber nur bis zu 60 % (Frostschutz bis etwa -40 °C), da sich sonst der Frostschutz wieder verringert und außerdem die Kühlwirkung verschlechtert wird.

■ Zum Festlegen der aktuellen Frostschutzdichte wird das Refraktometer wie schon beschrieben empfohlen.

Anmischen:

Je nach Kühlmittelhersteller und Klimazone muss eine Mischung aus Frostschutzkonzentrat und Wasser hergestellt werden. Die erforderliche Menge können Sie einer Tabelle auf dem Behälter des Frostschutzkonzentrats ablesen.

■ Stellen Sie einen sauberen 5-l-Eimer bereit.

■ Mischen Sie die erforderliche Konzentratmenge mit der dazugehörigen Wassermenge an.

■ Kontrollieren Sie den Frostschutzgehalt mit dem Refraktometer oder der Frostschutzspindel.

Befüllen mit Kühler-Vakuum-Befüllgerät

Wurden Kühler, Wärmetauscher, Zylinderkopf oder Zylinderkopfdichtung ersetzt: Gebrauchtes Kühlmittel vorschriftsmäßig entsorgen und nicht wiederverwenden! Das Kühlmittel kann auch über die Abgabestellen für Sondermüll entsorgt werden.

Sichtprüfung Messen

Bild 6
Vakuumbefüllgerät für Kühlsysteme.

1 Druckluftventil
2 Druckluftanschluss
3 Haltekette zum Aufhängen an der Haube
4 Unterdruckanzeige
5 Sauganschluss für Kühlmittel (aus einem Kanister)
6 Filterstück für den Kanister
7 Universalanschluss für den Ausgleichsbehälter
8 Ventil Kühlmittel
9 Ventil Venturianschluss
10 Anschluss Abluftschlauch
11 Abluftschlauch für einen offenen Auffangbehälter

■ Ablassschraube Kühler schließen.
■ Prüfverschluss oder einen Universalanschluss (7 im Bild 6) am Ausgleichsbehälter befestigen.
■ Druckluftleitung an dem Anschluss (2) anschließen und mit Druckluft beaufschlagen.
■ Den Sauganschluss (5) in einen Kanister mit gebrauchsfertig angemischter Kühlflüssigkeit leiten.
■ Den Abluftschlauch (11) in einen offenen Behälter legen.
■ Ablaufventil (8) und Zulaufventil (7) schließen.
■ Die für das Kühlsystem angegebene Kühlmittelmenge in der vorgeschriebenen Zusammensetzung aufbereiten und in den Kanister oder Behälter für den Ansaugschlauch (5) geben.

Damit keine Luft angesaugt wird darauf achten, dass etwas mehr Kühlmittel im Kanister oder Behälter für den Ansaugschlauch (5) ist, als die maximale Füllmenge des Kühlsystems beträgt.

■ Das Filterstück (6) mit dem Schlauch am Sauganschluss in den Kanister einführen und das Filterstück (6) am tiefsten Punkt platzieren.
■ Das Ventil für den Venturianschluss (9) öffnen.
■ Das Ventil für den Kühlmittelzufluss (8) öffnen.

Praxistipp: Destilliertes Wasser als Mischbasis

Zum Befüllen wird laut Werkstattunterlagen einiger Fahrzeughersteller ausdrücklich destilliertes Wasser (plus Frostschutz) vorgeschrieben. »Leitungswasser mit dem vorgeschriebenen Frostschutzzusatz« ist nicht immer ausreichend. Auch dann, wenn der Hersteller das Anmischen mit Leitungswasser zulässt, kann das Verwenden von destilliertem Wasser Vorteile haben. Durch die unterschiedlichen Inhaltsstoffe, die länderspezifisch und sogar regionalspezifisch sein können, haben einige Hersteller entschieden, die Wasserqualität für Kühlsysteme zu definieren. Destilliertes Wasser erfüllt alle Anforderungen. Aus diesem Grund wird empfohlen, auch bei älteren Modellen das Kühlmittel bei Ergänzungen und Neubefüllungen mit destilliertem Wasser anzumischen.

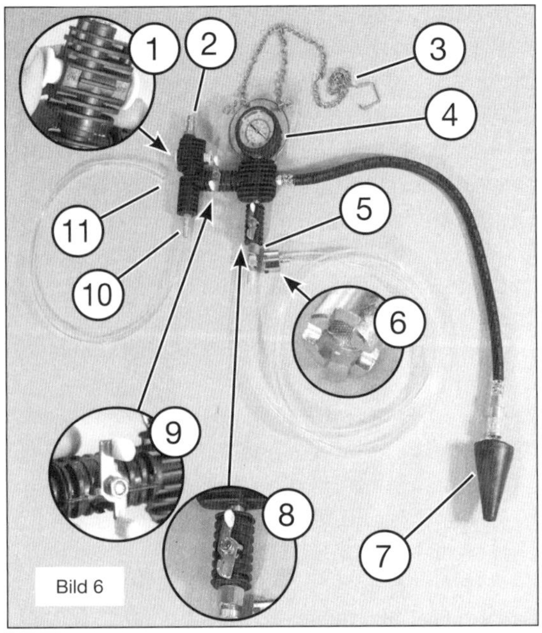

Bild 6

■ Das Druckluftventil (1) öffnen. Im Kühlsystem wird nun ein Unterdruck erzeugt.
■ Das Ventil für den Kühlmittelzufluss (8) so lange öffnen, bis sich der Zulaufschlauch mit Kühlmittel gefüllt hat.
■ Das Ventil für den Venturianschluss (9) schließen, wenn sich die Anzeige der Kontrolleinheit (3) im grünen Bereich (etwa 0,5 bis 0,6 bar Unterdruck) befindet.
■ Das Druckluftventil (1) schließen.
■ Beobachten, ob der Unterdruck etwa 30 Sekunden stabil bleibt.
■ Ist dies nicht der Fall, Schläuche und Anschlüsse überprüfen, ggf. instandsetzen und Prüfung wiederholen.
■ Das Ventil für den Kühlmittelzufluss (8) öffnen. Das Kühlsystem wird nun befüllt.
■ Das Ablaufventil (8) öffnen, wenn kein Kühlmittel mehr aus dem Kühlmittelbehälter angesaugt wird und das Kühlmittel im Ausgleichsbehälter sichtbar ist.
■ Das Ventil für den Kühlmittelzufluss (8) schließen.
■ Das Ventil für den Venturianschluss (9) öffnen, um den Unterdruck im Kühlsystem abzubauen.
■ Das Vakuumbefüllgerät mit allen Anschlüssen und den entsprechenden Verschlauchungen zurückbauen.
■ Kühlmittelstand bis zur Unterkante der Markierung am Ausgleichsbehälter (Bild 1) auffüllen.
■ Falls demontiert, die verbaute Geräuschdämpfung wieder einbauen.

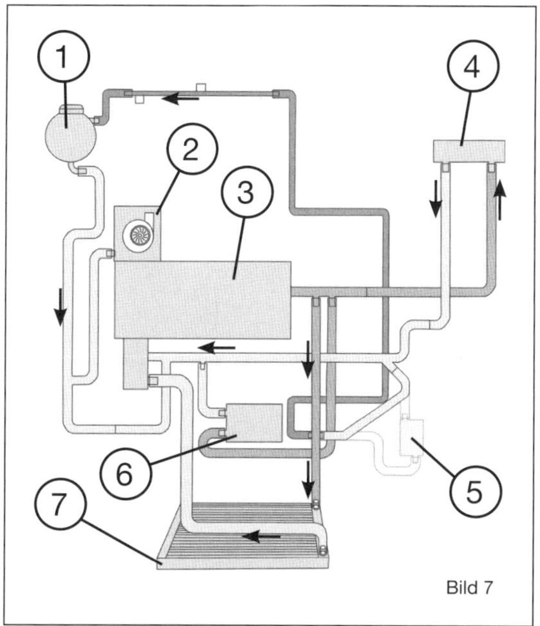

Bild 7

Bild 7
Verschlauchungsplan für die 1,8-l-Motoren 110 kW-140 kW.
1 Ausgleichsbehälter
2 Turbolader
3 Motor
4 Heizungskühler
5 Zusatzkühler (nicht verbaut)
6 Ölkühler
7 Kühler

Befüllen ohne Gerät

- Das Kühlmittel langsam bis zur oberen Markierung des gerasterten Feldes am Ausgleichsbehälter auffüllen (Bild 1).
- Ausgleichsbehälter verschließen. Den Motor starten und die Motordrehzahl für ca. 3 Minuten auf ca. 2000/min halten.
- Motor danach im Leerlauf laufen lassen.
- Kühlmittelstand prüfen und ggf. ergänzen.

Bei betriebswarmem Motor muss der Kühlmittelstand an der oberen Markierung, bei kaltem Motor in der Mitte des gerasterten Feldes liegen.

Anschluss der Kühlmittelschläuche

Schlauchführungen und Befestigungen müssen an der gleichen Stelle wieder verbaut werden.

Verwenden Sie grundsätzlich die gleiche Bauart der Schlauchschellen, um Schäden an den Kühlmittelschläuchen zu vermeiden.

Anschlüsse am 1,8-l-Motor 110-140 kW

Das Kühlsystem teilt sich auf in den kleinen Kühlkreislauf, in den der Thermostat im Motorblock vorne rechts neben der Kühlmittelpumpe verbaut ist. Offensichtlich gab es auch Motorvarianten, bei denen ein Zusatzkühler (5 im Bild 7) verbaut wurde. In den Audi-Unterlagen wird speziell darauf hingewiesen, dass dieser nicht verbaut wurde.

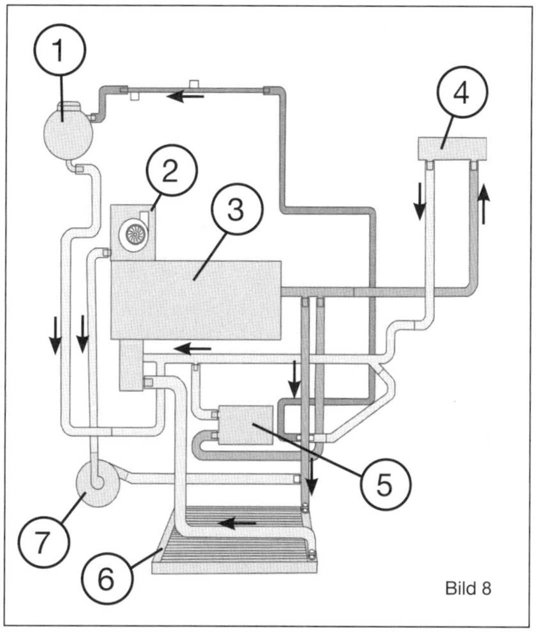

Bild 8

Bild 8
Verschlauchungsplan für die 1,8-l-Motoren 165 kW-176 kW.
1 Ausgleichsbehälter
2 Turbolader
3 Motor
4 Heizungskühler
5 Ölkühler
6 Kühler
7 Elektrische Kühlmittelpumpe für den Kühlmittelnachlauf

Anschlüsse am 1,8-l-Motor 165-176 kW

Das Kühlsystem teilt sich auf in den kleinen Kühlkreislauf, in den der Thermostat im Motorblock vorne rechts neben der Kühlmittelpumpe verbaut ist. Zusätzlich zum Kühlsystem der schwächeren 1,8-l-Motoren ist eine elektrische Kühlmittelpumpe (7 im Bild 8) verbaut, die auch bei abgeschalteter Zündung das Kühlmittel um den Turbolader eine Zeit lang nachlaufen lässt.

Anschlüsse am 3,2-l-Motor

Das Kühlsystem wird auch bei diesem Motorkonzept mit einem Thermostat zwischen großem und kleinen Kühlkreislauf geregelt.

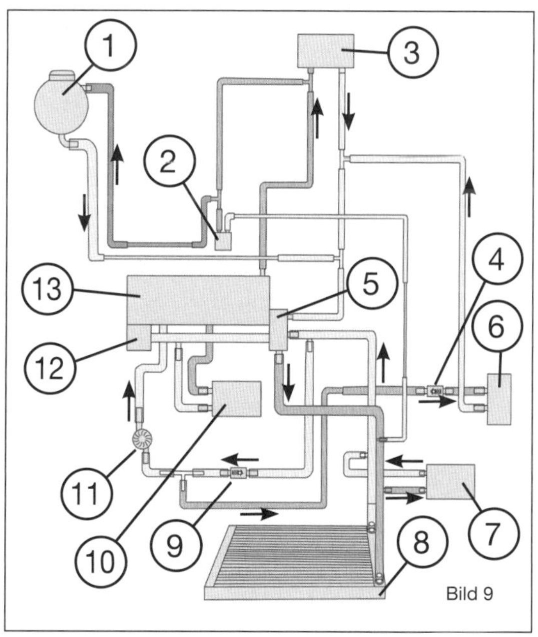

Bild 9

Bild 9
Verschlauchungsplan für die 3,2-l-Motoren.
1 Ausgleichsbehälter
2 Drosselklappenmodul
3 Heizungskühler
4 Rückschlagventil
5 Kühlmittelregler
6 Getriebeölkühler (nur bei DSG-Getrieben)
7 Zusatzkühler
8 Kühler
9 Rückschlagventil
10 Motorölkühler
11 Elektrische Kühlmittelpumpe für den Kühlmittelnachlauf
12 Kühlmittelpumpe
13 Motor

Sichtprüfung Messen

Bild 10
Kühler und Lüfter beim 1,8-l Motor.
1 O-Ring
2 Kühlschlauch oben
3 Kühler
4 Lüfterzarge
5 Schrauben
6 Kühlerhalter
7 Schraube
8 Zusatzlüfter (je nach Ausstattung verbaut)
9 Schrauben
10 Muttern
11 Halteklammer
12 Lüfterträger
13 Muttern
14 Halteklammer
15 Schrauben
16 Lüftermotor
17 Halter Steckkontakte elektrische Anschlüsse
18 Kühlschlauch unten
19 O-Ring
20 Thermoschalter
21 Schrauben

Der Thermostat ist im Kühlmittelregler am Zylinderkopf über dem Getriebe verbaut.

Kühler aus- und einbauen

Die unterschiedlichen Motorvarianten verändern auch den Arbeitsablauf zum Ausbau des Kühlers im Detail. Es sind grundsätzlich zwei verschiedene Bauweisen der Kühlereinheiten in den unterschiedlichen Fahrzeugen verbaut worden. Sie lassen sich aber recht einfach schon optisch unterscheiden.
Die zusätzlichen Kühler für Klimaanlage, Ladeluftsystem und auch die Lenkung sind im Umfeld verbaut. Wenn erforderlich, werden wir den Umgang mit den Komponenten bei der Montage des Kühlers berücksichtigen.

Es ist sehr wichtig, beim Ersatz des Kühlers den verbauten Kühler mit dem Ersatzteil zu vergleichen. Die Variantenvielfalt für die beiden Kühlersysteme ist sehr umfangreich.

Demontage der Lüfterzarge (1,8-l-Motor)

- Falls vorhanden, die Geräuschdämpfung oben und unten ausbauen.
- Demontieren Sie die Verkleidungen über dem Schlossträger, der Batterie und über dem Vorratsbehälter für Kühlmittel.
- Demontieren Sie die Abschlussverkleidungen an den Rahmenträgern.

Die Beschreibungen für die Demontage der Geräuschdämmung finden Sie im Kapitel 4 unter der Überschrift »Motor- und Unterbodenabdeckungen aus- und einbauen«.

- Lösen Sie die Leitungen für die Servolenkung an der Querstrebe (wo verbaut).
- Soweit verbaut, demontieren Sie die Querstrebe an der Fahrzeugfront.
- Lösen Sie die oberen Verschraubungen (7 im Bild 10).
- Entsichern Sie von unten die Steckkontakte für die Lüftermotoren und ziehen Sie sie ab.
- Lösen Sie die unteren Verschraubungen (7) und ziehen Sie die Lüfterzarge zusammen mit den Lüftern nach unten heraus.

Demontage des Kühlers (1,8-l-Motor)

- Bauen Sie die Lüfterzarge wie bereits beschrieben aus.

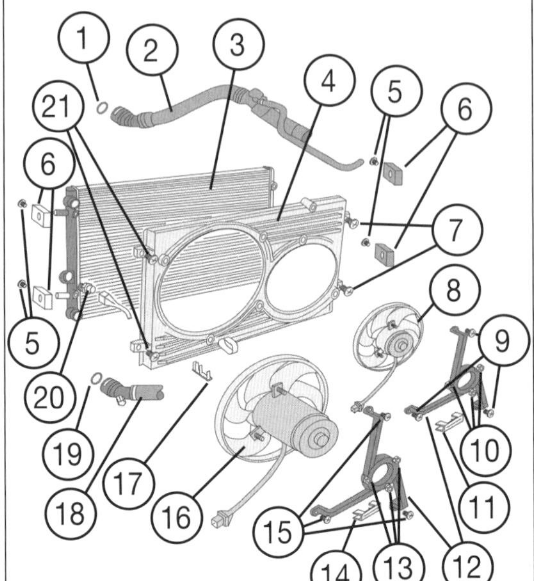

Bild 10

- Entsichern Sie von unten die Steckkontakte für den Thermoschalter und ziehen Sie ihn ab.
- Bauen Sie das Verbindungsrohr zum Ladeluftkühler aus.

Verschließen Sie die Öffnungen mit passenden Stopfen oder fusselfreien Lappen.

Fahrzeuge mit Klimaanlage:

- Lösen Sie die Klimaleitung vom Kühler unten links (3 im Bild 10).

Die Kühlleitungen bleiben angeschlossen. Sie dürfen weder geknickt noch verbogen werden.

Beachten Sie hierbei die Hinweise zum Umgang mit der Klimaanlage im Kapitel 1 dieses Buches.

Weiter für alle Fahrzeugvarianten:

- Drehen Sie die Schrauben (3 im Bild 11) heraus.
- Nehmen Sie die Leiste (2) ab.
- Heben Sie das Fahrzeug an und demontieren Sie beide Vorderräder.
- Bauen Sie die Radspoiler vom Innenkotflügel (10) rechts und links ab.
- Lösen Sie die Radhausschalen im vorderen Bereich und schlagen Sie sie etwas zurück.
- Drücken Sie mit einer Schlauchklemme (VAG 3094) den Wasserschlauch zur Scheinwerferreinigungsanlage zu.

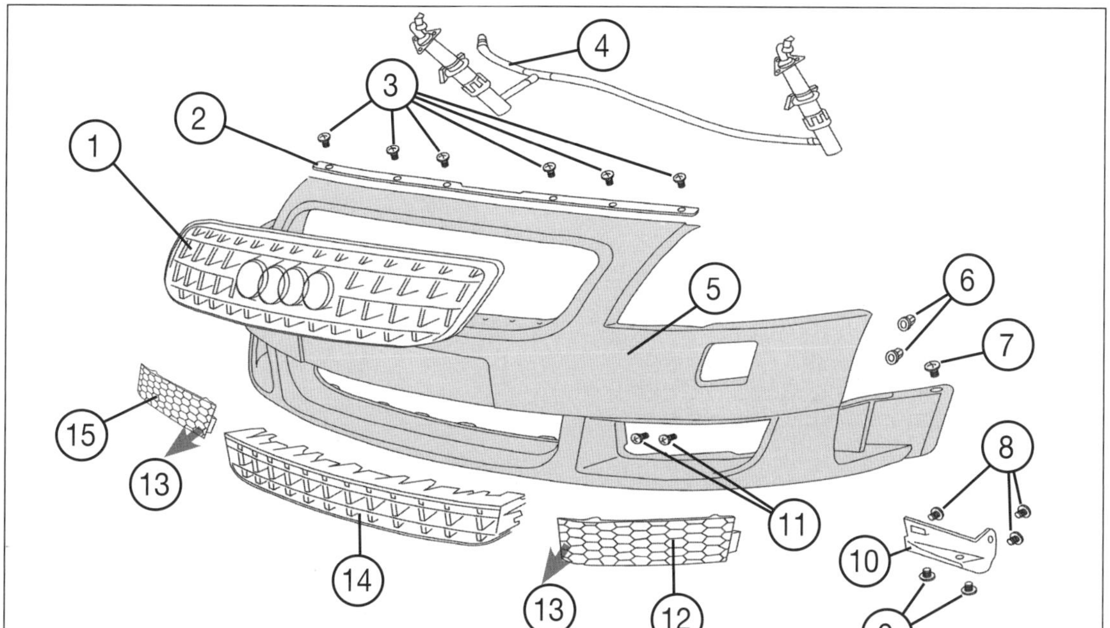

Bild 11

Bild 11
Stoßfänger vorne.
1 Kühlergrill oben
2 Leiste
3 Schrauben
4 Anschlussleitung für die Scheinwerferreinigung
5 Stoßfänger vorne
6 Muttern
7 Schraube
8 Schrauben
9 Schrauben
10 Radspoiler
11 Schrauben
12 Abdeckung links
13 Demontagerichtung
14 Kühlergrill unten
15 Abdeckung rechts

■ Entsichern Sie den Anschluss an der Steckkupplung und ziehen Sie ihn ab.
■ Hebeln Sie die Abdeckungen (12 und 15) von der Mitte aus heraus (13) und nehmen Sie sie ab.
■ Lösen Sie die Verschraubungen (11) auf beiden Seiten und nehmen Sie die Abdeckung der Luftführung links und rechts ab.
■ Drehen Sie die Verschraubung (6 und 7) heraus.
■ Ziehen Sie den Stoßfänger zusammen mit einem Helfer nach vorne von den Seitenführungen ab.

Legen Sie den Stoßfänger sicher auf Montageböcken oder einer weichen Unterlage ab.

■ Öffnen Sie den Deckel des Ausgleichsbehälters.
■ Stecken Sie einen Schlauch auf den Ablaufstutzen (5 im Bild 12) auf.
■ Drehen Sie die Ablaufschraube auf und lassen Sie das Kühlmittel ablaufen.
■ Entsichern Sie die Halteklammer (3) und ziehen Sie den Kühlmittelschlauch (1) vom Kühler ab.
■ Entsichern Sie die Halteklammer und ziehen Sie den oberen Kühlmittelschlauch (2 im Bild 10) vom Kühler ab.

Fahrzeuge ohne Klimaanlage:
■ Drehen Sie die beiden Schrauben (5) heraus.

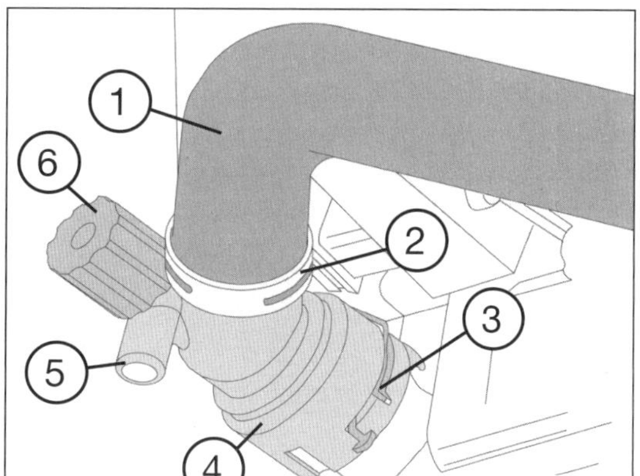

Bild 12

Bild 12
Abdeckungen oben im Motorraum beim 1,8-l-Motor.
1 Kühlmittelschlauch
2 Schelle Kühlmittel
3 Halteklammer
4 Schlauch Stutzen
5 Ablaufstutzen
6 Ablassschraube

■ Nehmen Sie den Kühler nach unten heraus.

Fahrzeuge mit Klimaanlage:

Die Kühlleitungen bleiben angeschlossen. Sie dürfen weder geknickt noch verbogen werden.

Beachten Sie hierbei die Hinweise zum Umgang mit der Klimaanlage im Kapitel 1 dieses Buches.

■ Drehen Sie die Schrauben für den Klimakondensator (Klimakühler) und den Wasserkühler heraus.
■ Demontieren Sie das Steuergerät für die Kühlerlüfter vor der Batterie vom Rahmenträger ab.
■ Drehen Sie die vorderen Schrauben des Schlossträgers heraus.

Sichtprüfung Messen

Bild 13
Kühler und Lüfter beim 3,2-l-Motor.
1 O-Ring
2 Kühlschlauch oben
3 Kühler
4 Lüfterzarge
5 Schrauben
6 Kühlerhalter
7 Schrauben
8 Zusatzlüfter (je nach Ausstattung verbaut)
9 Lüftermotor
10 Muttern
11 Halteklammer
12 Muttern
13 Halter Steckkontakte elektrische Anschlüsse
14 Kühlschlauch unten
15 O-Ring
16 Thermoschalter

■ Drehen Sie die oberen Schrauben des Schlossträgers zwei Umdrehungen los.
■ Ziehen Sie mit einem Helfer den Schlossträger soweit wie möglich nach vorne.
■ Nehmen Sie den Kühler nach unten heraus.

Die Montage erfolgt sinngemäß in umgekehrter Reihenfolge.
■ Erneuern Sie die O-Ringe (1 und 19) im Bild 10).
■ Soweit der Kühler erneuert wird, bauen Sie den Temperaturschalter (20) und die Kühlerhalter (6) um.
■ Befüllen Sie das Kühlsystem wie zu Anfang dieses Kapitels beschrieben.

Demontage der Lüfterzarge (3,2-l-Motor)
■ Falls vorhanden, die Geräuschdämpfung oben und unten ausbauen.
■ Demontieren Sie die Verkleidungen über dem Schlossträger, der Batterie und über dem Vorratsbehälter für Kühlmittel.
■ Demontieren Sie die Abschlussverkleidungen an den Rahmenträgern.

Die Beschreibungen für die Demontage der Geräuschdämmung finden Sie im Kapitel 4 unter der Überschrift »Motor- und Unterbodenabdeckungen aus- und einbauen«.

■ Drehen Sie die oberen Schrauben (5 im Bild 13) heraus.
■ Kennzeichnen Sie die Laufrichtung des Keilrippenriemens und bauen Sie ihn wie im Kapitel 4 beschrieben aus.
■ Stecken Sie einen Schlauch auf den Ablaufstutzen (5 im Bild 12) auf.
■ Drehen Sie die Ablaufschraube (6) auf und lassen Sie das Kühlmittel ablaufen.
■ Entsichern Sie die Halteklammer (3) und ziehen Sie den Kühlmittelschlauch (1) vom Kühler ab.
■ Lösen Sie die Leitungen für die Servolenkung (wo verbaut, an der Querstrebe).
■ Soweit verbaut, demontieren Sie die Querstrebe an der Fahrzeugfront.
■ Demontieren Sie die Riemenscheibe und bauen Sie die Servopumpe vom Halter am Motorblock ab.
■ Legen Sie die Leitungen für die Servopumpe frei und clipsen Sie die Leitung an den Haltern aus.
■ Befestigen Sie die Servopumpe mit angeschlossenen Leitungen am Schlossträger.

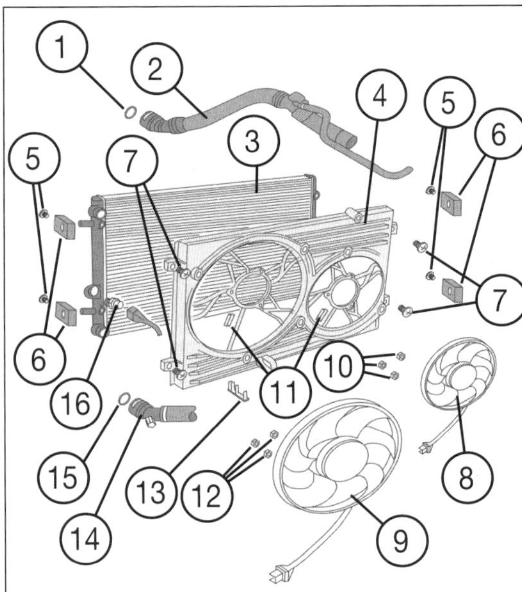

Bild 13

■ Clipsen Sie den Kühlschlauch am Halter der Sekundärluftpumpe ab.
■ Entsichern Sie den Steckkontakt und ziehen Sie den Anschlussstecker der Sekundärluftpumpe ab.
■ Bauen Sie den Halter des Luftfilters der Sekundärluftpumpe ab.
■ Drehen Sie die Schrauben am Motorblock heraus und nehmen Sie den Halter der Sekundärluftpumpe zusammen mit der Sekundärluftpumpe ab.
■ Entsichern Sie den Steckkontakt und ziehen Sie den Anschlussstecker der Lüftermotoren ab.
■ Lösen Sie die unteren Verschraubungen (5 im Bild 13) und ziehen Sie die Lüfterzarge zusammen mit den Lüftern nach unten heraus.

Demontage des Kühlers (3,2-l-Motor)
■ Öffnen Sie den Deckel des Ausgleichsbehälters.
■ Bauen Sie die Lüfterzarge wie bereits beschrieben aus.
■ Lösen Sie die Klimaleitung vom Kühler unten links (3 im Bild 13).

Die Kühlleitungen bleiben angeschlossen. Sie dürfen weder geknickt noch verbogen werden.

Beachten Sie hierbei die Hinweise zum Umgang mit der Klimaanlage im Kapitel 1 dieses Buches.

■ Entsichern Sie die Halteklammer (3 im Bild 12) und ziehen Sie den Kühlmittelschlauch (2 im Bild 13) oben vom Kühler ab.
■ Drehen Sie die Schrauben für den Klimakondensator (Klimakühler) und den Wasserkühler heraus.
■ Demontieren Sie das Steuergerät für die Kühlerlüfter vor der Batterie vom Rahmenträger ab.
■ Drehen Sie die vorderen Schrauben des Schlossträgers heraus.
■ Drehen Sie die oberen Schrauben des Schlossträgers zwei Umdrehungen los.
■ Ziehen Sie mit einem Helfer den Schlossträger soweit wie möglich nach vorne.
■ Nehmen Sie den Kühler nach unten heraus.

Die Montage erfolgt sinngemäß in umgekehrter Reihenfolge.
■ Erneuern Sie die O-Ringe (1 und 15 im Bild 13).
■ Soweit der Kühler erneuert wird, bauen Sie den Temperaturschalter (16) und die Kühlerhalter (6) um.
■ Befüllen Sie das Kühlsystem wie zu Anfang dieses Kapitels beschrieben.

Demontage der Kühlerlüfter
■ Bauen Sie wie bereits beschrieben die Lüfterzarge aus.
■ Lösen Sie die Halteklammern (11 und 14 im Bild 10) (10 im Bild 13) und legen Sie das Anschlusskabel des jeweiligen Lüftermotors frei.
■ Drehen Sie die Befestigungsmuttern (10 und 13 im Bild 10) (10 und 12 im Bild 13) ab.
■ Nehmen Sie den jeweiligen Lüftermotor mit dem Lüfterrad aus der Lüfterzarge heraus.

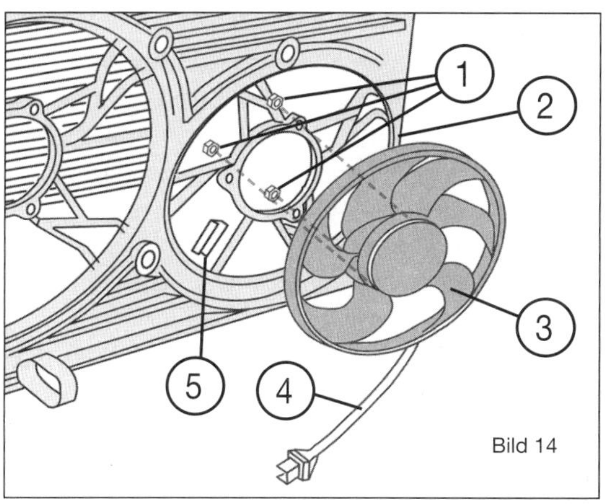

Bild 14

Bild 14
Lüftermotor in der Zarge.
1 Muttern
2 Lüfterzarge
3 Lüftermotor mit Lüfterrad
4 Anschlusskabel
5 Halteklammer

Die Montage erfolgt sinngemäß in umgekehrter Reihenfolge.
Prüfen Sie vor der Montage die Leichtgängigkeit des Lüftermotors, den Zustand der Anschlussstecker, den Zustand der Lüfterrades und den Lüftermotor auf übermäßiges Lagerspiel.

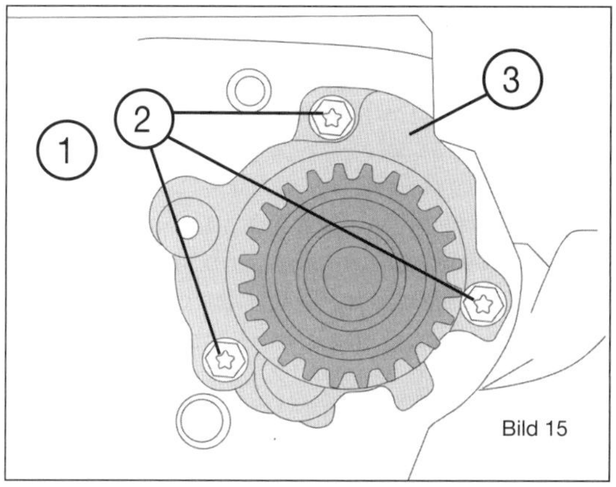

Bild 15

Bild 15
Wasserpumpe (Kühlmittelpumpe) im Motorblock beim 1,8-l-Motor (im Zahnriementrieb verbaut).
1 Motorblock
2 Schrauben
3 Wasserpumpe

Kühlmittelpumpe/Wasserpumpe aus- und einbauen

Kühlmittelpumpe am 1,8-l-Motor
Die Kühlmittelpumpe wird bei diesen Motoren über den Zahnriemen angetrieben. Grundsätzlich muss der Zahnriemen nicht vollständig demontiert werden. Aufgrund von möglichen Verschmutzungen ist es aber sinnvoll, den Zahnriemen zu demontieren und den gesamten Bereich zumindest gründlich zu reinigen.
Grundsätzlich sollten Sie überlegen, ob es sich nicht gerade anbietet, den Zahnriemen im Rahmen dieser Arbeiten gleich mit zu erneuern. In der folgenden Beschreibung gehen wir davon aus, dass Sie den Zahnriemen demontieren. Nach Audi ist es ausreichend, wenn der Zahnriemen vom Nockenwellenrad abgenommen wird. Hier würde dann auch die Demontage der Riemenscheibe entfallen.
■ Falls vorhanden, die Geräuschdämpfung oben und unten ausbauen.
■ Demontieren Sie die Verkleidungen über dem Schlossträger, der Batterie und über dem Vorratsbehälter für Kühlmittel.
■ Demontieren Sie die Abschlussverkleidungen an den Rahmenträgern.
■ Lassen Sie das Kühlmittel wie beschrieben ab.
■ Demontieren Sie den Keilrippenriemen

Bild 16
Pendelstütze zwischen Getriebe und Fahrschemel.
1 Fahrschemel
2 Schraube
3 Blech
4 Schraube
5 Getriebe

Bild 17
Wasserpumpe (Kühlmittelpumpe) im Motorblock beim 3,2-l-Motor.
1 Schrauben
2 Wasserpumpe

und den Keilrippenriemenspanner wie im Kapitel 4 beschrieben.

■ Bauen Sie den Zahnriemenschutz wie im Kapitel 4 beschrieben ab.

■ Demontieren Sie den Zahnriemen wie im Kapitel 4 beschrieben.

☞ Soll der Zahnriemen später weiterverwendet werden, markieren Sie die Laufrichtung.

■ Drehen Sie die Schrauben (2 im Bild 15) heraus.

■ Nehmen Sie die Wasserpumpe (Kühlmittelpumpe 3) ab.

■ Reinigen Sie die Dichtfläche (Anlagefläche) am Motorblock gründlich.

■ Streichen Sie den neuen O-Ring der Wasserpumpe (Kühlmittelpumpe) mit Kühlmittel (G12+) ein.

■ Setzen Sie den O-Ring in das Wasserpumpengehäuse ein. Ziehen Sie die Schrauben (2) mit 15 Nm fest.

Die weitere Montage erfolgt sinngemäß in umgekehrter Reihenfolge.

Kühlmittelpumpe am 3,2-l-Motor

☞ Die Kühlmittelpumpe wird bei diesen Motoren über den Keilrippenriemen angetrieben. Die beengten Platzverhältnisse machen einige Vorarbeiten erforderlich.

■ Öffnen Sie den Deckel des Ausgleichsbehälters.

■ Lösen Sie das Anschlusskabel des Drosselklappenstücks vom Luftführungsschlauch.

■ Lösen Sie die Schlauchschelle und ziehen Sie den Luftführungsschlauch am Drosselklappenstück ab.

■ Falls vorhanden, die Geräuschdämpfung oben und unten ausbauen.

■ Demontieren Sie die Verkleidungen über dem Schlossträger, der Batterie und über dem Vorratsbehälter für Kühlmittel.

■ Demontieren Sie die Abschlussverkleidungen an den Rahmenträgern.

☞ Die Beschreibungen für die Demontage der Geräuschdämmung finden Sie im Kapitel 4 unter der Überschrift »Motor- und Unterbodenabdeckungen aus- und einbauen«.

■ Demontieren Sie den Keilrippenriemen wie im Kapitel 4 beschrieben.

■ Setzen Sie die Motorabfangvorrichtung

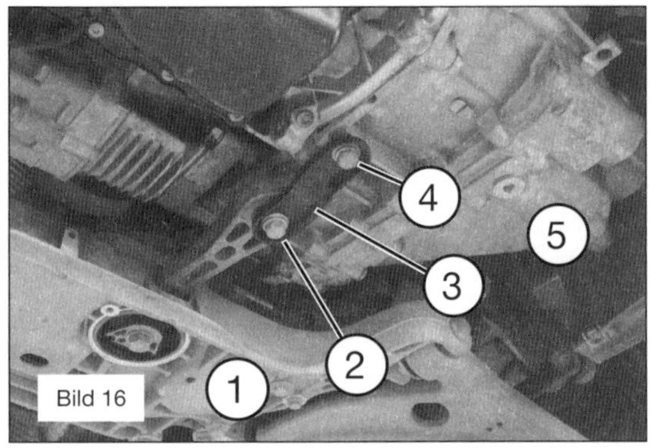

Bild 16

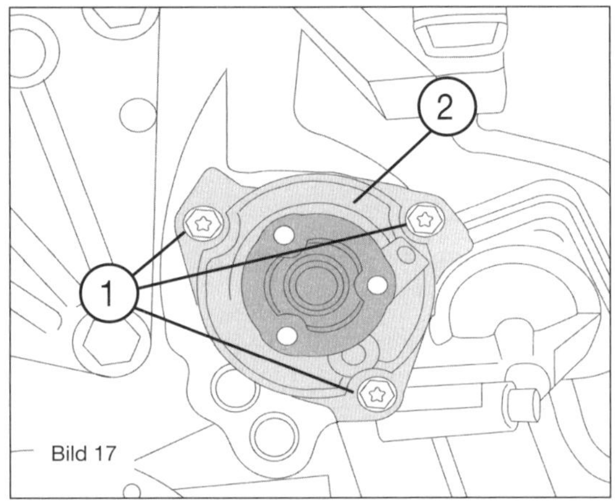

Bild 17

(VAG 10222A) auf den Anlageflächen oben auf und hängen Sie den Motor vorne rechts an der Abfangvorrichtung an einer Spindel auf.

☞ Achten Sie darauf, keine Kratzer im Lack zu hinterlassen.

■ Spannen Sie die Spindel leicht vor.

■ Drehen Sie die Befestigungsschrauben des Servobehälters heraus.

■ Drehen Sie die Befestigungsschrauben des Motorlagers vorne rechts heraus.

■ Stecken Sie einen Schlauch auf den Ablaufstutzen (5 im Bild 12) auf.

■ Drehen Sie die Ablaufschraube (6) auf und lassen Sie das Kühlmittel ablaufen.

■ Bauen Sie den Kühlmittelschlauch unten an der elektrischen Kühlmittelpumpe ab und lassen Sie das restliche Kühlmittel ablaufen.

■ Drehen Sie die Schrauben des Pendellagers am Achsträger (1 im Bild 16) heraus.

■ Nehmen Sie die Pendelstütze ab.

⚠ Nach Lösen der Schrauben am Achsträger schwingt das Motor-Getriebe-Aggregat etwas nach vorn.

■ Senken Sie den Motor auf der rechten Seite über die Spindel etwa um 65 mm ab.

■ Bauen Sie die Riemenscheibe der Wasserpumpe ab.

Bei ausgebautem Motor sind die Verschraubungen der Wasserpumpe auch durch die Aussparungen in der Riemenscheibe erreichbar.

■ Drehen Sie die Schrauben (1 im Bild 17) heraus.
■ Schwenken Sie die Wasserpumpe (Kühlmittelpumpe) nach vorne und nehmen Sie sie heraus.
■ Reinigen Sie die Dichtfläche (Anlagefläche) am Motorblock gründlich.
■ Streichen Sie den neuen O-Ring der Wasserpumpe mit Kühlmittel (G12+) ein.
■ Setzen Sie den O-Ring in das Wasserpumpengehäuse ein. Ziehen Sie die Schrauben (2) mit 15 Nm fest.

Die weitere Montage erfolgt sinngemäß in umgekehrter Reihenfolge.

Elektrische Kühlmittelpumpe

Im Audi TT sind mindestens zwei Kühlmittelpumpen verbaut. Die mechanische Pumpe ist für die Zirkulation im Motorkühlkreislauf zuständig. Die elektrische Pumpe sorgt dafür, dass das Kühlsystem auch bei abgeschaltetem Motor noch eine Zeit lang zirkuliert.

■ Im Folgenden stellen wir Ihnen die Demontage der Kühlmittelpumpe am 3,2l-VR6-Motor vor.

Ausbau der elektrischen Kühlmittelpumpe:

■ Lassen Sie den Motor abkühlen.
■ Lassen Sie das Kühlmittel ab oder klemmen Sie die Kühlmittelschläuche mit passenden Schlauchklemmen zu.
■ Die elektrische Steckverbindung (1 im Bild 18) entriegeln und trennen.
■ Demontieren Sie den unteren Kühlmittelschlauch (6).

Lassen Sie das restliche Kühlmittel ablaufen.

■ Demontieren Sie den Kühlschlauch zum T-Stück (5).
■ Ziehen Sie die elektrische Kühlmittelpumpe nach unten aus den Gummilagerungen heraus.

Die Montage erfolgt sinngemäß in umgekehrter Reihenfolge.

■ Füllen Sie das Kühlmittel auf.
■ Entlüften Sie das Kühlsystem wie zu Anfang dieses Kapitels bereits beschrieben.
■ Prüfen Sie die Dichtigkeit der Anschlüsse, Leitungen und Schläuche.

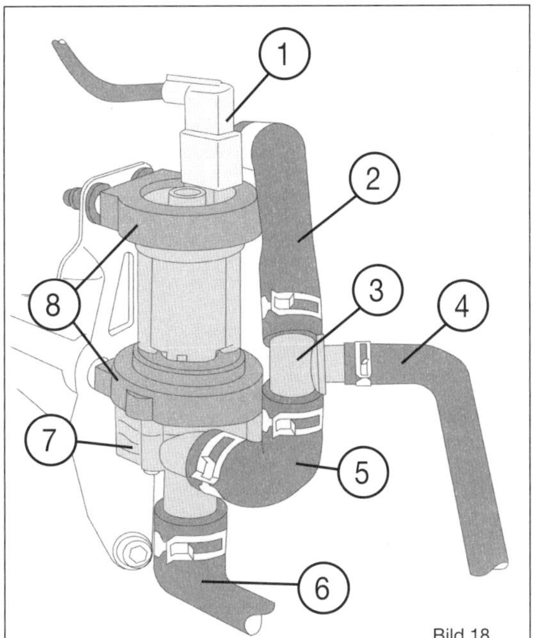

Bild 18

Bild 18
Wasserpumpe (Kühlmittelpumpe) im Motorblock beim 3,2-l-Motor.
1 Anschlussstecker
2 vom Kühlmittelregler
3 T-Stück
4 zum Getriebeölkühler
5 zum T-Stück
6 zum Motorblock
7 elektrische Wasserpumpe (Kühlmittelpumpe)
8 Gummilagerung

Thermostat und Regelventile

Die Thermostate oder auch die Kühlmittelregler arbeiten bei beiden Motorkonzepten mit herkömmlichen Wachselementen ohne weitere elektrische Anschlüsse oder Steuerelemente.

Thermostat beim 1,8-l-Motor

Der Thermostat ist unter dem Anschlussstutzen am Motorblock vorne rechts verbaut.

■ Lassen Sie den Motor abkühlen.
■ Lassen Sie das Kühlmittel wie bereits beschrieben ab.
■ Falls vorhanden, die Geräuschdämpfung oben und unten ausbauen.
■ Demontieren Sie die Verkleidungen über dem Schlossträger, der Batterie und über dem Vorratsbehälter für Kühlmittel.
■ Klemmen Sie die Masseleitung der Batterie bei ausgeschalteter Zündung ab.
■ Soweit eine Abgastemperaturregelung verbaut ist, entsichern Sie den Steckkontakt neben dem Ölpeilstab und ziehen Sie den Steckkontakt ab.
■ Bauen Sie die Hitzeschutzverkleidung vorne ab.
■ Drehen Sie die beiden Befestigungs-

schrauben heraus und ziehen Sie die Halteplatte vom Führungsrohr des Ölpeilstabes ab.

■ Legen Sie die Halteplatte zusammen mit den angeschlossenen Schläuchen nach vorne.

■ Demontieren Sie den Keilrippenriemen wie im Kapitel 4 beschrieben.

■ Drehen Sie die beiden Schrauben des Generators heraus.

■ Legen Sie den Generator mit den angeschlossen Leitungen nach vorne ab.

■ Drehen Sie die beiden Schrauben (2 im Bild 19) heraus.

■ Nehmen Sie den Anschlussstutzen (3) ab.

■ Nehmen Sie den O-Ring (4) und den Thermostat (5) heraus.

Die Montage erfolgt sinngemäß in umgekehrter Reihenfolge.

■ Reinigen Sie die Dichtfläche des O-Rings (1) gründlich.

■ Prüfen Sie den Anschlussstutzen (3) auf Schäden, Verformungen oder Ausbrüche.

Achten Sie darauf, dass der Bügel des Thermostates senkrecht steht.

■ Benetzen Sie die neue Dichtung (4) vor der Montage mit etwas Kühlmittel.

Thermostat beim 3,2-l-Motor

Der Thermostat ist im Kühlmittelregler verbaut. Der Kühlmittelregler ist über dem Getriebe am Zylinderkopf verbaut.

Demontage des Kühlmittelregelgehäuses:

■ Klemmen Sie das Masseband an der Batterie bei ausgeschalteter Zündung ab.

■ Öffnen Sie den Verschlussdeckel des Kühlmittelausgleichsbehälters.

■ Falls vorhanden, die Geräuschdämpfung oben und unten ausbauen.

■ Demontieren Sie die Verkleidungen über dem Schlossträger, der Batterie und über dem Vorratsbehälter für Kühlmittel.

■ Demontieren Sie die Abschlussverkleidungen an den Rahmenträgern.

■ Lassen Sie das Kühlmittel wie zu Anfang des Kapitels beschrieben ab.

■ Demontieren Sie den unteren Schlauch (6 im Bild 18) und lassen Sie das restliche Kühlmittel ablaufen.

■ Demontien Sie den Luftführungsschlauch zum Luftfilter am Drosselklappenstück.

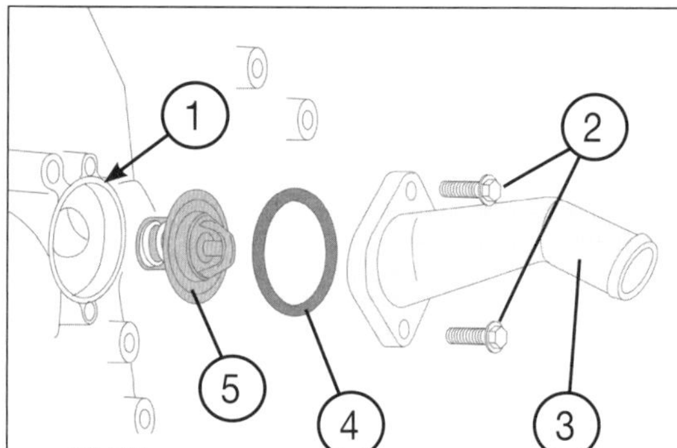

Bild 19

Bild 19
Thermostat bei den 1,8-l-Motoren.
1 Dichtfläche am Motorblock
2 Schrauben
3 Anschlussstutzen
4 O-Ring
5 Thermostat

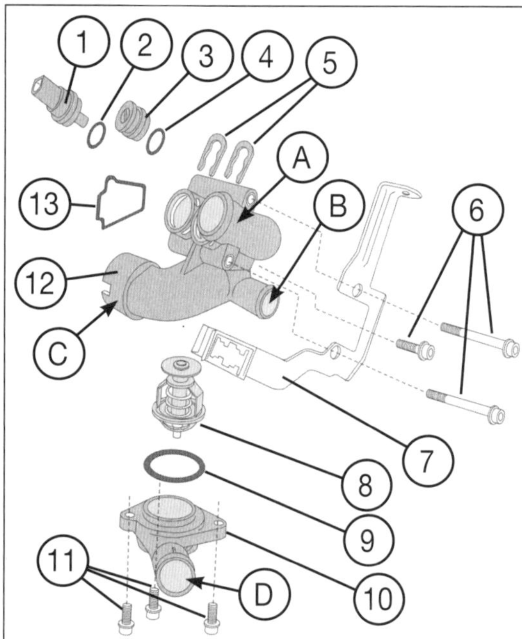

Bild 20

Bild 20
Thermostat bei den 3,2-l-Motoren.
1 Temperaturfühler
2 O-Ring
3 Stopfen
4 O-Ring
5 Halteklammern
6 Schrauben
7 Halter
8 Thermostat
9 O-Ring
10 Gehäusedeckel
11 Schrauben
12 Kühlmittelreglergehäuse
13 Dichtring
A Kühleranschluss oben
B zum Heizungskühler
C Kühlrohr zur Wasserpumpe
D Kühlschlauch zum unteren Kühleranschluss

■ Entsichern Sie den Steckkontakt und ziehen Sie den Stecker zum Luftmassenmesser ab.

■ Clipsen Sie das Anschlusskabel zum Drosselklappenstück vom Luftführungsschlauch ab.

■ Drehen Sie die beiden Befestigungsschrauben los und ziehen Sie den Luftfilterkasten nach oben heraus.

■ Lösen Sie die Schutzabdeckung der elektrischen Leitungen zum Sicherungskasten im Motorraum links vorne.

■ Klappen Sie den Halter für den Sicherungskasten im Motorraum nach oben.

■ Entriegeln Sie die Haltenasen und nehmen Sie den Sicherungskasten ab.

■ Legen Sie den Sicherungskasten mit den angeschlossen Leitungen zur Seite.

■ Drehen Sie die Schrauben für den Träger

des Sicherungskastens heraus und nehmen Sie ihn ab.

■ Entsichern Sie die Unterdruckleitung für die Saugrohrumschaltung und ziehen Sie die Leitung ab.

■ Drehen Sie die beiden Befestigungsschrauben heraus und ziehen Sie die Unterdruckverstellung der Saugrohrumschaltung vom Saugrohr ab.

■ Entsichern Sie den Steckkontakt und ziehen Sie den Steckkontakt vom Kühlmitteltemperaturgeber (1 im Bild 20) ab.

■ Trennen Sie die Kupplung für den Sekundärluftschlauch im Bereich des Kühlmittelreglergehäuses.

■ Lösen Sie den Luftschlauch vom Halter.

■ Demontieren Sie die Kühlmittelschläuche (A, B, C und D) vom Kühlmittelreglergehäuse (12).

■ Drehen Sie die Schrauben (6) heraus.

■ Schwenken Sie den Halter für den Sekundärluftschlauch nach vorne.

■ Drehen Sie die Schraube am Halter des Kabelbaums heraus.

■ Ziehen Sie das Kühlmittelregelergehäuse vom Kühlrohr (Anschluss C) ab.

Halten Sie das Kühlmittelrohr mit einem Montagehebel gegen, damit es nicht aus dem Anschluss für die Wasserpumpe herausgezogen wird.

Die Montage erfolgt sinngemäß in umgekehrter Reihenfolge.

■ Ersetzen Sie die Dichtung (2, 4 und 13).

■ Prüfen Sie das Kühlmittelreglergehäuse (12) auf Schäden, Verformungen oder Ausbrüche.

Demontage des Thermostaten:

■ Bauen Sie wie beschrieben, das Kühlmittelreglergehäuse aus.

■ Drehen Sie die Schrauben (11 im Bild 20) heraus.

■ Nehmen Sie den Gehäusedeckel (10) ab.

■ Nehmen Sie den O-Ring (9) heraus.

■ Nehmen Sie den Thermostat (8) heraus.

Die Montage erfolgt sinngemäß in umgekehrter Reihenfolge.

■ Reinigen Sie die Dichtfläche des O-Rings (9) gründlich.

■ Prüfen Sie den Gehäusedeckel (10) und das Kühlmittelreglergehäuse (12) auf Schäden, Verformungen oder Ausbrüche.

Achten Sie darauf, dass das Entlüftungsventil des Thermostaten in Richtung des Anschlusses (B) steht.

■ Benetzen Sie die neue Dichtung (4) vor der Montage mit etwas Kühlmittel.

■ Montieren den Anschlussstutzen (10) wieder.

■ Bauen Sie das Kühlmittelreglergehäuse wieder ein.

Thermostat prüfen

Prüfung im eingebauten Zustand:

■ Stellen Sie das Fahrzeug auf eine Hebebühne und versehen Sie es mit einer Abgasabsauganlage.

■ Lassen Sie den Motor laufen.

Kontrollieren Sie in regelmäßigen Abständen die Temperatur der Anschlussschläuche des Thermostaten mit einem Lasertemperaturmesser oder einem anderen geeigneten Thermometer.

Die Temperatur vor und nach dem Thermostat wird mit steigender Temperatur unterschiedlich ausfallen. Sobald der Thermostat öffnet, ist die Temperatur vor dem Thermostat fast genauso hoch wie die Temperatur nach dem Thermostat.

Prüfung im ausgebauten Zustand:

■ Legen Sie den Thermostat in ein Wasserbad ein (Bild 21) und erwärmen Sie das Wasser auf einer Kochplatte langsam.

Das Thermoelement muss sich bei etwa 90 °C langsam und ruckfrei öffnen. Das können Sie beim Hindurchsehen durch einen Lichtspalt erkennen.

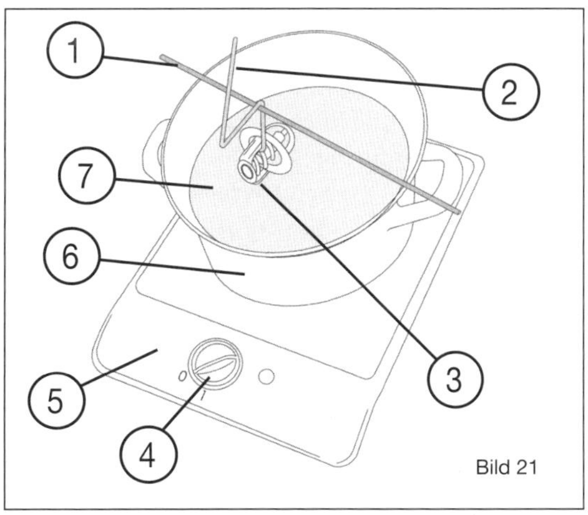

Bild 21

Bild 21
Thermostatprüfung.
1 Auflagestab
2 Haltestab
3 Thermostat
4 Schalter
5 Kochplatte
6 Topf
7 Wasser

Bild 1
Tankanlage am Audi TT mit Frontantrieb.
1 Tankdeckel
2 Spreizring
3 Spreizring
4 Gummitopf
5 Rücklaufleitung
6 Vorlaufleitung
7 Anschlussstecker
8 Tankfördermodul
9 Kraftstofftank
10 Hitzeschutz
11 Blechmutter (Klemmscheibe)
12 Schraube
13 Tankfangband
14 Schraube
15 Schraube
16 Tankfangband
17 Tankentlüftung
18 Vorlaufleitung
19 Kraftstofffilter
20 Schraube
21 Mutter
22 Masseband
23 Muttern
24 Halter

7 Kraftstoffversorgung

Bauteile der Anlage und Arbeiten am Kraftstoffsystem

Sicherheit geht vor

⚠ Der Kraftstoffdruck im Hochdruckrohr kann beim Common-Rail-System bis zu 2000 bar betragen! Beachten Sie die Sicherheitsmaßnahmen zum Druckabbau im Hochdruckbereich. Selbst die Kraftstoffvorlaufleitung steht unter Druck! Tragen Sie Schutzbrille und Schutzbekleidung, um Verletzungen und Hautkontakt zu vermeiden. Vor dem Lösen von Schlauchverbindungen Putzlappen um die Verbindungsstelle legen. Dann durch vorsichtiges Abziehen des Schlauchs Druck abbauen.

⚠ Aus Sicherheitsgründen muss vor dem Öffnen des Kraftstoffsystems die Stromzufuhr zur Kraftstoffpumpe unterbrochen werden. Die Kraftstoffpumpe kann auch beim Öffnen der Fahrertür aktiviert werden. Nutzen Sie eine der folgenden Möglichkeiten, um die Stromzufuhr zu unterbrechen.

⚠ Wichtig zu wissen für die Arbeit an dieser Reparaturgruppe ist die Tatsache, dass es automatische Ein- und Ausschaltfunktionen für die Kraftstoffpumpe gibt.

Die Crash-Kraftstoffabschaltung
Sie soll die Gefahr eines Fahrzeugbrandes nach einem Crash reduzieren, indem die Kraftstoffpumpe abgeschaltet wird.

Komfortschaltung
Kurzzeitiges Einschalten der Pumpe beim Öffnen der Tür soll andererseits eine Komfortverbesserung des Startverhaltens beim Motor bewirken. Dabei wird die Kraftstoffpumpe 2 Sekunden lang angesteuert, damit sich im Kraftstoffsystem Druck aufbaut. Weil die Kraftstoffpumpe beim Einschalten der Zündung und durch den Türkontaktschalter der Fahrertür aktiviert wird, muss vor dem Öffnen des Kraftstoffsystems aus Sicherheitsgründen, wenn die Batterie nicht abgeklemmt wird, der Anschlussstecker von

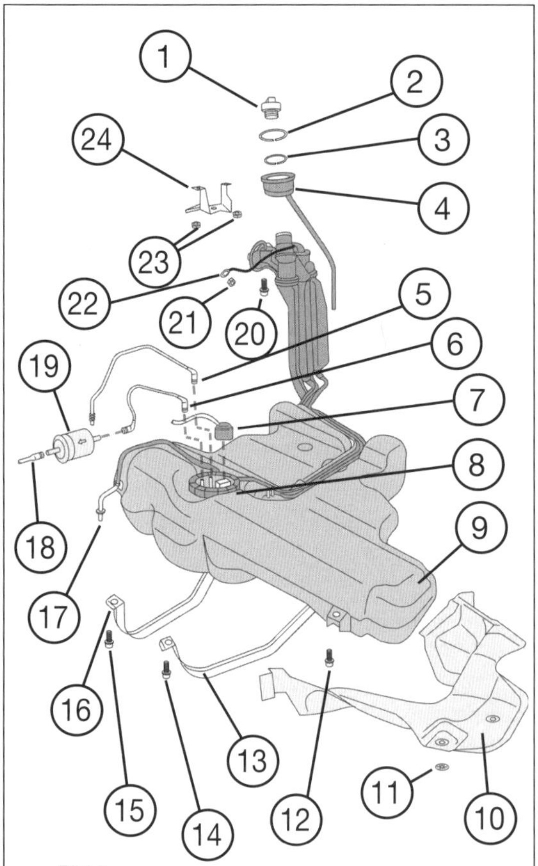

Bild 1

der Kraftstoff-Fördereinheit abgezogen oder die Sicherung für die Ansteuerung der Kraftstofffördereinheit aus dem Sicherungshalter entfernt werden.

Die Anlage im Überblick
Wichtigste Bauteile des Systems der Kraftstoffversorgung sind der Kraftstoffbehälter (Tank), in den der Kraftstoff über Tankklappeneinheit und Einfüllstutzen eingebracht wird, die in den Tank eingebaute Kraftstofffördereinheit (Kraftstoffpumpe), der Kraftstofffilter und die Kraftstoffleitungen (Bild 1). Es gibt kaum Merkmale, durch die sich die durchaus unterschiedlichen Tankanlagen für die unterschiedlichen Modelle im Kraftstoffversorgungssystem voneinander unterscheiden lassen. Die Einbauposition der Komponenten unterscheidet sich nicht. Erfahrungsgemäß wird der Ersatz oder auch Arbeiten am Tanksystem sich auf die Intankpumpe oder den Kraftstoffgeber beschränken. Der Austausch der kompletten Tankanlage ist möglich, aber aufwendig und kommt sehr selten vor.

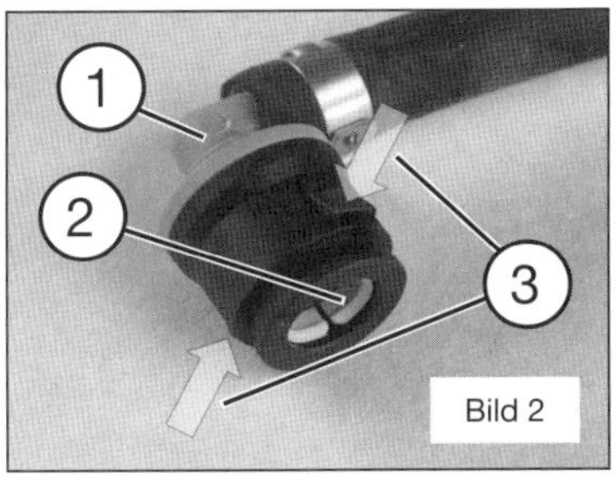

Bild 2

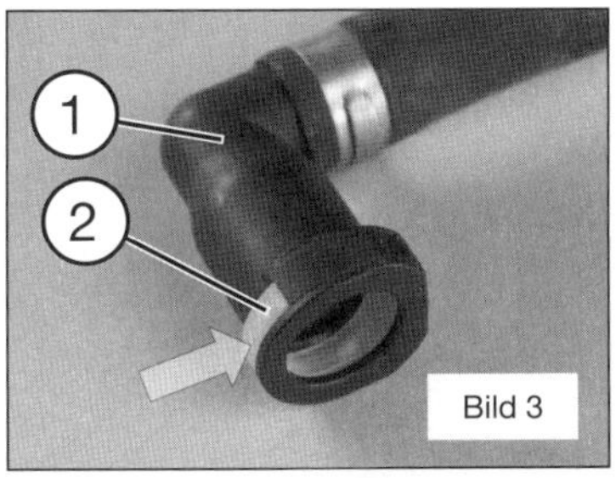

Bild 3

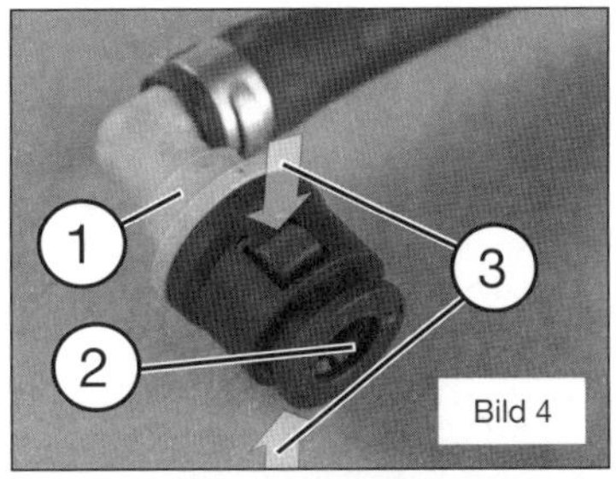

Bild 4

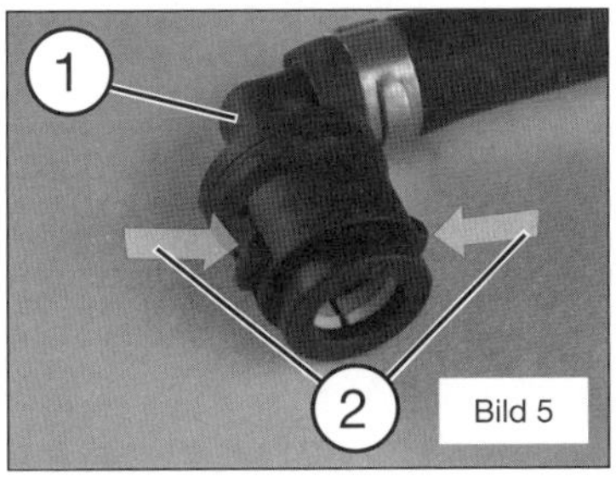

Bild 5

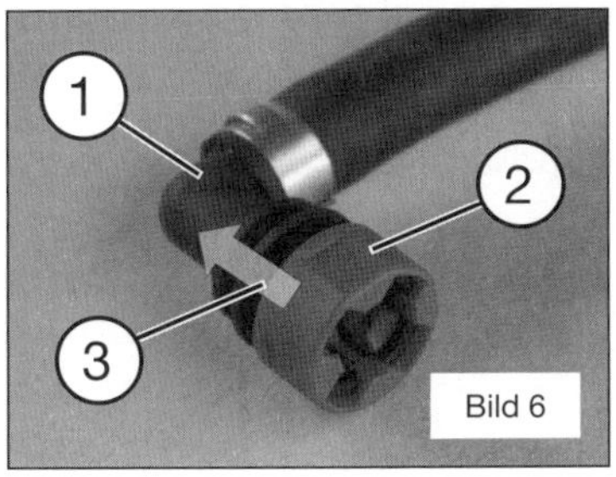

Bild 6

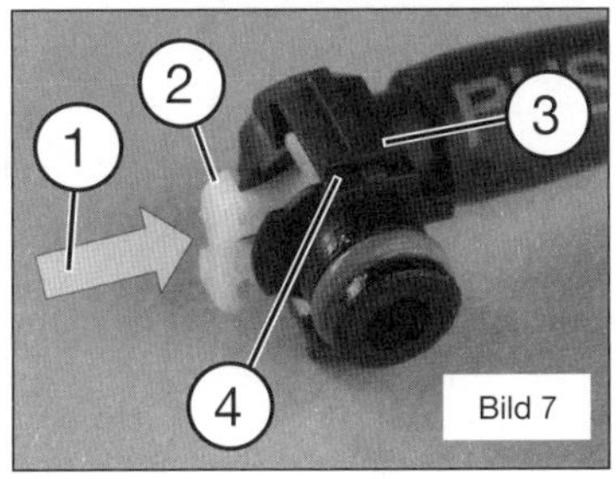

Bild 7

Ansteuerung der Kraftstoffpumpe

Die Ansteuerung der Kraftstoffpumpe ist auch ohne den Einsatz eines Diagnosetesters mit der Überbrückung des Pumpenrelais möglich. Die Pumpe ist als klassischer Gleichstrommotor ausgelegt, der lediglich über ein Relais bestromt wird. Dieses Relais wird im Normalbetrieb durch das Motorsteuergerät angesteuert. Durch Überbrücken des Schaltkontaktes des Relais kann die Kraftstoffpumpe unabhängig von der Ansteuerung durch das Motorsteuergerät in Betrieb gesetzt werden.

- Legen Sie die Relais 4 im Relaisträger im Fahrerfußraum frei.
- Überbrücken Sie Klemme 30 auf die Klemme 87 des Relaisplatzes, am besten mit einem Schalter als Fernbedienung.
- Die Kraftstoffpumpe mit dem angeschlossenen Schalter ansteuern.

Steckkupplungen trennen

Bei Fahrzeugen dieser Baureihen finden sich sechs typische Stecksysteme für die Verbindungen der Kraftstoffversorgungsschläuche, die durchaus auch bei anderen Fahrzeugherstellern zum Einsatz kommen.

Variante 1 (Bild 2)

- Steckkupplung (1) auf die Leitung drücken.
- Entriegelungstasten in Pfeilrichtung (3) drücken und gedrückt halten.
- Steckkupplung (1) von der Kraftstoffleitung (2) abziehen.
- Beim Einbau Farbzuordnung beachten.
- Steckkupplungen müssen beim Verriegeln »hörbar« einrasten.

Den festen Sitz der Steckkupplung durch Gegenziehen prüfen!

Variante 2 (Bild 3)

- Steckkupplung (1) auf die Leitung drücken.
- Zugentriegelung in Pfeilrichtung (2) ziehen.
- Steckkupplung (1) von der Kraftstoffleitung (2) abziehen.
- Beim Einbau Farbzuordnung beachten.
- Die Steckkupplungen müssen beim Verriegeln »hörbar« einrasten.

Den festen Sitz der Steckkupplung durch Gegenziehen prüfen!

Variante 3 (Bild 4)

- Steckkupplung (1) auf die Leitung drücken.
- Entriegelungstaste (2) drücken und Steckkupplungen abziehen.
- Beim Einbau Farbzuordnung beachten.
- Steckkupplungen müssen beim Verriegeln »hörbar« einrasten.

Den festen Sitz der Steckkupplungen durch Gegenziehen prüfen!

Variante 4 (Bild 5)

- Steckkupplung (1) auf die Leitung drücken.
- Entriegelungstaste (2) drücken und Steckkupplung abziehen.
- Beim Einbau Farbzuordnung beachten.
- Steckkupplungen müssen beim Verriegeln »hörbar« einrasten.

Bild 2
Variante 1.
1 Kupplungsgehäuse
2 Rastenring
3 Entriegelungstasten

Bild 3
Variante 2.
1 Kupplungsgehäuse
2 Rastenring

Bild 4
Variante 3.
1 Kupplungsgehäuse
2 Rastenring
3 Entriegelungstasten

Bild 5
Variante 4.
1 Kupplungsgehäuse
2 Entriegelungstasten

Bild 6
Variante 5.
1 Kupplungsgehäuse
2 Außenring
3 Bewegungsrichtung

Bild 7
Variante 6.
1 Bewegungsrichtung (sichern)
2 Sicherungsklammer
3 Kupplungsgehäuse
4 Entriegelungstaste

Den festen Sitz der Steckkupplung durch Gegenziehen prüfen!

Variante 5 (Bild 6)

- Steckkupplung (1) auf die Leitung drücken.
- Außenring (2) in Pfeilrichtung (3) zurückziehen und die Steckkupplungen abziehen.
- Beim Einbau Farbzuordnung beachten.
- Steckkupplungen müssen beim Verriegeln »hörbar« einrasten.

Den festen Sitz der Steckkupplung durch Gegenziehen prüfen!

Variante 6 (Bild 7)

- Die Sicherungsklammer (2) rechts und links zusammendrücken (1).
- Die Entriegelungstasten (4) rechts und links zusammendrücken und gedrückt halten.
- Die Steckkupplung (3) abziehen.
- Beim Einbau Farbzuordnung beachten.
- Steckkupplungen müssen beim Verriegeln »hörbar« einrasten.

Den festen Sitz der Steckkupplung durch Gegenziehen prüfen!

Kraftstoffbehälter entleeren oder befüllen

Die Montagearbeiten für die einzelnen Motorvarianten und Fahrzeugaufbauten unterscheiden sich nur unwesentlich.

⚠ Grundsätzlich sollten Sie den Kraftstofftank niemals im gefüllten Zustand demontieren oder mit hohem Füllstand die Verschlussschraube öffnen. Der Kunststofftank kann sich verziehen und so auch der Verschluss zum Tankgeber undicht werden.

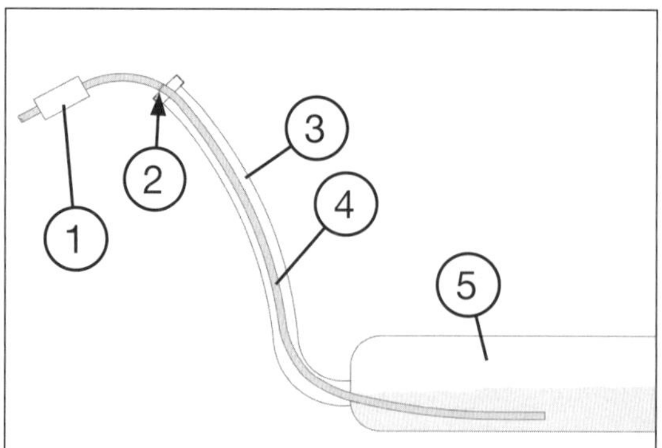

Bild 8

Bild 8
Markierung am Absaugschlauch.
1 Externe Pumpe
2 Markierung am Schlauch (140 cm vom Schlauchende)
3 Tankfüllrohr
4 Absaugschlauch
5 Tank

Tank absaugen (Teilentleerung)

Der Kraftstofftank ist bei den meisten Fahrzeugen mit Tankfangbändern (9 und 10 im Bild 1) gehalten. Um den Umgang mit dem Kraftstofftank zu erleichtern, sollte er möglichst für eine Demontage entleert worden sein.

Schon beim Ausbau des Fördermoduls ist eine Teilentleerung erforderlich.

Teilentleerung über die Kraftstoffpumpe: Ansteuerung über den Motortester:

- Die Kraftstoffpumpe mit einem Diagnosetester über die geführten Funktionen des jeweiligen Motorsteuergerätes ansteuern.
- Den Kraftstoff in geeigneten Sicherheitsbehälter abpumpen.

Manuelle Ansteuerung der Kraftstoffpumpe:

- Legen Sie die Relais 4 im Relaisträger im Fahrerfussraum frei.
- Überbrücken Sie Klemme 30 auf die Klemme 87 des Relaisplatzes, am besten mit einem Schalter als Fernbedienung.
- Die Kraftstoffpumpe mit dem angeschlossenen Schalter ansteuern.
- Den Kraftstoff in geeigneten Sicherheitsbehälter abpumpen.

Absaugen über das Tankfüllrohr:

⚠ Bei der Verwendung von einer externen Pumpe muss die Pumpe (das Pumpengehäuse) zur statischen Entladung an die Fahrzeugmasse angeschlossen werden.

Beim Audi TT bietet sich hier der Türschlossbügel der Fahrerseite an.

- Schalten Sie die Zündung ein und lesen Sie den Füllstand der Kraftstoffanzeige ab.
- Schätzen Sie über den Tankinhalt Ihres Fahrzeuges die erforderliche Größe für die Auffangbehälter ein.

Es ist nicht möglich, den gesamten Tank über diese Methode zu entleeren. Muss der Tank vollständig entleert werden (beispielsweise bei Falschbetankung), muss der Tank ausgebaut werden.

- Schalten Sie die Zündung aus und ziehen Sie den Zündschlüssel ab.
- Führen Sie den Absaugschlauch in den Tankstutzen ausreichend weit in den Tank ein (etwa 1,5 m Schlauchlänge).
- Schalten Sie die Absaugpumpe ein und beobachten Sie den Füllstand des Auffangbehälters (Kanister).

Die Montage erfolgt sinngemäß in umgekehrter Reihenfolge.

Die Steckverbindungen der Entlüftungs- und Kraftstoffleitungen müssen beim Zusammenstecken hörbar einrasten.

■ Kraftstoffleitungen am Kraftstoffbehälter einclipsen.

Auf festen Sitz der Kraftstoffschläuche achten.

Soll der abgesaugte Kraftstoff wiederverwendet werden, darf er keine Verschmutzungen aufweisen und keine Beimischung von anderen Stoffen enthalten.

Restentleerung des Tanks über den Zugang der Intankpumpe:

■ Den Kraftstofftank ausbauen.

■ Das Tankfördermodul ausbauen.

■ Kraftstofffördereinheit entleeren und auf einen sauberen Untergrund stellen.

■ Kraftstoffbehälter mit einem Kraftstoffabsauggerät über die Öffnung der Kraftstofffördereinheit vollständig entleeren.

Der Einbau erfolgt sinngemäß in umgekehrter Reihenfolge.

Es besteht Explosionsgefahr! Nach dem Einbau eines neuen oder vollkommen entleerten Kraftstoffbehälters muss umgehend eine Mindestmenge von 3 bis 5 Litern Kraftstoff eingefüllt werden. Die Kraftstoffpumpe darf in einem vollkommen leeren Kraftstoffbehälter nicht anlaufen.

Die Steckverbindungen der Entlüftungs- und Kraftstoffleitungen müssen beim Zusammenstecken hörbar einrasten.

■ Kraftstoffleitungen am Kraftstoffbehälter einclipsen.

■ Stecker am Flansch der Kraftstoffpumpe aufstecken und Leitung am Kraftstoffbehälter einclipsen.

Auf festen Sitz der Kraftstoffschläuche achten.

Kraftstofftank aus- und einbauen

Die Tankanlage für die Allradfahrzeuge unterscheidet sich von den frontgetriebenen Varianten schon dadurch, dass die Kardanwelle mittendurch läuft. Die Montagearbeiten unterscheiden sich deutlich. Wir stellen Ihnen beide Varianten vor.

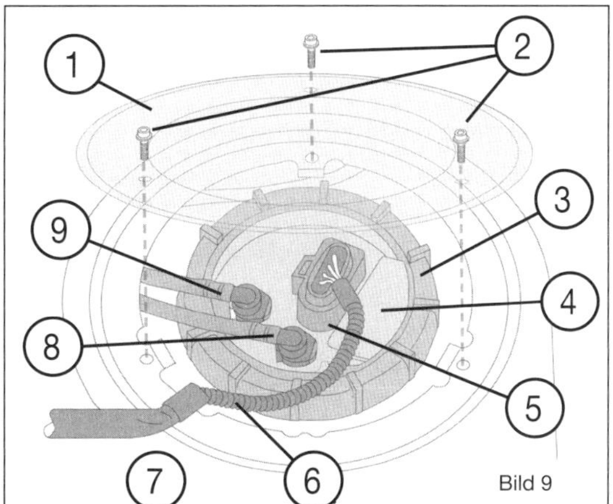

Bild 9
Zugang zum Tank unter der hinteren Sitzbank.
1 Abdeckung
2 Schrauben
3 Überwurfmutter
4 Tankfördermodul
5 Steckkontakt
6 Anschlusskabel
7 Kraftstofftank
8 Vorlaufleitung
9 Rücklaufleitung

Vorbereitungen für alle Fahrzeuge

Es kann beim Ausbau des Kraftstofftanks immer Restkraftstoff austreten. Legen Sie sich Bindemittel und einige Lappen bereit, um den austretenden Kraftstoff aufzufangen. Um zu vermeiden, dass Verschmutzungen in die Anschlüsse oder in den Tank selber eintreten, kann man die Anschlussstücke mit Klebeband abkleben oder durch Lappen verschließen.

■ Prüfen Sie zuerst, ob ein codiertes Radio eingebaut ist. In diesem Fall erfragen Sie bitte die Anti-Diebstahl-Codierung.

■ Klemmen Sie bei ausgeschalteter Zündung das Masseband der Batterie ab.

■ Entriegeln Sie die Tankklappe.

■ Entleeren Sie den Kraftstofftank wie bereits beschrieben.

Audi TT-Coupé:

■ Bauen Sie die Rücksitzbank aus.

Audi TT-Roadster:

■ Demontieren Sie die rechte Verkleidung für die Rückwand/Seitenwand aus.

Weiter für alle Varianten:

■ Drehen Sie die Schrauben (2 im Bild 9) heraus und nehmen Sie die Abdeckung (1) ab.

■ Reinigen Sie den Bereich um das Kraftstofffördermodul (4) gründlich mit warmem Wasser aus einer Druckluft-Sprühflasche und blasen Sie sie mit Druckluft trocken.

■ Reinigen Sie den Bereich um den Kraftstoff-Einfüllstutzen.

■ Bauen Sie die hintere rechte Radhausschale aus.

■ Reinigen Sie den Bereich um den Tankstutzen im Radhaus gründlich mit warmem

Sichtprüfung

Messen

Wasser aus einer Druckluft-Sprühflasche und blasen Sie Sie mit Druckluft trocken.

Demontage des Kraftstofftanks

- Bauen Sie den Mittel- und Nachschalldämpfer aus. Die Arbeiten stellen wir Ihnen im Kapitel 9 »Abgasanlage« im Detail vor.

Bei Allradfahrzeugen:

- Bauen Sie die Kardanwelle aus. Die Arbeiten hierzu stellen wir Ihnen im Kapitel 10 »Kraftübertragung vor«.

Weiter für alle Varianten:

- Demontieren Sie die Hinterachse komplett. Die Arbeiten hierzu stellen wir Ihnen im Kapitel 11 »Fahrwerk« vor.
- Lösen Sie die Mutter (21 im Bild 1) und nehmen Sie das Masseband (22) ab.
- Demontieren Sie den Tankdeckel (1) und kleben Sie den Tankstutzen mit Klebeband ab.
- Entsichern Sie den Steckkontakt am Tankfördermodul (5 im Bild 9) und ziehen Sie ihn ab.
- Ziehen Sie das Anschlusskabel (8) etwas in den Innenraum und fixieren Sie es mit Klebeband am inneren Bodenblech.
- Entsichern Sie die Steckkupplungen und ziehen Sie die Rücklaufleitung (blau), die Vorlaufleitung (schwarz) und die Entlüftungsleitung im Übergang vom Tank zu Unterboden ab.

⚠ Fangen Sie austretenden Restkraftstoff mit einem geeigneten Lappen auf.

- Unterbauen Sie den Kraftstofftank mit einem entsprechenden Hubmittel wie beispielsweise einem Getriebeheber.

Bei frontgetriebenen Fahrzeugen:

- Lösen Sie die vier Verschraubungen vorne und hinten der beiden Tankbänder (13 und 16).

Bei Allradfahrzeugen:

- Drehen Sie zuerst die Schrauben aus den Haltelaschen im hinteren Bereich heraus.
- Drehen Sie dann die beiden Schrauben in der Mitte des Kraftstofftanks am Trägerblech heraus.
- Lösen Sie abschließend die vier Verschraubungen vorne und hinten der beiden Tankbänder.
- Lassen Sie den Tank mit einem Helfer langsam nach unten ab.

Der Einbau erfolgt sinngemäß in umgekehrter Reihenfolge.

- Verwenden Sie ausschließlich Schellen, die dem Serienstand entsprechen.
- Ersetzen Sie beschädigte Bauteile sofort.
- Prüfen Sie die Dichtheit der Kraftstoffanlage zum Aktivkohlefilter und zum Tankstutzen.

Messen Sie den Widerstand zwischen dem Tankeinfüllstutzen und der Karosserie. Er muss bei 0 Ω liegen. Die Masseverbindung ist sehr wichtig für den Brandschutz (statische Aufladung beim Betanken).

Kraftstoff-Fördereinheit aus- und einbauen

Die Montagearbeiten für die einzelnen Modelle unterscheiden sich nur unwesentlich. Die hier beschriebenen Arbeitsschritte können als Arbeitsschema für alle Modelle übernommen werden.

⚠ Der Kraftstoffbehälter darf maximal 1/2 gefüllt sein.

☞ Im weiteren Arbeitsablauf muss das Masseband der Batterie abgeklemmt werden. Prüfen Sie deshalb, ob ein codiertes Radiogerät eingebaut ist. Gegebenenfalls ist dann vorher die Antidiebstahlcodierung zu erfragen.

Besonderheit Saugstrahlpumpe

Der Kraftstofftank beim Audi TT mit Allradantrieb ist zwar ein Behälter, hat aber zwei Bereiche, die rechts und links von Kardan und/oder Auspuffanlage Platz gefunden

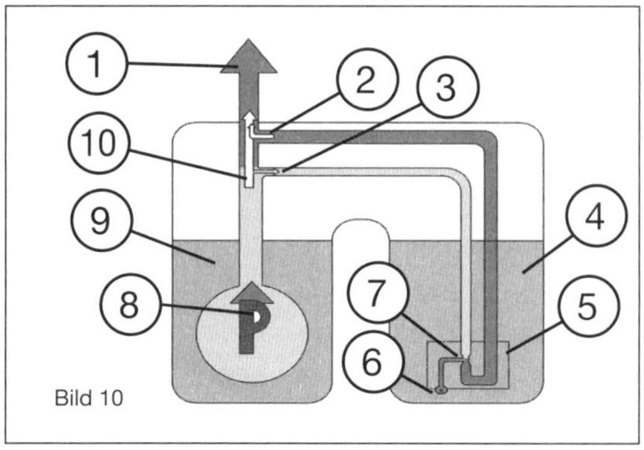

Bild 10
Prinzip Saugstrahlpumpe.
1 Ausgang Kraftstoffpumpe (Vorlauf)
2 Volumen durch die Saugstrahlpumpe
3 Saugstrahl (Teilvolumen der elektrischen Kraftstoffpumpe)
4 Kraftstoffbehälter linke Fahrzeugseite
5 Saugstrahlpumpe
6 Ansaugsieb
7 Düse der Saugstrahlpumpe
8 Elektrische Kraftstoffpumpe
9 Kraftststoffbehälter rechte Fahrzeugseite
10 Volumen elektrische Kraftstoffpumpe

haben. Die rechte Tankhälfte wird über die elektrische Kraftstoffpumpe entleert. Der linke Tankbereich ist durch eine Saugstrahlpumpe an den rechten Tankbereich angebunden.

Durch einen Teil des Fördervolumens der elektrischen Kraftstoffpumpe (8 im Bild 10) wird in der Düse (7) über die Saugstrahlleitung nach dem Venturiprinzip das Volumen in der linken Tankhälfte (4) mit angesaugt (6).

Kraftstoffördereinheit bei frontgetriebenen Fahrzeugen ausbauen

■ Passen Sie Füllstand des Kraftstofftanks wie zuvor beschrieben an.
■ Klemmen Sie bei ausgeschalteter Zündung das Masseband der Batterie ab.
■ Abdeckung (1 im Bild 9) unter der Sitzbank oder der Heck- und Seitenverkleidung rechts ausbauen.
■ Reinigen Sie den Bereich um die Kraftstoffördereinheit gründlich.
■ Die Anschlussstecker (1 im Bild 11) sowie Vor- und Rücklaufleitung (2 und 3) vom Flansch abziehen.
■ Verschließen Sie die Leitungen, damit kein Schmutz in das Kraftstoffsystem gelangen kann.
■ Drehen Sie die Überwurfmutter (4) mit einem geeigneten Schlüssel (VAG 3217) ab.
■ Kraftstoff-Fördereinheit (7) und den Dichtring (5) aus der Öffnung des Kraftstoffbehälters ziehen.

Der Einbau der Kraftstoff-Fördereinheit erfolgt sinngemäß in umgekehrter Reihenfolge.
■ Beim Einsetzen der Kraftstoff-Fördereinheit darauf achten, dass der Geber für die Kraftstoffvorratsanzeige nicht verbogen wird.
■ Den neuen Dichtring der Kraftstoff-Fördereinheit trocken in die Öffnung des Kraftstoffbehälters einsetzen.
■ Den Dichtring zur Montage der Kraftstoff-Fördereinheit mit Kraftstoff benetzen.
■ Auf festen Sitz der Kraftstoffschläuche achten.

Die Einbaulage des Flansches der Kraftstoff-Fördereinheit beachten: Die Markierung auf dem Flansch muss mit der Markierung auf dem Kraftstoffbehälter übereinstimmen.
■ Nach dem Einbau der Kraftstoff-Fördereinheit prüfen, ob die Vorlauf-, Rücklauf- und Entlüftungsleitungen noch am Kraftstoffbehälter eingeclipst sind.
■ Prüfen Sie die Dichtigkeit der Anschlüsse und den sicheren Sitz der Kupplungen.

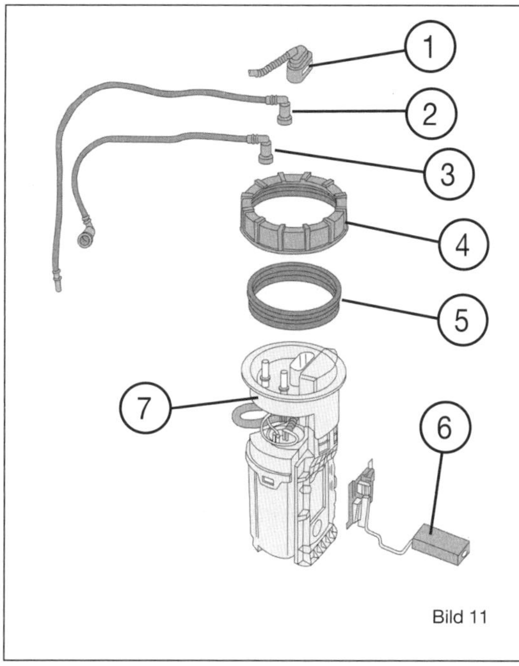

Bild 11

Bild 11
Kraftstoffpumpe bei frontgetriebenen Fahrzeugen.
1 Anschluss elektrische Kraftstoffpumpe
2 Rücklaufleitung
3 Vorlaufleitung
4 Verschlussring
5 Dichtring
5 Verschlussring
6 Füllstandssensor
7 Elektrische Kraftstoff pumpe

Kraftstoffördereinheit bei allradgetriebenen Fahrzeugen ausbauen

Bei Allradfahrzeugen sind aufgrund der Tankbauform eine Kraftstoffördereinheit und eine Saugstrahlpumpe verbaut.
■ Passen Sie den Füllstand des Kraftstofftanks wie zuvor beschrieben an.

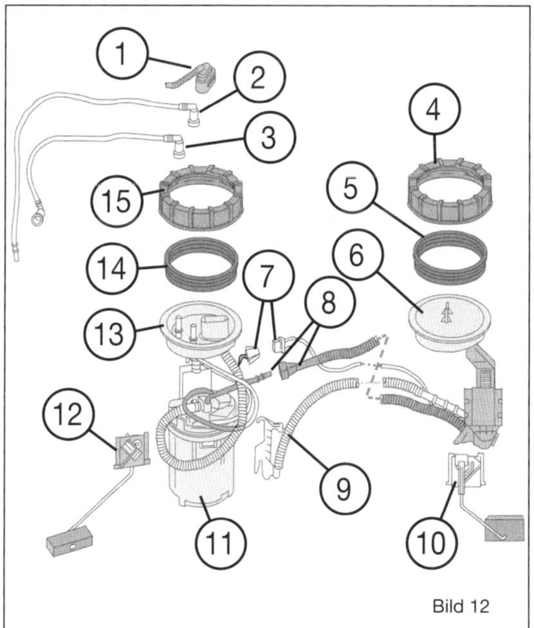

Bild 12

Bild 12
Kraftstoffpumpe bei allradgetriebenen Fahrzeugen.
1 Anschluss elektrische Kraftstoffpumpe
2 Rücklaufleitung
3 Vorlaufleitung
4 Überwurfmutter
5 Dichtring
6 Saugstrahlpumpe
7 Anschluss Füllstandsgeber 2
8 zur Saugstrahlpumpe
9 von der Saugstrahlpumpe
10 Füllstandsgeber 2
11 Tankfördereinheit
12 Füllstandsgeber 1
13 Tankfördereinheit Anschlussplatte
14 Dichtring
15 Überwurfmutter

■ Klemmen Sie bei ausgeschalteter Zündung das Masseband der Batterie ab.
■ Abdeckung (1 im Bild 9) unter der Sitzbank oder der Heck- und Seitenverkleidung rechts ausbauen.
■ Reinigen Sie den Bereich um die Kraftstofffördereinheit gründlich.
■ Die Anschlussstecker (1 im Bild 12) sowie Vor- und Rücklaufleitung (2 und 3) vom Flansch abziehen.
■ Verschließen Sie die Leitungen, damit kein Schmutz in das Kraftstoffsystem gelangen kann.
■ Drehen Sie die Überwurfmutter (15) mit einem geeigneten Schlüssel (VAG 3217) ab.
■ Kraftstoff-Fördereinheit (11) und den Dichtring (14) etwas aus der Öffnung des Kraftstoffbehälters ziehen.
■ Entsichern Sie den Steckkontakt (7) zum Tankgeber 2 (10) und ziehen Sie ihn ab.
■ Entsichern Sie die Steckkupplung (8) zur Saugstrahlpumpe (6) und ziehen Sie ihn ab.
■ Ziehen Sie den Halter für die Leitung von der Saugstrahlpumpe von der Kraftstofffördereinheit ab.
■ Nehmen Sie die Kraftstoff-Fördereinheit vorsichtig aus der Tanköffnung heraus.

Der Einbau der Kraftstoff-Fördereinheit erfolgt sinngemäß in umgekehrter Reihenfolge.

⚠ Beim Einsetzen der Kraftstoff-Fördereinheit darauf achten, dass der Geber für die Kraftstoffvorratsanzeige nicht verbogen wird.

■ Stecken Sie den Steckkontakt (7) zum Tankgeber 2 (10) wieder zusammen.
■ Stecken Sie die Steckkupplung (8) zur Saugstrahlpumpe (6) wieder zusammen.
■ Verrasten Sie den Halter für die Leitung von der Saugstrahlpumpe an der Kraftstofffördereinheit.
■ Den neuen Dichtring der Kraftstoff-Fördereinheit trocken in die Öffnung des Kraftstoffbehälters einsetzen.
■ Den Dichtring zur Montage der Kraftstoff-Fördereinheit mit Kraftstoff benetzen.
■ Auf festen Sitz der Kraftstoffschläuche achten.

Die Einbaulage des Flansches der Kraftstoff-Fördereinheit beachten: Die Markierung auf dem Flansch muss mit der Markierung auf dem Kraftstoffbehälter übereinstimmen.

■ Nach dem Einbau der Kraftstoff-Fördereinheit prüfen, ob die Vorlauf-, Rücklauf- und Entlüftungsleitungen noch am Kraftstoffbehälter eingeclipst sind.
■ Prüfen Sie die Dichtigkeit der Anschlüsse und den sicheren Sitz der Kupplungen.

Saugstrahlpumpe ausbauen

■ Schalten Sie die Zündung aus.
■ Demontieren Sie die Kraftstofffördereinheit wie bereits beschrieben.
■ Abdeckung (1 im Bild 9) unter der Sitzbank oder der Heck- und Seitenverkleidung links ausbauen.
■ Reinigen Sie den Bereich um die Saugstrahlpumpe gründlich.
■ Drehen Sie die Überwurfmutter (4) mit einem geeigneten Schlüssel (VAG 3217) ab.
■ Saugstrahlpumpe mit Füllstandssensor (6) und den Dichtring (5) etwas aus der Öffnung des Kraftstoffbehälters ziehen.
■ Nehmen Sie die Dichtung (5) ab.
■ Die Saugstrahlpumpe mit Füllstandssensor (6) vorsichtig aus der Tanköffnung herausnehmen.

Achten Sie darauf, den Füllstandssensor (10) und die elektrischen Leitungen nicht zu belasten.

Der Einbau der Saugstrahlpumpe mit Füllstandssensor (6)) erfolgt sinngemäß in umgekehrter Reihenfolge.

■ Beim Einsetzen der Saugstrahlpumpe mit Füllstandssensor (6) darauf achten, dass der Geber für die Kraftstoffvorratsanzeige (10) nicht verbogen wird.
■ Den Dichtring des Füllstandssensors (5) in die Öffnung des Kraftstoffbehälters einsetzen.
■ Den Dichtring zur Montage des Füllstandssensors (5) mit Kraftstoff benetzen.

Die Einbaulage des Flansches der Kraftstoff-Fördereinheit beachten: Die Markierung auf der Saugstrahlpumpe mit Füllstandssensor (6) muss mit der Markierung auf dem Kraftstoffbehälter übereinstimmen.

Kraftstoffpumpe prüfen

Prüfungsvoraussetzungen

Die Ansteuerung der Kraftstoffpumpe ist auch ohne den Einsatz eines Diagnosetesters mit der Überbrückung des Pumpenrelais möglich. Die Pumpe ist als klassischer Gleichstrommotor ausgelegt, der lediglich über ein Relais bestromt wird.

■ Legen Sie die Relais 4 im Relaisträger im Fahrerfussraum frei.

■ Überbrücken Sie Klemme 30 auf die Klemme 87 des Relaisplatzes, am besten mit einem Schalter als Fernbedienung.

■ Die Kraftstoffpumpe mit dem angeschlossenen Schalter ansteuern.

■ Die Batteriespannung muss mindestens 11,5 V betragen.

■ Schließen Sie ein Dauerladegerät zur Ladungserhaltung an die Batterie an.

■ Die Sicherungen sind alle intakt.

■ Alle elektrischen Verbraucher wie z. B. Licht und Heckscheibenheizung müssen ausgeschaltet sein.

■ Ist das Fahrzeug mit einer Klimaanlage ausgerüstet, muss diese ausgeschaltet sein.

Im weiteren Arbeitsablauf ist es eventuell erforderlich, das Masseband der Batterie abzuklemmen. Prüfen Sie deshalb, ob ein codiertes Radiogerät eingebaut ist. Gegebenenfalls ist dann vorher die Antidiebstahlcodierung zu erfragen.

Fördermenge prüfen (Bild 13)

■ Nehmen Sie den Verschlussdeckel vom Kraftstoff-Einfüllstutzen ab.

■ Ziehen Sie den Vorlaufschlauch an der Spritzwand im Motorraum rechts oder am Kraftstofftank ab und fangen den ausfließenden Kraftstoff an den Anschlüssen mit einem Putzlappen auf.

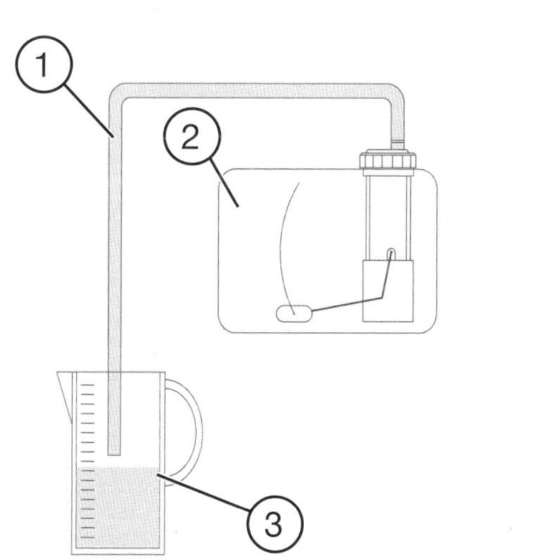

Bild 13

Bild 13
Fördermenge prüfen.
1 Vorlaufleitung
2 Kraftstofftank mit Kraftstofffördermodul (Intankpumpe und Füllstandssensor)
3 Messbecher (2 l)

■ Schließen Sie ein T-Stück an die Kraftstoffvorlaufleitung an.

■ Stecken Sie einen Schlauch auf das T-Stück auf und halten Sie ihn in ein Messgefäß (3).

■ Betätigen Sie die Kraftstoffpumpe über den Diagnosetester.

■ Lassen Sie etwa 250 ml in den Messbecher laufen, schalten Sie die Kraftstoffpumpe ab. So werden T-Stück und der Anschlussschlauch entlüftet.

■ Das Messgefäß (3) entleeren.

Die Fördermenge der Kraftstoffpumpe hängt von der Batteriespannung ab. Prüfen Sie die Batteriespannung und schließen Sie, wenn erforderlich, ein Dauerladegerät an.

Lassen Sie die Kraftstoffpumpe über den Diagnosetester 15 Sekunden lang laufen und messen dabei die geförderte Kraftstoffmenge. Sie sollte mindestens 0,6 l betragen.

Wird die Mindestfördermenge nicht erreicht:

■ Kraftstoffleitungen auf mögliche Verengungen (Knicke) oder Verstopfungen prüfen.

■ Ziehen Sie die Vorlaufleitung (1) vom Kraftstofffilter-Eingang ab.

■ Prüfung der Fördermenge vor dem Kraftstofffilter wiederholen.

Wird die Mindestfördermenge jetzt erreicht:

■ Ersetzen Sie den Kraftstofffilter.

Wird die Mindestfördermenge wieder nicht erreicht:

■ Bauen Sie die Kraftstoff-Fördereinheit aus und prüfen Sie das Filtersieb auf Verschmutzung.

Bisher liegt kein Fehler vor:

■ Kraftstoffpumpe defekt, ersetzen Sie die Kraftstoff-Fördereinheit.

Kraftstoffdruck im Niederdruckkreislauf messen (Bild 14)

Sie haben die Fördermenge erreicht, vermuten trotzdem einen Fehler in der Kraftstoffversorgung (Undichtigkeiten in der Pumpe unter Druck). Auch hier findet sich eine Besonderheit der Kraftstoffpumpe in diesem System. In der Pumpe ist ein Drucksensor für die Erfassung des Drucks im Niederdruckkreislauf verbaut. Das Auslesen ist somit mit einem geeigneten Tester auch ohne jegliche

Sichtprüfung | Messen

Bild 14
Druckprüfung.
1 Vorlaufleitung
2 Kraftstofftank mit Kraftstofffördermodul (Intankpumpe und Füllstandssensor)
3 Anschluss zum Kraftstofffilter
4 Druckmessuhr
5 Anschlussadapter

Bild 15
Druckprüfgeräteset.
1 Verlängerungsschlauch
2 Messuhr bis 5 bar
3 Messuhr bis 10 bar
4 Anschlussadapter mit T-Stücken

Montage möglich. Gleichzeitig können aber auch Fehlmessungen dieses Sensors Fehler in der Gemischaufbereitung verursachen.

■ Belassen Sie das T-Stück in der Kraftstoffleitung, stecken aber den Adapter auf das Kraftstoffverteilerrohr auf.

■ Verlegen Sie einen Verlängerungsschlauch (1 im Bild 15) so, dass Sie den Kraftstoffdruck während der Fahrt beobachten können.

■ Fahren Sie das Fahrzeug mit einem zweiten Mechaniker Probe, um den Kraftstoffdruck beobachten zu können.

■ Fahren Sie das Fahrzeug auch unter hoher Last. Der Kraftstoffdruck muss bei etwa 4,0 bar bleiben.

■ Fällt der Kraftstoffdruck ab, müssen der Kraftstofffilter und die Kraftstoffleitungen überprüft werden.

■ Liegt kein Fehler vor, ist die Kraftstoffpumpe defekt, ersetzen Sie die Kraftstoff-Fördereinheit.

Stromaufnahme messen

Sie haben die Fördermenge erreicht, vermuten trotzdem einen Fehler in der Kraftstoffversorgung (z. B. zeitweiser Ausfall der Kraftstoffversorgung):

■ Alle gelösten Kraftstoffleitungen wieder anschließen.

■ Multimeter oder Stromzange an die Leitungen (Pin am Stecker 5, 7 und 9) vom Leitungsstrang anschließen.

■ Lassen Sie den Motor an und im Leerlauf laufen.

Stromaufnahme der Kraftstoffpumpe messen. Sollwert: Max. 9,5 Ampere.

■ Ist die Störung in der Kraftstoffanlage nur zeitweise vorhanden, können Sie die Prüfung auch während einer Probefahrt durchführen. Es ist dazu jedoch eine zweite Person erforderlich.

Wird die Stromaufnahme überschritten:

■ Kraftstoffpumpe defekt.

Rückschlagventil Kraftstoffpumpe prüfen

■ Der Fernschalter ist noch angeschlossen.

■ Die Druckmessuhr ist wie für die Druckmessung im Bild 14 noch angeschlossen.

Mit dieser Prüfung werden gleichzeitig die Anschlüsse der Kraftstoffvorlaufleitung von der Kraftstoff-Fördereinheit bis zur Anschlussstelle der Druckmessvorrichtung

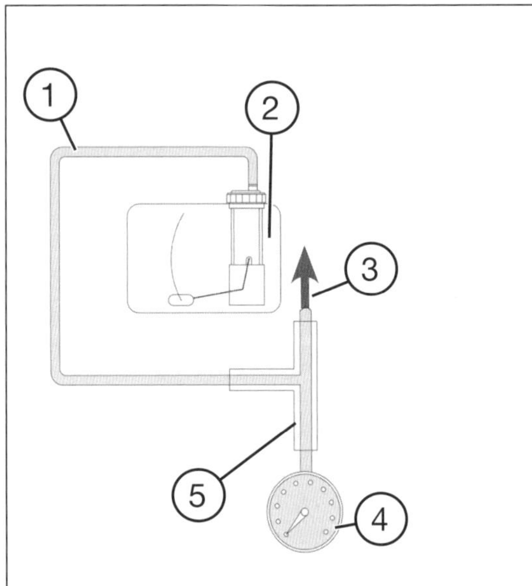

Bild 14

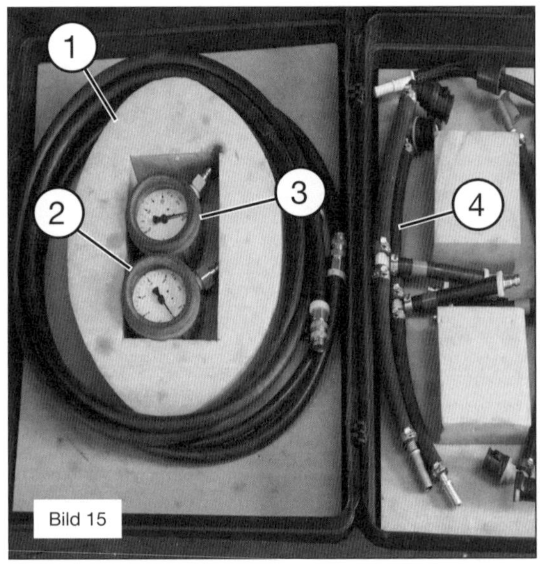

Bild 15

und der weitere Verlauf über das Kraftstoffverteilerrohr bis zur Einspritzdüse auf Dichtheit geprüft.

■ Schalten Sie die Kraftstoffpumpe ein, bis der Kraftstoffdruck auf der Messuhr ablesbar ist.

■ Beachten Sie den Druckabfall am Manometer. Der Druck darf nach 10 Minuten nicht unter 2,5 bar abfallen.

Fällt der Druck weiter ab:

■ Prüfen Sie die Leitungsanschlüsse auf Dichtheit.

Wird kein Fehler in den Leitungen festgestellt:

■ Kraftstoffpumpe defekt, ersetzen Sie die Kraftstoff-Fördereinheit.

Tankfüllstandsgeber prüfen

Die Schwimmer beziehungsweise die Füllstandsgeber können mit dem Multimeter geprüft werden. Um die beiden Positionen »Tank voll« und »Tank leer« erreichen zu können, müssen das Tankfördermodul beziehungsweise die Saugstrahlpumpe ausgebaut werden.

Bei Fahrzeugen mit Allradantrieb sind zwei Füllstandsensoren verbaut. Die Messungen für die Sensoren unterscheiden sich nicht.

- Bauen Sie das Tankfördermodul wie bereits beschrieben aus.
- Bauen Sie die Saugstrahlpumpe wie bereits beschrieben aus.

Messungen am Tankfördermodul bei Fahrzeugen bis 05/2002:

- Schließen Sie ein Multimeter an die beiden mittleren Anschlüsse des Tankfördermoduls an.
- Bewegen Sie den Schwimmer langsam von der unteren in die obere Stellung.

Schwimmerstellung	Messwert
unten (Tank leer)	ca. 60 Ω
oben (Tank voll)	280 Ω bis 300 Ω

Sie sollen einen gleichmäßigen Anstieg der Messwerte beobachten können. Starke Abweichungen während der Bewegung weisen auf Schäden am Messwiderstand hin.

Messungen am Tankfördermodul bei Fahrzeugen ab 06/2002:

- Schließen Sie ein Multimeter an die beiden mittleren Anschlüsse des Tankfördermoduls an.
- Bewegen Sie den Schwimmer langsam von der unteren in die obere Stellung.

Schwimmerstellung	Messwert
unten (Tank leer)	ca. 30 Ω
oben (Tank voll)	140 Ω bis 150 Ω

Sie sollen einen gleichmäßigen Anstieg der Messwerte beobachten können. Starke Abweichungen während der Bewegung weisen auf Schäden am Messwiderstand hin.

Fehlersuche Saugstrahlpumpe

Die Saugstrahlpumpe wird nicht durch das Steuergerät der Einspritzanlage überwacht. Fällt die Saugstrahlpumpe aus, können bis zu 15 l Kraftstoff in der linken Tankhälfte verbleiben, die für das Einspritzsystem durch den Kardantunnel im Tank unerreichbar sind. Das Fahrzeug kann dann mit Kraftstoffmangel liegen bleiben. Die Tankanzeige zeigt dann einen etwa zu 1/4 gefüllten Tank an.

Läuft die Kraftstoffpumpe, aber es wird kein Kraftstoff gefördert, tanken Sie zuerst mehr als 5 l Kraftstoff nach.

Wird dann wieder Kraftstoff gefördert, müssen die Saugstrahlpumpe und die Zuleitungen zum Tankfördermodul geprüft werden. Wenn keine Schäden an den Leitungen oder Steckverbindungen erkennbar sind, muss die Saugstrahlpumpe mit dem Tankfüllstandsgeber ersetzt werden.

Verhalten bei Falschbetankung

Eigentlich gibt es nur beim Dieselmotor ein massives Problem bei Falschbetankung. Das stimmt aber für die Ottomotoren aufgrund der Abgasaufbereitungssysteme nicht mehr ganz:

Falschbetankung beim Ottomotor

- Ottokraftstoff mit geringerer Oktanzahl wird über die Klopfsensoren erfasst und über Veränderungen im Zündzeitpunkt angepasst. Bei Falschbetankung mit Dieselkraftstoff würde je nach Menge der Falschbetankung der Motor nicht mehr oder schlecht anspringen.
- Abgassonden könnten bei einer Vermischung mit Dieselkraftstoff verrußen. Das Kraftstoffsystem kann aber durch Ablassen, Reinigung und Neubefüllung wieder in Betrieb genommen werden.

Die Falschbetankung ist noch vor dem Motorstart bemerkt worden

Starten Sie den Motor nicht! Schleppen Sie das Fahrzeug zu Ihrer Werkstatt ab und entleeren Sie den Kraftstofftank. Ersetzen Sie den Kraftstoffilter.

- Tanken Sie das Fahrzeug mit dem richtigen Kraftstoff voll.
- Fragen Sie den Fehlerspeicher ab.

Sichtprüfung | Messen

8 Gemischaufbereitung und Einspritzung

Gemischaufbereitung, Einspritzung und Zündung werden durch elektronisch gesteuerte Einspritzsysteme realisiert. Die Aufladung über Abgasturbolader gehört zur Ausrüstung der Motoren wie bei den meisten Herstellern der aktuellen Generationen. Die Einspritzsysteme für die Otto-Motoren (Benziner) und die Dieselmotoren unterscheiden sich zumindest in den Aufgaben kaum noch.
Der Kraftstoff wird durch das Tankfördermodul über den Kraftstofffilter an das Kraftstoffverteilerrohr gefördert. Im Kraftstoffverteilerrohr ist neben den Einspritzventilen der Druckregler verbaut. Er hält den Kraftstoffdruck bei 3,5 bar (ohne Unterdruckschlauch sind es etwa 4 bar). Die Druckreglung erfolgt über den Druckabbau durch den Druckregler zum Rücklauf.

In den folgenden Arbeitsbeschreibungen geben wir einige der direkt aufs Bauteil bezogenen Arbeitshinweise des Herstellers wieder, um auf die Sensibilität des Systems aufmerksam zu machen.

Daran darf nur mit Kenntnis, Sachverstand und Fingerspitzengefühl gearbeitet werden.

Benzin-Motoren

Im Audi TT kommen nur SRE (Saugrohr-Einspritzer) zum Einsatz. Überwiegend unterscheiden sich die Arbeiten an den einzelnen Motormodellen zumindest aus technischer Sicht kaum. Die folgenden Arbeitsbeschreibungen werden wir allgemeingültig verfassen. Die Unterscheidung der Saugmotoren mit sechs Zylindern und der Vierzylinder-Turbomotoren ist zumindest in Sachen Ansteuerung unwesentlich anders.

Injektoren reinigen

Die Injektoren dürfen nicht zerlegt werden.

Die Verwendung vom spanabhebenden Werkzeugen ist nicht zulässig.

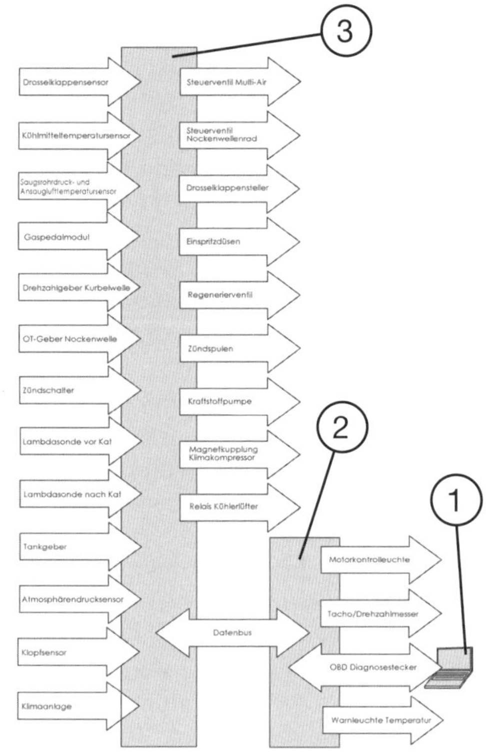

Bild 1

Bild 1
Informationsfluss für die Gemischaufbereitung. Pfeile »ins« Steuergerät stellen Eingangsgröße dar, Pfeile aus dem Steuergerät stellen Ansteuerbefehle dar, Pfeile in beide Richtungen stellen einen Informationsfluss oder einen Signalfluss in beide Richtungen dar.
1 Bordnetzsteuergerät
2 Diagnosetester
3 Motorsteuergerät

Achten Sie darauf, dass keine Verschmutzungen in den Anschluss eingetragen wird.

Hinweise zum Reinigungswerkzeug

- Die Rundbürste (Bilder 2 und 3) nach Gebrauch gründlich säubern.
- Die Borstenlänge der Rundbürste bei hochwertigen Reinigungssets ist einstellbar. Die Borstenlänge soll 3 mm betragen. Bei Bedarf kann die Bürstenfläche eben geschliffen werden.

Hinweise zum Reinigen des Injektors beim Benzin-Motor

Da kein Zugriff auf die inneren Komponenten des Injektors erfolgen kann, beschränkt sich die Reinigung auf äußere Ablagerungen. Prüfen Sie die Injektoren grundsätzlich auf Dichtigkeit und bewerten Sie das Spritzbild vor der Montage.

- Die Injektoren werden 30 Minuten im Ultraschallbad bei mindestens 50 °C gereinigt.
- Die Injektoren müssen aufrecht im Reinigungsbad hängen.
- Gereinigt wird lediglich der Bereich, der in das Saugrohr eingeschoben wird.
- Ersetzen Sie grundsätzlich beide O-Ringe.

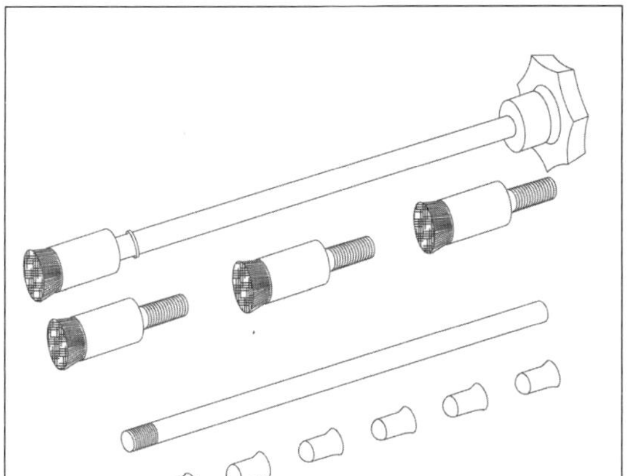

Bild 2

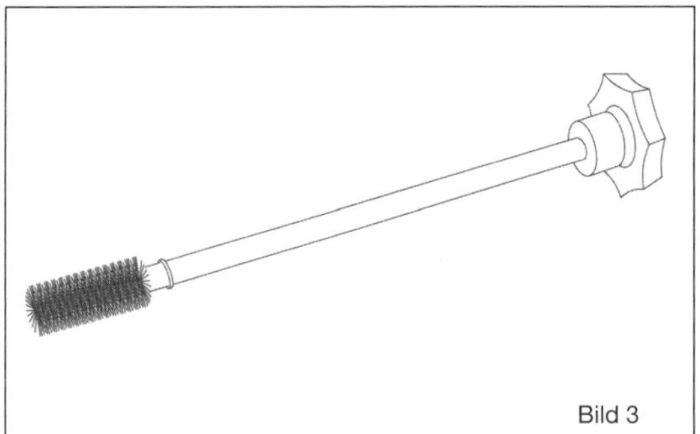

Bild 3

Bild 2
Rundbürstenset mit diversen Aufsätzen für die Reinigung der Injektorendichtfläche.

Bild 3
Die Zylinderbürste für die Reinigung der Bohrungen.

Injektoren wechseln

De- und Montage am 1,8-l-Turbo-Motor

Reinigen Sie den Montagebereich der Injektoren gründlich, um das Hineinfallen von Ablagerungen in die Injektorbohrung zu verhindern.

- Falls vorhanden, die Geräuschdämpfung oben und unten ausbauen.
- Entsichern Sie die Steckkontakte der Injektoren (1 im Bild 4) und ziehen Sie sie ab.
- Entsichern Sie den Steckkontakt des Hallgebers der Nockenwelle (8) und ziehen Sie ihn ab.
- Entsichern Sie den Steckkontakt des Drosselklappenmodul (4) und ziehen Sie ihn ab.
- Entsichern Sie den Steckkontakt des Ansaugtemperaturfühlers (5) und ziehen Sie ihn ab.
- Entsichern Sie die Steckkupplung des Kraftstoffvorlaufs im Bereich des Kühlmittelvorratsbehälters.
- Ziehen Sie den Unterdruckschlauch (2) am Druckregler ab.
- Lösen Sie den Leitungskanal (3).
- Drehen Sie die beiden Schrauben (6) heraus.
- Ziehen Sie das Kraftstoffverteilerrohr (7) gleichmäßig nach oben ab.
- Legen Sie den Kraftstoffverteiler zusammen mit den Einspritzventilen im Motorraum auf einem sauberen Lappen ab.
- Ziehen Sie die Halteklammern (1 im Bild 5) ab.
- Nehmen Sie das Einspritzventil (2) aus der Kraftstoffverteilerleiste (3) heraus.

Soweit die Kraftstoffverteilerleiste ersetzt werden soll, müssen Vor- und

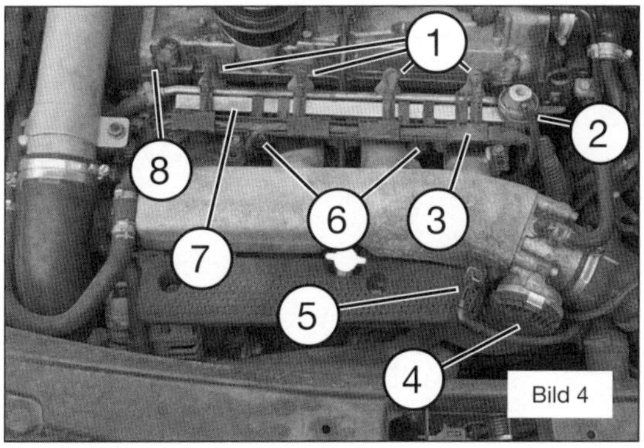

Bild 4

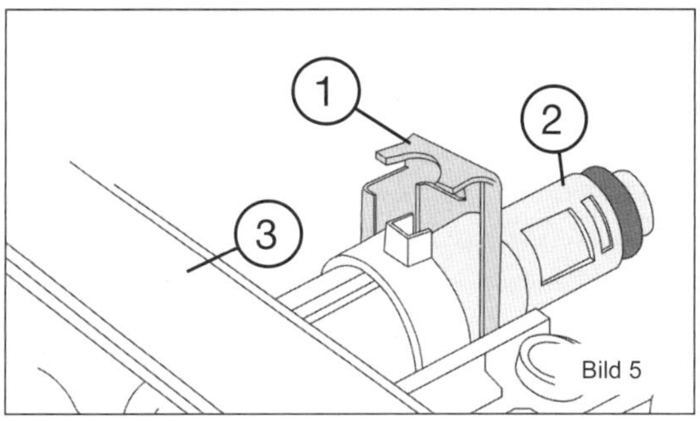

Bild 5

Bild 4
Einspritzleiste beim 1,8-l-Turbomotor.
1 Elektrische Steckverbindung Einspritzventile
2 Unterdruckanschluss am Druckregler
3 Leitungskanal
4 Drosselklappenmodul
5 Ansauglufttemperatursensor
6 Schrauben
7 Hallgeber (Nockenwellengeber)
8 Hallgeber

Bild 5
Verteilerrohr und Einspritzdüse.
1 Sicherungsklammer
2 Einspritzdüse
3 Verteilerrohr

Rücklaufleitung von der Verteilerleiste abgeklemmt werden.

Der Einbau erfolgt sinngemäß in umgekehrter Reihenfolge.

- Die O-Ringe zur Kraftstoffverteilerleiste und zum Saugrohr immer erneuern. Der Dichtring und dessen Anlageflächen müssen sauber und fettfrei sein.
- Reinigen Sie nötigenfalls die Injektorbohrung mit einer Rundbürste wie im Bild 3 dargestellt.

De- und Montage am 3,2-l-Motor

Die Montagearbeiten für die Injektoren am VR6-Motor fallen im Vergleich zum 4-Zylinder-Motor aufgrund der beengten Platzverhältnisse deutlich umfangreicher aus.

Das Kraftstoffverteilerrohr ist unter dem Saugrohr verbaut.

Sichtprüfung Messen

■ Falls vorhanden, die Geräuschdämpfung oben und unten ausbauen.
■ Klemmen Sie den Masseanschluss der Batterie (im Kofferraum) ab.
■ Falls vorhanden, die Geräuschdämpfung oben und unten ausbauen.
■ Demontieren Sie die Verkleidungen über dem Schlossträger, der Batterie und über dem Vorratsbehälter für Kühlmittel.
■ Demontieren Sie die Abschlussverkleidungen an den Rahmenträgern.
■ Lassen Sie das Kühlmittel wie zu Anfang des Kapitels beschrieben ab.
■ Kennzeichnen Sie die Laufrichtung des Keilrippenriemens und bauen Sie ihn wie bereits im Kapitel 4 beschrieben ab.
■ Demontieren Sie die obere Schraube des Generators.
■ Drehen Sie die oberen Befestigungsschrauben für die Lüfterzarge heraus.
■ Entsichern Sie die Steckkupplung und trennen Sie den Sekundärluftschlauch links neben dem Ventildeckel und legen Sie den Luftschlauch frei.
■ Demontieren Sie das Querträgerrohr an der Fahrzeugfront unten.
■ Demontieren Sie die Riemenscheibe der Servopumpe.
■ Bauen Sie die Servopumpe vom Halter ab und hängen Sie sie mit angeschlossenen Schläuchen am Schlossträger auf.
■ Soweit vorhanden, demontieren Sie den Halter der Druckleitung vom Halter der Sekundärluftpumpe ab.
■ Lösen Sie die Kühlmittelleitung zur elektrischen Kühlmittelpumpe aus dem Clip der Sekundärluftpumpe.
■ Entsichern Sie den Stecker zur Sekundärluftpumpe und ziehen Sie ihn ab.
■ Bauen Sie den Halter für die Kühlmittelleitung ab.
■ Bauen Sie den Halter für den Luftfilter der Sekundärluftpumpe ab.
■ Drehen Sie die drei Schrauben des Halters der Sekundärluftpumpe am Motorblock heraus und nehmen Sie die Sekundärluftpumpe zusammen mit dem Halter heraus.
■ Entsichern Sie den Stecker zu den Lüftermotoren und ziehen Sie sie ab.
■ Drehen Sie die oberen Befestigungsschrauben für die Lüfterzarge heraus.
■ Ziehen Sie die Lüfterzarge zusammen mit den Lüftern nach unten heraus.
■ Entsichern Sie den Stecker zum Klimakompressor und ziehen Sie ihn ab.
■ Drehen Sie die Befestigungsschrauben des Klimakompressors heraus.

☞ Die obere Schraube kann nicht komplett herausgezogen werden. Der Motor muss zusätzlich mit einem Montierhebel nach links gedrückt werden. Es kann erforderlich sein, die Verschraubungen des Motorlagers um zwei Umdrehungen zu lösen.

■ Befestigen Sie den Klimakompressor mit den angeschlossenen Leitungen am Längsträger.
■ Drehen Sie die untere Befestigungsschraube des Generators heraus und nehmen Sie den Generator mit den angeschlossenen Leitungen vom Halter für Nebenaggregate ab.
■ Bauen Sie die Schelle für die Kabelführung am Generator ab.
■ Klemmen Sie die Anschlüsse KL30 (Dauerplus) ab.
■ Entsichern Sie den Anschlussstecker am Generatorregler und ziehen Sie ihn ab.
■ Nehmen Sie den Generator heraus.
■ Lösen Sie die Steckverbindung für den Motordrehzahlgeber (Kurbelwellengeber) vom Halter am Führungsrohr des Ölmessstabs.
■ Drehen Sie die Schraube des Führungsrohrs des Ölmessstabs am Saugrohr heraus und ziehen Sie das Führungsrohr für den Ölmessstab aus dem Motorblock heraus.

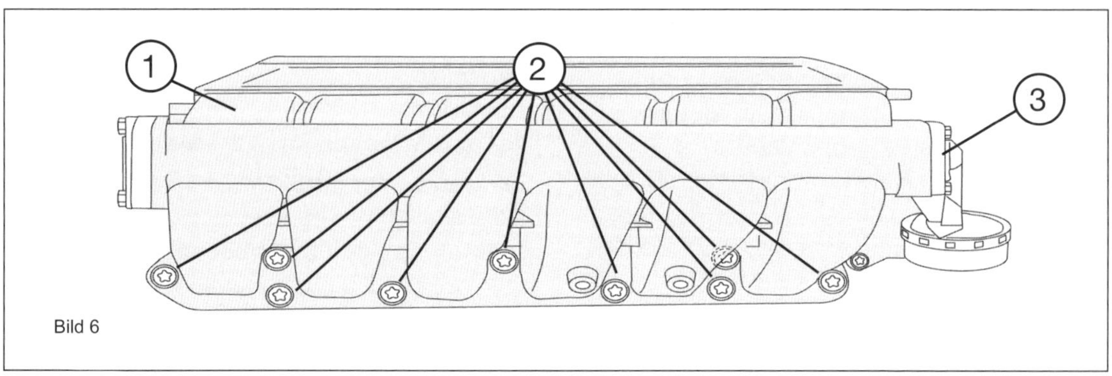

Bild 6
Ansaugrohr am VR6 von vorne.
1 Ansaugrohr
2 Schrauben
3 Saugrohrklappenversteller

■ Drehen Sie die Halteschraube des Unterdruckbehälters am Saugrohr heraus und ziehen Sie den Unterdruckbehälter ab.
■ Legen Sie den Unterdruckbehälter mit den angeschlossenen Leitungen aus dem Arbeitsbereich heraus.
■ Drehen Sie die fünf Schrauben des Nebenaggregatehalters am Motor heraus und nehmen Sie ihn ab.
■ Drehen Sie die Schrauben (2 im Bild 6) am Saugrohr heraus.
■ Entsichern Sie die Stecker zu den Zündspulen und ziehen Sie sie ab. Audi empfiehlt hier die Verwendung des Montagewerkzeugs (VAG T10118).

⚠ Achten Sie darauf, dass Sie die Stecker nicht beschädigen.

■ Ziehen Sie die Zündspulen aus dem Kerzenschacht heraus. Verwenden Sie hierzu das Spezialwerkzeug für Zündspulen (VAG T10095/a).
■ Demontieren Sie die Domstrebe zwischen den beiden Stoßdämpferdomen.
■ Lösen Sie das Anschlusskabel vom Luftführungsrohr zwischen Luftfilterkasten und Drosselklappenstück.
■ Lösen Sie die beiden Schellen und bauen Sie das Luftführungsrohr aus.
■ Entsichern Sie den Stecker zum Drosselklappenmodul und ziehen Sie ihn ab.
■ Entsichern Sie den Stecker zum Heizwiderstand in der Motorentlüftung und ziehen Sie ihn ab.
■ Entsichern Sie den Schnellverschluss der Kurbelgehäuseentlüftung am Ventildeckel und ziehen Sie ihn ab.
■ Schrauben Sie das Drosselklappenmodul vom Saugrohr ab und legen Sie es mit angeschlossenen Kühlmittelschläuchen zur Seite.
■ Ziehen Sie die Unterdruckanschlüsse (1 bis 4 im Bild 7) ab.
■ Drehen Sie die drei Schrauben der Saugrohrbefestigung hinten heraus.
■ Polstern Sie den Schlossträger im Bereich des Saugrohrs ab, um Schäden oder Kratzer am Saugrohr zu vermeiden.
■ Schwenken Sie das Ansaugrohr hoch und legen Sie es gegen den Schlossträger.
■ Verschließen Sie die Ansaugkanäle im Zylinderkopf mit fusselfreien Lappen, um das Hineinfallen von Kleinteilen zu verhindern.
■ Ziehen Sie den Unterdruckschlauch an der Saugrohrumschaltung ab.

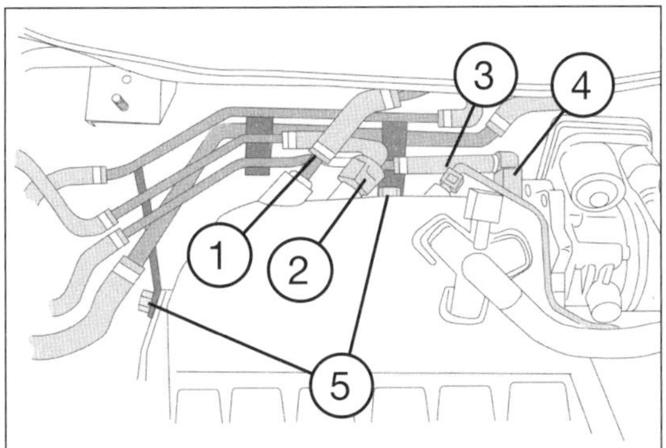

Bild 7

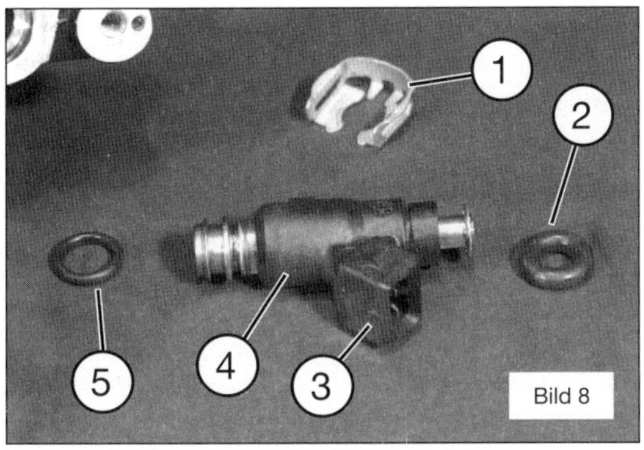

Bild 8

■ Lösen Sie den Leitungsführungskanal vom Kraftstoffverteilerrohr.
■ Entsichern Sie die Stecker zu den Einspritzventilen und ziehen Sie sie ab.
■ Ziehen Sie den Unterdruckschlauch am Kraftstoffdruckregler ab.

⚠ Reinigen Sie den Montagebereich der Injektoren gründlich, um das Hineinfallen von Ablagerungen zu verhindern.

■ Drehen Sie die vier Befestigungsschrauben des Verteilerrohrs am Zylinderkopf heraus.
■ Ziehen Sie das Kraftstoffverteilerrohr gerade aus dem Zylinderkopf heraus.
■ Ziehen Sie die Halteklammern (1 im Bild 5) ab.
■ Nehmen Sie das Einspritzventil (2) aus der Kraftstoffverteilerleiste (3) heraus.

☞ Soweit die Kraftstoffverteilerleiste ersetzt werden soll, müssen Vor- und Rücklaufleitung von der Verteilerleiste abgeklemmt werden.

Der Einbau erfolgt sinngemäß in umgekehrter Reihenfolge.
■ Die O-Ringe zur Kraftstoffverteilerleiste und zum Zylinderkopf immer erneuern. Der Dichtring und dessen Anlageflächen müssen sauber und fettfrei sein.

Bild 7
Unterdruckanschlüsse am 3,2-l-VR-6-Motor.
1 Unterdruckschlauch zum Bremskraftverstärker
2 Unterdruckschlauch zur Abgasklappe
3 Unterdruckschlauch zum Kraftstoffdruckregler
4 Unterdruckschlauch zum Magnetventil
5 Schrauben Halter Leitungsverbund am Saugrohr

Bild 8
Einspritzdüse.
1 Sicherungsklammer
2 O-Ring zur Verteilerleiste
3 Elektrischer Anschluss
4 Einspritzdüse
5 O-Ring zum Saugrohr (1,8-l-Motor) beziehungsweise zum Zylinderkopf (3,2-l-Motor)

Sichtprüfung Messen

Bild 9
Kraftstofffilter vor dem Tank.
1 Vorlaufleitung zum Kraftstoffverteilerrohr
2 Rasten zur Sicherung
3 Rasten zur Sicherung
4 Vorlaufleitung vom Tankfördermodul
5 Pfeil Flussrichtung
6 Kraftstofffilter

Bild 10
Luftfilter in Teilen.
1 Luftführung zum Drosselklappenmodul
2 Elektrischer Anschlussstecker
3 O-Ring
4 Kreuzschlitzschraube
5 Luftfilterkastendeckel
6 Luftfiltereinsatz
7 Luftliterkastenunterteil
8 Mutter
9 Ansaugstutzen
10 Schrauben
11 Luftmassenmesser
12 Schlauchschelle
13 Schrauben

■ Reinigen Sie nötigenfalls die Injektorbohrung mit einer Rundbürste wie im Bild 3 dargestellt.

Kraftstofffilter wechseln

Der Kraftstofffilter ist bei allen Ländervarianten auf der rechten Fahrzeugseite vor dem Kraftstofftank verbaut.

■ Schalten Sie die Zündung aus und ziehen Sie den Zündschlüssel ab.

■ Demontieren Sie die Abdeckung rechts unter dem Tank (soweit verbaut).

Legen Sie einen Lappen bereit, um den abtropfenden Kraftstoff aus dem Kraftstofffilter aufzunehmen.

■ Lösen Sie die Befestigungsschelle für den Kraftstofffilter und nehmen Sie den Kraftstofffilter vom Halter ab.

■ Betätigen Sie die Rasten (3 im Bild 9) und ziehen Sie die Vorlaufleitung vom Tankfördermodul (4) vom Kraftstofffilter ab.

⚠ Die Kraftstoffanlage steht unter Druck. Tragen Sie für den Hautschutz Handschuhe und als Augenschutz eine Schutzbrille.

Fangen Sie den austretenden Restkraftstoff mit geeigneten Lappen auf.

■ Halten Sie mit einem Finger den Zulauf des Kraftstofffilters zu.

■ Betätigen Sie die Rasten (2) und ziehen Sie die Vorlaufleitung zum Verteilerrohr (1) ab.

■ Nehmen Sie den Kraftstofffilter heraus und lassen Sie den Restkraftstoff zur Entsorgung in einen Behälter ablaufen.

Der Einbau erfolgt sinngemäß in umgekehrter Reihenfolge.

■ Starten Sie den Motor und führen Sie eine Sichtprüfung des Kraftstoffsystems am Kraftstofffilter durch.

Luftfilter wechseln

⚠ Beim Ausblasen des Luftfiltergehäuses mit Pressluft ist Folgendes zu beachten:

Grundsätzlich sollten Sie das Gehäuse reinigen und wenn erforderlich auch mit einem Staubsauger aussaugen, um Rückstände gründlich zu entfernen.

■ Zur Vermeidung von Funktionsstörungen bitte die kritischen luftführenden Motorbauteile wie Luftmassenmesser, Lufteinlassrohre usw. mit einem sauberen Putzlappen abdecken.

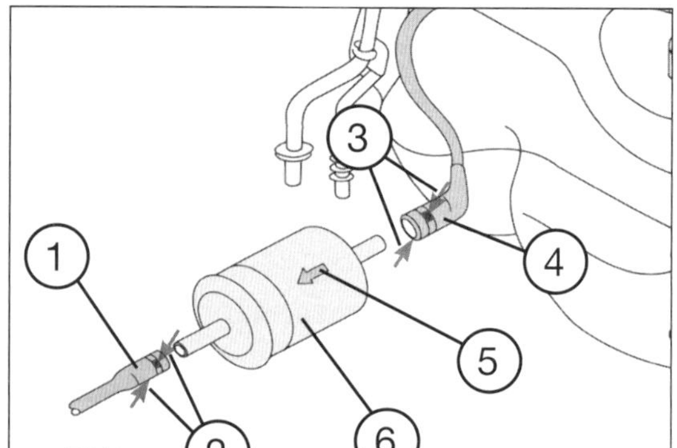

Bild 9

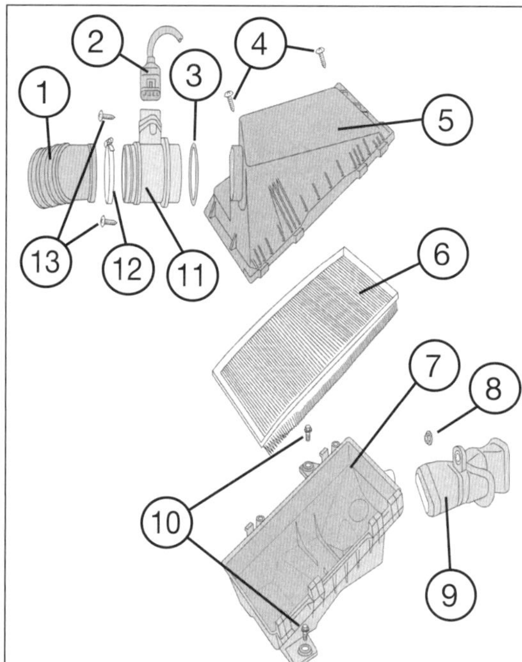

Bild 10

■ Schlauchstutzen und Schläuche für Ladeluftsystem müssen vor dem Montieren öl- und fettfrei sein.

■ Verwenden Sie keine silikonhaltigen Gleitmittel bei der Montage.

Luftfiltereinsatz wechseln

Die Vorgehensweise unterscheidet sich für die 4-Zylindermotoren und die Sechszylinder nicht wesentlich. Wir stellen Ihnen an dieser Stelle eine allgemeingültige Beschreibung zur Verfügung.

Für den Wechsel des Luftfiltereinsatzes muss der Luftführungsschlauch (1 im Bild 10) nicht zwingend demontiert werden.

■ Demontieren Sie die Schrauben (4 im Bild 11) und bauen Sie die Abdeckung vor dem Luftfilterkasten (5) ab.
■ Entsichern Sie die Steckkontakte (2) des Luftmassenmessers und ziehen Sie ihn ab.
■ Drehen Sie die beiden Kreuzschlitzschrauben (4 im Bild 10) los.

Die Schrauben sind gegen Herausfallen gesichert und müssen somit nicht herausgenommen werden.

■ Klappen Sie den Deckel (5) etwas nach vorne und hängen Sie ihn an den Haken auf der Vorderseite aus.
■ Nehmen Sie den Luftfiltereinsatz heraus.

Sofern ein Schneefanggitter unter dem Luftfiltereinsatz einliegt dieses nun herausnehmen.

Der Einbau erfolgt sinngemäß in umgekehrter Reihenfolge.
■ Reinigen Sie das Luftfiltergehäuse und prüfen Sie, ob der Wasserablauf frei ist.

Luftfilter komplett ein- und ausbauen
■ Demontieren Sie die Schrauben (4 im Bild 11) und bauen Sie die Abdeckung vor dem Luftfilterkasten (5) ab.
■ Entsichern Sie den Steckkontakt (2) des Luftmassenmessers und ziehen Sie ihn ab.
■ Öffnen Sie die Schelle (1) und ziehen Sie das Luftführungsrohr vom Drosselklappenmodul ab.
■ Drehen Sie die beiden Schrauben (10 im Bild 10) los.
■ Nehmen Sie den Luftfilterkasten aus dem Ansaugstutzen (9) heraus.
■ Nehmen Sie den Luftfilterkasten komplett nach oben heraus.

Der Einbau erfolgt sinngemäß in umgekehrter Reihenfolge.

Luftmassenmesser ein- und ausbauen

Der Luftmassenmesser ist beim 3,2-l-Motor zwischen Drosselklappenmodul beziehungsweise beim 1,8-l-Motor dem Turbolader und dem Luftfilter verbaut worden.

■ Bauen Sie den Luftfilterkasten komplett oder wahlweise den Luftfilterkastendeckel wie bereits beschrieben aus.
■ Öffnen Sie die Schelle (12 im Bild 10) und ziehen Sie das Luftführungsrohr vom Luftmassenmesser ab.

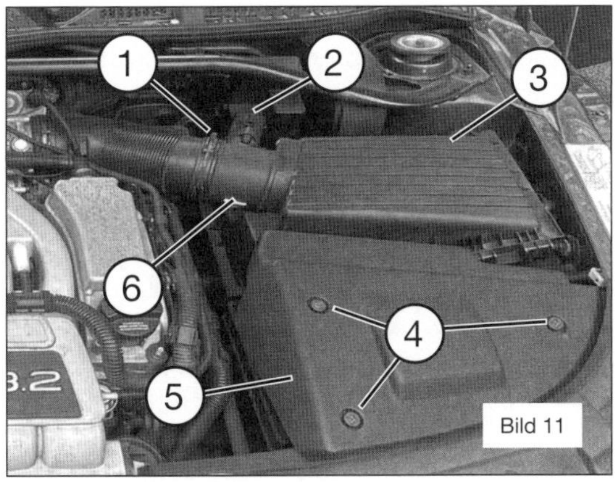

Bild 11
Luftfilter im Motorraum.
1 Schelle (Federband)
2 Anschlussstecker Luftmassenmesser
3 Luftfilterkasten
4 Schrauben (Clip)
5 Abdeckung
6 Luftmassenmesser

Drehen Sie die Schrauben (13) heraus und ziehen Sie den Luftmassenmesser (11) aus dem Luftfilterkastendeckel (5) heraus.

Der Einbau erfolgt sinngemäß in umgekehrter Reihenfolge.
■ Ersetzen Sie den O-Ring (3).
■ Die Luftführungsrohre sollten für die Montage Öl- und fettfrei sein.

Zündkerzen wechseln

Augenscheinlich ist der Wechsel der Zündkerzen sehr leicht möglich. Allerdings »verbacken« die Zündkerzenstecker (Gummi) recht häufig mit der Zündkerze und reißen dann oft beim Abziehen der Einzelfunkenspule. Oftmals ist es erforderlich, neue Kerzenstecker zu verbauen. Diese sind auf die Zündspule aufgesteckt und können auch im Zubehör einzeln erworben werden.

Grundsätzlich sollten Sie vor dem Aufstecken der Zündspulen auf die Zündkerzen sehr wenig Steckermontagepaste mit einem Wattestäbchen auftragen.

Wechsel der Zündkerzen beim 1,8-l-Motor
■ Schalten Sie die Zündung aus und ziehen Sie den Zündschlüssel ab.
■ Bauen Sie die Motorabdeckung oben ab.
■ Ziehen Sie den Unterdruckschlauch (4 im Bild 12) vom Unterdruckbehälter über der 3. und 4. Zündspule ab.
■ Drehen Sie die Schraube (3) heraus und ziehen Sie den Unterdruckbehälter vom Halter ab.
■ Entsichern Sie den Steckkontakt und ziehen Sie den Anschlussstecker von der jeweiligen Zündspule (1) ab.

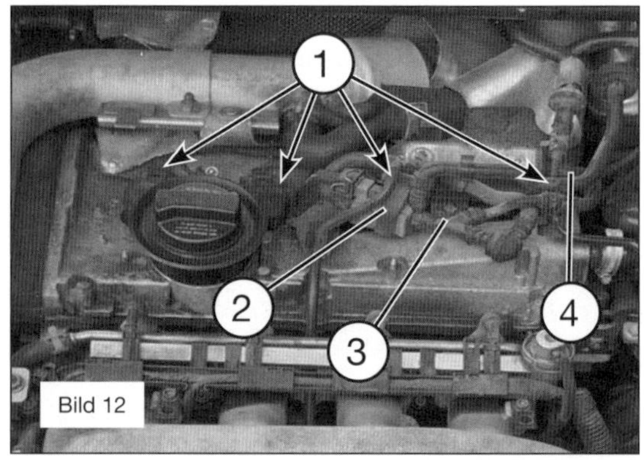

Bild 12
Zündspulen beim 1,8-l-Motor.
1 Zündspulen
2 Elektromagnetisches Umluftventil Turbolader
3 Schraube Unterdruckbehälter
4 Unterdruckleitung

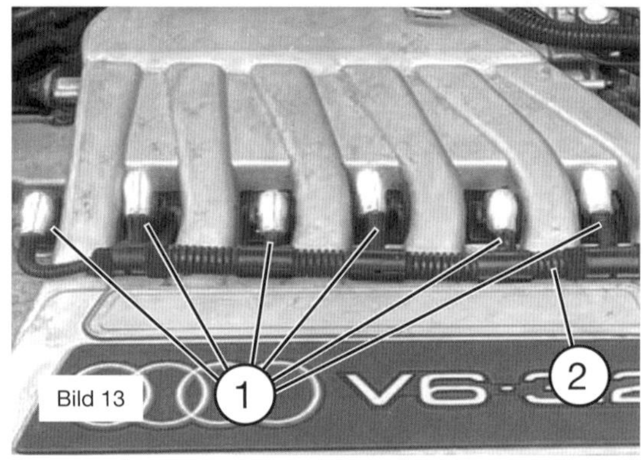

Bild 13
Zündspulen beim 3,2-l-Motor.
1 Anschlussstecker Zündspulen
2 Kabelstrang

Verschraubte Einzelfunkenspulen:

- Drehen Sie die Befestigungsschrauben der Zündspulen heraus.
- Ziehen Sie die Zündspulen gerade nach oben heraus.

Gesteckte Einzelfunkenspulen:

- Setzen Sie den Kerzensteckerabzieher (VAG T10095) auf die Zündspule auf.
- Ziehen Sie die Zündspulen über den Kerzensteckerabzieher gerade nach oben heraus.

Weiter für alle Varianten:

- Reinigen Sie den Kerzenschacht mit Druckluft und vergewissern Sie sich, dass keine Rückstände im Kerzenschacht verblieben sind.
- Drehen Sie die Zündkerzen mit einem passenden Kerzenschlüssel heraus.
- Ziehen Sie die Kerze aus dem Schacht heraus.

Der Einbau erfolgt sinngemäß in umgekehrter Reihenfolge.

- Führen Sie die neuen Zündkerzen in den Zündkerzenschacht ein. Lassen Sie die Kerze nicht hineinfallen.

Sie können einen Schlauch, in den die Keramik der Zündkerze passt, hilfsweise zum Herausziehen oder Einsetzen der Zündkerze verwenden.

- Ziehen Sie die Zündkerze mit dem entsprechenden Drehmoment an.

Prüfen Sie den Kerzenstecker (das Gummi auf der Zündspule) auf Beschädigungen oder Ausrisse.

- Fetten Sie den Anlagebereich des Kerzensteckers mit etwas (sehr wenig!) Kerzensteckermontagepaste ein.
- Legen Sie die Zündspule auf die Zündkerze auf und richten Sie sie passend zur Verschraubung der Zündspule aus.
- Drücken Sie die Zündspule von Hand auf die Zündkerze und ziehen Sie die Schraube (2) an.

Wechsel der Zündkerzen beim 3,2-l-Motor

- Schalten Sie die Zündung aus und ziehen Sie den Zündschlüssel ab.
- Entsichern Sie den Steckkontakt und ziehen Sie den Anschlussstecker von der jeweiligen Zündspule (1 im Bild 13) ab.

Das Entsichern und das Abziehen der Steckkontakte gelingt gut mit dem Dichtringauszieher (VAG T10118).

- Setzen Sie den Kerzensteckerabzieher (VAG T10095/a) auf die Zündspule auf.
- Ziehen Sie die Zündspulen über den Kerzensteckerabzieher gerade nach oben heraus.

Achten Sie auf die Einbaurichtung der Zündspulen. Die Form des Zündspulenanschlusses muss zum Anschluss des jeweiligen Anschlusssteckers passen.
Die Zündspulen können auch verdreht verbaut werden. Dann passt allerdings der Anschlussstecker nicht.

- Reinigen Sie den Kerzenschacht mit Druckluft und vergewissern Sie sich, dass keine Rückstände im Kerzenschacht verblieben sind.
- Drehen Sie die Zündkerzen mit einem passenden Kerzenschlüssel heraus.
- Ziehen Sie die Kerze aus dem Schacht heraus.

Der Einbau erfolgt sinngemäß in umgekehrter Reihenfolge.

- Führen Sie die neuen Zündkerzen in den Zündkerzenschacht ein. Lassen Sie die Kerze nicht hineinfallen.

Sie können einen Schlauch, in den die Keramik der Zündkerze passt, hilfsweise zum Herausziehen oder Einsetzen der Zündkerze verwenden.

■ Ziehen Sie die Zündkerze mit dem entsprechenden Drehmoment an.

Prüfen Sie den Kerzenstecker (das Gummi auf der Zündspule) auf Beschädigungen oder Ausrisse.

■ Fetten Sie den Anlagebereich des Kerzensteckers mit etwas (sehr wenig!) Kerzensteckermontagepaste ein.
■ Legen Sie die Zündspule auf die Zündkerze auf und richten Sie sie passend zum Anschlussstecker der Zündspule aus.
■ Drücken Sie die Zündspule von Hand auf die Zündkerze.

Prüfen der Zündspulen
Natürlich können auch Einzelfunkenspulen im Laufe der Betriebszeit sporadisch (gelegentlich) oder dauerhaft ausfallen. Letzteres ist sicherlich am leichtesten aufzudecken.

Fragen Sie den Fehlerspeicher des Motorsteuergerätes ab.

Funktionsprüfung bei im Fehlerspeicher abgelegtem Fehlercode:
■ Tauschen Sie die Zündspule für den Zylinder, an dem Zündaussetzer abgelegt wurde, mit einem anderen Zylinder aus.
■ Fragen Sie den Fehlerspeicher erneut ab.

Wandert der Fehler mit der getauschten Zündspule mit, ersetzen Sie die Zündspule.

Wandert der Fehler nicht mit, tauschen Sie die Zündkerze für den Zylinder, an dem Zündaussetzer abgelegt wurde, mit einem anderen Zylinder aus.

Wandert der Fehler mit der getauschten Zündkerze mit, ersetzen Sie die Zündkerze.

Spannungsversorgung (Plus) der Zündspule:
■ Prüfen Sie den Zustand der Sicherung 29 im Sicherungskasten in der Schalttafel links. Stellen Sie das Multimeter auf eine Spannung von 20V DC ein.
■ Entsichern Sie den Steckkontakt der Zündspule und ziehen Sie ihn ab.
■ Schließen Sie den »COM-Anschluss« (schwarz) an die Motormasse an.
■ Schließen Sie den »Messanschluss-Anschluss« (Rot) an den Anschlusspin 1 an.
■ Schalten Sie die Zündung ein.

Sie sollten die Batteriespannung von etwa 2,5 V messen.

Spannungsversorgung (Masse) an der Zündspule:

Der Kombistecker der Zündspule hat zwei Masseanschlüsse. Pin 2 ist die Spannungsversorgung für die Endstufe in der Zündspule. Pin 4 versorgt die Sekundärspule der Zündspule mit Masse.

■ Entsichern Sie den Steckkontakt der Zündspule und ziehen Sie ihn ab.
■ Schließen Sie den »Messanschluss-Anschluss« (Rot) an den Batteriepluspol an.
■ Schließen Sie den »COM-Anschluss« (schwarz) an den Pin 2 an.

Sie sollten die Batteriespannung von etwa 12,5 V messen.

■ Schließen Sie dann den »COM-Anschluss« (schwarz) an den Pin 4 an.

Sie sollten die Batteriespannung von etwa 12,5 V messen.

Ansteuerung der Zündspule über das Motorsteuergerät:

Während der Prüfung soll kein Kraftstoff eingespritzt werden, um Katalysatorschäden zu vermeiden. Ziehen Sie die elektrischen Steckverbindungen an allen Einspritzventilen ab.

■ Schließen Sie den »Masse-Anschluss« eines Oszilloskops an die Motormasse an.
■ Schließen Sie den »Messanschluss-Anschluss« an den Anschlusspin 3 an.
■ Betätigen Sie den Starter über den Zündschlüssel mit einem Helfer.

Sie sollten ein Rechtecksignal mit einer Spannungshöhe von etwa 5 V messen. Beim Anschluss einer Diodenprüflampe (Pin 2 und Pin 3) sollte die Diode beim Starten des Motors regelmäßig kurz leuchten.

Widerstandsmessung an der Zündspule:

Die Zündspule ist genaugenommen ein Schaltgerät, in das die Zündspule integriert ist. Zwar ist es möglich, den Widerstand der Sekundärspule zu messen (Pin 4 zum Hochspannungsanschluss der Zündkerze), für die Messung liegen uns keine zuverlässigen Werte vor. Die Primärseite nach dem Schaltgerät ist nicht erfassbar.

Fahrzeugdiagnosetester einsetzen

Es gibt eine Reihe von Arbeiten im Bereich der Einspritz- und Zündanlage, die man ohne Tester mit Übung und Erfahrung, unter Einsatz bestimmter Spezialwerkzeuge und am besten auch mit fachkundiger Beratung in einer Mietwerkstatt ausführen kann. Darauf gehen wir mit den folgenden Arbeitsbeschreibungen ein. Vielfach aber kann man an den elektronisch gesteuerten Einspritzsystemen nur selbst Hand anlegen, wenn man über einen Diagnosetester verfügt. Das Steuergerät kann viele Fehler an elektrischen Teilen der Einspritz- und Zündanlage per Selbstdiagnose erkennen und sie in einem Fehlerspeicher ablegen. Dabei wird auch eine Entscheidung getroffen, ob es sich um permanente Fehler oder um sporadische Mängel handelt. Entsprechend kann die Diagnose oder der Austausch der einzelnen Komponenten ausgelegt werden. In den meisten Fällen werden aber nur fehlerhafte Abweichungen beschrieben. Die Diagnose muss dann mit Sachkenntnis über Systeme und Bauteile im System erfolgen.

Diagnosegeräte

Die Marken-Werkstätten verwenden ein eigenes Diagnosesystem, das auf die einzelne Marke abgestimmt ist. Mit geeigneter Software und gewisser Kenntnis der Funktions- und Vorgehensweise sind auch andere Werkstattsysteme zu verwenden, wie sie in vielen Mietwerkstätten vorhanden sind. Als Vertreter der frei verfügbaren markenspezifischen Systeme stellen wir Ihnen den »VCDS« (freier Tester mit Zuschnitt auf die Arbeiten gerade in freien Werkstätten) vor. Der Testerhersteller Secons bietet Testsysteme für unterschiedliche Fahrzeughersteller an. Über regelmäßige Updates wird ein aktueller Software- und Fahrzeugbestand angeglichen. Hier möchten wir die Istwerte für die Gemischaufbereitung erfassen und darstellen. Die Fehlerspeicherauslese unterscheidet sich kaum von den Arbeitsschritten, die wir Ihnen ab Kapitel 4 in diesem Buch vorgestellt haben.

Messwerte aus Sicht des Steuergerätes

Da das Motorsteuergerät aus den erfassten

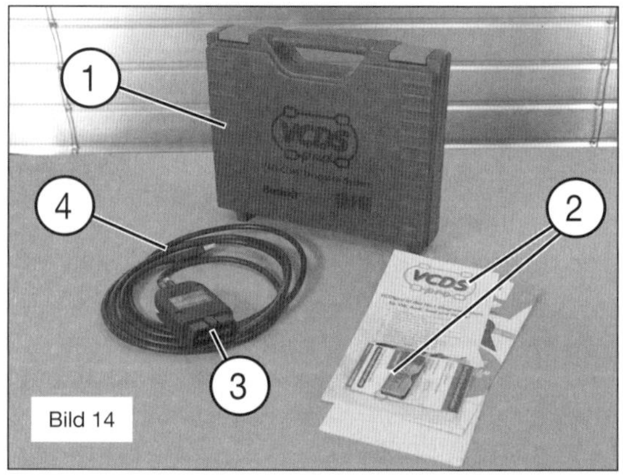

Bild 14

Bild 14
OBD-Tester mit Zubehör.
1 Aufbewahrungskoffer
2 Informationsmaterial und Datenstick
3 OBD-Dongel
4 USB-Anschlusskabel

Messwerten und den abgespeicherten Kennfeldern definierte Funktionen ausführt, ist es wichtig, die »Sichtweise« des Steuergerätes einzunehmen, und die erfassten Messwerte auf Plausibilität zu überprüfen.
Exemplarisch werden wir im Folgenden die »Istwerte« für die Motordrehzahl, die errechnete Luftmasse pro Zylinder und den Saugrohrdruckfühler betrachten. Wir möchten hiermit die Reaktion der Sensoren zeitgleich beobachten. Wenn aus dem Leerlauf die Drosselklappe geöffnet wird, erfolgt ein Drehzahlanstieg des Motors und auch für unseren Turbomotor steigt der Druck im Saugrohr an. Bei geöffneter Drosselklappe erreicht der Saugrohrdruck bis etwa 1000 hPa beim Saugmotor. Bei den Turbomotoren kann sogar ein deutlich höherer Druck anliegen. Nach einigen Gasstößen kann die Auswertung über die Abweichung der Kurven untereinander erfolgen. Die dargestellten Messwertkurven (im Bild 20) und die Messwerte (Bild 19) zeigen auch ohne die Sollwerte eine Reaktion beispielsweise des Saugdruckfühlers an. Der Messwert des Saugrohrdruckfühlers kann dann auch über eine Druckmessuhr nachkontrolliert werden. Der Anschluss der Messuhr ist allerdings mit zusätzlichem Aufwand verbunden. Zumindest für die Funktionsprüfung in einer ersten Übersicht kann hier einiges an Vorbereitungszeit eingespart werden. Fällt ein Sensor aus oder liefert einen Messwert, der sich nicht erklären lässt, müssen die Spannungsversorgung des Bauteils und natürlich auch das Bauteil einzeln überprüft werden.

Istwerte-Erfassung über das Motorsteuergerät

Die Istwerterfassung verläuft für die meisten Testerhersteller sehr ähnlich. Wir haben für die Darstellung den VCDS-PRO gewählt und

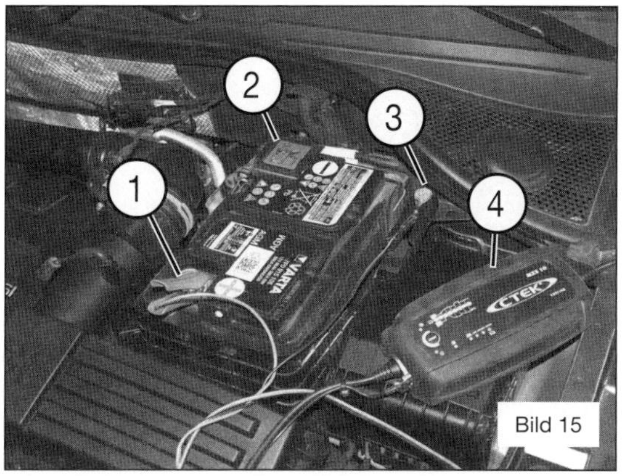

Bild 15

schildern die wichtigsten Arbeitsschritte bis zu den unterschiedlichen Messwertdarstellungen.

- Schließen Sie ein Dauerladegerät (Bild 15) an, um die Batterie in den Phasen der Vorbereitung für die Messungen nicht zu belasten.
- Schließen Sie den Tester an die OBD-Anschlussdose an. Die 13-polige Anschlussdose befindet sich an der A-Säule im Fahrerfußraum.
- Schalten Sie die Zündung ein.
- Starten Sie die Testersoftware.
- Wählen Sie über den Button »Auswahl« die Startmaske für die unterschiedlichen Steuergeräte an.
- Klicken Sie den Button »01-Motorelektronik« (Pfeil im Bild 17) das Motorsteuergerät an.
- Lassen Sie den Motor im Leerlauf laufen.
- Klicken Sie den Button »Messwertblöcke 08« (1 im Bild 18) die Maske zur Auswahl der Messwerte in einem Block an. Alternativ können Sie die Messwerte über den Button »erw. Messwerte« (2) auch individuell zusammenstellen. Die Messwerte werden hier dann als Zahlenwert in der Maske dargestellt.

Über das Herunterscrollen mit dem Seitenschieber in der Liste lassen sich die Messwerte einsehen.

- Zur grafischen Darstellung wählen Sie über den Button »Diagramm« (1 im Bild 19) eine neue Maske (Bild 20) an, in der sowohl die Messwerte als Zahlenwert als auch als Signalbild dargestellt werden.
- Wählen Sie aus der Liste die Motordrehzahl, die Luftmasse pro Zylinder und den Saugrohrdrucksensor an.
- Die angewählten Messwerte werden nun auf der rechten Maskenseite beginnend grafisch dargestellt.

Der aktuelle Messwert wird als Zahlenwert mit der entsprechenden Einheit und im Verlauf grafisch dargestellt.

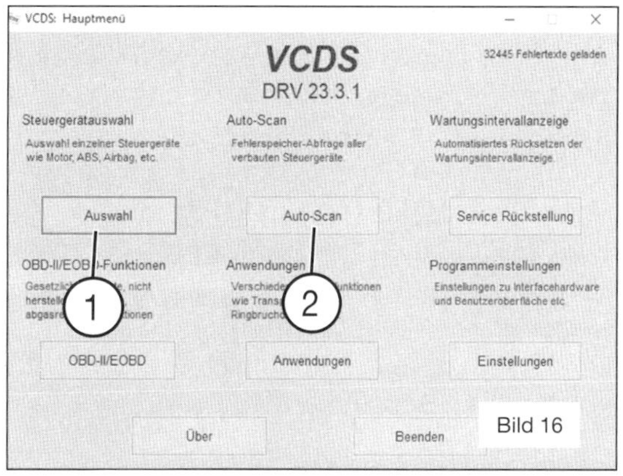

Bild 16

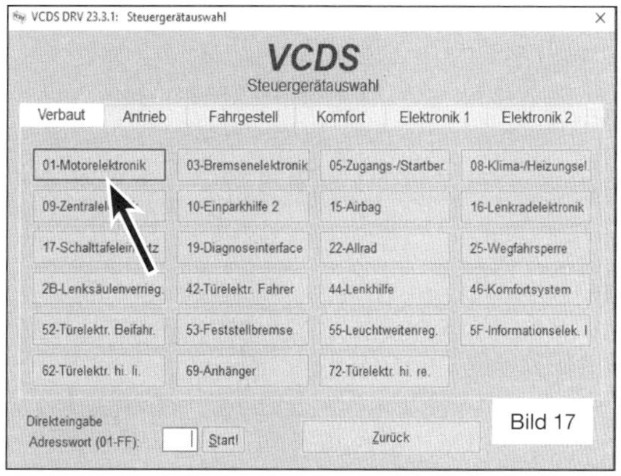

Bild 17

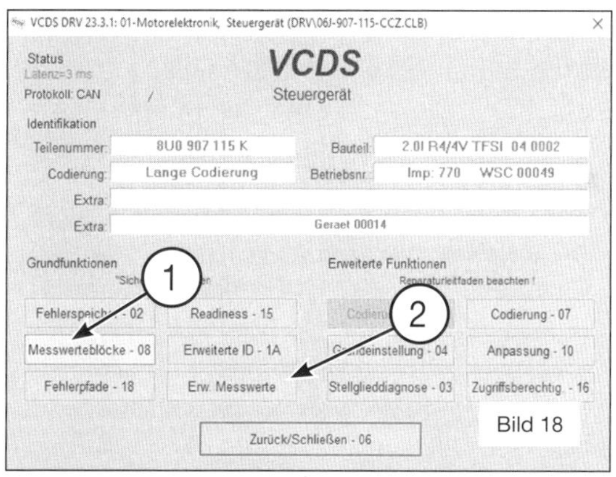

Bild 18

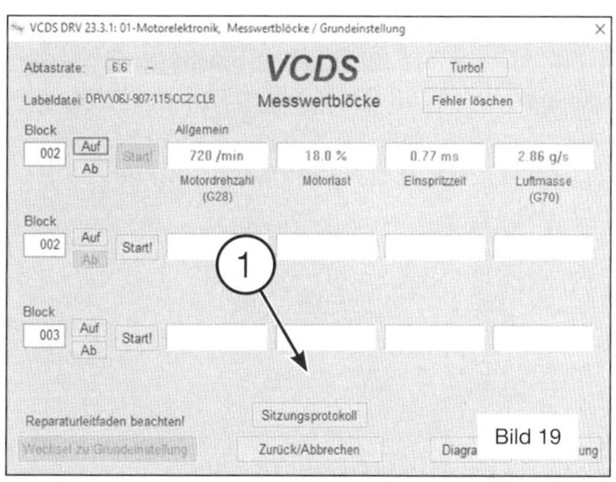

Bild 19

Die neueste Darstellung erfolgt bei diesem Tester immer rechts im Bild.

Bild 15
Dauerladegerät zur Ladungserhaltung.
1 Batteriepluspol
2 Batterieminuspol
3 Masseanschluss zur Starthilfe
4 Ladegerät

Bild 16
Anwahl eines Steuergerätes (1) oder die Abfrage aller verbauten Steuergeräte (2).

Bild 17
Anwahl des Motorsteuergerätes unter »01 Motorelektronik« (Pfeil).

Bild 18
Anwahl des Motorsteuergerätes.
1 »08 Messwertblöcke«
2 »erw. Messwerte«

Bild 19
Messwerte im Messwertblock als Zahlwerte.
1 Anwahl zur grafischen Darstellung

Bild 20
Grafische Darstellung des im Bild 19 angewählten Messwertblocks.

■ Treten Sie nun das Gaspedal kurz voll durch und lassen Sie das Gaspedal wieder los. Der Saugrohrdruck und die Luftmasse werden etwas früher ansprechen.
■ Wiederholen Sie die Gasstöße einige Male. Die Reaktion sollte ähnlich ausfallen.

Beobachten Sie die Reaktion der drei Messwerte untereinander. Die Messwerte für den Saugrohrdruck und die Luftmasse sollte fast zeitgleich und im erkennbaren Zusammenhang erfolgen.

Sensoren der Gemischaufbereitung

Lesen Sie vor den Arbeiten den Fehlerspeicher aus. Löschen Sie nach der Montage den Fehlerspeicher und lesen Sie ihn erneut nach der Probefahrt neu aus.

Der Nockenwellengeber und Kurbelwellengeber sind Hallsensoren. Eine Widerstandsmessung ist nicht sinnvoll und kann den Sensor beschädigen.
Wir werden an dieser Stelle die relevantesten Sensoren für das Gemischaufbereitungssystem, ihre Einbauposition und Demontage vorstellen. Die Bilder stellen Ihnen ein typisches Signalbild vor, das Sie für die Darstellung mit Oszilloskop erwarten können.

Nockenwellengeber

Die Nockenwellenpositionsgeber oder auch Phasengeber sind bei allen Motorvarianten im Ventildeckel oder im Bereich des Ventildeckels verbaut. Die Demontage ist recht ähnlich. Wir stellen Ihnen hier eine allgemeingültige Beschreibung zur Verfügung.
■ Lassen Sie den Motor für die Montagearbeiten abkühlen.
■ Demontieren Sie die Motorabdeckung oben und legen Sie den Ventildeckel frei.
■ Legen Sie die Steckkontakte frei.
■ Entsichern Sie den Steckkontakt (2 im Bild 21) und ziehen Sie ihn ab.

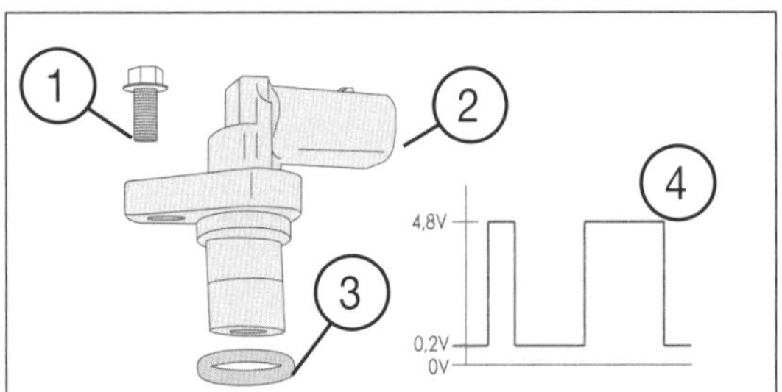

Bild 21

Bild 21
Nockenwellengeber.
1 Schraube
2 Elektrischer Anschluss
3 Dichtring
4 Signalbild

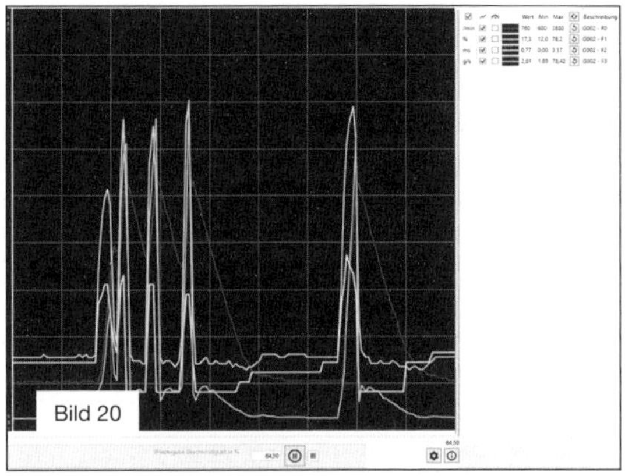
Bild 20

■ Drehen Sie die Schraube (1) heraus.
■ Ziehen Sie den Sensor gerade aus dem Ventildeckel heraus.

Die Montage erfolgt sinngemäß in umgekehrter Reihenfolge.
■ Erneuern Sie den O-Ring (3).

Kurbelwellengeber aus- und einbauen

Die Kurbelwellenpositionsgeber oder auch Drehzahlgeber sind bei allen Motorvarianten im Kurbelgehäuse oder am Kurbelgehäuse verbaut. Die Demontage ist recht ähnlich. Wir stellen Ihnen hier eine allgemeingültige Beschreibung zur Verfügung.
■ Den Motor und die Abgasanlage für die Montagearbeiten abkühlen lassen.
■ Das Fahrzeug mit der Hebebühne wie beschrieben anheben.

Fahrzeug zwischen den Hebebühnensäulen ausrichten und die vier Aufnahmeteller an den vom Fahrzeughersteller vorgeschriebenen Hebebühnenaufnahmepunkten platzieren.
■ Legen Sie die Steckkontakte frei.
■ Entsichern Sie den Steckkontakt (1 im Bild 22) und ziehen Sie ihn ab.
■ Drehen Sie die Schraube (1) heraus.
■ Ziehen Sie den Sensor gerade aus dem Gehäuse heraus.

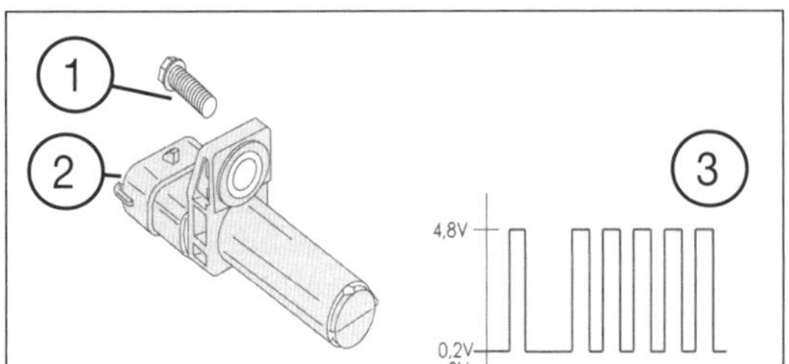

Bild 22

Bild 22
Kurbelwellengeber.
1 Schraube
2 Elektrischer Anschluss
3 Signalbild

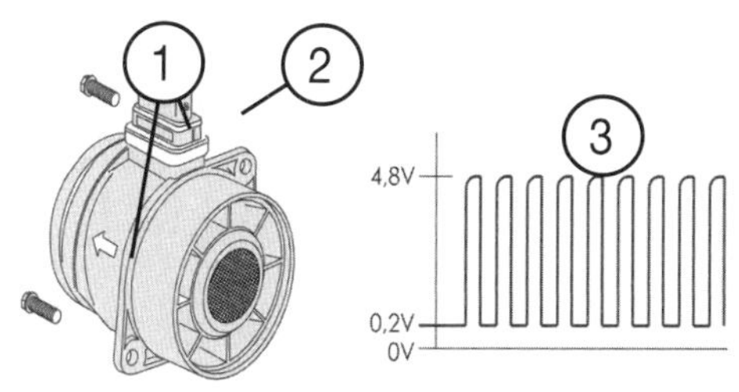

Bild 23

Die Montage erfolgt sinngemäß in umgekehrter Reihenfolge.

Luftmassenmesser aus- und einbauen
Die Luftmasse ist zusammen mit dem Saugrohrdruck, der Drehzahl und der Lufttemperatur eine wichtige Information, mit der die Einspritzzeit und damit die Kraftstoffmenge für jeden Lastzustand zu jedem Moment neu errechnet wird. Er ist zwischen Luftfiltergehäuse und Saugseite des Turboladers am Luftfilterkasten verbaut.
Die Demontage für die beiden Einspritzsysteme ist recht ähnlich. Wir stellen Ihnen hier eine allgemeingültige Beschreibung zur Verfügung.
- Lassen Sie den Motor für die Montagearbeiten abkühlen.
- Reinigen Sie den Bereich um den Luftmassenmesser gründlich.
- Legen Sie die Steckkontakte frei.
- Entsichern Sie den Steckkontakt des Anschlusskabels (2 im Bild 23) und ziehen Sie ihn ab.
- Demontieren Sie den Ansaugschlauch am Luftmassenmesser.
- Drehen Sie die Schraube (1) heraus.
- Ziehen Sie den Luftmassenmesser aus dem Luftfilterkasten heraus.

Die Montage erfolgt sinngemäß in umgekehrter Reihenfolge.

Saugrohrdruckfühler aus- und einbauen
Der Saugrohrdrucksensor (MAP-Sensor) ist bei allen Motorvarianten im Ansauggehäuse vor dem Zylinderkopf verbaut.
- Lassen Sie den Motor für die Montagearbeiten abkühlen.
- Reinigen Sie den Bereich um den Saugrohrdruckfühler gründlich.
- Legen Sie die Steckkontakte frei.
- Entsichern Sie den Steckkontakt (1 im

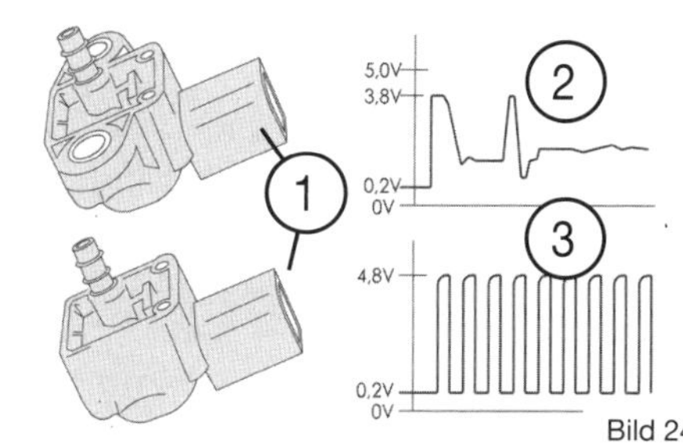

Bild 24

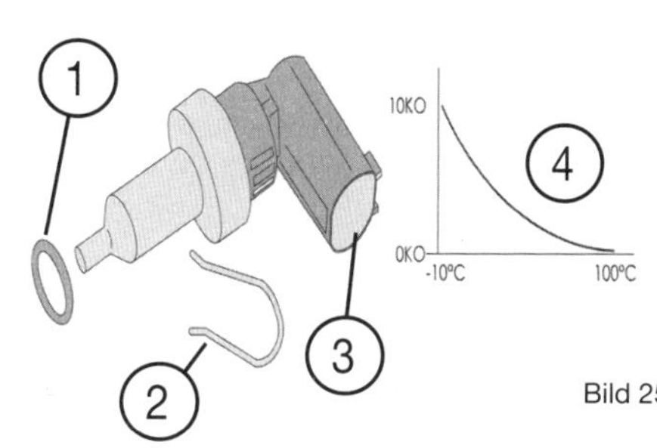

Bild 25

Bild 24) und ziehen Sie ihn ab.
- Drehen Sie die Schraube heraus.
- Ziehen Sie den Sensor gerade aus dem Getriebegehäuse heraus.

Die Montage erfolgt sinngemäß in umgekehrter Reihenfolge.
- Erneuern Sie die O-Ring.

Kühlwassertemperaturgeber
Der Kühlwassertemperaturgeber befindet sich im Thermostatgehäuse.
Die Temperaturfühler werden mit einem Gummiring (1 im Bild 29) abgedichtet und mit der Klammer (2) gehalten.
- Lassen Sie den Motor für die Montagearbeiten abkühlen.
- Entsichern Sie den Steckkontakt (3 im Bild 25) und ziehen Sie ihn ab.
- Stellen Sie einen Auffangbehälter auf und legen Sie einige saugfähige Lappen bereit.
- Reinigen Sie den Bereich um den Temperaturfühler gründlich.
- Ziehen Sie die Sicherungsklammer (2) heraus.
- Ziehen Sie den Temperaturfühler (3) gerade heraus.
- Fangen Sie austretendes Kühlmittel auf.

Die Montage erfolgt sinngemäß in umgekehrter Reihenfolge.
- Ergänzen Sie das Kühlmittel.

Bild 23
Luftmassenmesser.
1 Schrauben
2 Elektrischer Anschluss
3 Signalbild (Frequenz)

Bild 24
MAP-Sensor.
1 Elektrischer Anschluss
3 Analog-Signal (Spannung)
4 Signalbild (Frequenz)

Bild 25
Kühlmittel-Temperaturgeber.
1 Dichtring
2 Halteklammer
3 Elektrische Anschluss
4 Signalbild (Spannung)

9 Abgasanlage

Die Abgas- oder Auspuffanlage am Unterboden des Audi TT reinigt mit Lambdaregelung und Katalysator und Sekundärluftsystem die Verbrennungsabgase und leitet sie mit geringem Gegendruck über das Endrohr zum Fahrzeugheck. Ein Schalldämpfer oder Schalldämpfersystem ist in diesem Modell nicht mehr erforderlich. Der Auspuff moderner Pkw ist für mehr als 120.000 Kilometer gut, wobei die Lebensdauer natürlich auch von den Einsatzbedingungen des Fahrzeugs abhängt. Ist man überwiegend auf kurzen Strecken unterwegs, fallen mehr Kondensat, Ruß und aggressive Säuren im Innern der Anlage an als beim Langstreckenbetrieb mit voll durchgewärmtem Motor. Das Abgasvorrohr ist seltener als die anderen Teile vom Rost bedroht, weil dort die Verbrennungsgase noch mit Temperaturen zwischen 800 und 1000 °C einströmen. Danach verlieren die Abgase an Temperatur und sind am Endrohr nur noch 150 bis 300 °C heiß. Dort tritt das meiste Kondenswasser aus. Es mischt sich mit Verbrennungsrückständen zu aggressiven Säuren und lässt das Auspuffblech von innen nach außen durchrosten. Falls das Endrohr nicht aus besonders korrosionsbeständigem Material hergestellt wurde, ist Arbeit angesagt: Ausbau des alten und Einbau eines neuen Abgasrohrs mit Schalldämpfer.

Hinweise und Regeln für Arbeiten an der Auspuffanlage

Reparaturen an durchgerosteten Auspuffanlagen, z. B. mit Auspuffkitt und Bandagen, haben nur kurzzeitig Erfolg. Das Blech bricht bald neben der Reparaturstelle. Werkstätten wechseln Auspuffanlagen meist komplett aus. Vor weiteren Arbeiten daher den Zustand der Anlage genau prüfen und dann entscheiden, ob einzelne Teile oder das ganze System erneuert werden sollen. Wird nach gründlicher Prüfung an der Abgasanlage gearbeitet, sollten folgende Grundregeln beachtet werden:

- Bei einer Demontage darf die Abgasanlage keinesfalls herunterfallen. Dabei könnten wichtige Teile beschädigt werden.
- Dichtungen und selbstsichernde Muttern immer ersetzen.
- Verschraubungen der Auspuffanlage lassen sich beim nächsten Mal leichter lösen, wenn die Gewinde beim Einbau mit hochhitzefestem Kupferfett bestrichen werden.

☞ Werden Partikelfilter oder Katalysator ausgebaut und ersetzt, müssen die Altteile vorschriftsmäßig entsorgt werden. Sie dürfen nicht wie Schrott behandelt werden, weil sie wertvolles Edelmetall enthalten, das wieder in den Produktionsprozess eingebracht werden kann.

☞ Für Arbeiten an Lambdasonden gilt: Nur das Gewinde mit Heißschraubenpaste wie VW »G 052 112 A3« fetten. An die Schlitze des Sondenkörpers darf kein Fett kommen. Aus- und Einbau am besten mit Ringschlüsselsatz für Lambdasonde. Dichtring bei Undichtigkeit aufkneifen und ersetzen. Festziehen mit 45 Nm.

- Alle Schlauchverbindungen mit Schlauchschellen sichern, die dem Serienstand entsprechen.
- Alle Kabelbinder, die beim Ausbau gelöst werden, sind beim Einbau an der gleichen Stelle wieder anzubringen.
- Nach Montagearbeiten an der Abgasanlage darauf achten, dass die Anlage nicht verspannt wird und ausreichend Abstand zum Aufbau hat. Gegebenenfalls Schellen lösen und Schalldämpfer und Abgasrohr so ausrichten, dass überall ausreichend Abstand zum Aufbau vorhanden ist und die Aufhängungen gleichmäßig belastet werden.
- Nach getaner Arbeit immer einen Motorprobelauf durchführen und »Auspuffanlage auf Dichtheit prüfen« (Bild 2), ansonsten gelten für Arbeiten an Abgasanlage und Abgasrückführung hinsichtlich Sauberkeit und Sicherheit die Vorschriften, die auch für Arbeiten an Motor, Kraftstoff- oder Einspritzsystem üblich sind.

Zustand der Auspuffanlage kontrollieren

- Fahrzeug auf einer Hebebühne anheben oder absolut rüttelsicher aufbocken. Es darf nicht kippeln, wenn heftig an den Rohren der Auspuffanlage gedreht oder gezerrt wird. Die Aufhängungen und Gummiösen dürfen keine Schäden aufweisen.

Bild 1

Bild 1
Der Zustand von Schalldämpfern, Schellen und Übergängen muss regelmäßig überprüft werden.

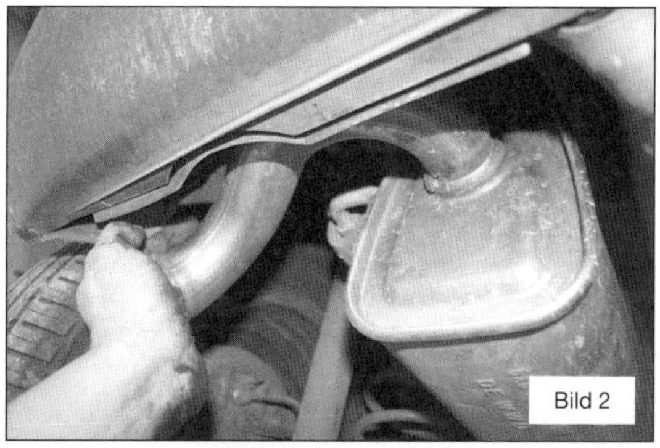
Bild 2

Bild 2
Zuhalten des Abgasrohres zur Dichtheitsprüfung.

Bild 3

Bild 3
Vibrationen und Verspannung: Schweißnaht rundum ausgebrochen.

■ Zur Kontrolle die Abgasanlage an den Schraubbefestigungen rütteln. Komponenten auf Brüchigkeit, Einrisse oder sonstige Schäden überprüfen, bei Bedarf ersetzen.

■ Wenn sich beim Demontieren eine Verschraubung nicht lösen lässt, mit Rost lösendem Mittel behandeln oder durch Überdrehen abreißen. Beim Festziehen von Verschraubungen z. B. am Abgaskrümmer die Reihenfolge von innen nach außen und über Kreuz einhalten.

■ Wenn Teile der Anlage schon einmal ersetzt wurden, trennt man die Steckverbindung der Rohrenden am besten in erwärmtem Zustand. Schweißbrenner oder Propangasbrenner verwenden und Feuerlöscher bereithalten.

■ Schalldämpfer mit einem Hammer rundum gründlich abklopfen, auch an den Stirnseiten (Übergang von den Töpfen zu den Rohren). Nicht zu zaghaft hämmern. Klingt es bei jedem Schlag hell, ist das Blech noch gesund. Wird das Klopfgeräusch an manchen Stellen dumpfer, ist die Außenhaut bereits geschwächt und wird bald durchbrechen.

Ein sehr dumpfer Auspuffton und Knallen im Schiebebetrieb können auf einen durchgerosteten Auspuff hinweisen.

■ Dichtheit der Auspuffanlage prüfen (nachfolgende Anleitung).

Abgasanlage auf Dichtheit prüfen

■ Motor starten und mit Leerlaufdrehzahl laufen lassen.

■ Auspuffendrohr für die Dauer der Dichtheitsprüfung verschließen (Lappen, Stöpsel). Der Motor kann ausgehen. Grundsätzlich sollten Sie keine lauten Zischgeräusche wahrnehmen können.

■ Verbindungsstellen Zylinderkopf/Abgaskrümmer, Abgasturbolader/Abgasvorrohr usw. durch Abhören auf Dichtheit prüfen. Gibt es zischelnde Geräusche an Verbindungsstellen, ist die Anlage an der Geräuschstelle undicht.

■ Festgestellte Undichtigkeiten beseitigen.

Abgasanlage spannungsfrei einrichten

Nach jeder Montagearbeit an der Abgasanlage muss die Abgasanlage spannungsfrei montiert werden, anderenfalls können Halter, Gummis oder auch das Flexstück geschädigt werden.

■ Der Motor muss kalt sein.

■ Verschraubungen der Klemmschellen lösen.

■ Die Schraube handfest anziehen.

■ Die Abgasanlage so ausmitteln, dass diese nirgends gegenstößt und spannungsfrei sitzt.

Die Haltegummis der Abgasanlage sollten möglichst nicht in ihre Aufsteckrichtung gezogen werden.

■ Die Verschraubungen der Schellen und Klemmhülsen sollten so ausgerichtet werden, dass sie möglichst nicht nach unten herausstehen.

■ Nach dem Anziehen der Klemmschellen

die Freigängigkeit der Auspuffanlage prüfen und gegebenenfalls korrigieren.

■ Achten Sie darauf, dass das Flexstück im Übergang zwischen Abgasanlage und Katalysator nicht verdreht montiert wurde oder unter Spannung steht.

■ Prüfen Sie abschließend die Dichtheit der Auspuffanlage.

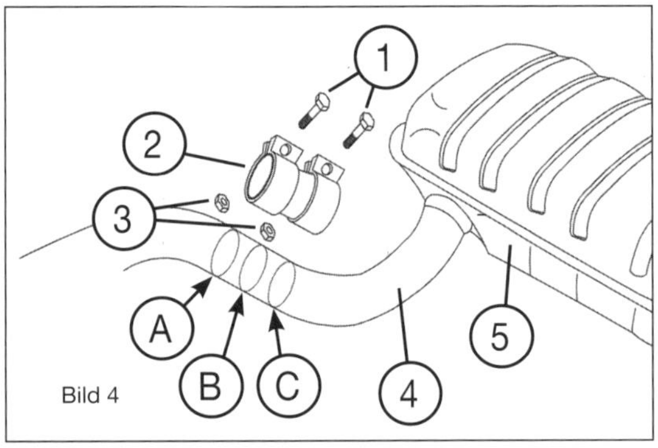

Bild 4

Bild 4
Trennstelle zum Endschalldämpfer.
1 Schrauben
2 Doppelschelle
3 Muttern
4 Abgasrohr
5 Endschalldämpfer
A Markierung vorne
B Markierung Mitte
C Markierung hinten

Schalldämpfer

Die Montagearbeiten sind für die unterschiedlichen Modelle sehr ähnlich. Wir stellen Ihnen an dieser Stelle eine allgemeingültige Beschreibung zur Verfügung.

■ Lassen Sie die Abgasanlage abkühlen.

Der Schalldämpfer ist meist noch werkseitig in einem Stück mit dem Vorschalldämpfer ausgeführt. Für die Demontage oder den Ersatz des Endschalldämpfers muss das Rohr an der Trennstelle (B im Bild 4) mit einem Kettenrohrschneider oder einem anderen geeigneten Werkzeug durchgeschnitten werden.

Je nachdem ob der Schalldämpfer mit einer Muffe versehen ist oder nicht, wird der Endschalldämpfer mit einer Doppelschelle als Verbindungsstück montiert oder mit einer Rohrschelle befestigt.

Achten Sie darauf, dass die Verschraubungen der Schelle nicht über das Rohr hinausragen. Verdrehen Sie die Schellen so, dass die Verschraubungen hinter dem Rohr in mindestens gleicher Höhe verbaut werden.

Wechsel des Endschalldämpfers beim 1,8-l-Motor bis 140 kW mit Frontantrieb

■ Den Schalldämpfer etwas herunterziehen und etwas Rostlöser in die Bohrung der Haltegummis (18 und 21 im Bild 5) sprühen.

■ Durchtrennen Sie das Abgasrohr mit einem Kettenrohrschneider oder einem anderen geeigneten Werkzeug an der mittleren Markierung (B im Bild 4) auf dem Abgasrohr (4).

■ Schieben Sie die Haltegummis (18 und 21) vom Endschalldämpfer (19) herunter und nehmen Sie ihn heraus.

■ Für die Montage des Schalldämpfers ersetzen Sie die Lagergummis (18 und 21).

■ Um eine bessere Abdichtung zu erreichen, setzen Sie die Doppelschelle oder die Auspuffmuffe mit etwas Auspuffdichtmasse zusammen.

Wechsel des Vorschalldämpfers beim 1,8-l-Motor bis 140 kW mit Frontantrieb

■ Lösen Sie die Muttern der Tunnelbrücke.

■ Nehmen Sie die Tunnelbrücke ab.

■ Lösen Sie die Schrauben (1 im Bild 4) der Doppelschelle (2).

■ Ziehen Sie den Schalldämpfer etwas herunter und sprühen Sie etwas Rostlöser in die Bohrung der Haltegummis (13 und 18 im Bild 5) ein.

■ Durchtrennen Sie das Abgasrohr mit einem Kettenrohrschneider oder einem anderen geeigneten Werkzeug an der mittleren Markierung (B im Bild 4) auf dem Abgasrohr (4).

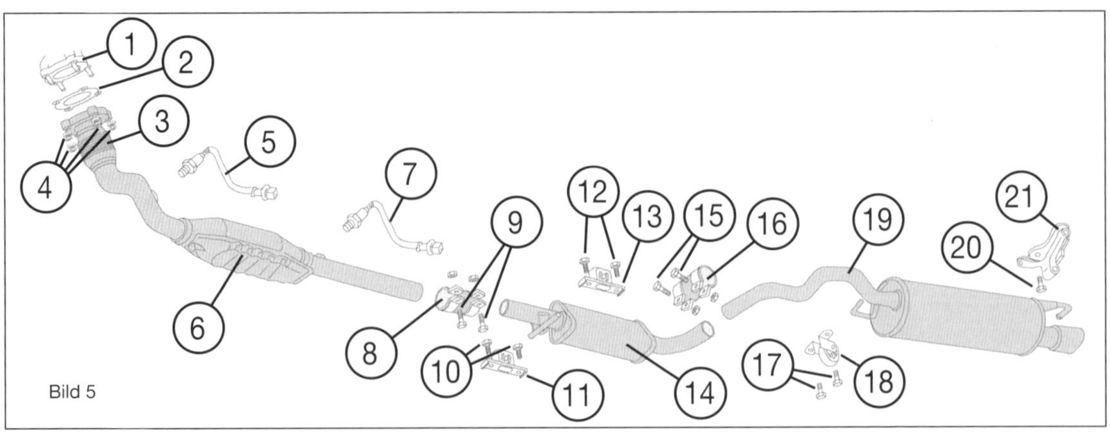

Bild 5

Bild 5
Abgasanlage bei den 1,8-l-Motoren bis 140 kW mit Frontantrieb.
1 Abgaskrümmer
2 Dichtung
3 Flexstück
4 Muttern
5 Lambdasonde vor Kat
6 Katalysator
7 Lambdasonde nach Kat
8 Doppelschelle
9 Verschraubung
10 Schrauben
11 Halter mit Lagergummi
12 Schrauben
13 Halter mit Lagergummi
14 Mittelschalldämpfer (Vorschalldämpfer)
15 Verschraubung
16 Doppelschelle
17 Schrauben
18 Halter mit Lagergummi
19 Endschalldämpfer
20 Schraube
21 Halter mit Lagergummi

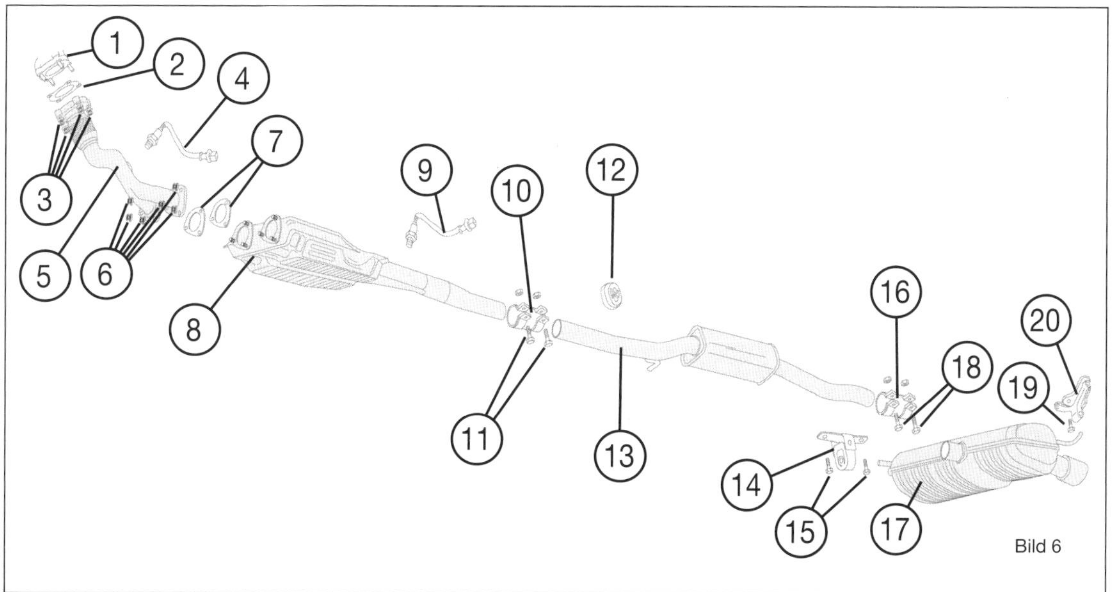

Bild 6
Abgasanlage bei den 1,8-l-Motoren bis 140 kW mit Allradantrieb.
1 Abgaskrümmer
2 Dichtung
3 Muttern
4 Vorkatsonde
5 Abgasrohr mit Flexstück
6 Muttern
7 Dichtungen
8 Katalysator
9 Nachkatsonde
10 Doppelschelle
11 Verschraubung
12 Lagergummi
13 Mittelschalldämpfer (Vorschalldämpfer)
14 Halter mit Lagergummi
15 Schrauben
16 Doppelschelle
17 Endschalldämpfer
18 Verschraubung
19 Schraube
20 Halter mit Lagergummi

- Nehmen Sie den Vorschalldämpfer heraus.
- Für die Montage des Schalldämpfers ersetzen Sie die Lagergummis.
- Um eine bessere Abdichtung zu erreichen, setzen Sie die Doppelschelle oder die Auspuffmuffe mit etwas Auspuffdichtmasse zusammen.

Wechsel des Endschalldämpfers beim 1,8-l-Motor bis 140 kW mit Allradantrieb

- Den Schalldämpfer etwas herunterziehen und etwas Rostlöser in die Bohrung der Haltegummis (14 und 20 im Bild 6) sprühen.
- Durchtrennen Sie das Abgasrohr mit einem Kettenrohrschneider oder einem anderen geeigneten Werkzeug an der mittleren Markierung (B im Bild 4) auf dem Abgasrohr (4).
- Schieben Sie die Haltegummis (14 und 20 im Bild 6) vom Endschalldämpfer (17) herunter und nehmen Sie ihn heraus.
- Für die Montage des Schalldämpfers ersetzen Sie die Lagergummis (14 und 20).
- Um eine bessere Abdichtung zu erreichen, setzen Sie eine Doppelschelle (16) oder die Auspuffmuffe mit etwas Auspuffdichtmasse zusammen.

Wechsel des Vorschalldämpfers beim 1,8-l-Motor bis 140 kW mit Allradantrieb

- Lösen Sie die Muttern der Tunnelbrücke.
- Nehmen Sie die Tunnelbrücke ab.
- Lösen Sie die Schrauben (11) der Doppelschelle (10).
- Ziehen Sie den Schalldämpfer etwas herunter und sprühen Sie etwas Rostlöser in die Bohrung der Haltegummis (12, 13 und 18) ein.
- Durchtrennen Sie das Abgasrohr mit einem Kettenrohrschneider oder einem anderen geeigneten Werkzeug an der mittleren Markierung (B im Bild 4) auf dem Abgasrohr (4).
- Nehmen Sie den Vorschalldämpfer heraus.
- Für die Montage des Schalldämpfers ersetzen Sie die Lagergummis.
- Um eine bessere Abdichtung zu erreichen, setzen Sie die Doppelschelle (16 im Bild 6) oder die Auspuffmuffe mit etwas Auspuffdichtmasse zusammen.

Wechsel des Endschalldämpfers beim 1,8-l-Motor ab 165 kW

- Den Schalldämpfer etwas herunterziehen und etwas Rostlöser in die Bohrung der Haltegummis (14 und 20 im Bild 7) sprühen.
- Durchtrennen Sie das Abgasrohr mit einem Kettenrohrschneider oder einem anderen geeigneten Werkzeug an der mittleren Markierung (B im Bild 5) auf dem Abgasrohr (4).
- Schieben Sie die Haltegummis (14 und 20 im Bild 7) vom Endschalldämpfer (17) herunter und nehmen Sie ihn heraus.
- Für die Montage des Schalldämpfers ersetzen Sie die Lagergummis (14 und 20).
- Um eine bessere Abdichtung zu erreichen, setzen Sie eine Doppelschelle (16) oder die Auspuffmuffe mit etwas Auspuffdichtmasse zusammen.

Sichtprüfung Messen

Bild 7
Abgasanlage bei den 1,8-l-Motoren ab 165 kW.

1 Lambdasonde vor Kat
2 Muttern
3 Dichtung
4 Abgasrohr mit Flexstück
5 Muttern
6 Lagergummi
7 Dichtungen
8 Katalysator
9 Nachkatsonde
10 Doppelschelle
11 Verschraubung
12 Lagergummi
13 Mittelschalldämpfer (Vorschalldämpfer)
14 Halter mit Lagergummi
15 Schrauben
16 Doppelschelle
17 Verschraubung
18 Endschalldämpfer
19 Schrauben
20 Halter mit Lagergummi

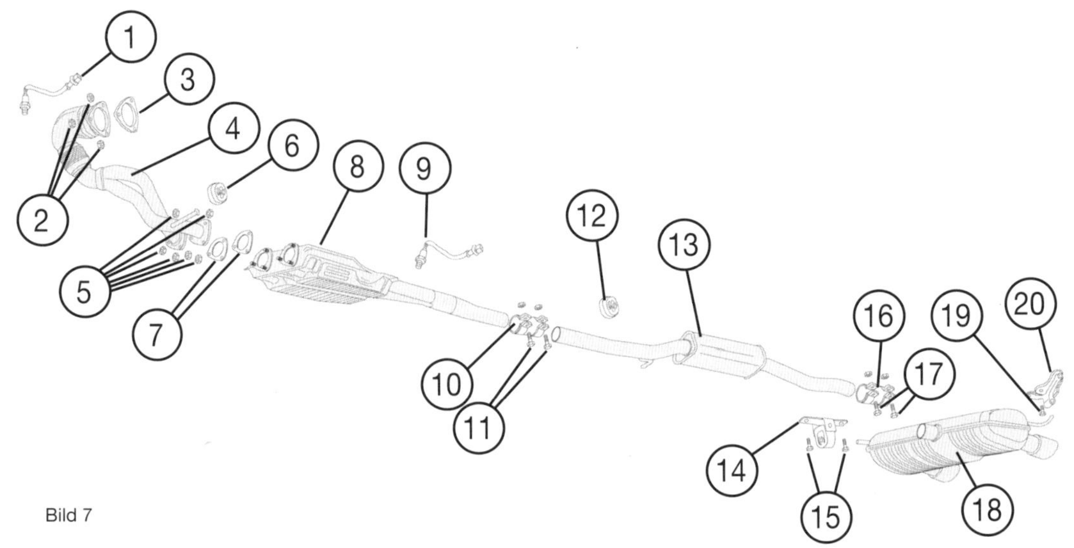

Bild 7

Wechsel des Vorschalldämpfers beim 1,8-l-Motor ab 165 kW

■ Lösen Sie die Muttern der Tunnelbrücke.
■ Nehmen Sie die Tunnelbrücke ab.
■ Lösen Sie die Schrauben (11 im Bild 7) der Doppelschelle (10).
■ Ziehen Sie den Schalldämpfer etwas herunter und sprühen Sie etwas Rostlöser in die Bohrung der Haltegummis (12, 14 und 20) ein.
■ Durchtrennen Sie das Abgasrohr mit einem Kettenrohrschneider oder einem anderen geeigneten Werkzeug an der mittleren Markierung (B im Bild 4) auf dem Abgasrohr (4).
■ Nehmen Sie den Vorschalldämpfer (13 im Bild 7) heraus.
■ Für die Montage des Schalldämpfers ersetzen Sie die Lagergummis (12, 14 und 20).
■ Um eine bessere Abdichtung zu erreichen, setzen Sie die Doppelschellen (10 und 16) oder die Auspuffmuffe mit etwas Auspuffdichtmasse zusammen.

Wechsel des Endschalldämpfers beim 3,2-l-Motor

■ Den Schalldämpfer etwas herunterziehen und etwas Rostlöser in die Bohrung der Haltegummis (15 und 21 im Bild 8) sprühen.
■ Durchtrennen Sie das Abgasrohr mit einem Kettenrohrschneider oder einem anderen geeigneten Werkzeug an der mittleren Markierung (B im Bild 4) auf dem Abgasrohr (4).
■ Schieben Sie die Haltegummis (15 und 21 im Bild 8) vom Endschalldämpfer (22) herunter und nehmen Sie ihn heraus.

Bild 8
Abgasanlage bei den 3,2-l-Motoren.

1 Muttern
2 Abgaskrümmer
3 Muttern
4 Dichtungen
5 Abgasrohr mit Flexstücken
6 Lambdasonde vor Kat
7 Muttern
8 Dichtung
9 Katalysator
10 Nachkatsonde
11 Doppelschelle
12 Verschraubung
13 Lagergummi
14 Mittelschalldämpfer (Vorschalldämpfer)
15 Lagergummi
16 Halter mit Lagergummi
17 Schrauben
18 Doppelschelle
19 Verschraubung
20 Schraube
21 Halter mit Lagergummi
22 Endschalldämpfer

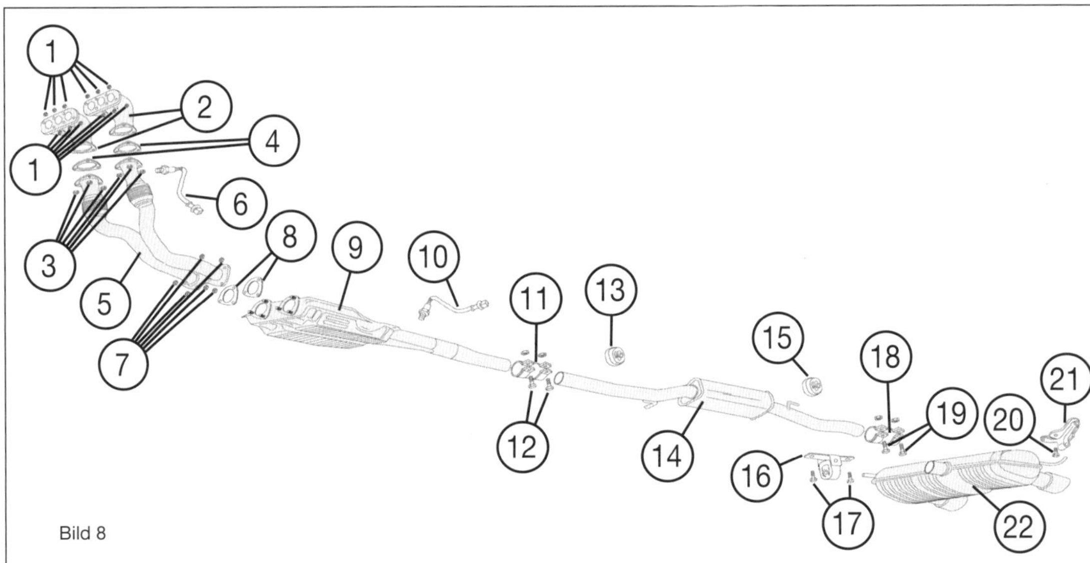

Bild 8

■ Für die Montage des Schalldämpfers ersetzen Sie die Lagergummis (15 und 21).
■ Um eine bessere Abdichtung zu erreichen, setzen Sie eine Doppelschelle (18) oder die Auspuffmuffe mit etwas Auspuffdichtmasse zusammen.

Wechsel des Vorschalldämpfers beim 3,2-l-Motor
■ Lösen Sie die Muttern der Tunnelbrücke.
■ Nehmen Sie die Tunnelbrücke ab.
■ Lösen Sie die Schrauben (12 im Bild 8) der Doppelschelle (11).
■ Ziehen Sie den Schalldämpfer etwas herunter und sprühen Sie etwas Rostlöser in die Bohrung der Haltegummis (13, 15 und 16) ein.
■ Durchtrennen Sie das Abgasrohr mit einem Kettenrohrschneider oder einem anderen geeigneten Werkzeug an der mittleren Markierung (B im Bild 4) auf dem Abgasrohr (4).
■ Nehmen Sie den Vorschalldämpfer heraus.
■ Für die Montage des Schalldämpfers ersetzen Sie die Lagergummis (13, 15 und 16).
■ Um eine bessere Abdichtung zu erreichen, setzen Sie die Doppelschellen (11 und 18) oder die Auspuffmuffe mit etwas Auspuffdichtmasse zusammen.

Katalysator

Vorarbeiten zur Demontage des Katalysators
■ Demontieren Sie die Motorabdeckung oben und unten.
■ Bauen Sie die Abschlussverkleidungen rechts und links ab.

Tipp: Details zu diesen Arbeiten finden Sie im Kapitel 4 dieses Buches unter der Überschrift »Motor- und Unterbodenabdeckungen aus- und einbauen«.

Wechsel des Katalysators beim 1,8-l-Motor bis 140 kW mit Frontantrieb
■ Demontieren Sie die Schutzverkleidung am Unterboden für die Verkabelung der Lambdasonden.
■ Entsichern Sie die Steckkontakte und ziehen Sie sie ab.
■ Legen Sie die Lambdasonden aus den Kabelhalterungen am Unterboden frei.
■ Drehen Sie die Muttern (2 im Bild 9) heraus.

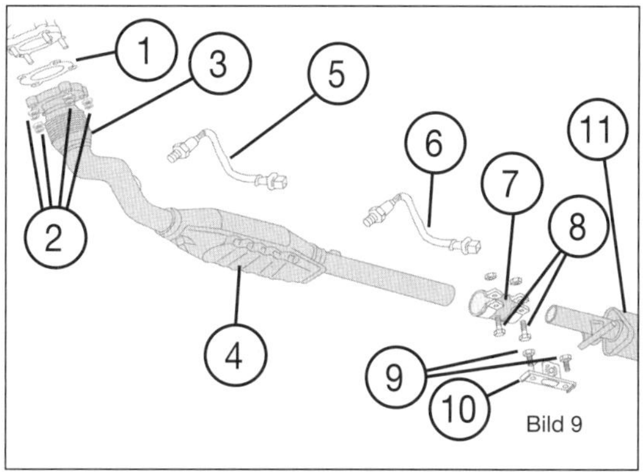

Bild 9
Katalysator beim 1,8-l-Motor Frontantrieb.
1 Dichtung
2 Muttern
3 Flexstück
4 Katalysator
5 Vorkatsonde
6 Nachkatsonde
7 Doppelschelle
8 Verschraubung
9 Schrauben
10 Lagergummi mit Halter
11 Vorschalldämpfer

■ Lösen Sie die Verschraubung (8) und schieben Sie die Doppelschelle (7) auf das Rohr des Vorschalldämpfers (11) zurück.
■ Nehmen Sie das Abgasrohr mit Flexstück und Katalysator (4) heraus.

Achtung: Das Flexstück (3) darf nicht mehr als 10° geknickt werden, da es sonst beschädigt wird.

■ Nehmen Sie die Dichtung (1) am Turbolader ab.

Die Montage erfolgt sinngemäß in umgekehrter Reihenfolge.
■ Erneuern Sie die Dichtung (1) am Turbolader.
■ Um eine bessere Abdichtung zu erreichen, setzen Sie die Doppelschellen (7) mit etwas Auspuffdichtmasse zusammen.

Wechsel des Katalysators beim 1,8-l-Motor bis 140 kW mit Allradantrieb
■ Demontieren Sie die Schutzverkleidung am Unterboden für die Verkabelung der Lambdasonden.
■ Entsichern Sie die Steckkontakte und ziehen Sie sie ab.
■ Kennzeichnen Sie die Einbauposition der Gelenkscheibe zum Anschlussflansch am Winkelgetriebe.

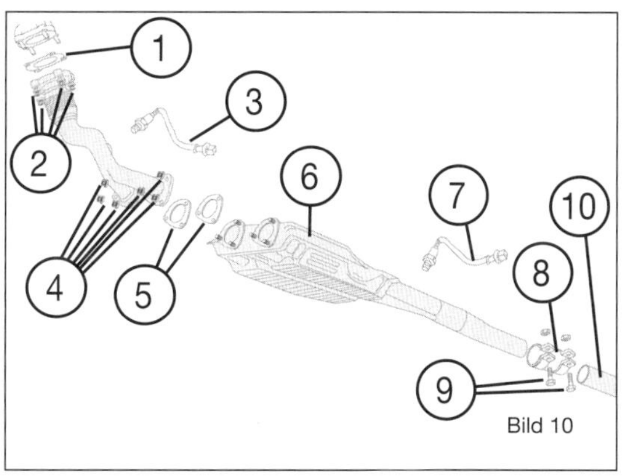

Bild 10
Katalysator beim 1,8-l-Motor Allradantrieb.
1 Vorkatsonde
2 Dichtung
3 Muttern
4 Muttern
5 Dichtungen
6 Katalysator
7 Nachkatsonde
8 Doppelschelle
9 Verschraubung
10 Vorschalldämpfer

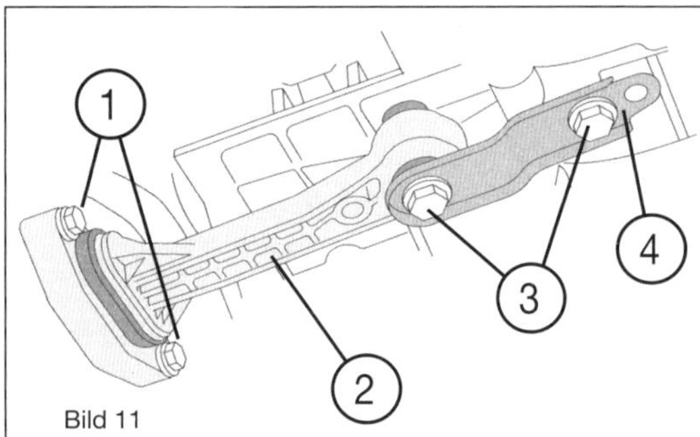

Bild 11

Bild 11
Pendelstütze zwischen Motor und Achsträger.
1 Verschraubung am Achsträger
2 Pendelstütze
3 Verschraubung am Getriebe
4 Stützplatte

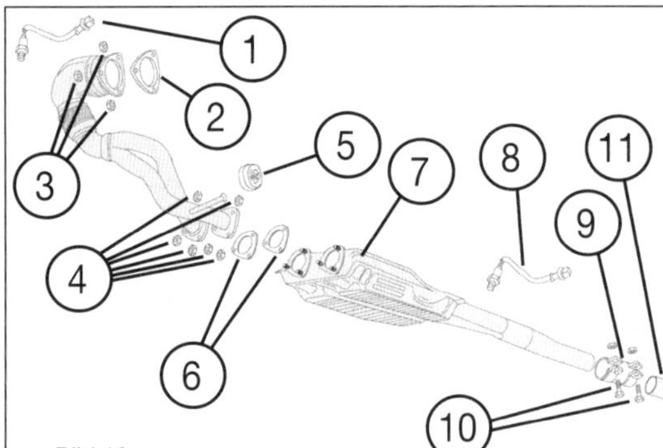

Bild 12

Bild 12
Katalysator beim 1,8-l-Motor ab 165 kW.
1 Vorkatsonde
2 Dichtung
3 Muttern
4 Muttern
5 Lagergummi
6 Dichtungen
7 Katalysator
8 Nachkatsonde
9 Doppelschelle
10 Verschraubung
11 Vorschalldämpfer

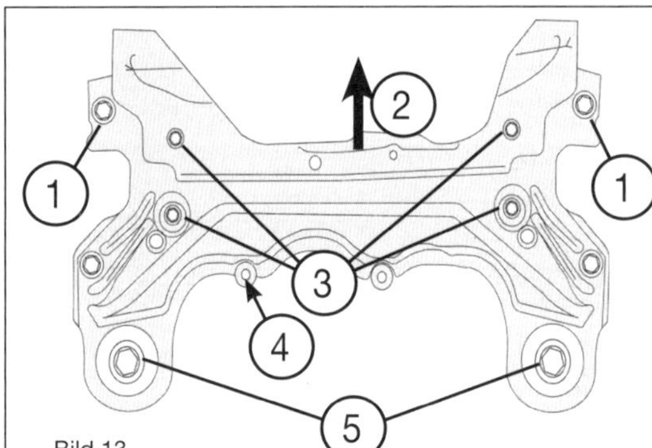

Bild 13

Bild 13
Aggregateträger Audi TT.
1 Schrauben am Rahmenholm
2 Fahrtrichtung
3 Schrauben Lenkung
4 Halteschlaufe
5 Schrauben Unterboden

■ Drehen Sie die Schrauben der Gelenkscheibe zum Flansch des Winkelgetriebes heraus.

☞ Halten Sie zum Lösen der Schrauben den Flansch der Kardanwelle mit einem Montiereisen oder einem anderen geeigneten Werkzeug gegen.

■ Drücken Sie die Kardanwelle waagerecht so weit wie möglich nach hinten.

⚠ Die Kardanwelle muss unbedingt gerade vom Getriebe abgezogen werden. Anderenfalls kann der in der Welle verbaute Dichtring beschädigt werden. Wenn das passiert ist, muss die Kardanwelle ersetzt werden.

■ Drehen Sie die beiden Schrauben (1 im Bild 11) heraus.

■ Drücken Sie das Antriebsaggregat (Motor und Getriebe vorsichtig nach vorne.

■ Drehen Sie die Muttern (2 im Bild 10) am Turbolader heraus.

■ Lösen Sie die Verschraubung (8) und schieben Sie die Doppelschelle (7) auf das Rohr des Vorschalldämpfers (11) zurück.

■ Nehmen Sie das Abgasrohr mit Flexstück und Katalysator (4) heraus.

⚠ Das Flexstück (3) darf nicht mehr als 10° geknickt werden, da es sonst beschädigt wird.

■ Nehmen Sie die Dichtung (1) am Turbolader ab.

Die Montage erfolgt sinngemäß in umgekehrter Reihenfolge.

■ Erneuern Sie die Dichtung (1) am Turbolader.

■ Um eine bessere Abdichtung zu erreichen, setzen Sie die Doppelschellen (7) mit etwas Auspuffdichtmasse zusammen.

Wechsel des Katalysators beim 1,8-l-Motor ab 165 kW

■ Legen Sie die Steckverbindung für die Vorkatsonde (1 im Bild 12) frei.

■ Bauen Sie beide Vorderräder ab.

■ Demontieren Sie im linken Radhaus den Geber für die Leuchtweitenregulierung.

■ Bauen Sie das Gestänge für die Leuchtweitenregelung am Achslenker ab.

■ Entsichern Sie die Stecker und trennen Sie die Steckverbindung.

■ Drehen Sie die beiden Schrauben (1 im Bild 11) heraus.

■ Drehen Sie die Schrauben (3) heraus.

■ Nehmen Sie die Stützplatte (4) und die Pendelstütze (2) ab.

Audi TT Roadster:

■ Demontieren Sie die beiden Diagonalstreben zum Vorderachsträger.

Weiter für alle Varianten:

■ Soweit noch nicht erfolgt, hängen Sie die Halteschlaufe (4 im Bild 13) am Abgasvorrohr aus.

■ Drehen Sie die Schrauben (3) für das Lenkgetriebe heraus.

■ Bauen Sie den Halter für die Druckleitung der Servolenkung am Aggregateträger ab.

■ Unterbauen Sie den Aggregateträger mit einem Getriebeheber.

■ Drehen Sie die Schrauben (1) für den Aggregateträger heraus.
■ Drehen Sie die Schrauben (5) für den Aggregateträger heraus.
■ Lassen Sie den Aggregateträter vorsichtig ab. Drücken Sie das Lenkgetriebe vorsichtig nach oben.

Querlenker und Koppelstangen bleiben hierbei montiert.

■ Bauen Sie beide Halter der Druckleitung für die Servopumpe ab.
■ Demontieren Sie den Wärmeschutz der rechten Antriebswelle vom Getriebe.
■ Demontieren Sie die Schutzverkleidung am Unterboden für die Verkabelung der Lambdasonden.
■ Entsichern Sie die Steckkontakte und ziehen Sie sie ab.
■ Legen Sie die Lambdasonden aus den Kabelhalterungen am Unterboden frei.
■ Drehen Sie die Muttern (4 im Bild 12) heraus.
■ Lösen Sie die Verschraubung (10) und schieben Sie die Doppelschelle (9) auf das Rohr des Vorschalldämpfers (11) zurück.
■ Nehmen Sie den Katalysator (7) heraus.

Die Montage erfolgt sinngemäß in umgekehrter Reihenfolge.
■ Erneuern Sie die Dichtung (2) am Turbolader.
■ Um eine bessere Abdichtung zu erreichen, setzen Sie die Doppelschellen (9) mit etwas Auspuffdichtmasse zusammen.

Wechsel des Abgasrohrs mit Flexstück beim 1,8-l-Motor ab 165 kW
■ Bauen Sie den Katalysator wie beschrieben aus.
■ Ziehen Sie den Stopfen für die Bremsleitung rechts aus den Radhaus heraus.
■ Drehen Sie die Muttern (3 im Bild 12) heraus.
■ Nehmen Sie das Abgasrohr mit Flexstück heraus.

Das Flexstück darf nicht mehr als 10° geknickt werden, da es sonst beschädigt wird.

■ Nehmen Sie die Dichtung (2) am Turbolader ab.

Die Montage erfolgt sinngemäß in umgekehrter Reihenfolge.

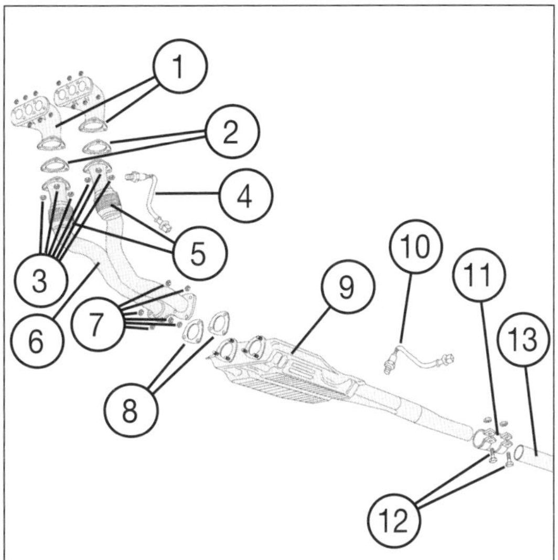

Bild 14

Bild 14
Katalysator beim 3,2-l-Motor.
1 Abgaskrümmer
2 Dichtung
3 Muttern
4 Vorkatsonde
5 Flexstücke
6 Abgasvorrohr mit Flexstücken
7 Muttern
8 Dichtungen
9 Katalysator
10 Nachkatsonde
11 Doppelschelle
12 Verschraubung
13 Vorschalldämpfer

■ Erneuern Sie die Dichtung (2) am Turbolader.
■ Um eine bessere Abdichtung zu erreichen, setzen Sie die Doppelschellen (7) mit etwas Auspuffdichtmasse zusammen.

De- und Montage Katalysators beim 3,2-l-Motor
■ Demontieren Sie die Schutzverkleidung am Unterboden für die Verkabelung der Lambdasonde (10 im Bild 14).
■ Entsichern Sie den Steckkontakt und ziehen Sie ihn ab.
■ Legen Sie die Lambdasonde aus den Kabelhalterungen am Unterboden frei.

Audi TT Roadster:
■ Demontieren Sie die beiden Diagonalstreben zum Vorderachsträger.

Weiter für alle Varianten:
■ Drehen Sie die Muttern (7) heraus.
■ Lösen Sie die Verschraubung (12) und schieben Sie die Doppelschelle (11) auf das Rohr des Vorschalldämpfers (13) zurück.
■ Nehmen Sie den Katalysator (9) heraus.

Die Montage erfolgt sinngemäß in umgekehrter Reihenfolge.
■ Erneuern Sie die Dichtung (8) zum Abgasrohr.
■ Um eine bessere Abdichtung zu erreichen, setzen Sie die Doppelschellen (11) mit etwas Auspuffdichtmasse zusammen.

Sichtprüfung Messen

Bild 15
Katalysator beim 3,2-l-Motor.
1 Abgaskrümmer
2 Dichtung
3 Vorkatsonde 1
4 Vorkatsonde 2
5 Flexstücke
6 Muttern
7 Muttern
8 Dichtungen
9 Katalysator

Wechsel des Abgasrohr mit Flexstück beim 3,2-l-Motor

■ Bauen Sie die Domstrebe aus.
■ Lösen Sie die beiden Lambdasonden (3 und 4 im Bild 14) um 1 - 2 Umdrehungen.
■ Demontieren Sie die Schutzverkleidung für die Verkabelung der Lambdasonden.
■ Entsichern Sie die Steckkontakte und ziehen Sie sie ab.
■ Schrauben Sie die Leitungsführungen am Aggregateträger ab.
■ Legen Sie die Anschlusskabel der Lambdasonden aus den Kabelhalterungen frei.
■ Bauen Sie den Katalysator wie bereits beschrieben aus.
■ Bauen Sie die beiden Lambdasonden (3 und 4) aus.
■ Kennzeichnen Sie die Einbauposition der Gelenkscheibe zum Anschlussflansch am Winkelgetriebe.
■ Drehen Sie die Schrauben der Gelenkscheibe zum Flansch des Winkelgetriebes heraus.

Halten Sie zum Lösen der Schrauben den Flansch der Kardanwelle mit einem Montiereisen oder einem anderen geeigneten Werkzeug gegen.

■ Drücken Sie die Kardanwelle waagerecht etwa 10 mm nach hinten.

Die Kardanwelle muss unbedingt gerade vom Getriebe abgezogen werden. Anderenfalls kann der in der Welle verbaute Dichtring beschädigt werden. Wenn das passiert ist, muss die Kardanwelle ersetzt werden.

■ Kennzeichnen Sie die Einbauposition der Gelenkscheibe zum Anschlussflansch an der Kardanwelle.
■ Drehen Sie die Schrauben der Gelenkscheibe zum Flansch der Kardanwelle heraus.
■ Drücken Sie die Kardanwelle waagerecht so weit wie möglich nach hinten.
■ Drehen Sie die beiden Schrauben (1 im Bild 11) heraus.
■ Drücken Sie das Antriebsaggregat (Motor und Getriebe) vorsichtig nach vorne.
■ Nehmen Sie die Gelenkscheibe heraus.
■ Bauen Sie das Wärmeschutzblech über dem Katalysator aus.
■ Demontieren Sie die vordere Kardanwelle.

Die Arbeiten rund um den Kardan greifen wir im Kapitel 10 im Detail auf.

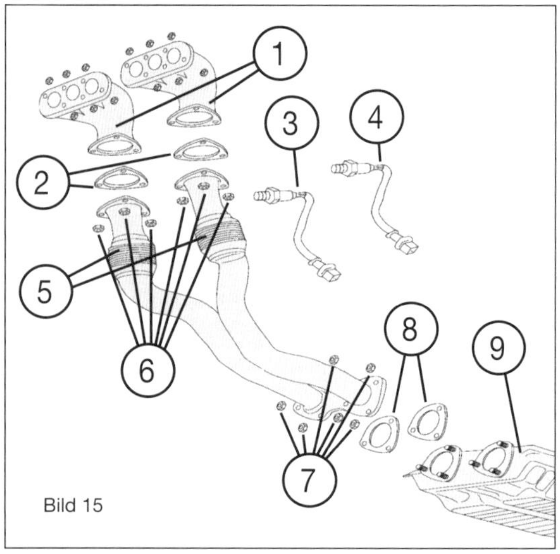

Bild 15

■ Bauen Sie das Wärmeschutzblech vorne über dem Abgasrohr mit Flexstücken aus.
■ Drehen Sie die Muttern (6 im Bild 15) heraus.
■ Nehmen Sie das Abgasrohr von den Abgaskrümmern (1) ab und nach unten heraus.

Die Montage erfolgt sinngemäß in umgekehrter Reihenfolge.
■ Erneuern Sie die Dichtung (2) am Abgaskrümmer und (8) zum Katalysator.

Flexstück ersetzen

Der Ersatz des Flexstückes ist seitens des Fahrzeugherstellers nicht vorgesehen. Hinsichtlich einer zeitwertgerechten Reparatur und der horrenden Kosten der Bauteile ist der Ersatz des Flexstückes durch Einschweißen durchaus rentabel.
■ Fahrzeug mit der Hebebühne anheben, Fahrzeug zwischen den Hebebühnensäulen ausrichten und die vier Aufnahmeteller an den vom Fahrzeughersteller vorgeschriebenen Hebebühnenaufnahmepunkten platzieren.

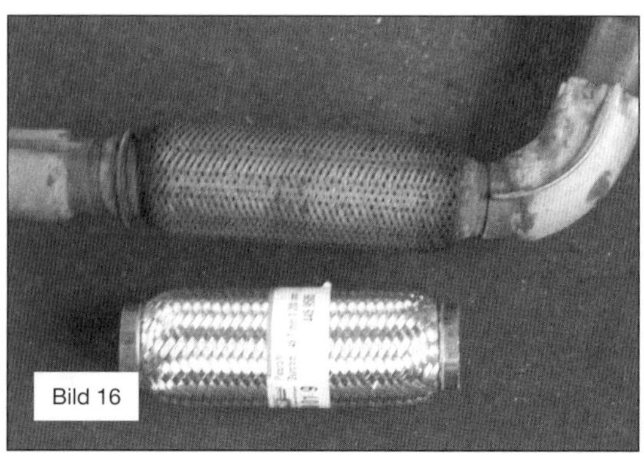
Bild 16

Bild 16
Reparatureinsatz für das Flexstück am Schalldämpfer.

■ Bauen Sie den Schalldämpfer wie bereits beschrieben aus.
■ Beschaffen Sie sich ein passendes Flexrohr (Bild 16) im Zubehör. Als Originalteil ist es nicht lieferbar. Hier ist lediglich der Ersatz des Schalldämpfers vorgesehen.
■ Markieren Sie die Einbauposition der Auspuffrohrstücke zum Flexrohr.
■ Trennen Sie das Flexrohr entsprechend der Länge des Flexrohres aus dem Endschalldämpfer heraus.

Führen Sie die Schnitte möglichst gerade aus.

■ Verschweißen Sie zuerst die eine Seite des Auspuffrohrs mit dem Flexrohr.
■ Richten Sie das noch lose Auspuffrohrstück entsprechend Ihrer Markierung aus.
■ Verschweißen Sie das zweite Auspuffrohrstück mit dem Flexrohr.
■ Versiegeln Sie die Schweißnähte mit etwas Zinkspray.
■ Bauen Sie die Auspuffanlage wieder ein.
■ Verwenden Sie etwas Auspuffmontagepaste für die Verbindung zwischen Endschalldämpfer und Abgasrohr.
■ Prüfen Sie die Dichtigkeit der Abgasanlage, wie bereits beschrieben.

Sekundärluftsysteme

Ein Katalysator beginnt ab einer Temperatur von 250 °C mit der Umwandlung von Schadstoffen. Die optimale Arbeitstemperatur liegt bei 400 °C bis 800 °C. Um die Arbeitstemperatur möglichst schnell zu erreichen, wird das Gemisch im Kaltstart zusätzlich neben dem Kondensatausgleich weiter angefettet. Über ein Gebläse (3 im Bild 17) wird zusätzliche Luft in den Auslasstrakt geleitet. Zusammen mit dem Kraftstoffüberschuss entsteht eine »Nachverbrennung« (besser eine Nachoxidation) im Katalysator, die den Katalysator recht schnell aufheizt. Das Sekundärluftsystem hat so die Aufgabe, die Betriebsbereitschaft des Katalysators schneller herzustellen.

Bauteile des Sekundärluftsystems

Das Motorsteuergerät (1 im Bild 17) übernimmt auch die Ansteuerung des Sekundärluftsystems. Die wichtigsten Informationen sind die Motortemperatur, die Motordrehzahl und der Restsauerstoff im Abgas.

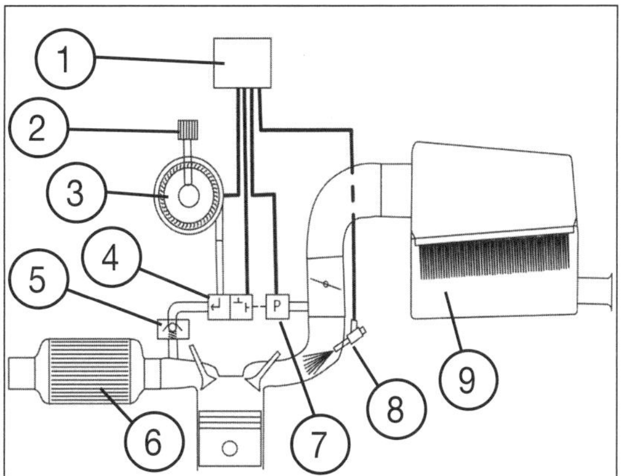

Bild 17

Bild 17
Prinzipaufbau des Sekundärluftsystems.
1 Motorsteuergerät
2 Sekundärluftfilter
3 Sekundärluftpumpe
4 Ab- und Umschaltventil
5 Rückschlagventil
6 Katalysator
7 Elektropneumatisches Ventil
8 Einspritzventil
9 Luftfilter

In der Kaltlaufphase wird die Sekundärluftpumpe angesteuert. Sie saugt Luft über den Luftfilter (2) an. Das Abschalt- und Umschaltventil (4) wird über das Motorsteuergerät angesteuert und schaltet dann pneumatisch das Ventil für den Luftweg zum Katalysator (6). Die Aufgabe des Rückschlagventils liegt darin das Sekundärluftsystem vor dem Abgasdruck und den damit verbunden Verschmutzungen zu schützen.

De- und Montage des Ab- und Umschaltventils für Sekundärluft beim 1,8-l-Motor

■ Bauen Sie die Motorabdeckung oben und die Abdeckung vor dem Saugrohr aus.
■ Bauen Sie die Batterieabdeckung aus. Demontieren Sie den Luftfilterkasten komplett.
■ Ziehen Sie den Unterdruckschlauch vom Ab- und Umschaltventil ab.
■ Entsichern Sie die Schlauchkupplung und ziehen Sie den Schlauch von der Sekundärluftpumpe ab.

Motoren bis 140 kW:

■ Drehen Sie die Befestigungschrauben für das Ab- und Umschaltventil am Halter ab.
■ Nehmen Sie das Ab- und Umschaltventil heraus.

Motoren ab 165 kW:

■ Drehen Sie die Befestigungschrauben für das Ab- und Umschaltventil am Halter ab.
■ Demontieren Sie die Verschraubungen am Anschlussflansch.
■ Nehmen Sie das Ab- und Umschaltventil heraus.
■ Demontieren Sie die Dichtung zum Luftführungsrohr zum Abgaskrümmer.

Die Montage erfolgt sinngemäß in umgekehrter Reihenfolge.

■ Achten Sie auf den korrekten Sitz und Einbaulage des Sekundärluftschlauches und des Unterdruckanschlusses.

■ Erneuern Sie die Dichtung am Anschlussflansch.

De- und Montage des Ab- und Umschaltventils für Sekundärluft beim 3,2-l-Motor

■ Clipsen Sie die Anschlussleitung zum Drosselklappenmodul vom Luftführungsrohr zum Luftfilter ab.

■ Entsichern Sie den Anschlussstecker und ziehen Sie den Steckkontakt zum Luftmassenmesser ab.

■ Lösen Sie die Schelle des Luftführungsrohrs am Drosselklappenmodul.

■ Bauen Sie den Luftfilterkasten komplett wie bereits beschrieben aus.

■ Drehen Sie die vier Schrauben des Drosselklappenmoduls am Saugrohr heraus.

■ Legen Sie das Drosselklappenmodul mit den angeschlossenen Leitungen zur Seite.

■ Ziehen Sie den Unterdruckschlauch vom Ab- und Umschaltventil ab.

■ Entsichern Sie die Schlauchkupplung und ziehen Sie den Schlauch von der Sekundärluftpumpe ab.

■ Drehen Sie die beiden Schrauben am Flansch des Ab- und Umschaltventil heraus und nehmen Sie es vom Abgaskrümmer ab.

Die Montage erfolgt sinngemäß in umgekehrter Reihenfolge.

■ Achten Sie auf den korrekten Sitz und Einbaulage des Sekundärluftschlauches und des Unterdruckanschlusses.

■ Erneuern Sie die Dichtung am Anschlussflansch.

De- und Montage der Sekundärluftpumpe beim 1,8-l-Motor

Die Sekundärluftpumpe ist links neben dem Ölfilter verbaut. Sie wird nach unten ausgebaut.

■ Heben Sie das Fahrzeug an und bauen Sie die Vorderräder ab.

■ Bauen Sie die Motorabdeckung oben, die Abdeckung vor dem Saugrohr, die Verkleidungen am Schließblech, über dem Luftfilter, dem Kühlmittelvorratsbehälter und am Unterboden ab.

■ Demontieren Sie die Abschlussverkleidungen links und rechts.

Die Demontagearbeiten der Verkleidungen haben wir Ihnen im Kapitel 4 beschrieben.

Motoren ab 165 kW:

■ Drehen Sie die Schrauben der Halteplatte vor dem Ansaugrohr heraus.

■ Ziehen Sie die Halteplatte vom Führungsrohr für den Ölmessstab ab.

■ Legen Sie die Halteplatte mit den angeschlossenen Kühlschläuchen zur Seite.

■ Demontieren Sie den Halter für die Höhenregulierung im linken Radhaus.

Weiter für alle Varianten:

■ Drehen Sie die obere Schraube des Halters für die Sekundärluftpumpe am Motorblock heraus.

■ Lösen Sie, soweit vorhanden, die Hochdruckleitung von der Querstrebe vorne.

Motoren bis 140 kW:

■ Bauen Sie die Querstrebe vorne aus.

Motoren ab 165 kW:

■ Bauen Sie das Verbindungsrohr für Ladeluftkühler ab.

■ Demontieren Sie die Luftführungsschläuche von den Ladeluftkühlern vorne an den Ladeluftkühlern.

Weiter für alle Varianten:

■ Entsichern Sie den Steckkontakt der Sekundärluftpumpe und ziehen Sie ihn ab.

■ Entsichern Sie die Anschlussschläuche zum Luftfilter und zum Ab- und Umschaltventil und ziehen Sie sie ab.

■ Demontieren Sie die Muttern am Halter der Sekundärluftpumpe.

■ Lösen Sie die Sekundärluftpumpe aus dem Halter.

■ Drehen Sie die unteren Schrauben des Halters der Sekundärluftpumpe heraus.

■ Schwenken Sie den Halter der Sekundärluftpumpe zur Seite und nehmen Sie die Sekundärluftpumpe heraus.

Die Montage erfolgt sinngemäß in umgekehrter Reihenfolge.

■ Achten Sie auf den korrekten Sitz und Einbaulage des Sekundärluftschlauches und des Unterdruckanschlusses.

De- und Montage der Sekundärluftpumpe beim 3,2-l-Motor

Die Sekundärluftpumpe ist rechts vor dem Ölfilter im Bereich des Getriebeflansches verbaut. Sie wird nach unten ausgebaut.

- Bauen Sie die Verkleidung über dem Kühlmittelbehälter aus.
- Bauen Sie die Unterbodenabdeckung und die Abschlussverkleidungen wie im Kapitel 4 beschrieben ab.
- Demontieren Sie den Keilrippenriemen wie bereits im Kapitel 4 beschrieben.
- Entsichern Sie die Schlauchkupplung (2 im Bild 18) und ziehen Sie den Sekundärluftschlauch ab.
- Lassen Sie das Kühlmittel wie im Kapitel 6 unter der Überschrift »Kühlmittel ablassen, ergänzen, auffüllen« beschrieben.
- Bauen Sie die Querstrebe vorne aus.
- Demontieren Sie die Riemenscheibe der Servopumpe.
- Drehen Sie die Befestigungsschrauben der Servopumpe am Halter für Nebenaggregate heraus.
- Befestigen Sie die Servopumpe mit angeschlossenen Schläuchen mit Kabelbindern am Schlossträger.
- Entsichern Sie den Steckkontakt der Sekundärluftpumpe und ziehen Sie ihn ab.
- Bauen Sie den Halter für den Kühlmittelschlauch an der Sekundärluftpumpe ab.
- Bauen Sie den Halter für den Luftfilter an der Sekundärluftpumpe ab.
- Drehen Sie die drei Befestigungsschrauben an dem Halter der Sekundärluftpumpe heraus.
- Nehmen Sie die Sekundärluftpumpe nach unten heraus.

Die Montage erfolgt sinngemäß in umgekehrter Reihenfolge.

- Achten Sie auf den korrekten Sitz und Einbaulage des Sekundärluftschlauches und der Leitungen und Halter.

Abgasklappen im Auspuff

Nicht bei allen Audi TT ist ein Klappensystem in der Abgasanlage verbaut. Das ist abhängig von der Motorisierung und dem Baustand des Fahrzeuges. Die Abgasklappe sitzt vor dem rechten Endrohr des Doppelrohrschalldämpfers beim VR6. Geprüft werden kann sie über den Stellgliedtest eines geeigneten OBD-Testers aber auch über die Ansteuerung mittels Unterdruckhandpumpe (Minivac-Pumpe).

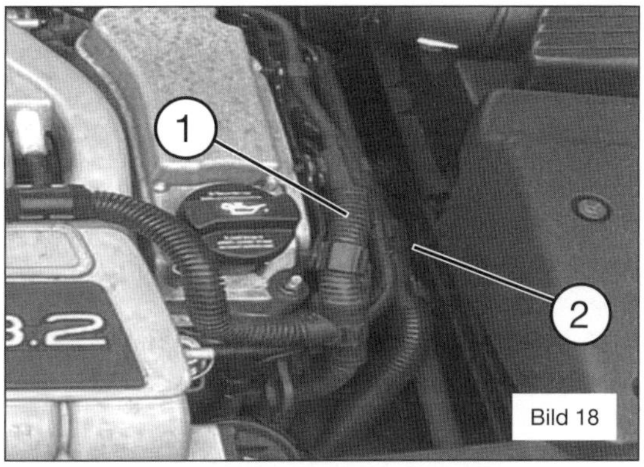

Bild 18
Sekundärluftschlauch beim VR6.
1 Elektrische Leitungsstrang
2 Sekundärluftleitung

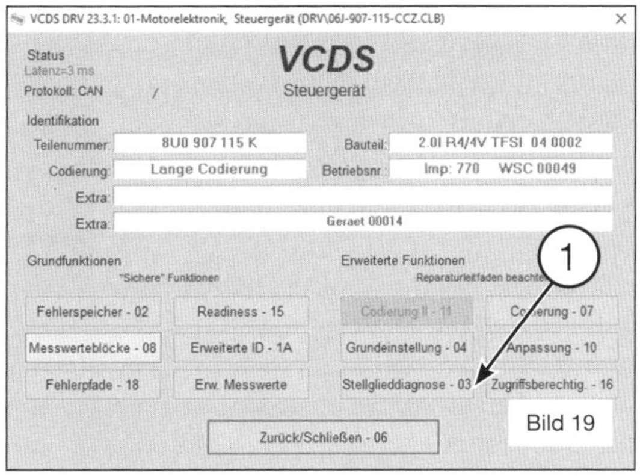

Bild 19
Anwahl des Motorsteuergerätes.
1 »03 Stellglieddiagnose«

Prüfung über den OBD-Tester

- Lassen Sie den Motor einige Minuten laufen, um Unterdruck aufzubauen.
- Stellen Sie den Motor ab und schalten Sie die Zündung wieder ein.

Schließen Sie den OBD-Tester an und folgen Sie den Bildschirmanweisungen.

- Wählen Sie über die Maske Motorelektronik den Button »Stellglieddiagnose 08« an.
- Wählen Sie die Stellglieddiagnose für die Abgasklappe an und bestätigen Sie diese.

Die Abgasklappe (der Verstellhebel) wird auf- und zugefahren.

- Tippen Sie den Button »06 beenden« an und schalten Sie die Zündung wieder aus.

Prüfung über die Hand-Unterdruckpumpe

- Ziehen Sie den Unterdruckschlauch für die Abgasklappe am rechten Schalldämpfer ab.
- Schließen Sie die Hand-Unterdruckpumpe (Mini-Vak) an den Anschluss des Unterdruckverstellers an.

Sichtprüfung Messen

■ Beaufschlagen Sie die Unterdruckdose mit Unterdruck.

Der Unterdruck darf nicht abfallen. Ist das der Fall, ist die Unterdruckdose defekt.

Der Hebel der Klappensteuerung muss sich nach oben bewegen. Ist das nicht der Fall, ist die Klappe verklemmt/schwergängig oder die Unterdruckdose defekt.

Aufladesysteme beim Audi TT

Alle 1,8-l-Motoren im Audi TT sind turboaufgeladen. Im Aufbau unterscheiden sich die kleineren Leistungsvarianten bis 140 kW von der größeren Varianten ab 165 kW zuerst einmal durch den zweiten Ladeluftkühler. Sicherlich kommen hier noch viele andere Details zum Tragen. Aber die leistungsstarken Motoren erreichen hohe Laufleistungen und stellen sich zumeist als sehr standfest heraus. Es ist nicht so, dass die Motoren mit der höheren Motorleistung diese allein über höheren Ladedruck und einen größeren Turbolader erreichen. Eine Leistungssteigerung ist sicherlich möglich, aber zumeist zulasten der Standfestigkeit. Es macht grundsätzlich mehr Sinn, sich bereits vor der Anschaffung Gedanken um die Eckdaten von Motor und Fahrzeug zu machen.

Im Laufe der Betriebszeit kann ein Schaden oder einfach normaler Verschleiß am Turbolader den Ausbau und oder Ersatz erforderlich machen. Auch wenn extrem günstige Preise mancher Händler im Netz locken, sollten Sie immer genau nachsehen und sich informieren, wie die Qualität der oftmals aufbereiteten Lader ist. Schließlich kann ein Schaden am Lader auch einen kapitalen Motorschaden zur Folge haben. Wenn es in einem solchen Fall um die Beweislasten geht, werden Sie als privater Schrauber kaum die Möglichkeit haben, nachzuweisen, dass die Reparatur sachgemäß war und die Schadensursache im Bauteil zu finden ist. Fragen Sie deshalb auch in einer Fachwerkstatt nach, was eine Reparatur mit Garantie kosten würde. Das kann durchaus auch eine freie Werkstatt oder oft auch der Lieferant des Turboladers sein.

Sämtliche Schlauchverbindungen sind durch Schellen gesichert. Sichern Sie alle Schlauchverbindungen mit Schlauch-

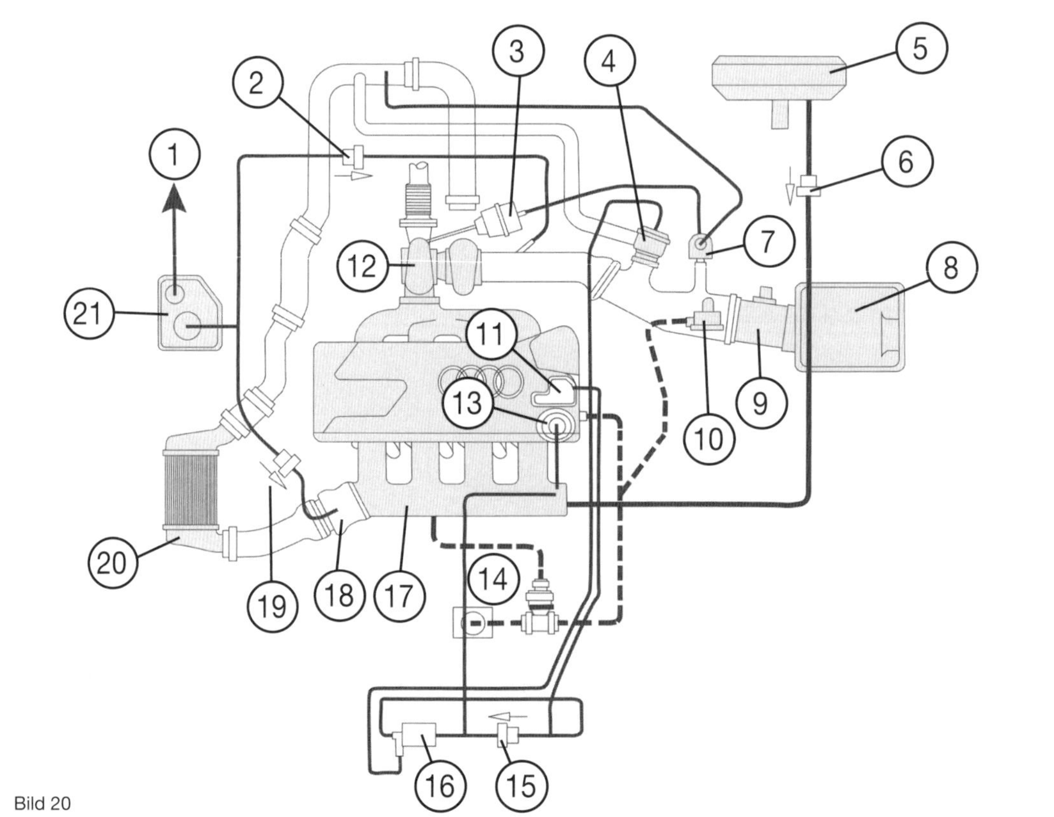

Bild 20

Bild 20
Ladeluftsystem bei den 1,8-l-Motoren bis 140 kW ohne Sekundärluftsystem.
1 Anschluss zur Tankentlüftung
2 Rückschlagventil
3 Pneumatischer Ladedrucksteller
4 Umluftventil
5 Bremskraftverstärker
6 Rückschlagventil
7 Magnetventil Ladedruckbegrenzung
8 Luftfilter
9 Luftmassenmesser
10 Druckregelventil Motorentlüftung
11 Unterdruckspeicher
12 Turbolader
13 Kraftstoffdruckregler
14 Kurbelgehäuseentlüftung
15 Rückschlagventil
16 Magnetventil Schub-Umluftsteller
17 Saugrohr
18 Drosselklappenmodul
19 Rückschlagventil
20 Ladeluftkühler
21 Aktivkohlebehälter

schellen, die dem Serienstand entsprechen. Ladeluftsystem muss dicht sein. Selbstsichernde Muttern sind zu ersetzen. Motor nach dem Einbau des Turboladers ca. 1 Minute im Leerlauf laufen lassen und nicht gleich hochdrehen, damit die Ölversorgung des Abgasturboladers sichergestellt ist.

Arbeiten am Ladeluftsystem
Wird am Abgasturbolader ein mechanischer Schaden festgestellt, z. B. ein zerstörtes Verdichterrad, genügt es nicht, nur den Turbolader zu ersetzen. Um Folgeschäden zu vermeiden müssen:
a) Luftfiltergehäuse, Luftfiltereinsatz und die Ansaugschläuche auf Verunreinigungen geprüft werden.
b) die gesamte Ladeluftstrecke und der Ladeluftkühler auf Fremdkörper überprüft werden.

⚠ Werden Fremdkörper im Ladeluftsystem festgestellt, muss die Ladeluftstrecke gereinigt und der Ladeluftkühler gegebenenfalls ersetzt werden.

☞ Verschließen Sie die Zugänge zum Ladeluftsystem sowohl beim verbleibenden Restsystem am Fahrzeug als auch bei den ausgebauten Teilen, um versehentliches Hereinfallen von Kleinteilen und Verschmutzungen zu verhindern.

Bild 21

Bild 21
Klassischer Laderschaden.
1 Lagerschaden
2 Beschädigtes Turbinenrad

Turbolader aus- und einbauen

Vorbereitung für die Montagearbeiten

- Richten Sie das Fahrzeug zwischen den Hebebühnensäulen aus und platzieren Sie die vier Aufnahmeteller an den vom Fahrzeughersteller vorgeschriebenen Aufnahmepunkten für die Hebebühne.
- Das Fahrzeug mit der Hebebühne anheben.
- Bauen Sie die Motorabdeckung oben und unten ab.

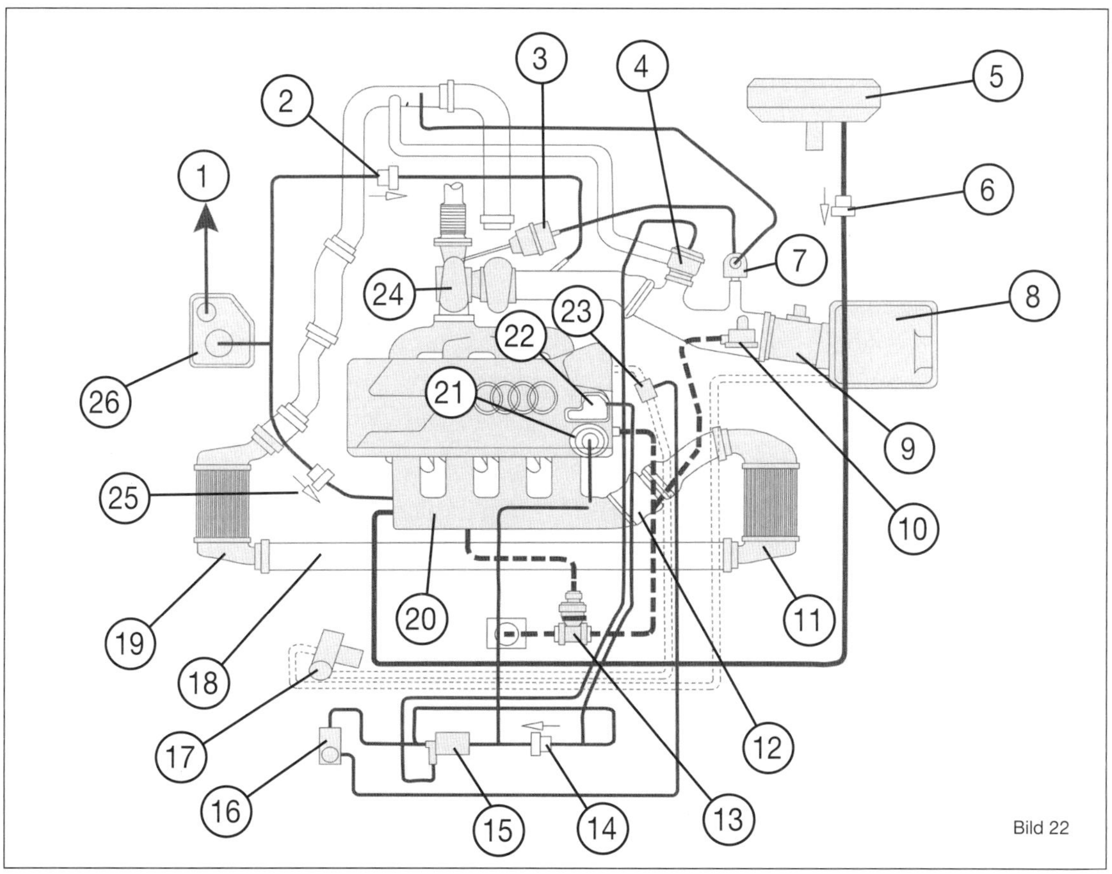

Bild 22

Bild 22
Ladeluftsystem bei den 1,8-l-Motoren bis 140 kW ohne Sekundärluftsystem.
1 Anschluss zur Tankentlüftung
2 Rückschlagventil
3 Pneumatischer Ladedrucksteller
4 Umluftventil
5 Bremskraftverstärker
6 Rückschlagventil
7 Magnetventil Ladedruckregelung
8 Luftfilter
9 Luftmassenmesser
10 Druckregelventil Motorentlüftung
11 Ladeluftkühler links
12 Drosselklappenmodul
13 Kurbelgehäuseentlüftung
14 Rückschlagventil
15 Magnetventil Schub-Umluftsteller
16 Magnetventil Sekundärluftsteuerung
17 Sekundärluftpumpe
18 Verbindungsrohr vorne
19 Ladeluftkühler rechts
20 Saugrohr
21 Kraftstoffdruckregler
22 Unterdruckspeicher
23 Sekundärluftventil
24 Turbolader
25 Rückschlagventil
26 Aktivkohlebehälter

Sichtprüfung Messen

Bild 23
Bypass-Turbolader beim 1,8-l-Turbo bis 140 kW.
1 Wärmeschutzblech
2 Unterlagscheibe
3 Schraube
4 Abgaskrümmer
5 Dichtung
6 Dichtringe
7 Hohlschraube
8 Öldruckleitung
9 Hohlschraube
10 Dichtringe
11 Dichtringe
12 Schraube
13 Distanzstück
14 Kühlmittelrücklaufleitung
15 Schraube
16 Dichtringe
17 Hohlschraube
18 Dichtung
19 Schrauben
20 Rücklaufleitung
21 Schrauben
22 Dichtung
23 Kühlmittelvorlauf
24 Mutter mit Scheibe
25 Dichtung
26 Turbolader
27 Dichtung
28 Mutter mit Scheibe
29 Abgasrohr mit Flexstück
30 O-Ring
31 Stutzen
32 Schrauben

■ Demontieren Sie auch die Abschlussverkleidungen rechts und links zu den Radhäusern.

☞ Die Arbeiten rund um die Motorraumverkleidungen haben wir im Kapitel 4 unter der Überschrift »Motor- und Unterbodenverkleidung aus-und einbauen« beschrieben.

Turboladerdemontage am 1,8-Motor bis 140 kW

■ Heben Sie das Fahrzeug an und bauen Sie die Vorderräder ab.
■ Bauen Sie die Motorabdeckung oben, die Abdeckung vor dem Saugrohr, die Verkleidungen am Schließblech, über dem Luftfilter, dem Kühlmittelvorratsbehälter und am Unterboden ab.
■ Lassen Sie das Kühlmittel wie bereits im Kapitel 6 beschrieben.
■ Soweit verbaut, demontieren Sie die Querstrebe unter dem Achsträger.

Fahrzeuge mit Frontantrieb:
■ Demontieren Sie das Wärmeschutzblech am Getriebe über der rechten Achswelle.
■ Bauen Sie die rechte Achsgelenkwelle aus.

Fahrzeuge mit Allradantrieb:
■ Bauen Sie das Winkelgetriebe aus.

Weiter für alle Varianten:
■ Bauen Sie die Schutzverkleidung für die Steckverbindungen der Lambdasonden am Unterboden ab.
■ Entsichern Sie die Steckkontakte und ziehen Sie die Steckverbinder auseinander.
■ Drehen Sie die Muttern (28 im Bild 23) heraus.
■ Bauen Sie das Abgasrohr mit Katalysator wie beschrieben aus.
■ Demontieren Sie die Halteschelle und bauen Sie den Luftführungsschlauch hinten am Motorblock zwischen Turbolader und Luftführungsrohr unten zum Ladeluftkühler aus.
■ Drehen Sie die Schrauben (19 und 21) heraus und nehmen Sie die Ölrücklaufleitung (20) ab.

☞ Fangen Sie abtropfendes Restöl mit einem geeigneten Lappen auf.

■ Drehen Sie die Schraube am unteren Halter des Turboladers heraus.

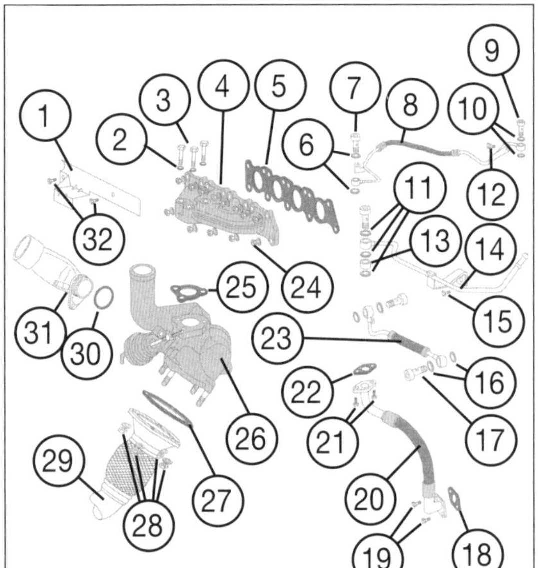

Bild 23

■ Demontieren Sie die beiden Schrauben des Halters am Motorblock.
■ Drehen Sie die Schraube (15) am Motorblock von unten heraus.
■ Drehen Sie die Hohlschrauben der Kühlmittelrücklaufleitung heraus.
■ Nehmen Sie die Kühlmittelvorlaufleitung (23) zusammen mit den vier Dichtringen (16) heraus.
■ Bauen Sie Schlauchleitungen zum Ladedruckversteller und zum Stutzen (31) ab.
■ Soweit verbaut demontieren Sie die Domstebe.
■ Bauen Sie Schlauchleitungen zur Kühlmittelrücklaufleitung (14) ab.
■ Bauen Sie das Luftfiltergehäuse komplett wie bereits im Kapitel 8 beschrieben aus.
■ Ziehen Sie das Umluftventil, das Druckregelventil der Kurbelgehäuseentlüftung und das Magnetventil für die Ladedruckregelung aus der Luftführung zum Turbolader heraus.
■ Entsichern Sie die Sicherungsklammer und ziehen Sie den Luftführungsschlauch zum Luftführungsrohr (zum Turbolader) ab.
■ Demontieren Sie die beiden Schläuche am Ansaugrohr zum Turbolader.
■ Bauen Sie den Lüftführungsschlauch zum Turbolader oben ab.
■ Drehen Sie die beiden Schrauben der Halteschelle für das Luftführungsrohr oben heraus.
■ Drehen Sie die beiden Schrauben (32) heraus und nehmen Sie das Wärmeschutzblech (1) ab.

■ Drehen Sie die Schrauben (3) heraus und nehmen Sie die Dichtung (25) zwischen Turbolader und Abgaskrümmer ab.
■ Drehen Sie die Muttern (24) am Abgaskrümmer ab und nehmen Sie sie mit den Unterlegscheiben ab.
■ Drehen Sie die Schraube (9) heraus.
■ Montieren Sie den Halter für den Turbolader von unten wieder mit den beiden Schrauben am Motorblock.
■ Schrauben Sie von oben die Hohlschraube (7) und nehmen Sie diese und die beiden Dichtringe (6) heraus.
■ Schrauben Sie von oben die Hohlschraube für die Kühlmittelrücklaufleitung heraus und nehmen Sie diese und die drei Dichtringe (11) und die Distanzhülse (13) heraus.
■ Bauen Sie den Halter des Turboladers wieder aus und nehmen Sie den Turbolader heraus.

Turboladerdemontage am 1,8-l-Motor ab 165 kW

■ Heben Sie das Fahrzeug an und bauen Sie die Vorderräder ab.
■ Bauen Sie die Motorabdeckung oben, die Abdeckung vor dem Saugrohr, die Verkleidungen am Schließblech, über dem Luftfilter, dem Kühlmittelvorratsbehälter und am Unterboden ab.
■ Lassen Sie das Kühlmittel ab wie bereits im Kapitel 6 beschrieben.
■ Drehen Sie die Hohlschraube (16 im Bild 24) am Motorblock heraus.
■ Lösen Sie die Leitung und nehmen Sie die Dichtringe (15) ab.

Fangen Sie das austretende Kühlmittel mit einem geeigneten Behälter auf.

■ Drehen Sie die Schraube (14) aus dem Halter der Kühlmittelrücklaufleitung heraus.
■ Drehen Sie die Schrauben (20) heraus und lösen Sie die Öl-Rücklaufleitung (18) vom Turbolader.
■ Lösen Sie die Schraube (28) am Halter (27). Ziehen Sie die Schraube nicht heraus.
■ Soweit verbaut, demontieren Sie die Domstrebe.
■ So weit noch nicht erfolgt, bauen Sie die Abdeckung vor dem Luftfilterkasten aus.
■ Bauen Sie wie bereits im Kapitel 8 beschrieben den Luftfilter komplett aus.
■ Ziehen Sie das Umluftventil, das Druckregelventil der Kurbelgehäuseentlüftung und das Magnetventil für die Ladedruckregelung aus der Luftführung zum Turbolader heraus.

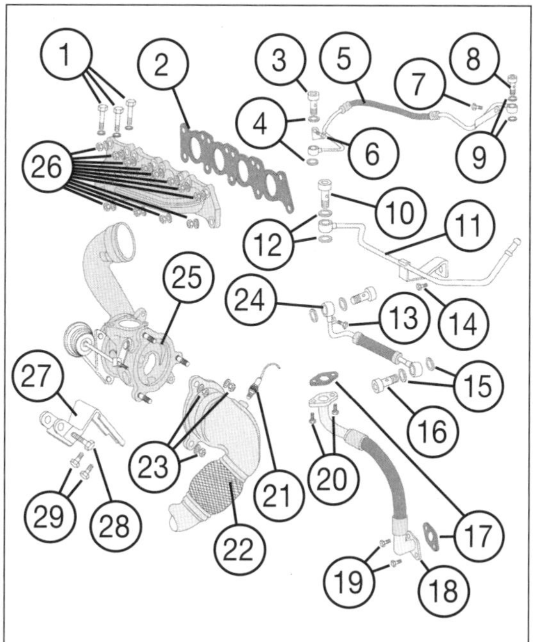

Bild 24

Bild 24
Bypass-Turbolader beim 1,8-l-Turbo ab 165 kW.
1 Schrauben
2 Dichtung
3 Hohlschraube
4 Dichtringe
5 Öldruckleitung
6 Schraube
7 Schraube
8 Hohlschraube
9 Dichtringe
10 Hohlschraube
11 Kühlmittelrücklaufleitung
12 Dichtringe
13 Schraube
14 Schraube
15 Dichtringe
16 Hohlschraube
17 Dichtung
18 Öl-Rücklaufleitung
19 Schrauben
20 Schrauben
21 Lambdasonde
22 Abgasrohr mit Flexstück
23 Mutter mit Scheibe
24 Kühlmittelvorlaufleitung
25 Turbolader
26 Mutter mit Scheibe
27 Halter
28 Schraube
29 Schrauben

■ Lösen Sie die Unterdruckleitung zum Aktivkohlebehälter am Rückschlagventil und ziehen Sie sie ab.
■ Entsichern Sie die Steckverbindung zum Magnetventil für die Ladedruckregelung und ziehen Sie ihn ab.
■ Lösen Sie die Unterdruckleitungen am Magnetventil für die Ladedruckregelung und ziehen Sie sie ab.
■ Lösen Sie die Luftführung vom Turbolader, legen Sie den Schlauch frei und nehmen Sie den Luftführungsschlauch heraus.
■ Bauen Sie das Luftführungsrohr oben aus und lösen Sie den Luftführungsschlauch am Turbolader ab.
■ Drehen Sie die Hohlschraube (10) heraus und nehmen Sie die Dichtringe (12) ab.
■ Nehmen Sie die Rücklaufleitung für das Kühlmittel (11) vom Turbolader ab.
■ Schrauben Sie den Halter für die Öldruckleitung (5) vom Turbolader ab.
■ Drehen Sie die Schrauben (1) heraus und nehmen Sie die Dichtung zwischen Turbolader und Abgaskrümmer ab.
■ Schrauben Sie von oben die Hohlschraube (3) für die Öldruckleitung los und nehmen Sie diese und die beiden Dichtringe (4) heraus.
■ Dehen Sie die Schraube (28) am Halter (27) für den Turbolader heraus.

■ Nehmen Sie den Turbolader zusammen mit der angeschlossenen Kühlmittelvorlaufleitung nach unten heraus.

Montage der Turbolader
Die Montage erfolgt sinngemäß in umgekehrter Reihenfolge.
■ Prüfen Sie den Motorölstand mit dem Ölmessstab und füllen Sie den Ölstand soweit erforderlich auf.
■ Füllen Sie etwas Öl in die Bohrung für die Hohlschraube für die Ölversorgung mit einem Ölkännchen ein.
■ Die Dichtfläche am Abgasturbolader und am Abgaskrümmer reinigen.
■ Alle selbstsichernden Muttern, die gelöst wurden, erneuern.
■ Lassen Sie den Motor zuerst einige Minuten im Leerlauf laufen, um sicherzustellen, dass die Ölversorgung zum Turbolader wieder gewährleistet ist.
■ Den Fehlerspeicher auslesen und soweit erforderlich abarbeiten und löschen.

Prüfungen am Turbolader

Moderne Turbolader wie die in Ihrem Audi TT können Drehzahlen von 300.000 1/min erreichen. Die Lagerung erfolgt auf sogenannten hydrodynamischen Lagern. Die Laderwelle schwimmt praktisch auf dem Ölfilm, der sich durch das unter Öldruck stehende Motoröl aufbaut. Schlechte Ölqualität, unzureichende Ölversorgung oder auch unzureichender Ölablauf führen zu frühzeitigen Laderschäden. Da auch schon ein erhöhter Gegendruck durch einen zugesetzten Partikelfilter und viele andere Möglichkeiten in Betracht kommen, muss ein Schaden am Turbolader grundsätzlich immer auf seine Ursache hin untersucht werden.

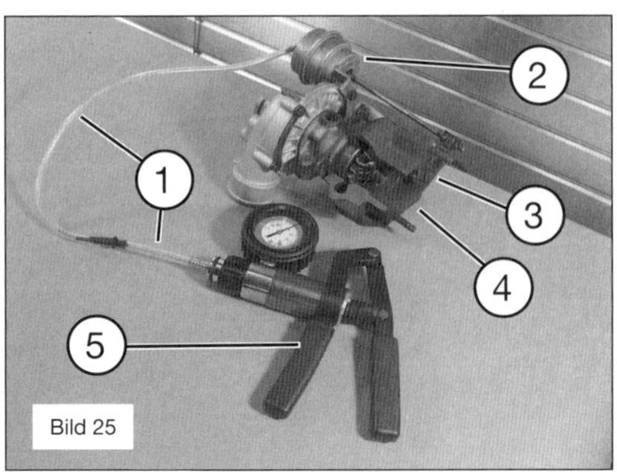

Bild 25
Prüfung der Unterdruckdose.
1 Anschlussschläuche
2 Druckdose
3 Bypassklappe
4 Turbolader
5 Handunterdruckpumpe

Prüfen der Ansteuerung des Ladedruckstellers (Ladedruckbegrenzung)
Die Verstellung kann nur vom Motorsteuergerät angesteuert werden. Mit einem geeigneten Diagnosetester kann ein »Stellgliedtest« durchgeführt werden.
Die Verstellung wird über das Motorsteuergerät überwacht. Fehler werden im Fehlerspeicher abgelegt.

Prüfen der Ansteuerung an der Unterdruckdose (Klappenverstellung)
Die Verstellung wird nicht direkt überwacht. Die Auswirkung der Ansteuerung wird über Sensoren erfasst und auf Plausibilität vom Steuergerät geprüft.
■ Ziehen Sie den Unterdruckanschluss am Turbolader ab und stecken Sie einen Schlauch mit einer Handunterdruckpumpe (Minivac-Pumpe) (Bild 25) an.
■ Beaufschlagen Sie die Unterdruckdose mit Unterdruck und beobachten Sie die Bewegung des Betätigungsgestänges.
Es sollte sich ruckfrei und in Abhängigkeit vom Unterdruck von Anschlag zu Anschlag bewegen lassen.
Die Unterdruckdose muss dicht sein. Abfallender Druck bedeutet meist eine defekte Membran in der Unterdruckdose.

Vorbereitungen für die Druck- und Volumenmessungen am Turbolader
Mit dieser Prüfung wird das Fördervolumen der Schmierung des Turboladers geprüft. Die Prüfung ist aufgrund der kompakten Bauweise nur schwierig möglich, zudem sehr aufwendig.
■ Prüfen Sie den Motorölstand wie bereits im Kapitel 5 beschrieben.
■ Demontieren Sie die Hohlschraube der Ölvorlaufleitung auf Durchlässigkeit und kontrollieren Sie, ob ein Sieb verbaut wurde, das sich eventuell zugesetzt hat.
■ Prüfen Sie die Ölrücklaufleitung des Turboladers auf Durchgängigkeit und eventuelle Verschmutzungen.

Öldruck am Turbolader
■ Führen Sie die Vorbereitungsarbeiten wie beschrieben durch.
■ Bauen Sie an den Versorgungsanschluss um die Druckleitung einen Adapter für den Anschluss einer Druckmessuhr bis 10 bar an.

■ Lassen Sie den Motor bei etwa 2000 1/min laufen. Der Öldruck sollte mindesten 2,0 bar erreichen.

Führen Sie die Prüfung über einen Zeitraum von etwa 10 Minuten durch. Kontrollieren Sie den Öldruck in diesem Zeitraum ununterbrochen.

Ölvolumen am Turbolader

■ Prüfen Sie den Öldruck am Turbolader wie bereits beschrieben.

■ Bauen Sie an den Ölrücklauf des Turboladers einen Schlauch an, den Sie in einen Messbecher mit mindestens 1 Liter Fassungsvermögen leiten.

■ Verschließen Sie die Bohrung für den Rücklauf im Zylinderblock mit einem geeigneten Stopfen.

■ Lassen Sie den Motor eine Minute im Leerlauf laufen.

Der Ölfluss sollte ohne Unterbrechung erfolgen.

Nach Ablauf der Prüfzeit von einer Minute sollten mindestens 0,3 l Öl durch die (den) Turbolader in den Messbecher geflossen sein. Die Messungen sollten mehrfach durchgeführt werden, um ein gesichertes Ergebnis auswerten zu können.

Arbeiten am Ladeluftsystem

Auch die Arbeiten am Ladeluftsystem müssen mit großer Sorgfalt erfolgen. Ein Eindringen von Fremdpartikeln oder Verschmutzungen kann erhebliche Schäden zur Folge haben.

Kontrollen am Aufladungssystem

Für die Sicherung der Schlauchverbindungen mit Schlauchschellen nur solche verwenden, die dem Serienstand entsprechen.

Schlauchstutzen und Schläuche für Ladeluftsystem müssen unbeschädigt und dicht sein.

■ Geringe Ölspuren können im Laufe der Betriebszeit schon auftreten, erheblichem Ölverlust muss aber nachgegangen werden.

■ Achten Sie auf die korrekte Lage der Anschlusskabel und Schläuche.

■ Die Ölversorgung und der Ablauf müssen dicht sein.

■ Kühlmittelpumpe und die Anschlüsse am Turbolader müssen dicht sein.

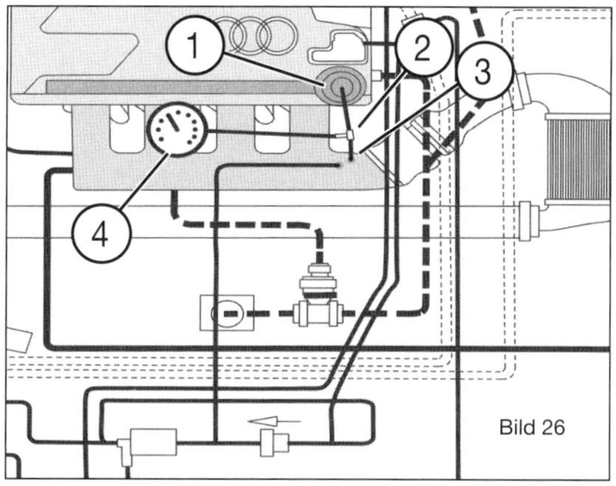

Bild 26
Anschluss einer Druckmessuhr im Ladedrucksystem.
1 Kraftstoffdruckregler
2 T-Stück
3 Anschluss am Saugrohr
4 Druckmessuhr

■ Achten Sie auf die korrekte Befestigung der Abschirmbleche und der Geräuschdämmmatten.

Kontrolle des Ladedrucks mit der Druckmessuhr (Bild 26)

Gerade dann, wenn der Saugrohrdrucksensor in Verdacht steht den Fehler zu verursachen, ist es erforderlich den Ladedruck über eine Druckmessuhr zur erfassen.

■ Demontieren Sie das Luftführungsrohr am Ansaugkrümmer.

■ Montieren Sie einen passenden Messadapter in die Ladeluftleitung oder das Saugrohr und montieren Sie die Ladeluftleitung mit dem verbauten Messadapter.

■ Schließen Sie eine Druckmessuhr mit einem Messbereich von -1 bar bis 3 bar über eine Schlauchverlängerung an.

■ Legen Sie die Messuhr in den Sichtbereich und führen Sie eine Probefahrt durch.

■ Der Ladedruck sollte bei 1,5-1,7 bar liegen.

Kontrolle des Ladedrucks mit dem Diagnosetester

Die Kontrolle des Ladedrucks kann am einfachsten über den Diagnosetester erfolgen.

Das Ladedrucksystem Ihres Audis ist mit zwei Sensoren ausgerüstet.

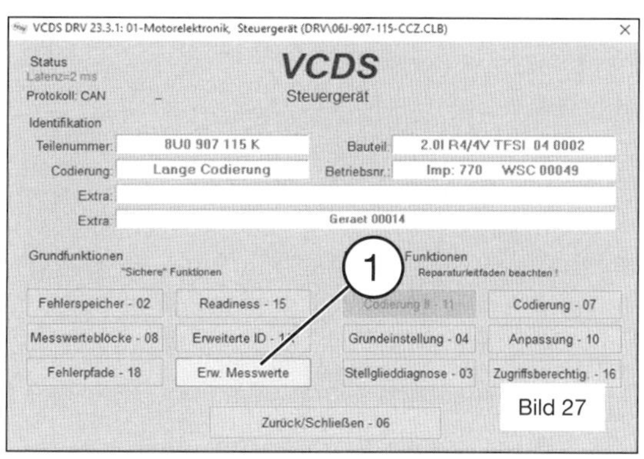

Bild 27
In der Maske Motorsteuergerät.
1 Anwahl zu den Messwerten

Sichtprüfung Messen

Abweichungen vom Sollwert werden in der Regel vom Motorsteuergerät erkannt und im Fehlerspeicher abgelegt.

Die Arbeitsschritte unterscheiden sich für die einzelnen Tester kaum. Wir stellen Ihnen die Vorgehensweise mit unserem VCDS vor.

- Stecken Sie den OBD-Tester in die OBD-Anschlussdose ein.
- Wählen Sie das Fahrzeug wie bereits im Kapitel 4 unter der Überschrift »Diagnosetester einsetzen« beschrieben an.
- Wählen Sie das Motorsteuergerät »Motorsteuerung« an. Der Tester baut nun die Verbindung zu dem Steuergerät auf.
- Wählen Sie die »Sensordaten« an.
- Wählen Sie aus der Liste links den »Saugrohrdrucksensor« an.
- Fahren Sie das Fahrzeug zusammen mit einem zweiten Mechaniker Probe.

Beobachten Sie den Ladedruck und werten Sie ihn aus. Er sollte etwa 0,5 - 0,7 bar über dem Atmosphärendruck erreichen. Das entspricht einem Absolutdruck von 1,5 - 1,7 bar. Im Zweifel beide Sensoren mit dem Oszilloskop prüfen.

Dichtigkeitsprüfung Bauteile und Leitungen im Ladedrucksystem

Ist der Ladedruck zu niedrig, muss nicht zwingend der Turbolader defekt sein.

Undichte oder gerissene Ladeluftleitung oder Schläuche, ein gerissener Ladeluftkühler oder ein undichtes Druckumluftventil kommen hier auch infrage. Auch die Dichtungen rund um den Ansaugkrümmer müssen in Augenschein genommen werden.

⚠ Undichtigkeiten im Ladedrucksystem können leicht auch zu hohen Turboladerdrehzahlen mit Folgeschäden an Turbolader oder sogar am Motor führen.

Akustische Kontrolle:

- Lassen Sie den Motor einige Minuten im Leerlauf laufen und beschleunigen Sie ihn mehrfach aus dem Stand heraus auf etwa 4000 1/min.
- Hören Sie die Ladeluftleitungen zwischen Turbolader und Ladeluftkühler sowie zum Ansaugkrümmer ab.

Achten Sie auf Zischgeräusche und/ oder auf einen Luftstrom.

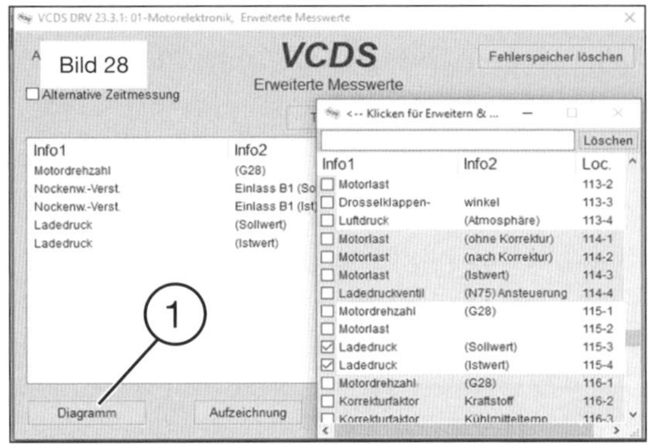

Bild 28
Liste der Messwerte zum Ankreuzen.
1 Anwahl zur grafischen Darstellung

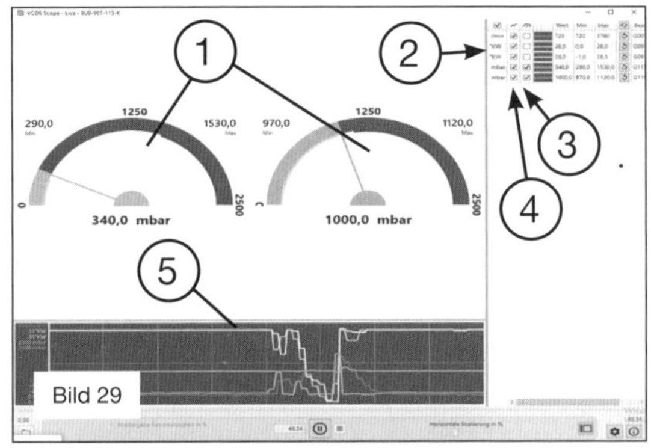

Bild 29
Darstellung der angewählten Messwerte.
1 Analoganzeigen
2 Numerische Anzeigen
3 Anwahl Anzeige analog
4 Anwahl Anzeige Oszilloskop
5 Darstellung Oszilloskop

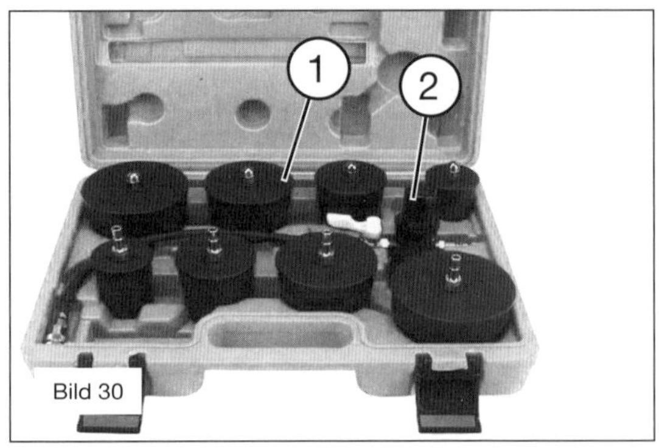

Bild 30
Drucktester Aufladesystem.
1 Anschlussadapterstopfen
2 Druckminderer mit Anschlussschlauch

Dichtigkeitsprüfung über Luftdruck (Bild 29):

- Demontieren Sie den Luftfilterkasten komplett.
- Demontieren Sie das Luftführungsrohr am Ansaugkrümmer.
- Verschließen Sie das Luftführungsrohr zum Ansaugkrümmer mit einem passenden Verschlussstopfen.
- Schließen Sie einen passenden Verschlussstopfen mit Luftanschluss am Luftfilteranschluss zum Turbolader an.
- Beaufschlagen Sie das Ladeluftsystem mit etwa 2,0 bar Druckluft über einen Druckminderer.
- Hören Sie die Ladeluftleitungen zwischen Turbolader und Ladeluftkühler sowie zum Ansaugkrümmer ab.

Achten Sie auf Zischgeräusche und/ oder auf einen Luftstrom.

Dichtigkeitsprüfung mit einem Nebelgerät:

■ Demontieren Sie den Luftfilterkasten komplett.

■ Schließen Sie einen passenden Verschlussstopfen mit Luftanschluss am Luftfilteranschluss zum Turbolader an.

■ Schalten Sie das Nebelgerät ein und lassen Sie es einige Minuten laufen.

Beobachten Sie, ob sich Undichtigkeiten am Ansaugtrakt durch austretenden Rauch erkennbar sind.

Arbeiten an Temperaturfühlern, Lambda- und Druckmesssonden

In Ihrem Audi sind in der Abgasanlage unterschiedliche Sensoren für Druck, Temperatur und die Abgaszusammensetzung verbaut. Die Diagnose sollte ausschließlich über einen geeigneten Motortester erfolgen. Leider sind keine Messwerte für die einzelnen Sensoren seitens des Herstellers bekannt. Oft ist ein Vergleich über Sollwerte auch nicht möglich.

Messwerte über den Diagnosetester

Diese Funktion ist ein Merkmal von Diagnosetestern mit sehr hoher Diagnosetiefe.

■ Wählen Sie in der Startmaske des Testers »Auswahl« an.

■ Wählen Sie im Karteireiter »Verbaut« das Feld »01-Motorelektronik« an.

■ Wählen Sie in der Startmaske des Motorsteuergerätes das Feld »Erweiterte Messwerte« an.

■ Wählen Sie aus der Liste die gewünschten Messwerte (Bild 27) an.

■ Klicken Sie auf das Feld »Diagramm« (1). Die Maske zur grafischen Auswertung Bild 28) ermöglicht eine Auswahl für die unterschiedlichen Darstellungen.

■ Klicken Sie je nach Bedarf das Kästchen neben den Messwerten (2) für die Analoganzeige (3) und/oder die Anzeige des Messwertverlaufs im Oszilloskop an.

Optische Kontrolle

In vielen Fällen ist Korrosion oder ein Bissschaden durch Nagetiere ein Grund für einen Fehler, der einem Sensor zugeschrieben wird.

■ Kontrollieren Sie grundsätzlich vor dem Ausbau den Sitz des Steckkontaktes an dem jeweiligen Sensor.

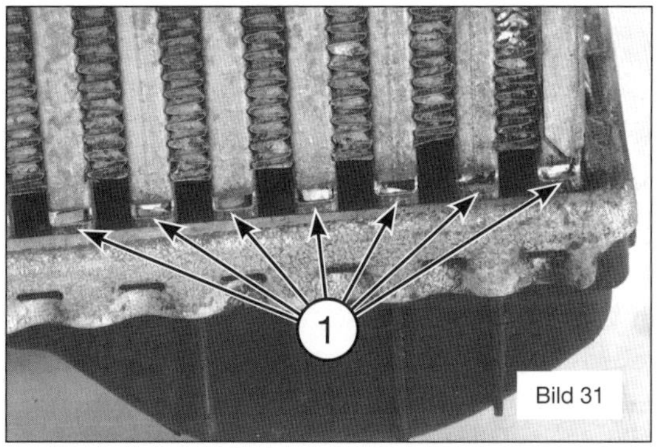

Bild 31

Bild 31
1 Schäden am Ladeluftkühler durch scheuernde Kunststoffverkleidung.

■ Prüfen Sie den Zustand der Steckverbindung.

■ Prüfen Sie den Zustand der Anschlussleitungen.

Demontagearbeiten

Alle Verschraubungen, die im Abgassystem verbaut sind, unterliegen verstärkt der Korrosion und können oft nur schwer gelöst werden.

■ Lassen Sie den Motor und die Abgasanlage für die Montagearbeiten abkühlen.

■ Lesen Sie den Fehlerspeicher aus.

■ Entsichern Sie die Steckkontakte und ziehen Sie sie ab.

■ Drehen Sie die Messsonde mit einem genau passenden Schlüssel (am besten ein Sechskant-Rohrschlüssel) los.

■ Nehmen Sie die Messsonde heraus.

Die Montage erfolgt sinngemäß in umgekehrter Reihenfolge.

■ Die Gewinde der Messsonde (3 im Bild 32) vor der Montage mit Paste bestreichen.

Achten Sie darauf, lediglich das Gewinde und nicht die Messöffnungen zu bestreichen.

■ Verlegen Sie die Anschlusskabel in der Position, wie sie im Originalzustand gelegen haben.

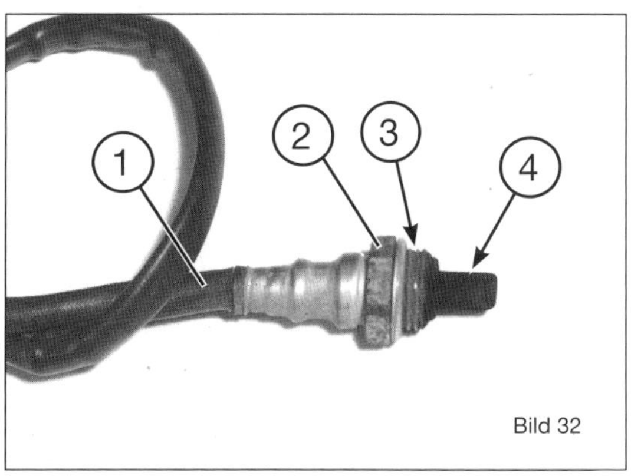

Bild 32

Bild 32
Montage der Lambdasonde.
1 Anschlusskabel
2 Sechskant
3 Gewinde
4 Sondenkopf

10 Kraftübertragung

Getriebetypen beim Audi TT

Zum System der Kraftübertragung bei Fahrzeugen mit Schaltgetriebe gehören Getriebe, Kupplung und Achsantrieb. Damit alle Akteure perfekt zusammenarbeiten und die vom Motor produzierte Leistung an die Antriebsräder übertragen, sind sie durch Gelenke, Wellen und Zahnräder miteinander verbunden. Welche Kraft tatsächlich an den Rädern benötigt wird, hängt davon ab, was dem Fahrzeug während der Fahrt abverlangt wird. Der Motor bietet jedoch nur in einem begrenzten Drehzahlbereich eine verwertbare Leistung an. Damit der Wagen beim Beschleunigen und bei Bergfahrten trotzdem genügend Zugkraft entwickelt, ist das Getriebe nötig. Mit seinen verschiedenen Gängen gewährleistet es eine jeweils passende Übersetzung. Je nach Motor werden verschiedene Getriebe verbaut. Gerade beim Ersetzen des Getriebes aus dem Gebrauchtmarkt ist es wichtig, die Getriebe unterscheiden zu können.

Besonderheiten beim Audi TT
Zum Einsatz kommen bei den Audi TT-Modellen in diesem Buch nicht nur ein Antriebskonzept über Vorderradantrieb, sondern ab dem 1,8-l-Turbo-Motor auch ein schon legendärer Allradantrieb. Somit finden Sie im Audi TT manuelle 5-Gang-Schaltgetriebe für die frontgetriebenen Varianten und 6-Gang-Schaltgetriebe für die frontgetriebenen und die allradgetriebenen Fahrzeuge vor.
Hinzu kommen die S-tronic-Getriebe, wie die Doppelkupplungsgetriebe bei Audi bezeichnet werden. Für die 3,2-l-Motoren mit 184 kW konnten 6-Gang »S-tronic« bestellt werden.

☞ Die 180-PS-Variante gab es dann auch noch mit Frontantrieb. Gerade bei den Allradvarianten ist es sehr wichtig, nur die Getriebe zu verbauen, die auch auf die Hinterachsgetriebe passen. Unterschiedliche Übersetzungen auch im geringfügigen Bereich können hier fatale Folgen haben.

Position der Getriebekennung

Manuelles Fünfganggetriebe (02J):

☞ Das Getriebe wurde lediglich in den 1,8-l-Motoren bis 140 kW verbaut.
Die Kennnummer und das Produktionsdatum für das manuelle 5-Gang-Getriebe finden Sie auf der Getriebeoberseite, auf dem Getriebegehäuse neben der Schaltbetätigung. Zusätzlich ist die Kennnummer auf der linken Seite des Differenzialgehäuses eingeprägt. Auf dem Fahrzeugdatenträger im Serviceheft und im Kofferraum ist die Kennnummer eingetragen (siehe Kapitel 2 Nr. 5 im Bild 10).

Kennbuchstaben	Ausführung
DZF, EGZ, EVS, EWV	5-Gang-Getriebe

Manuelles 5-Gang- und 6-Gang-Getriebe (02M):

☞ Das Getriebe ist im frontgetriebenen sowie in den Allradfahrzeugen verbaut worden. Es wurde als 5-Gang- und als 6-Gang-Getriebe ausgeführt. Die Kennnummer und das Produktionsdatum für das manuelle 6-Gang-Getriebe finden Sie auf der Getriebeoberseite, mittig auf dem Getriebegehäuse hinter der Schaltbetätigung.
Zusätzlich ist die Kennnummer auf der linken Seite des Differenzialgehäuses eingeprägt. Auf dem Fahrzeugdatenträger ist die Kennnummer eingetragen (siehe Kapitel 2 Nr. 5 im Bild 10).

Kennbuchstaben Fronttriebler	Ausführung
ERR, FML,	6-Gang-Getriebe

Kennbuchstaben Allradfahrzeuge	Ausführung
DXW, FHC, FMR	5-Gang-Getriebe
DQB, EFY, FHA, FHB	6-Gang-Getriebe

Manuelles 6-Gang-Getriebe (02Y):

☞ Die Getriebekennung weist das Getriebe für die Allradfahrzeuge aus.
Es ist baugleich mit dem 6-Gang-Schaltgetriebe »02M«. Die Kennnummer und das Produktionsdatum für das manuelle 6-Gang-Getriebe finden Sie auf der Getriebeoberseite, mittig auf dem Getriebegehäuse hinter

der Schaltbetätigung. Zusätzlich ist die Kennnummer auf der linken Seite des Differenzialgehäuses eingeprägt. Auf dem Fahrzeugdatenträger ist die Kennnummer eingetragen (siehe Kapitel 2 Nr. 5 im Bild 10).

6-Gang-DSG-Getriebe (02E):

Das Getriebe wurde nur in Verbindung mit dem 3,2-l-Motor und Allradantrieb verbaut. Die Kennnummer und das Produktionsdatum für das 6-DSG-Getriebe finden Sie auf der Getriebeoberseite, mittig auf dem Getriebegehäuse neben dem Getriebeölkühler vor dem Getriebeölfilter. Auf dem Fahrzeugdatenträger ist die Kennnummer eingetragen (siehe Kapitel 2 Nr. 5 im Bild 10).

Kennbuchstaben Allradfahrzeuge	Ausführung
FMN, FMT, FZL, FZP, GQT, GQV	6-Gang-Getriebe

Ölwechsel am Getriebe

■ Das Fahrzeug mit der Hebebühne anheben. Es muss für die Befüllung und die Kontrolle des Ölstandes gerade angehoben werden oder stehen.

Das Fahrzeug zwischen den Hebebühnensäulen ausrichten und die vier Aufnahmeteller an den vom Fahrzeughersteller vorgeschriebenen Hebebühnenaufnahmepunkten platzieren.

■ Die Umgebung der Öleinfüllschraube und der Ölablassschraube am Getriebe reinigen und die Öleinfüllschraube herausschrauben.

Das Getriebeöl grundsätzlich nur bei betriebswarmem Getriebe ablassen. Austretendes Getriebeöl in einem geeigneten Behälter auffangen.

Das Getriebeöl grundsätzlich vollständig ablaufen lassen. Abgelassenes Getriebeöl fachgerecht entsorgen und niemals wiederverwenden.

Öle am Schaltgetriebe

Nehmen Sie Ihr Serviceheft und Ihren Fahrzeugschein mit und lassen Sie sich nach aktueller Auflistung das passende Öl für Ihr Getriebe, Winkelgetriebe, Achsgetriebe oder den Haldexantrieb zusammenstellen. Wir haben Ihnen hier eine Vergleichsliste zur Übersicht zusammengestellt.

5-Gang-Getriebe: 02J
für Frontantrieb:

Informationen	70W-75W (API GL4)
Neubefüllung nach Zerlegung	2,0 l - 2,4 l

5-Gang-Getriebe: 02M
für Frontantrieb:

Informationen	75W-90 (API GL4)
Neubefüllung nach Zerlegung	2,3 l - 2,4 l
Befüllung beim Ölwechsel	ca. 2,2 l

5-Gang- und 6-Gang-Getriebe: 02Y
für Allradantrieb:

Das Winkelgetriebe ist Bestandteil des Schaltgetriebes.

Informationen	75W-90 (API GL4)
Befüllung beim Ölwechsel	ca. 2,6 l

6-Gang-Doppelkupplungsgetriebe 02E:
Die Doppelkupplungsgetriebe von Audi werden mit »S-tronic« bezeichnet. Das Getriebeöl ist ein spezielles Öl für die Doppelkupplungsgetriebe. Achten Sie auf die Vorgaben der Ölhersteller für Ihr Fahrzeug. Die Befüllung werden wir im Detail beschreiben.

Informationen	DSG Getriebeöl
Neubefüllung nach Zerlegung	ca. 7,0 l
Befüllung beim Ölwechsel	ca. 5,2 l

Winkelgetriebe (Allradantrieb):

Informationen	70W-90 (API GL4)
Befüllung beim Ölwechsel	ca. 0,9 l

Öl am Achsgetriebe hinten (Allrad)
Achsgetriebe (Differenzial):

Informationen	75W90
Neubefüllung nach Zerlegung	0,95 l
Befüllung beim Ölwechsel	0,85 l

Haldexkupplung (Allradkupplung):

Informationen	Haldex-Öl
Befüllung beim Ölwechsel	ca. 0,5 l

Sichtprüfung Messen

Ölwechsel am Schaltgetriebe

■ Bauen Sie die Motorabdeckung unten wie auf der Seite 36 beschrieben ab.
■ Ölablassschraube (2 im Bild 1) herausschrauben und Getriebeöl ablassen.
■ Den Magnet (soweit vorhanden) an der Ölablassschraube reinigen.
■ Drehen Sie die Öleinfüllschraube (1) heraus, um das Nachströmen von Luft zu ermöglichen.
■ Die Ölablassschraube (2) im Getriebe einschrauben und anziehen. Verwenden Sie, wenn überhaupt, sehr wenig Dichtmasse.
■ Beachten Sie die richtige Ölsorte und Füllmenge sowie die Freigabe für das jeweilige Getriebe.
■ Füllen Sie die angegebene Menge Öl durch die Einfüllschraube ein.
■ Lassen Sie überschüssiges Getriebeöl (4 im Bild 2) abtropfen.
■ Die Öleinfüllschraube (1 im Bild 1) im Getriebe einschrauben und anziehen. Verwenden Sie, wenn überhaupt, sehr wenig Dichtmasse.
■ Fahrzeug mit der Hebebühne absenken.

Bild 1
6-Gang-Schaltgetriebe.
1 Einfüllschraube
2 Ablassschraube

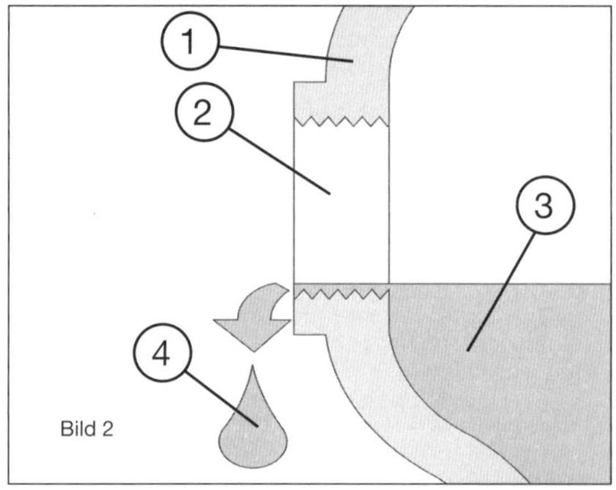

Bild 2
Ölfüllmenge ist beim Überlauf aus der Einfüllschraube erreicht.
1 Getriebegehäuse
2 Einfüllöffnung
3 Getriebeölfüllung
4 Abtropfendes Getriebeöl bei erreichtem Füllstand

Ölwechsel am Winkelgetriebe bei allradgetriebenen Fahrzeugen

Das Winkelgetriebe wird gemeinsam mit dem Schaltgetriebe befüllt oder abgelassen. Ein gesonderter Ölwechsel ist nicht vorgesehen.

Ölwechsel am Achsgetriebe hinten bei allradgetriebenen Fahrzeugen

■ Ölablassschraube (2 im Bild 3) herausschrauben und Getriebeöl ablassen.
■ Den Magnet (soweit vorhanden) an der Ölablassschraube reinigen.
■ Zum Nachströmen von Luft drehen Sie die Öleinfüllschraube (1) heraus.
■ Die Ölablassschraube (2) im Getriebe einschrauben und anziehen. Verwenden Sie einen neuen Dichtring.
■ Beachten Sie die richtige Ölsorte und Füllmenge sowie die Freigabe für das jeweilige Getriebe.
■ Füllen Sie die in den Tabellen auf der Seite 135 angegebene Menge durch die Einfüllschraube (3) ein.
■ Lassen Sie überschüssiges Getriebeöl (4 im Bild 5) abtropfen.
■ Die Öleinfüllschraube (1 im Bild 3) im Getriebe einschrauben und anziehen.
■ Fahrzeug mit der Hebebühne absenken.

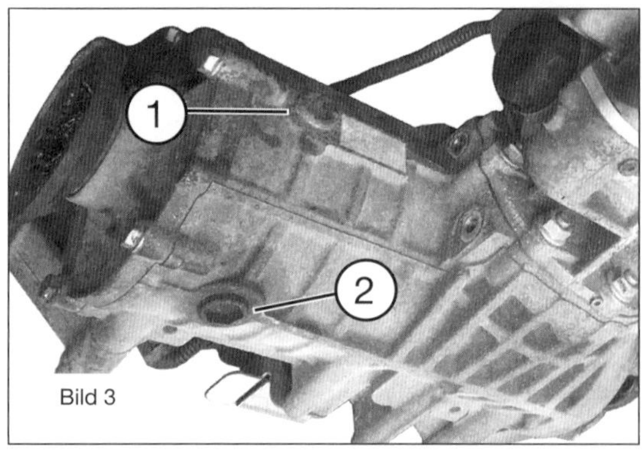

Bild 3
6-Gang-Schaltgetriebe.
1 Einfüllschraube
2 Ablassschraube

Ölwechsel an der Haldex-Kupplung bei allradgetriebenen Fahrzeugen

Der Ölwechsel und das Auffüllen, um das Ölvolumen wieder herzustellen, ist nicht vorgesehen. Die Füllmenge wird grundsätzlich vollständig abgelassen und anschließend wieder aufgefüllt.

Haldexöl ablassen:
■ Ölablassschraube (2 im Bild 4) herausschrauben und das Haldexöl ablassen.
■ Den Magnet (soweit vorhanden) an der Ölablassschraube reinigen.
■ Drehen Sie die Kontrollschraube (1)

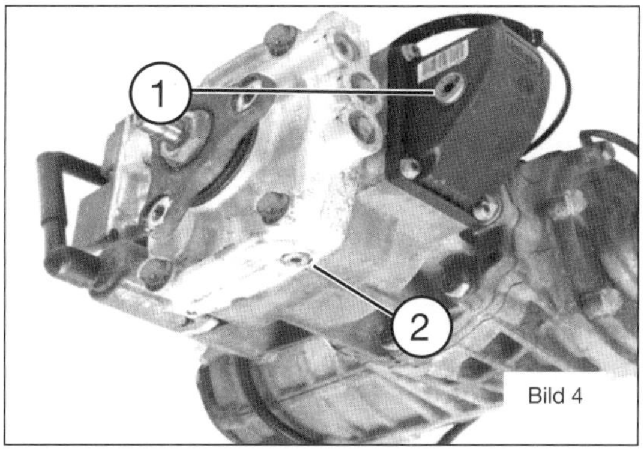

Bild 4

Bild 4
Achsgetriebe hinten. Ansicht von links.
1 Kontrollschraube
2 Ablassschraube

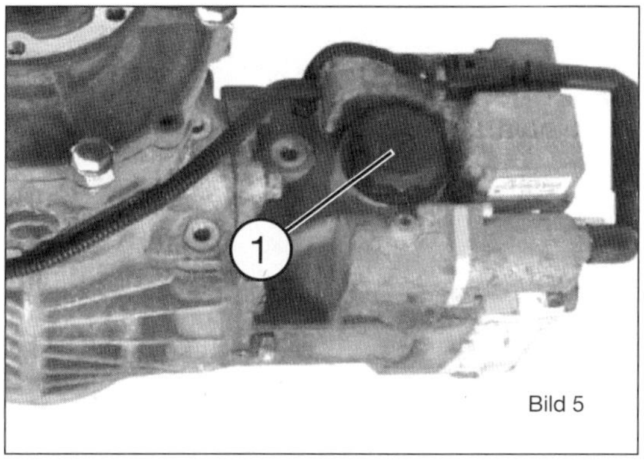

Bild 5

Bild 5
Achsgetriebe hinten. Ansicht von rechts.
1 Haldex Ölfilter

heraus, um das Nachströmen von Luft zu ermöglichen.

Haldexöl einfüllen:

- Erneuern Sie die Dichtung der Ablassschraube (2 im Bild 4) und halten Sie die Ablassschraube bereit.
- Drücken Sie 0,5-l-Haldexöl über eine Kartusche in die Ablassschraube ein und montieren Sie die Ablassschraube sehr zügig.

Tipp: Im Zubehörmarkt und auf den üblichen Verkaufsplattformen sind Servicesets erhältlich, die die passende Ölmenge in einer Kartusche, den Filter, das Distanzstück und einen neuen Filterdeckel beinhalten.

Haldexölstand kontrollieren:

- Lassen Sie den Motor laufen und kontrollieren Sie über einen geeigneten Diagnosetester die Öltemperatur ab.
- Wählen Sie nach der Anmeldemaske den Button »Fahrzeug-Eigendiagnose« an.
- Wählen Sie auf den Button »22 - Allradelektronik« an.
- Wählen Sie auf den Button »08 - Messwerteblock lesen« an.
- Wählen Sie den Button »Messwerteblock 2« an.

elektr. Messen: Lesen Sie die Öltemperatur im zweiten Anzeigefeld ab. Die Öltemperatur muss für die Ölkontrolle zwischen 20 °C und 40 °C liegen.

- Drehen Sie die Kontrollschraube (1 im Bild 4) heraus.

Der Ölstand sollte bis zur Unterkante des Gewindes reichen oder mindestens bis 3 mm darunter stehen.

Wechsel des Ölfilters der Haldex-Kupplung bei allradgetriebenen Fahrzeugen

Tipp: Der Ölfilter ist auf der rechten Seite des Hinterachsgetriebes verbaut und wird durch den Hilfsrahmen verdeckt.

- Lösen Sie den Ölfilterdeckel mit dem Ölfilterschlüssel (VAG T10066).
- Fangen Sie das austretende Öl mit einem geeigneten Behälter auf.
- Ersetzen Sie den O-Ring im Ölfilterdeckel.
- Benetzen Sie die Dichtringe am neuen Filtergehäusedeckel mit etwas Haldexöl.
- Ersetzen Sie den Ölfilter mit dem Distanzstück.
- Führen Sie wie beschrieben den Ölwechsel an der Haldexkupplung durch.
- Beachten Sie die richtige Ölsorte und Füllmenge sowie die Freigabe für das jeweilige Getriebe.

Ölwechsel am Doppelkupplungsgetriebe

Tipp: Für den Ölwechsel oder besser das Erreichen des richtigen Füllstandes ist es erforderlich, dass das Fahrzeug absolut gerade steht.

- Stellen Sie den Wahlhebel des Getriebes auf die Stellung »P«.
- Ziehen Sie die Feststellbremse an (Taster betätigen).
- Schalten Sie den Motor aus und demontieren Sie die Motorabdeckung unten wie im Kapitel 4 beschrieben.

Ausbau des Ölfilters:

- Bauen Sie das Luftfiltergehäuse aus.
- Drehen Sie das Ölfiltergehäuse auf dem Getriebe etwa sieben Umdrehungen los und warten Sie zehn Sekunden.
- Nehmen Sie das Filtergehäuse und den Filtereinsatz vom Getriebe ab.

Tipp: Fangen Sie austretendes Restöl mit einem saugfähigen Lappen auf.

- Nehmen Sie den Dichtring aus dem Ansaugbund des Ölfilters heraus.

Sichtprüfung Messen

Bild 6
Ölfüllgerät für Automatikgetriebe.
1 Handpumpe
2 Einfüllöffnung
3 Behälter
4 Adapter
5 Adapterliste
6 Anschlussadapter

Bild 7
Ölstand im Doppelkupplungsgetriebe.
1 Getriebeöl
2 Füllstandsrohr
3 Dichtring
4 Ablassschraube
5 Ölwanne

Ablassen des Getriebeöls:

In den ersten Bauserien war an den Getrieben noch eine Ablassschraube an der Unterseite verbaut. Die Ablassschraube war links im Getriebegehäuse verbaut.

- Bauen Sie den Ölfilter wie bereits beschrieben aus.
- Stellen Sie einen Auffangbehälter mit ausreichendem Auffangvolumen unter die Ablassschraube.
- Drehen Sie die Ablasssschraube (soweit verbaut) heraus.
- Drehen Sie die Verschlussschraube (4 im Bild 7) im Bereich der Pendelstütze heraus. Hier tritt nur wenig Getriebeöl aus.
- Drehen Sie das Füllstandsrohr (2) heraus. Nun läuft die Füllmenge des Getriebes ab.
- Lassen Sie das Getriebeöl ablaufen und drehen Sie das Füllstandsrohr wieder ein.

Vorbefüllung des Getriebes:

- Montieren Sie einen neuen Ölfilter mit neuen Dichtringen.
- Montieren Sie einen passenden Anschluss (4 im Bild 6) und pumpen Sie 5,5 l in das Getriebe ein.
- Schließen Sie das Kugelventil am Anschlussadapter (6).
- Kontrollieren Sie, dass der Wahlhebel noch in der Stellung »P« steht, treten Sie die Fußbremse und starten Sie den Motor.
- Lassen Sie den Motor im Leerlauf laufen und schalten Sie alle Schaltstufen des Getriebes für 3 bis 5 Sekunden durch.
- Stellen Sie den Wahlhebel wieder zurück in die Stellung »P« und kontrollieren Sie den Ölstand des Getriebes.

Kontrolle des Ölstandes:

- Kontrollieren Sie, dass der Wahlhebel noch in der Stellung »P« steht, betätigen Sie die Feststellbremse und starten Sie den Motor.

Ermitteln Sie die Getriebeöltemperatur über einen geeigneten Diagnosetester. Die Anwahl für den VCDS erfolgt über den Reiter »Antrieb« (Messwertblock 19, Getriebeöltemperaturgeber G93).

- Nehmen Sie den Anschlussadapter ab. Überschüssiges Öl wird nun bei laufendem Motor und steigender Getriebetemperatur abtropfen.

Auslaufendes Getriebeöl auffangen und fachgerecht entsorgen. Das Öl

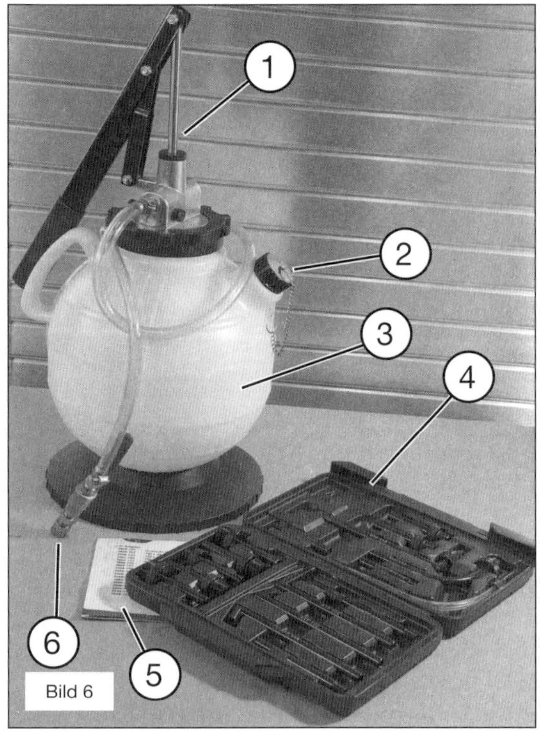

Bild 6

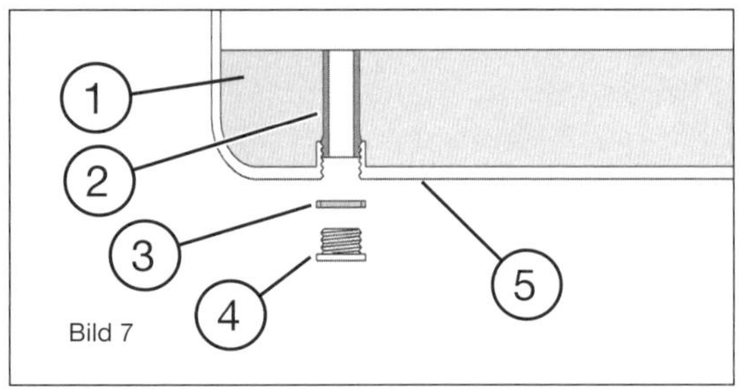

Bild 7

darf nicht wiederverwendet werden.

- Überprüfen Sie, ob das Füllstandsrohr fest verschraubt ist.
- Beobachten Sie die Getriebeöltemperatur über den Diagnosetester.
- Sobald das Getriebeöl die Temperatur von 30 °C (30 °C bis 40 °C) erreicht hat, drehen Sie den Anschluss aus dem Getriebe heraus und die Ablassschraube mit neuer Dichtung wieder ein.
- Soweit vorhanden, Geräuschdämpfung oder Unterfahrschutz wieder einbauen.
- Führen Sie eine Probefahrt durch und fragen Sie den Fehlerspeicher ab.

Montagearbeiten am Getriebe

Die Demontage des Getriebes erfordert einige spezielle Werkzeuge und auch Erfahrung in der Montage. Im Rahmen dieses Buches gehen wir nur auf Arbeiten ein, die üblicherweise in privater Hand von Schraubern angegangen werden. Hinzu kommt, dass der Umfang der Arbeitsbeschreibungen für die Demontage den Rahmen dieses Buches sprengen würde.

Die Kupplung (manuelles Schaltgetriebe 5- und 6-Gang)

Der Kraftfluss vom Motor zum Achsantrieb muss nach Wunsch hergestellt und unterbrochen werden können. Das ist erforderlich, wenn Sie das Fahrzeug starten, mit laufendem Motor fahrbereit stehen oder die Gänge wechseln wollen. Dieses Ankoppeln und Trennen übernimmt bei Fahrzeugen mit Schaltgetriebe die Kupplung. Sie ermöglicht auch ruckfreies Anfahren, indem sie die unterschiedlichen Drehzahlen von Kurbelwelle und Antriebswelle des Getriebes ausgleicht. Kernstück des Systems Kupplung ist die Mitnehmerscheibe. Der Audi TT mit manuellem Schaltgetriebe hat eine hydraulisch betätigte Einscheiben-Trockenkupplung mit asbestfreien Belägen und Einmassenschwungrad. Kupplungen sind komplizierte Konstruktionen. Ihr Verschleißteil Mitnehmerscheibe ist nicht ohne Weiteres zugänglich. Dazu muss das Getriebe vom Motor getrennt und nach unten ausgebaut werden. Diese Arbeit erfordert Know-how und Spezialwerkzeuge. Nun ist aber auch jede Kupplung so gut wie wartungsfrei, weil das System den Verschleiß selbsttätig ausgleicht.

Die Mitnehmerscheibe ist gewöhnlich erst nach mehr als 200 - 300.000 Kilometern zu erneuern. Allerdings hängt ihr Verschleiß von Belastung (zum Beispiel Anhängerbetrieb) und sehr wesentlich von der Fahrweise ab.

Die wichtigsten Teile der Kupplung

Je nach Getriebebauweise und Motorisierung weichen die Kupplungen in konstruktiven Details voneinander ab. Im Wesentlichen aber arbeitet jede Kupplung mit den gleichen Komponenten:

- Das Schwungrad (Motorschwungscheibe) (1 im Bild 8) ist fest mit der Kurbelwelle verbunden. Es hilft, eine gleichmäßige Drehschwingung an das Getriebe weiterzugeben. Sie ist meist als »Zweimassenrad« ausgelegt und sollte grundsätzlich bei Arbeiten an der Kupplung zumindest geprüft werden.
- Die Kupplungsscheibe (Mitnehmerscheibe) (2) sitzt axial beweglich auf der Getriebe-Eingangswelle. Auf beiden Seiten sind Beläge aufgenietet.
- Die Druckplatte (3) ist mit dem Schwungrad fest verschraubt. Beim Tritt aufs Kupplungspedal löst sich über Kupplungshydraulik (oder Mechanik) und Ausrückplatte die Kupplungsscheibe gegen die Kraft der Tellerfeder (Membranfeder) von der Schwungscheibe.

Druckplatten sind korrosionsgeschützt und gefettet. Sie dürfen nur an der Anlauffläche gereinigt werden, sonst wird die Lebensdauer der Kupplung verringert.

Das hydraulische System

Geberzylinder am Kupplungspedal und Nehmerzylinder am Getriebe sind über eine hydraulische Leitung verbunden. In ihr befindet sich Bremsflüssigkeit, die bei Betätigung der Kupplung die Kraft zwischen Geberzylinder und Nehmerzylinder überträgt. Die Bremsflüssigkeit stammt aus dem Vorratsbehälter auf dem Hauptbrems-

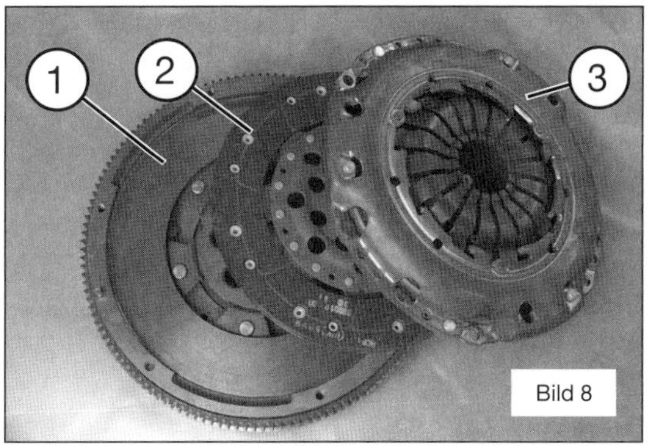

Bild 8

Bild 8
Kupplungsset.
1 Schwungscheibe
2 Mitnehmerscheibe
3 Druckplatte

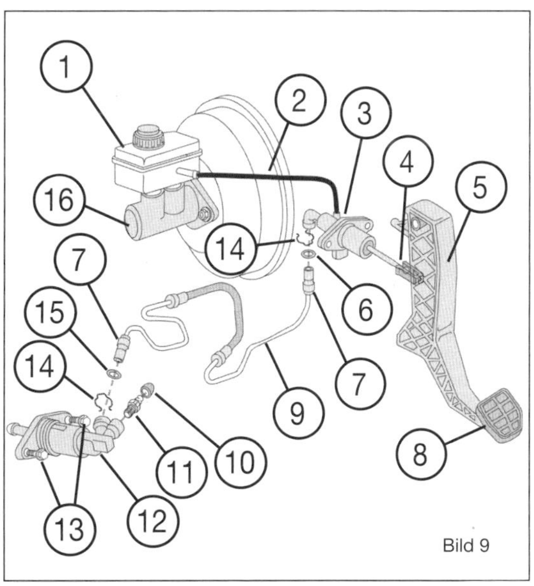

Bild 9

Bild 9
Kupplungspedalwerk.
1 Vorratsbehäter
2 Versorgungsschlauch zum Geberzylinder
3 Kupplungsgeberzylinder
4 Sicherungs- und Lagerklammer
5 Kupplungspedal
6 O-Ring
7 Steckkupplung
8 Pedalgummi
9 Druckleitung
10 Staubschutzkappe
11 Entlüftungsnippel
12 Nehmerzylinder
13 Schrauben
14 Sicherungsclip
15 O-Ring
16 Hauptbremszylinder

Sichtprüfung Messen

zylinder. Ein Defekt in der Kupplungsbetätigung kann daher einen sinkenden Pegel im Bremsflüssigkeitsbehälter verursachen. Ein ausreichender Flüssigkeitsrest für die Bremse ist allerdings immer garantiert. Auch hier drückt beim Einkuppeln die Tellerfeder der Druckplatte die Mitnehmerscheibe langsam gegen das Motorschwungrad, bis sie sich mit der gleichen Drehzahl dreht. So werden die Kräfte sanft übertragen. Dabei schleifen die Anlageflächen kurze Zeit aufeinander, ehe die Reibung wieder so groß ist, dass die Motorleistung vollständig auf das Getriebe übertragen wird. Wenn Sie das Kupplungspedal treten, überwindet das Ausrücklager die Kraft der Tellerfeder. Die Druckplatte wird entlastet und bei völlig durchgetretenem Pedal zurückgezogen. Die Mitnehmerscheibe kann nun im Raum dazwischen frei umlaufen. Das Kupplungsspiel sorgt dafür, dass das Ausrücklager auf dem Zentralausrücker nicht ständig unter Druck steht. Es verringert sich mit der Abnutzung der Beläge. Die Druckplatte nähert sich dem Ausrücklager. Liegt das Lager dann ohne Spiel an der Tellerfeder (Membranfeder) der Kupplung an, wird die Tellerfeder entlastet und die Kupplung rutscht durch.

Kupplung prüfen

Schleift nach Ihrem Eindruck die Kupplung, wenn Sie Ihr Fahrzeug im höchsten Gang beschleunigen, dreht der Motor also hoch, ohne dass die Fahrgeschwindigkeit zunimmt, sollten Sie einmal kurz die Funktion der Kupplung prüfen. Unternehmen Sie diese Probe allerdings wirklich nur gelegentlich!

- Ziehen Sie die Handbremse an, die natürlich in Ordnung sein muss.
- Starten Sie den Motor.
- Legen Sie den 3. Gang ein, dann langsam einkuppeln und Gas geben.
- Bei einwandfreier Kupplung wird der Motor dadurch abgewürgt.

Trennen der Kupplung prüfen

Treten kratzende oder krachende Geräusche beim Schalten auf, trennt meistens die Kupplung nicht mehr richtig. Machen Sie deshalb eine Probe, und zwar mit dem nicht synchronisierten Rückwärtsgang, damit Sie die mögliche Ursache der Geräusche durch ein defektes Getriebe ausschließen.

- Lassen Sie den Motor im Leerlauf drehen.
- Kupplungspedal voll durchtreten, etwa drei Sekunden warten, dann Rückwärtsgang einlegen. Wenn Sie jetzt das kratzende Geräusch hören, läuft die Mitnehmerscheibe nicht ganz frei. Dann trennt die Kupplung nicht sauber.
- Kontrollieren Sie die Funktion der hydraulischen Übertragungselemente. Eventuell muss die Kupplungsbetätigung entlüftet werden. Zu viel Spiel verursacht schnell ein zu hohes Arbeitsspiel und damit reicht der Betätigungsweg der Kupplungsmechanik nicht mehr aus.
- Teile der Kupplungsbetätigung auf Undichtigkeiten untersuchen.

Montage Kupplungspedal

Der Lagerbock des Kupplungspedals und das Kupplungspedal können zerlegt werden. Der Kupplungsgeberzylinder kann einzeln ersetzt werden.

- Die Zündung ausschalten, den Schlüssel abziehen und das Lenkschloss einrasten.

De- und Montage des Kupplungspedalschalters

- Stellen Sie den Fahrersitz so weit wie möglich nach hinten.
- Stellen Sie das Lenkrad so weit wie möglich nach oben.
- Die Zündung ausschalten und den

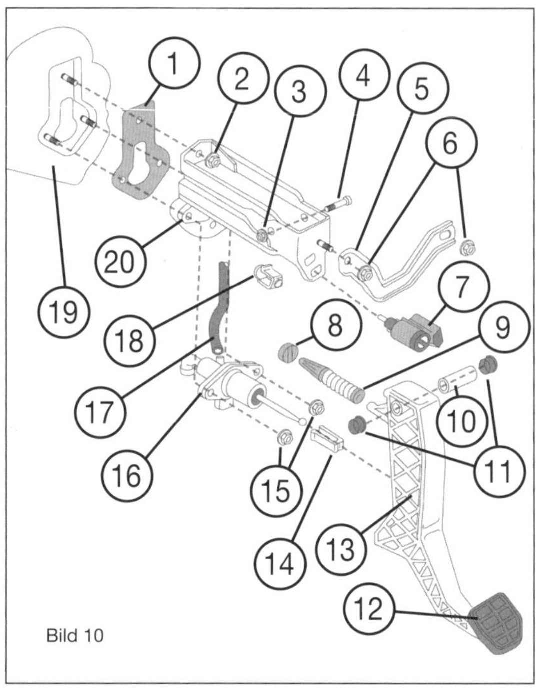

Bild 10

Bild 10
Kupplungspedalwerk.
1 Dichtung
2 Mutter
3 Mutter
4 Schraube
5 Verbindungsblech
6 Muttern
7 Kupplungsschalter
8 Lagerung der Übertotpunktfeder
9 Übertotpunktfeder
10 Lagerbolzen
11 Lagerbuchse
12 Pedalgummi
13 Kupplungspedal
14 Sicherungs- und Lagerklammer
15 Muttern
16 Kupplungsgeberzylinder
17 Zulaufschlauch vom Ausgleichsbehälter
18 Anschlagbügel
19 Stirnwand
20 Pedalbock

Schlüssel abziehen.
■ Entsichern Sie den Steckkontakt und ziehen Sie den Stecker am Kupplungsschalter (7 im Bild 10) ab.
■ Drehen Sie den Kupplungsschalter etwa 45° nach links (gegen den Uhrzeigersinn) und nehmen Sie ihn vom Pedalbock ab.
■ Bauen Sie das Ablagefach im Fahrerfußraum aus.

Einbau erfolgt sinngemäß in umgekehrter Reihenfolge.
■ Prüfen Sie die Funktion der Kupplung.
■ Lesen Sie den Fehlerspeicher aus.

De- und Montage des Kupplungspedals
■ Demontieren sie den Kupplungspedalschalter, wie bereits beschrieben.
■ Setzen Sie die Montageklammer (VAG T10111) in die Übertotpunktfeder (9) ein.

Drücken Sie das Kupplungspedal von Hand etwas zusammen und hängen Sie die Montageklammer in die Stege der Federlagerung ein.

■ Betätigen Sie das Kupplungspedal so weit von Hand, bis Sie die Übertotpunktfeder zusammen mit der Montageklammer nach unten herausnehmen können.
■ Ziehen Sie das Kupplungspedal von Hand in Ruhestellung.
■ Drücken Sie mit der Demontagezange (VAG T10005) die Sicherungs-und Lagerklammer (3 im Bild 11) zusammen (4).
■ Ziehen Sie das Kupplungspedal von Hand etwas zurück (5).
■ Demontieren Sie die Mutter (3 im Bild 10) und ziehen Sie die Schraube (4) so weit heraus, dass Sie das Kupplungspedal (13) herausnehmen können.

Einbau erfolgt sinngemäß in umgekehrter Reihenfolge.
■ Prüfen Sie die Funktion der Kupplung.
■ Lesen Sie den Fehlerspeicher aus.

De- und Montage des Kupplungspedalgummis (12 im Bild 10)
■ Stellen Sie den Fahrersitz so weit wie möglich nach hinten.
■ Ziehen Sie die Gummibeläge von der Pedaltrittplatte ab.
■ Schieben Sie das neue Pedalgummi über die Ecken auf die Pedaltrittplatte auf.

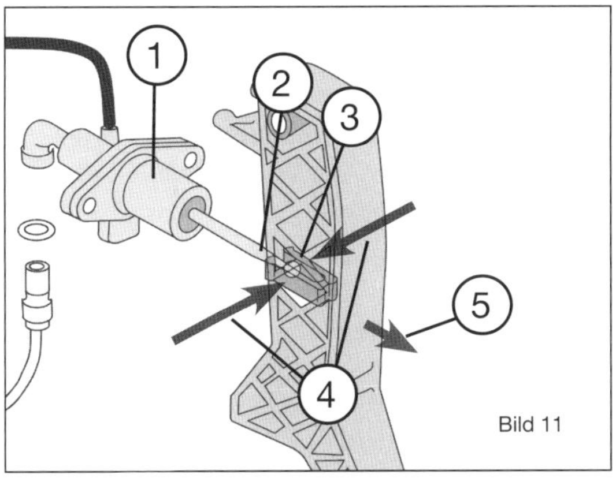

Bild 11
Kupplungspedalerie.
1 Kupplungsgeberzylinder
2 Druckstange
3 Sicherungs- und Lagerklammer
4 Druckrichtung zur Demontage
5 Herausziehen

Hydraulische Kupplungsbetätigung (5- und 6-Gang-Getriebe)

Fehlersuche für das hydraulische Kupplungssystem

Da der Montageaufwand für die Bauteile der hydraulischen Kupplung recht hoch ist, sollten Sie grundsätzlich die nachfolgend beschriebenen Prüfungen durchführen, um den Fehler genau bestimmen zu können.

Das Kupplungspedal ist schwergängig oder macht Geräusche:

■ Prüfen Sie die Übertotpunktfeder und die Pedallagerung auf Spiel oder Geräusche.
■ Wenn mit etwas Sprühfett Verbesserung eintritt, prüfen Sie die Lagerung.

■ Lässt sich das Geräusch auf die Übertotpunktfeder beziehen, muss diese ersetzt werden.

Das Kupplungspedal verbleibt nach der Betätigung in der unteren Stellung hängen:
■ Ziehen Sie das Kupplungspedal nach oben und prüfen Sie, ob es die obere Ruhestellung erreicht. Ist das nicht der Fall, kann es sein, dass die Entlüftungsbohrung im Geberzylinder nicht frei wird und der Zylinder keinen automatischen Spielausgleich durchführen kann. Ein dauerhaft auf dem Kupplungspedal abgelegter Fuß oder eine verklemmte Fußmatte können hier schon die Fehlfunktion verursachen.

Undichte Kupplungshydraulik:

Die Kupplungshydraulik kann sowohl äußere als auch innere Undichtigkeiten aufweisen. Die inneren Undichtigkeiten sind deutlich schwieriger nachzuweisen.

Kontrollieren Sie die Abdichtungen des Geberzylinders in Richtung des Fußraums. Ein Hinweis sind feuchte Manschetten oder auch Spuren von Bremsflüssigkeit im Bereich der Druckstange des Geberzylinders oder am Pedalbock.

- Prüfen Sie den Anschlussschlauch zum Vorratsbehälter am Geberzylinder.
- Prüfen Sie den Druckanschluss auf festen Sitz und Dichtigkeit am Geberzylinder.
- Überprüfen Sie die Leitung zum Nehmerzylinder und die Entlüftungsschraube am Nehmerzylinder.
- Prüfen Sie, ob Rückstände von Bremsflüssigkeit um den Übergang zwischen Motor und Getriebe festzustellen sind.

Soweit Fehler festgestellt werden, müssen diese zuerst beseitigt werden. Anschließend entlüften Sie die Kupplungshydraulik und prüfen Sie erneut die Funktion.

Die Kupplung trennt nicht richtig:
Als Ursache kommen hier auch mechanische Fehler infrage, die dann schon mit deutlich mehr Aufwand nachgeprüft werden müssen:

- an der Kupplungsdruckplatte,
- dem Zweimassenrad,
- der Verzahnung der Kupplungsscheibe, auf der Getriebewelle,
- am Ausrücklager.

Demontage des Geberzylinders
Vorbereitung Bremsflüssigkeit:
Die Kupplungsbetätigung erfolgt hydraulisch über Geber- und Nehmerzylinder. Als Überträger wird Bremsflüssigkeit verwendet.

Vermeiden Sie Augen- und Hautkontakt. Tragen Sie Schutzhandschuhe und geeigneten Augenschutz.

- Demontieren Sie die Abdeckung über der Pedalanlage am Armaturenbrett im Fußraum.

Ausgetretene Bremsflüssigkeit sofort aufnehmen und mit Bremsenreiniger abspülen. Bremsflüssigkeit kann lackierte und beschichtete Flächen schädigen.

- Markieren Sie den Stand der Bremsflüssigkeit mit einem wasserfesten Stift an der Außenseite des Vorratsbehälters, um später eine Überfüllung zu vermeiden.
- Saugen Sie so viel Bremsflüssigkeit aus dem Vorratsbehälter ab, dass der Nachlauf zum Kupplungsgeberzylinder nicht mehr erfolgen kann.
- Bauen Sie wie bereits im Kapitel 8 beschrieben den Luftfilterkasten komplett aus.
- Ziehen Sie den Anschlussschlauch vom Vorratsbehälter zum Geberzylinder ab und verschließen Sie die Öffnung.
- Ziehen Sie die Sicherungsklammer (14 im Bild 9) heraus.
- Ziehen Sie die Steckkupplung (7) aus dem Anschluss des Geberzylinders (3) heraus.

Demontage Kupplungspedalbock:

- Demontieren Sie den Kupplungspedalschalter, wie bereits beschrieben.
- Soweit verbaut, demontieren Sie den zweiten Kupplungspedalschalter für die Motorstartfreigabe.
- Drehen Sie die beiden Muttern (6 im Bild 10) ab.
- Nehmen Sie das Verbindungsblech (5) ab. Drehen Sie die Muttern (2 und 15) ab.
- Nehmen Sie den Pedalbock zusammen mit dem Kupplungspedal und dem Geberzylinder nach innen ab
- Setzen Sie die Montageklammer (VAG T10111) in die Übertotpunktfeder (9) ein.

Drücken Sie das Kupplungspedal von Hand etwas zusammen und hängen Sie die Montageklammer in die Stege der Federlagerung ein.

- Betätigen Sie das Kupplungspedal so weit von Hand, bis Sie die Übertotpunktfeder zusammen mit der Montageklammer nach unten herausnehmen können.
- Ziehen Sie das Kupplungspedal von Hand in Ruhestellung.
- Drücken Sie mit der Demontagezange (VAG T10005) die Sicherungs-und Lagerklammer (3 im Bild 11) zusammen (4).
- Ziehen Sie das Kupplungspedal von Hand etwas zurück (5).
- Verdrehen Sie den Anschlagbügel etwa 45° gegen den Uhrzeigersinn (nach links) und nehmen Sie ihn ab.
- Verschieben Sie den Geberzylinder im Pedalbock zuerst nach unten um ihn aus der Lagerung der Übertotpunktfeder freizulegen.
- Schwenken Sie den Geberzylinder aus dem Lagerbock heraus.

Die Montage erfolgt sinngemäß in umgekehrter Reihenfolge.

- Tragen Sie etwas Silikonfett auf die Lagerung der Sicherungs- und Lagerklammer (14) auf.

■ Entlüften Sie das Kupplungssystem.
■ Prüfen Sie die Funktion der Kupplung.
■ Lesen Sie den Fehlerspeicher aus und löschen Sie ihn gegebenenfalls.

Demontage des Nehmerzylinders
■ Lösen Sie, soweit verbaut, die Sekundärluftleitung vom Luftfiltergehäuse.
■ Demontieren Sie die Verkleidung vor dem Luftfilter.
■ Bauen Sie den Luftfilterkasten komplett aus.
■ Legen Sie den Leerlauf ein.
■ Bauen Sie das Schaltzugwiderlager vom Getriebe ab und clipsen Sie die Druckleitung der Kupplungsbetätigung aus.
■ Entsichern Sie den Wählschaltzug (Rechts- und Linksbewegung) und ziehen Sie ihn vom Betätigungshebel ab.

Fahrzeuge bis 06/2001:
■ Drehen Sie die Sicherungsmutter des Halbrades für den Schaltzug (Vor- und Zurückbewegung) ab und ziehen Sie das Halbrad von der Getriebeschaltwelle ab.

Fahrzeuge bis 06/2001:
■ Entsichern Sie den Schaltzug (Vor- und Zurückbewegung) und ziehen Sie ihn vom Betätigungshebel ab.

Weiter für alle Varianten:
■ Binden Sie die Schaltzüge mit einem Kabelbinder zusammen mit dem Seilzugwiderlager hoch.
■ Drehen Sie die Schrauben (7 im Bild 12) heraus.
■ Ziehen Sie den Nehmerzylinder aus der Getriebeglocke heraus.
■ Ziehen Sie die Sicherungsklammer (2) heraus.
■ Ziehen Sie die Druckleitung aus dem Nehmerzylinder heraus.

Verschließen Sie die Druckleitung mit einem passenden Stopfen.

Legen Sie einen nicht fasernden Lappen unter den Nehmerzylinder, um damit die abtropfende Bremsflüssigkeit aufzufangen.

Der Einbau erfolgt sinngemäß in umgekehrter Reihenfolge.

Fetten Sie die Lagerstelle (1) mit etwas Molybdänsulfid-Schmierfett ein.

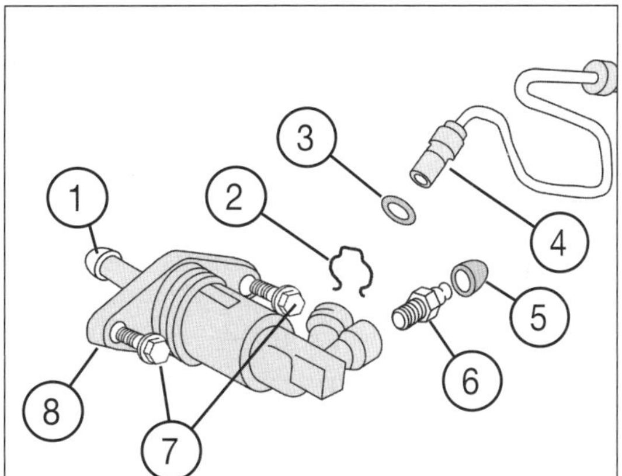

Bild 12

Bild 12 Kupplungsnehmerzylinder.
1 Lagerstelle am Ausrückhebel der Kupplung
2 Sicherungsklammer
3 O-Ring
4 Anschlussstutzen Druckleitung
5 Staubschutzkappe
6 Entlüftungsnippel
7 Schrauben
8 Kupplungsnehmerzylinder

■ Die Staubkappe (5) des Entlüftungsnippels (6) entfernen.
■ Entlüften Sie die Kupplungsbetätigung.

Entlüften der Kupplungshydraulik

Das Entlüften der Anlage ohne ein Entlüftungsgerät ist nicht zu empfehlen. Die Leitungsführung und das geringe Fördervolumen der Zylinder machen eine Druckentlüftung oder ein Absaugen über den Entlüftungsnippel erforderlich. Beim Absaugen muss dringend darauf geachtet werden, dass der Vorratsbehälter nicht leergesaugt wird und der Geberzylinder keine Luft zieht.

■ Die Staubkappe (5 im Bild 12) von dem Entlüftungsnippel (6) abziehen.
■ Geeignetes Bremsenfüll- und Entlüftungsgerät anschließen.
■ Zum Entlüften muss ein Entlüfterschlauch auf den Entlüftungsnippel (6) aufgesteckt werden.
■ Den Entlüfterschlauch mit Auffangbehälter auf den Entlüftungsnippel stecken.
■ Das System mit dem Entlüftungsgerät am Vorratsbehälter mit einem Druck von etwa 1 bar beaufschlagen.
■ Die Entlüftungsschraube etwa eine halbe Umdrehung lösen.
■ Ca. 100 cm^3 Bremsflüssigkeit in den Auffangbehälter ausströmen lassen und den Entlüftungsnippel wieder schließen.
■ Das Kupplungspedal 15- bis 20-mal sehr schnell von Anschlag zu Anschlag bewegen.
■ Die Entlüftungsschraube wieder etwa eine halbe Umdrehung lösen.
■ Etwa 50 cm^3 Bremsflüssigkeit ausströmen lassen.
■ Die Entlüftungsschraube wieder anziehen.

Nach Beendigung des Entlüftungsvorgangs, wenn der Druck des Entlüftungsgerätes wieder abgebaut ist, das Kupplungspedal bitte noch 10-mal mit dem Fuß treten.

■ Prüfen Sie die Funktion der Kupplung.
■ Machen Sie eine Probefahrt.

Ausgetretene Bremsflüssigkeit sofort aufnehmen und mit Bremsenreiniger abspülen. Bremsflüssigkeit kann lackierte und beschichtete Flächen schädigen.

Kupplung beim manuellen 5- und 6-Gang-Getriebe

Demontage der Kupplung

■ Das Getriebe ausbauen.
■ Eine geeignete Haltesperre zum Blockieren des Motors anbauen.
■ Stecken Sie ein geeignetes Zentrierwerkzeug (3 im Bild 13) in Schwungscheibe und Kupplungsmitnehmerscheibe ein.
■ Die Schrauben (1) der Druckplatte (2) herausschrauben. Die Schrauben (1) jeweils in Schritten von 1,5 Umdrehungen diagonal lösen.
■ Die Druckplatte und die Kupplungsscheibe abnehmen.
■ Die Reibfläche der Druckplatte entfetten und mit grober Schmirgelleinwand anrauen.
■ Die Druckplatte (2) und die Kupplungsscheibe (Mitnehmerscheibe) prüfen.
■ Das Schwungrad (5) auf Verschleiß und Beschädigung prüfen.
■ Den Zentralausrücker auf Geräusche, rauen Lauf, Undichtigkeit, Verschleiß und Beschädigung prüfen.

Die Montage erfolgt sinngemäß in umgekehrter Reihenfolge.

■ Setzen Sie zur Montage das Zentrierwerkzeug (3) ein.
■ Ziehen Sie die Schrauben gleichmäßig und über Kreuz an.
■ Entlüften Sie das Kupplungssystem, wie bereits beschrieben.

Wo liegt der Schaden – Kupplung, Betätigung oder Zweimassenrad?

Krachende Geräusche beim Gangeinlegen oder beim Gangwechsel, schwergängige Schaltvorgänge bei laufendem Motor?

■ Eine schlecht trennende Kupplung muss nicht zwangsläufig durch einen Schaden an der Kupplung oder der Druckplatte verursacht werden. Die Kupplungsbetätigung erfolgt bei modernen Systemen über ein hydraulisches System, das sich selbsttätig nachstellt. Die Rückstellung der Kupplung kann durch ein ausgeschlagenes Zweimassenrad größer ausfallen. Das wiederum kann den Hubweg verkürzen und die Kupplung wird nicht vollständig getrennt.
■ Auch dann, wenn die Verzahnung der Mitnehmerscheibe nicht leichtgängig auf der Getriebewelle verschoben werden kann, wird die Kupplung nicht ganz von der Druckplatte getrennt und schleift weiter an.

Druckplatte prüfen

Die Druckplatte ist auf die Schwungscheibe aufgeschraubt. Eine Wärmeabgabe ist nur sehr schlecht möglich.

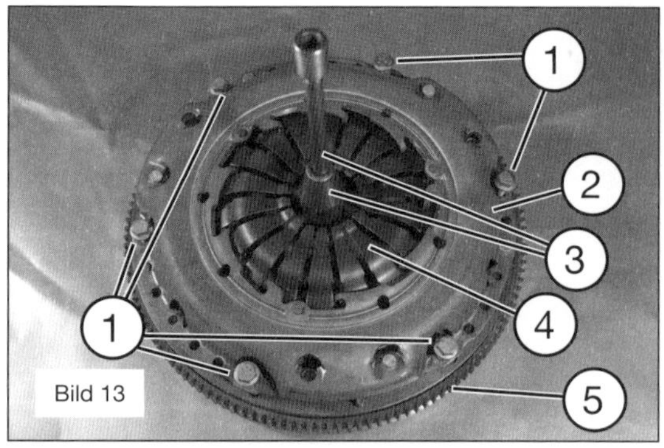

Bild 13
Kupplung und Schwungscheibe.
1 Schrauben
2 Druckplatte
3 Zentrierwerkzeug
4 Membranfeder
5 Schwungrad

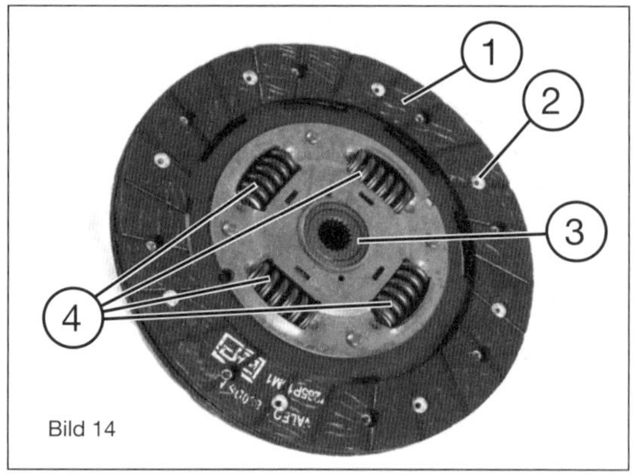

Bild 14
Mitnehmerscheibe.
1 Reibbelag
2 Belagnieten
3 Mittenverzahnung
4 Torsionsfedern

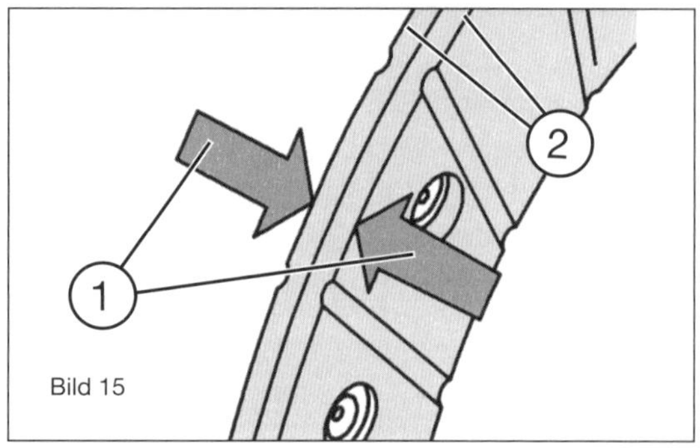

Bild 15
Kupplung und Schwungscheibe.
1 Messpunkt Belagstärke
2 Reibbeläge

■ Die Druckplatte beziehungsweise die Reibfläche auf Risse und Riefen sowie die Membranfeder (4) auf Brüche prüfen.

Die Zungen der Membranfeder (4) auf Verschleiß und gleichmäßige Höhe prüfen.

Kupplungsscheibe prüfen

■ Reibbeläge (1 im Bild 14) der Kupplungsscheibe auf Verölung, Risse, Ausbrüche und Verschleiß prüfen.

■ Die Dämpferfedern (4) auf Brüche und festen Sitz prüfen.

■ Das Keilwellenprofil in der Mitte (3) auf Verschleiß und Ausbrüche prüfen.

Die Kupplungsscheibe muss sich mit geringem Kraftaufwand auf der Antriebswelle des Getriebes verschieben lassen.

■ Prüfen Sie den Zustand der Vernietungen (2) und den festen Sitz der Beläge auf dem Belagträger.

■ Prüfen Sie den Seitenschlag. Er sollte 0,5 mm nicht überschreiten.

Schwungrad demontieren

Die Arbeiten am Schwungrad unterscheiden sich für die Getriebebautypen nicht wesentlich. Wir stellen Ihnen an dieser Stelle eine allgemeingültige Beschreibung zur Verfügung.

■ Die Kupplung wie bereits beschrieben demontieren.

■ Die Schrauben (2 im Bild 16) am Schwungrad (1) herausdrehen.

■ Eine Haltesperre in der Verzahnung des Schwungrades zum Blockieren des Motors anbauen.

■ Das Schwungrad (1) von der Kurbelwelle abnehmen. Dabei auf die Einbaulage des Schwungrades (1) achten (die Lochabstände lassen nur eine Montageposition zu).

Die Montage erfolgt sinngemäß in umgekehrter Reihenfolge.

■ Achten Sie auf die Einbauposition.

■ Ziehen Sie die Schrauben über Kreuz mit dem vorgegebenen Anzugsdrehmoment an.

Schaltzüge und Betätigung

Die Schaltbetätigung der Getriebe erfolgt ausschließlich über Schaltzüge. Bei den Fahrzeugen mit Doppelkupplungsgetriebe ist ein Schaltzug verbaut. Bei Fahrzeugen mit manuellem Schaltgetriebe sind ein Schaltseilzug und ein Wählseilzug verbaut. Die Arbeitsschritte unterscheiden sich für die einzelnen Modelle nur unwesentlich. Wir stellen Ihnen an dieser Stelle eine allgemeingültige Beschreibung zur Verfügung.

Bild 16

Bild 16
Schwungscheibe auf der Kurbelwelle.
1 Schwungrad (Scheibe)
2 Schrauben

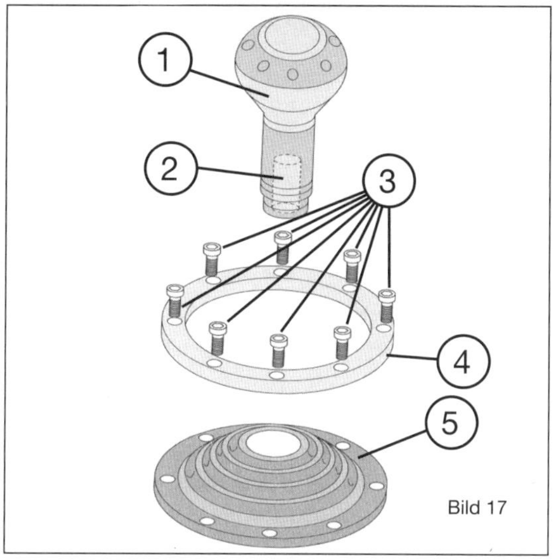

Bild 17

Bild 17
Schaltknauf beim Schaltgetriebe.
1 Schaltknauf
2 Gewinde im Schaltknauf
3 Schrauben
4 Zierring
5 Manschette

Schaltknauf und Manschette aus- und einbauen (Schaltgetriebe)

■ Drehen Sie den Schaltknauf (1 im Bild 17) gegen den Uhrzeigersinn vom Schalthebel ab.

■ Drehen Sie die Schrauben (3) aus dem Zierring (4) heraus und nehmen Sie ihn ab.

Der Schaltsack kann auch am Zierring befestigt sein.

■ Nehmen Sie die Manschette nach oben ab.

Die Montage erfolgt sinngemäß in umgekehrter Reihenfolge.

■ Prüfen Sie den festen Sitz des Schaltknaufs auf dem Gewinde der Schaltstange.

Bild 18
Schaltmechanik beim 6-Gang-Getriebe.
1 Bewegungsrichtung zum Arretieren
2 Bewegungsrichtung zum zurückschieben
3 Sicherungsklammern (verdeckt im Gehäuse)
4 Seilzugösen (verdeckt im Gehäuse)
5 Schaltseilzug
6 Schaltbetätigung
7 Wahlseilzug
8 Halter
9 Schrauben
10 Mutter
11 Wahlumlenkhebel
12 Schaltumlenkhebel
13 Seilzugkopf
14 Feder
15 Sperrrad
Pfeile: Laschen am Bodenblech

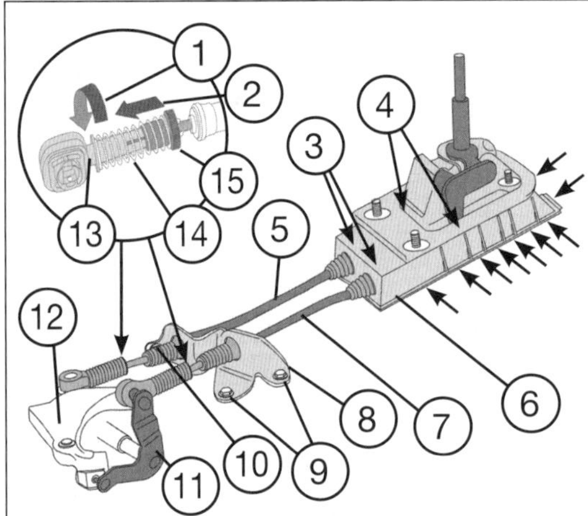

Bild 18

Schaltzüge beim 5- und 6-Gang-Getriebe aus- und einbauen

Montagearbeiten im Innenraum:

■ Das Getriebe in Neutralstellung schalten.
■ Das Fahrzeug anheben.
■ Stellen Sie den Schalthebel in die mittlere Position.
■ Bauen Sie den Schaltsack und die Manschette wie bereits beschrieben aus.

☞ Decken Sie die Oberflächen, an denen Sie einen Montagehebel ansetzen müssen, grundsätzlich mit einem festen Papierklebeband ab.

■ Hebeln Sie die Schalterkonsole in der Mittelkonsole unten nach oben heraus.
■ Entsichern Sie die Steckkontakte und ziehen Sie die Stecker ab.
■ Nehmen Sie die Schalterkonsole ab.
■ Drücken Sie die Haltenasen im hinteren Bereich des Ablagefachs nach vorne und ziehen Sie die Ablage nach oben heraus.
■ Drehen Sie die Muttern für die Befestigung der Schaltbetätigung (6 im Bild 18) ab.

Montagearbeiten unter dem Fahrzeug:

■ Soweit verbaut, bauen Sie die beiden Streben um Unterboden im Bereich der Schaltbetätigung ab.
■ Lösen Sie die Doppelschelle und schieben Sie sie auf das Rohr des Mittelschalldämpfers.
■ Demontieren Sie die Wärmeschutzverkleidung an der Karosserie im Bereich der Schaltbetätigung.
■ Drehen Sie die Schrauben unten für die Befestigung der Schaltbetätigung (6 im Bild 18) heraus.
■ Nehmen Sie das Schaltgehäuse nach unten heraus und ziehen es nach hinten.

Montagearbeiten im Motorraum:

■ Bauen Sie das Luftfiltergehäuse aus.
■ Bauen Sie das Schaltzugwiderlager vom Getriebe ab und clipsen Sie die Druckleitung der Kupplungsbetätigung aus.
■ Entsichern Sie den Wählschaltzug (Rechts- und Linksbewegung) und ziehen Sie ihn vom Betätigungshebel ab.

Fahrzeuge bis 06/2001:

■ Drehen Sie die Sicherungsmutter des Halbrades für den Schaltzug (Vor- und Zurückbewegung) ab und ziehen Sie das Halbrad von der Getriebeschaltwelle ab.

Fahrzeuge ab 06/2001:

■ Entsichern Sie den Schaltzug (Vor- und Zurückbewegung) und ziehen Sie ihn vom Betätigungshebel ab.

Weiter für alle Varianten:

■ Ziehen Sie die Schaltzüge nach hinten heraus.

Montagearbeiten auf der Werkbank:

■ Biegen Sie die Laschen rund um das Schaltgehäuse auf (Pfeile im Bild 18) und nehmen Sie die Bodenplatte vom Schaltgehäuse (6) ab.
■ Hebeln Sie den Gelenkkopf des zu wechselnden Zuges vom Betätigungshebel ab.
■ Ziehen Sie die Sicherungsklammern (3) von dem zu ersetzenden Zug ab und ziehen Sie ihn aus dem Schaltgehäuse heraus.
■ Ziehen Sie die Sicherungsklammern am Halter (8) ab und ziehen Sie ihn heraus.

Die Montage erfolgt sinngemäß in umgekehrter Reihenfolge.

■ Schaltzüge, Schaltzugmanschette und Kugelpfannen auf Verschleiß und Beschädigungen prüfen.
■ Achten Sie auf die korrekte Einbaulage der Züge. Sie müssen parallel liegen und an der vorgesehenen Position der Wärmeschutzbleche liegen.

☞ Die Schaltzüge dürfen nicht verdreht verbaut werden.

■ Stellen Sie die Schaltzüge nach der Montage wie im Anschluss beschrieben ein.

Schaltzüge beim 5- und 6-Gang-Getriebe einstellen

Die Voraussetzung für die korrekte Einstellung sind unbeschädigte Schaltzüge und Lagerungen sowie eine spielfreie Mechanik der Schalthebelkonsole. Die Aufnahmen der Schaltzüge müssen schadfrei sein.

Für die Grundeinstellung der Schaltzüge werden der Schalthebel im Innenraum und die Schaltbetätigung am Getriebe fixiert. Die Schaltzüge werden dann spannungsfrei ausgerichtet.

■ Ziehen Sie das Sperrrad (6 im Bild 19) des Schaltseilzuges und des Wahlseilzuges gegen die Feder (7) ganz nach vorne (2) und fixieren Sie es mit einer Drehung nach rechts (1).

Beide Seilzüge (5) müssen sich nun im Seilzugkopf (1) verschieben lassen.

Fixierung im Innenraum:

■ Bauen Sie den Schaltknauf und die Manschette wie bereits beschrieben aus.

■ Halten Sie den Schalthebel in Position das die Bohrungen in der Lasche (5 im Bild 20) und in der Schaltbetätigung (4) übereinander stehen.

■ Stecken Sie den Absteckstift (VAG T10027) durch die Bohrung der Lasche (5) in die Bohrung (4) der Schaltbetätigung ein.

Fixierung im Motorraum:

■ Bauen Sie das Luftfiltergehäuse aus.

■ Drücken Sie die Wahlschalthebelwelle nach unten in die Schaltgasse für den ersten und zweiten Gang.

5-Gang-Getriebe:

■ Drehen Sie den fest verbauten Absteckbolzen unterhalb der Schaltwelle soweit, dass der Hebel des Absteckbolzens nach oben zeigt.

6-Gang-Getriebe:

■ Drücken Sie den fest verbauten Absteckbolzen unterhalb der Schaltwelle von Hand nach innen.

Weiter für alle Varianten:

Der Getriebeschalthebel kann nun nicht mehr bewegt werden.

■ Lassen Sie die Wahlschalthebelwelle los.

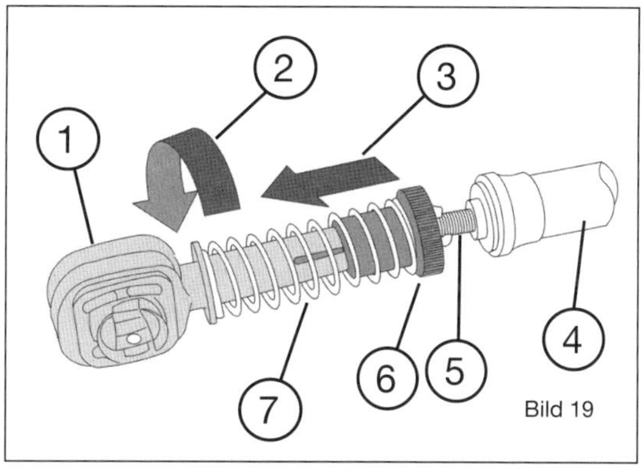

Bild 19
Verriegelung des Schalt- und Wahlseilzuges.
1 Seilzugkopf
2 Bewegungsrichtung zum Arretieren
3 Bewegungsrichtung zum Zurückschieben
4 Außenzug
5 Innenzug
6 Sperrrad
7 Feder

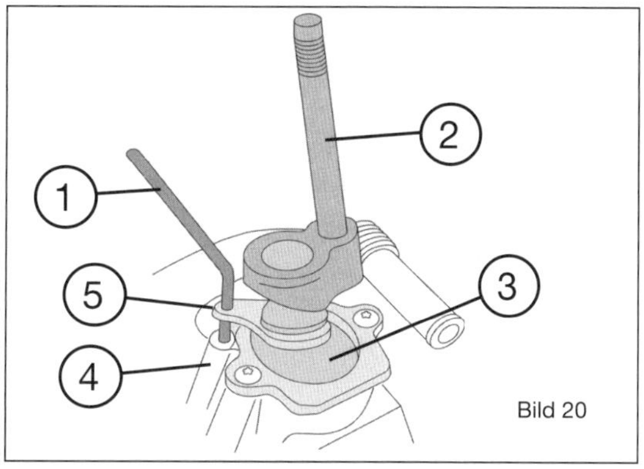

Bild 20
Fixieren des Schalthebels im Innenraum.
1 Absteckwerkzeug (VAG T10027)
2 Schalthebel
3 Gelenk
4 Schaltbetätigung
5 Lasche

Sie bleibt durch die Betätigung des Absteckbolzens in der Stellung.

■ Drehen Sie das Sperrrad (6 im Bild 19) des Schaltseilzuges und des Wahlseilzuges gegen den Uhrzeigersinn. Die Feder (7) drückt den Sicherungsmechanismus in die Grundeinstellung und verklemmt dort.

Demontieren Sie den Absteckstift im Innenraum.

■ Drücken Sie die Wahlschalthebelwelle leicht nach unten.

■ Drehen Sie den fest verbauten Absteckbolzen unterhalb der Schaltwelle so weit, dass der Hebel des Absteckbolzens wieder seitlich nach links zeigt.

6-Gang-Getriebe:

■ Drücken Sie die Wahlschalthebelwelle leicht nach unten.

■ Ziehen Sie den getriebeseitig verbauten Absteckbolzen (2) so weit heraus, dass der Getriebeschalthebel wieder freigängig ist.

Kontrolle der Schaltzugeinstellung:

■ Kontrollieren Sie, dass der Schalthebel sich in Ruhestellung in der Schaltgasse des 3. und 4. Ganges befindet.

■ Lassen Sie den Motor laufen und schal-

Bild 21
Demontage des Schaltknaufs beim DSG-Getriebe.
1 Drahtbügel
2 Montagerichtung des Drahtbügels
3 Schaltknauf
4 Taste
5 Herausziehen der Taste
6 Schalthebel
7 Hülse

Bild 22
Demontage des Schaltknaufs beim DSG-Getriebe.
1 Schrauben
2 Halteclip
3 Halter
4 Schaltzug
5 Schraube
6 Gelenk
7 Sicherungsclip
8 Schalthebel am Getriebe

ten Sie bei getretener Kupplung alle Gänge mehrfach durch.

Achten Sie auf die Funktion der Rückwärtsgangsperre.

Schaltknauf und Manschette aus- und einbauen (DSG-Getriebe)

■ Der Schaltknauf wird durch einen Riegel gesichert, der in der Taste verbaut ist.
■ Stellen Sie den Wahlhebel auf die Position »D« und ziehen Sie die Handbremse an.
■ Schieben Sie die Hülse (7 im Bild 21) nach unten.
■ Ziehen Sie die Taste (4) bis zum Anschlag heraus (5).
■ Sichern Sie die Taste (4) durch einen Drahtbügel (1) gegen das Hineinrutschen.
■ Ziehen Sie den Schaltknauf (3) vom Schalthebel gerade nach oben ab.

Die Montage erfolgt sinngemäß in umgekehrter Reihenfolge.

Die Taste (5) zeigt in Richtung Fahrersitz (nach links).

■ Prüfen Sie nach der Montage die Funktion und die Verrastung des Schalthebels.

Schaltzüge beim Doppelkupplunggetriebe aus- und einbauen

■ Bauen Sie wie bereits im Kapitel 8 beschrieben das Luftfiltergehäuse aus.
■ Stellen Sie den Wahlhebel auf die Stellung»P«
■ Ziehen Sie den Halteclip (2 im Bild22) nach oben ab.
■ Ziehen Sie den Sicherungsclip (7) nach oben ab.
■ Nehmen Sie den Schaltzug aus dem Halter (3) heraus.
■ Bauen Sie wie bereits beschrieben den Katalysator aus.
■ Demontieren Sie den Halter für die Abgasanlage über dem Wärmeschutzblech.
■ Bauen Sie das Wärmeschutzblech unter dem Schalthebel ab.
■ Bauen Sie die vordere Kardanwelle aus.

Die Arbeiten hierzu werden wir in diesem Kapitel noch im Detail darstellen.

■ Bauen Sie das Wärmeschutzblech vorne ab.
■ Drehen Sie die vier Muttern der Schaltbetätigung von unten ab.
■ Hebeln Sie den Schaltzug mit einem

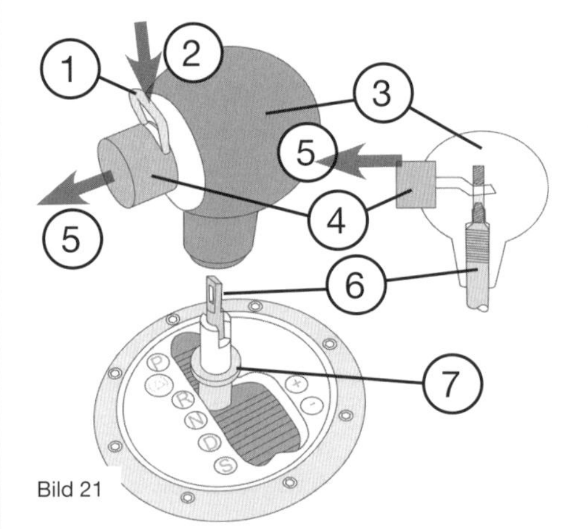

Bild 21

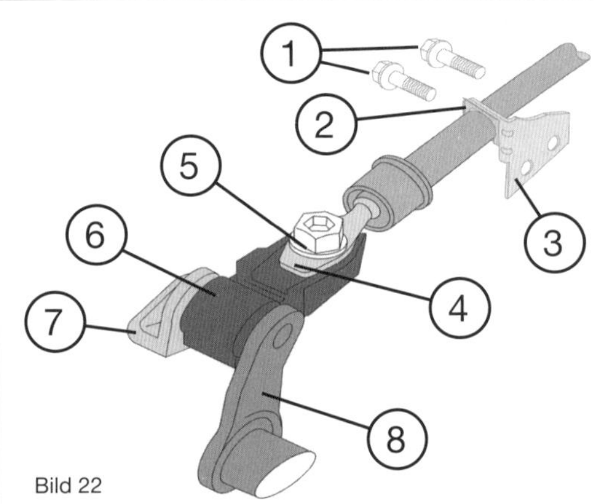

Bild 22

Schraubendreher vom Schalthebel in der Schaltbetätigung ab.
■ Drücken Sie die Haltenase des Schaltzuges zusammen und nehmen Sie den Schaltzug vorsichtig aus der Schaltbetätigung heraus.
■ Prüfen Sie, dass der Schaltzug frei liegt und nehmen Sie ihn heraus.

Die Montage erfolgt sinngemäß in umgekehrter Reihenfolge.
■ Prüfen Sie nach der Montage die Funktion und die Verrastung des Schalthebels.

Schaltzüge am Doppelkupplung einstellen

Die Voraussetzung für die korrekte Einstellung sind ein unbeschädigter Schaltzug und Lagerung sowie eine spielfreie Mechanik der Schalthebelkonsole. Die Aufnahme des Schaltzuges muss unbeschädigt sein.

Für die Grundeinstellung des Schaltzuges wird der Schalthebel in die

Position »P« gestellt. Der Getriebeschalthebel wird bis Anschlag nach hinten geschoben. Die Parksperre der Räder muss nun eingerastet sein.

Die Einstellung erfolgt bis zur Fahrgestellnummer 8N_4113847 über die Verschraubung am Gelenk des Getriebeschalthebels. Ab der Fahrgestellnummer 8N_4113848 erfolgt die Einstellung am Wahlhebel im Innenraum.

■ Bauen Sie das Luftfiltergehäuse aus.
■ Stellen Sie den Wahlhebel im Innenraum auf die Stellung »P«.

Fahrgestellnummer bis 8N_4113847:
■ Lösen Sie die Schraube (5 im Bild 22).
■ Drücken Sie den Getriebeschalthebel (5) entgegen der Fahrtrichtung ganz nach hinten.

Prüfen Sie, dass die Parksperre eingerastet ist.

■ Bewegen Sie den Wählhebel im Innenraum vorsichtig leicht nach vorne und hinten ohne dabei in eine andere Wählhebelposition zu schalten.
■ Ziehen Sie die Schraube (5) ruckfrei mit 13 Nm an.

Fahrgestellnummer ab 8N_4113848:
■ Bauen Sie den Schaltknauf und die Abdeckung über der Schaltbetätigung im Innenraum aus.
■ Stecken Sie den Steckeinsatz (VAG T40031) in die Bohrung hinter dem Schalthebel.

Die Klemmschraube ist nur in der Hebelposition »P« erreichbar.

■ Lösen Sie die Klemmschraube lediglich etwa eine Umdrehung.

Der Schalthebel muss in der Hebelposition »P« bleiben.

■ Prüfen Sie, dass der Schalthebel genau in der Position »P« steht.
■ Ziehen Sie die Klemmschraube gleichmäßig mit 13 nm an.

■ Bewegen Sie den Schaltzug (2) etwas nach vorne und hinten, um sicherzustellen, dass der Zug spannungsfrei aufliegt. Achten Sie darauf, die Schaltstufe nicht zu verlassen.
■ Ziehen Sie die Schraube (4) vorsichtig wieder an, ohne die Zugeinstellung zu verschieben.

Prüfen der Schaltzugeinstellung:
■ Stellen Sie den Wahlhebel im Innenraum auf die Stellung »P«.
■ Drücken Sie die Taste im Schalthebel und ziehen Sie den Schalthebel etwa 5 mm zurück, ohne in den Rückwärtsgang zu schalten.
■ Lassen Sie den Wahlhebel los. Der Wahlhebel muss nun selbstständig wieder in die Position »P« fallen.
■ Stellen Sie den Wahlhebel im Innenraum auf die Stellung »N«.
■ Drücken Sie die Taste im Schalthebel und ziehen Sie den Schalthebel etwa 5 mm zurück, ohne in die Stellung »D« zu schalten.
■ Lassen Sie den Wahlhebel los. Der Wahlhebel muss nun selbstständig wieder in die Position »N« fallen.
■ Stellen Sie den Wahlhebel im Innenraum auf die Stellung »N«.
■ Drücken Sie die Taste im Schalthebel und ziehen Sie den Schalthebel etwa 5 mm zurück, ohne in die Stellung »R« zu schalten.
■ Lassen Sie den Wahlhebel los. Der Wahlhebel muss nun selbstständig wieder in die Position »N« fallen.

Achsgelenkwellen

De- und Montage der Achsgelenkwellen der Vorderachse unterscheiden sich nur unwesentlich. Die beschriebenen Montagearbeiten sind sowohl für die rechte als auch für die linke Seite anwendbar.

■ Fahrzeug anheben und verzurren.

Wenn das Fahrzeug nicht verzurrt wird, besteht die Gefahr, dass es von der Hebebühne abrutscht.

■ Demontieren Sie die Motorabdeckung und/oder Getriebeabdeckung unten (soweit verbaut).

Prüfen der Gelenkwellen

Gelenkwellen unterliegen zwar Verschleiß, aber es gibt eigentlich nur drei Gründe, eine Achsgelenkwelle zu zerlegen. Zuerst einmal möchten wir den Hintergrund für diese Arbeiten genauer beleuchten.

■ *Spiel an den Gelenken (Bild 23):*

Halten Sie den Lageraußenring mit der Hand fest und verdrehen Sie die Achswelle. Sie sollte möglichst kurze

Bild 23
Spiel an den Gelenken der Achswellen prüfen.
1 Gelenkwelle
2 Gelenkwellentopf (Lageraußenring)

Bild 24
Beschädigte Achswellenmanschette.
1 Gelenkwelle
2 Gelenkwellentopf
3 Achswellenmanschette

schnelle Bewegungen machen (einfach schnell hin- und herdrehen). So bemerken Sie ein mögliches Lagerspiel in den Achswellen sehr schnell. Spiel an den Gelenken sollte immer nachgegangen werden.

Denken Sie daran, dass Ihr Fahrzeug beim Anheben einen anderen Winkel der Achswelle bewirkt. Die Prüfungen sollten immer am Boden stattfinden. Eine Grube in der Garage oder eine Mutterbühne ist hier sehr hilfreich. Stellen Sie übermäßiges Spiel fest, sollte die Gelenkwelle erneuert oder zerlegt und repariert werden. Zumeist zeigen sich bei der Demontage erhebliche Schäden an Lagerflächen oder Kugeln.

Wird das Spiel zu groß (mehr als 2 mm Spiel in der Verdrehung), kann die Antriebswelle »auseinanderfliegen« und sorgt dann im günstigsten Fall für eine Panne. Im schlimmsten Fall kann die Achswelle weitere Schäden verursachen, wenn sie aus den Führungen herausrutscht.

■ *Geräusche:*
Die Prüfung der Achsgelenkwellen auf diese Schäden erfolgt in der Regel bei einer Probefahrt. Es sollten hier enge Radien gefahren werden können (Supermarktparkplatz) und auch der Lastwechsel vom Beschleunigen zum Schiebebetrieb simuliert werden.

Gefahren vermeiden! Auf den Verkehr achten! Geräusche an den Achswellen lassen sich leider nur für das radseitige Gelenk sicher orten.

Die Getriebeseite wird oftmals als »Getriebeschaden« wahrgenommen. Sollten also Geräusche beim Lastwechsel entstehen, nehmen Sie auch die Antriebswellen einmal genauer unter die Lupe. Ein deutliches »Klackern« oder durchaus schon »Schläge« gerade beim Kurvenfahren in engen Radien weisen auf einen Achswellenschaden hin.

Je lauter diese Geräusche werden, umso dringender besteht Handlungsbedarf. Auch hier sind oft an den zerlegten Wellen sehr gut sichtbare Schäden vorhanden.

■ *Manschette beschädigt (Bild 24):*
Das Ende der Lagerungen einer Achswelle wird natürlich schneller erreicht, wenn Schmutz, Wasser und Straßendreck durch eine defekte Manschette eindringen können.

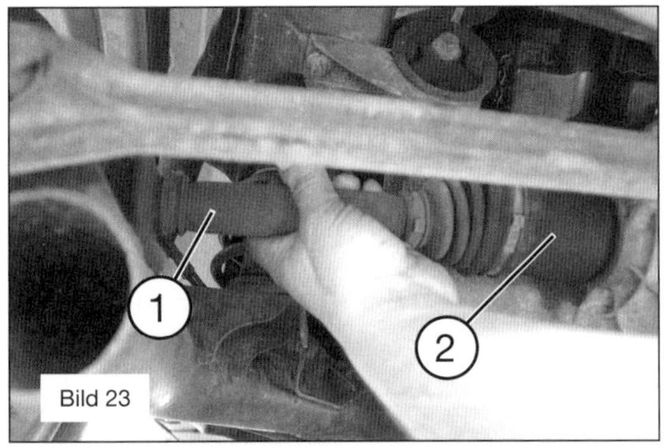

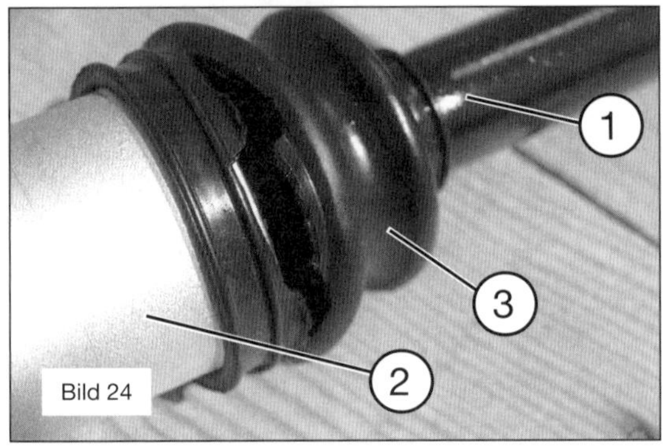

Kontrollieren Sie die Lenkmanschetten und die Gelenkmanschette regelmäßig. Bei Schäden führt an einer Reinigung des Gelenkes und dem Ersatz der Manschette kein Weg vorbei.

Achten Sie auch auf kleine Fettspritzer im Radlaufbereich oder an den Bremsteilen. Oftmals zeichnen schon kleinste Schäden an der Manschette deutliche Spuren. Durch die hohe Drehzahl wird das Fett im Gelenk sehr schnell in der Landschaft verteilt. Daraufhin läuft das Gelenk trocken und wird mit der Unterstützung des eindringenden Schmutzes ein erhebliches Verschleißverhalten entwickeln.

Achsgelenkwellen (vorne)

De- und Montage der Achsgelenkwelle der Vorderachse unterscheiden sich nur unwesentlich. Die beschriebenen Montagearbeiten sind sowohl für die rechte als auch für die linke Seite anwendbar.

■ Lassen Sie eine zweite Person fest auf die Bremse treten und lösen Sie die Zentralschraube (1 im Bild 25) des Radlagers.

Das Fahrzeug darf nun weder auf den Rädern abgestellt noch bewegt werden. Durch die Belastung werden die Radlager beschädigt.

■ Drehen Sie die Zentralschraube heraus.
■ Fahrzeug mit der Hebebühne anheben.
■ Bauen Sie das entsprechende Rad ab.
■ Drehen Sie die Schrauben (1 im Bild 26) am Getriebeflansch der Achswelle heraus.
■ Bauen Sie (soweit verbaut) die Mutter (1 im Bild 27) des Halters für den Fahrzeugniveausensor am Querlenker ab.
■ Drehen Sie die Muttern (4) des Traggelenkbolzens am Querlenker ab.
■ Ziehen Sie das Federbein nach außen und drücken Sie hierbei die Achsgelenkwelle aus der Radnabe heraus.
■ Nehmen Sie die Antriebswelle heraus.

Die Montage erfolgt sinngemäß in umgekehrter Reihenfolge.
■ Tragen Sie etwas Montagepaste auf die Zahnung der Antriebswelle und des Radlagers auf, bevor Sie die Achswelle in das Radlager einschieben.

Nach der Demontage der Verschraubung des Fahrzeugniveausensors muss die Grundeinstellung der Scheinwerfer mit einem geeigneten Diagnosetester durchgeführt werden.

Bei Fahrzeugen, die mit einer elektronischen Dämpferregelung ausgestattet sind, muss nach der Demontage der Verschraubung des Fahrzeugniveausensors die Regelanlage mit einem geeigneten Diagnosetester angelernt werden.

Achsgelenkwellen (hinten)

Die De- und Montage der Achsgelenkwellen der Hinterachse (Allrad-Fahrzeuge) unterscheiden sich nur unwesentlich. Die beschriebenen Montagearbeiten sind sowohl für die rechte als auch für die linke Seite anwendbar.
■ Messen Sie die Leergewichtslage (siehe Kapitel 11).
■ Lassen Sie eine zweite Person fest auf die Bremse treten und lösen Sie die Zentralschraube (1 im Bild 25) des Radlagers.

Das Fahrzeug darf nun weder auf den Rädern abgestellt noch bewegt werden. Durch die Belastung werden die Radlager beschädigt.
■ Drehen Sie die Zentralschraube heraus.

Bild 25
Zentralschraube der Achswelle vorne.
1 Zwölfkant-Zentralschraube
2 Drehmomentschlüssel mit passender Stecknuss

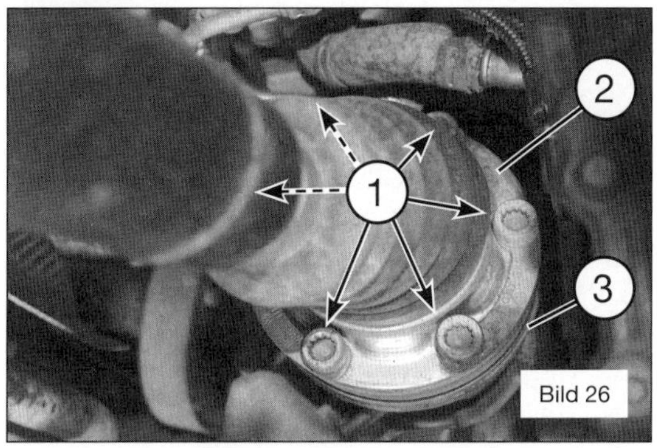

Bild 26
Verschraubungen am Getriebeflansch vorne.
1 Schrauben am Getriebeflansch
2 Achswelle
3 Getriebeflansch

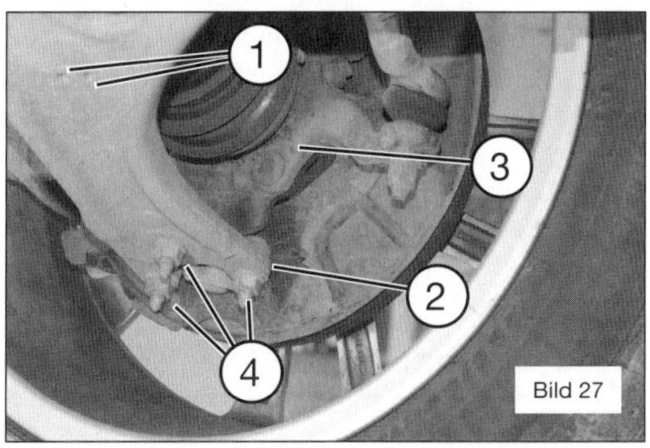

Bild 27
Verschraubungen an Querlenker und Achsschenkel.
1 Verschraubung des Niveausensors vorne
2 Querlenker
3 Achsschenkel
4 Schrauben Traggelenkbolzen

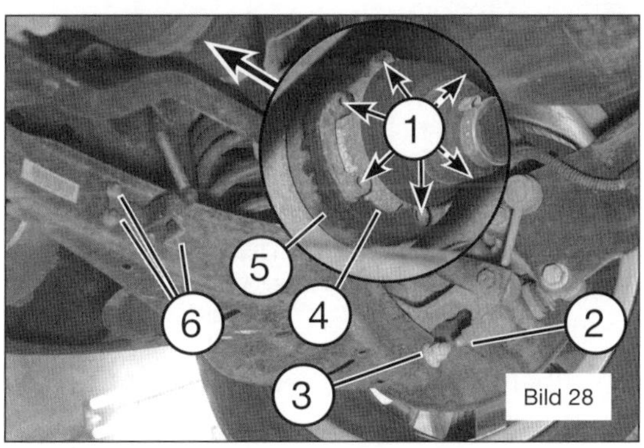

Bild 28
Verschraubungen am Getriebeflansch hinten.
1 Schrauben Achswelle
2 Verschraubung Spurstange
3 Verschraubung Querlenker
4 Getriebeflansch
5 Achswelle
6 Verschraubungen des Fahrzeugniveausensors

■ Fahrzeug mit der Hebebühne anheben.
■ Bauen Sie das entsprechende Rad ab.
■ Bauen Sie die Fahrwerksfeder aus.
■ Demontieren Sie die Verschraubungen des Fahrzeugniveausensors (6 im Bild 28) am Querlenker.
■ Bauen Sie die Schrauben des Querlen-

kers am Achsschenkel (3) und an der Spurstange (2) aus.

- Drehen Sie die Schraube des Stoßdämpfers am Achsschenkel heraus.
- Drehen Sie die Schrauben (1) am Getriebeflansch der Achswelle heraus.
- Ziehen Sie das Radlagergehäuse nach außen und drücken Sie hierbei die Achsgelenkwelle aus der Radnabe heraus.
- Nehmen Sie die Antriebswelle heraus.

Die Montage erfolgt sinngemäß in umgekehrter Reihenfolge.

- Tragen Sie etwas Montagepaste auf die Zahnung der Antriebswelle und des Radlagers auf, bevor Sie die Achswelle in das Radlager einschieben.

⚠ Die Verschraubungen am Radlagergehäuse (Achsschenkel) dürfen nur in Leergewichtslage verschraubt werden. Die Gummibuchsen werden sonst verspannt und reißen schnell aus.

Nach der Demontage der Verschraubung des Fahrzeugniveausensors muss die Grundeinstellung der Scheinwerfer mit einem geeigneten Diagnosetester durchgeführt werden.

Bei Fahrzeugen, die mit einer elektronischen Dämpferregelung ausgestattet sind, muss nach der Demontage der Verschraubung des Fahrzeugniveausensors die Regelanlage mit einem geeigneten Diagnosetester angelernt werden.

Gelenkwellen zerlegen

Achsmanschette außen (radseitig) wechseln:

Es gibt zwei unterschiedliche Bauweisen des Gelenktopfes auf der Welle. Unterscheiden kann man die Bauweisen über den Durchmesser des Topfgelenks.

- Die entsprechende Antriebswelle wie bereits beschrieben ausbauen.
- Die Gelenkwelle mit Schutzbacken im Schraubstock einspannen.
- Die Antriebswellenmanschette (1 im Bild 29) aufschneiden und abziehen.
- Fett über dem Gelenktopf abwischen.
- Das Gleichlaufgelenk (1 im Bild 31) mit einem Kunststoffhammer (3) von der Antriebswelle (2) treiben.
- Den Sicherungsring ausbauen.

Bild 29

Bild 29
Gelenkmanschette anheben.
1 Manschette
2 Innenring des Gelenks
3 Gelenktopf

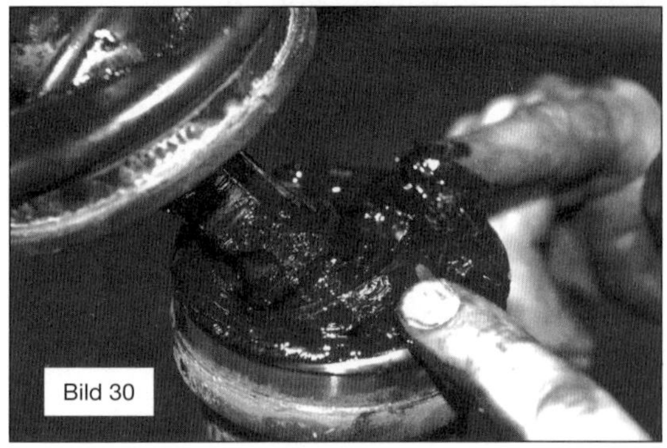

Bild 30

Bild 30
Gelenk abwischen, um es besser erkennen zu können.

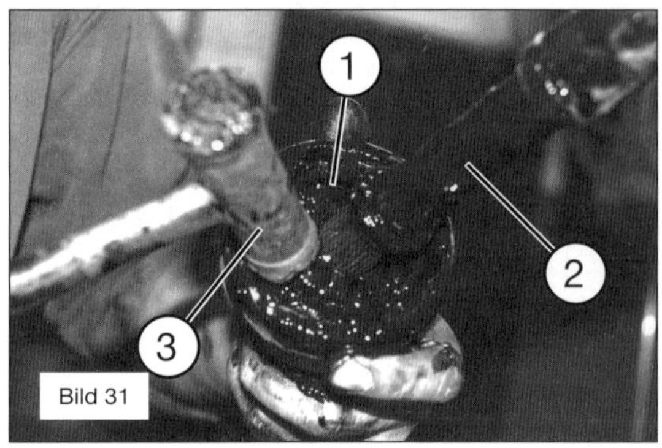

Bild 31

Bild 31
Bauweise mit Rastring auf der vorderen Wellenspitze.
1 Gleichlaufgelenk
2 Welle
3 Kunststoffhammer

- Das Gleichlaufgelenk reinigen.
- Die kleine Klemmschelle auf die Antriebswelle aufschieben.
- Die neue Antriebswellenmanschette auf die Antriebswelle aufschieben.
- Den neuen Sicherungsring einbauen.
- Das Gleichlaufgelenk bis zur Oberkante des Innensterns mit im Lieferumfang enthaltenem Fett befüllen.
- Das Gleichlaufgelenk mit einem Plastikhammer auf die Antriebswelle auftreiben, bis der Sicherungsring einrastet.
- Die Manschette und Gleichlaufgelenk mit der Restmenge Fett befüllen.
- Die Antriebswellenmanschette auf das Gleichlaufgelenk aufschieben.

Der Wulst der Manschette muss in der Nut am Gleichlaufgelenk liegen.

- Die Klemmschellen (2 im Bild 33) auf der Antriebswellenmanschette (3) positionieren und befestigen.
- Antriebswelle aus dem Schraubstock lösen und abnehmen.
- Antriebswelle wieder einbauen.

Topfgelenk (radseitig) zerlegen

Die Antriebswellen beim Audi TT für den Radantrieb unterliegen dem Verschleiß und die Manschetten können durch Steinschlag oder Alterung beschädigt werden.

⚠ Grundsätzlich sollten Sie beim Zerlegen von Achsgelenken die Übertragungsteile wie die Kugeln oder Lager wieder in die gleiche Position einbauen, in der sie vor der Demontage gewesen sind. Sie können die Bauteile mit einem Lackstift oder wasserfesten Filzstift markieren.

☞ Hilfreich ist aber auch eine Ablage aus Pappe zur Ablage der Einzelteile vorzubereiten.

Zerlegen des radseitigen Gelenks:

Die beiden radseitigen Gelenke sind Kugelgelenkwellen. Die Montagearbeit ist identisch.

- Bauen Sie die entsprechende Antriebswelle wie bereits beschrieben aus.
- Entfernen Sie die beiden Klemmbänder auf der entsprechenden Manschette.
- Die Achsmanschette mit einem Cuttermesser aufschneiden und abnehmen.
- Wischen Sie das Fett am Rand des Gelenktopfes (1 im Bild 30) ab, damit Sie den Innenring (2) des Gelenks erkennen können.
- Bauen Sie das Gelenk von der Achswelle wie beschrieben ab.
- Kippen Sie den Innenring zur Seite und nehmen Sie eine Kugel nach der anderen wie im Bild 37 gezeigt heraus.
- Verdrehen Sie den Gelenkinnenring so weit, dass Sie ihn wie im Bild 35 gezeigt herausnehmen können.
- Verdrehen Sie den Kugelkäfig so weit, dass Sie ihn über die Aussparungen (Bild 34) vom Gelenkwellenkopf abnehmen können.
- Achten Sie darauf, dass die Kugeln nicht auf den Boden fallen.
- Reinigen Sie alle Bauteile gründlich und untersuchen Sie sie nach Schäden oder Verschleißspuren.
- Sind Schäden oder Verschleiß erkennbar, muss das Gelenk erneuert werden. Es sind beide Gelenke als Ersatzteil lieferbar.

Die Montage erfolgt sinngemäß in umgekehrter Reihenfolge.

- Stecken Sie die kleine Schelle auf die Manschette auf.

Bild 32
Radseitiges Gelenk der Achswelle.
1 Gelenktopf
2 Kugelkäfig
3 Kugeln
4 Innenring

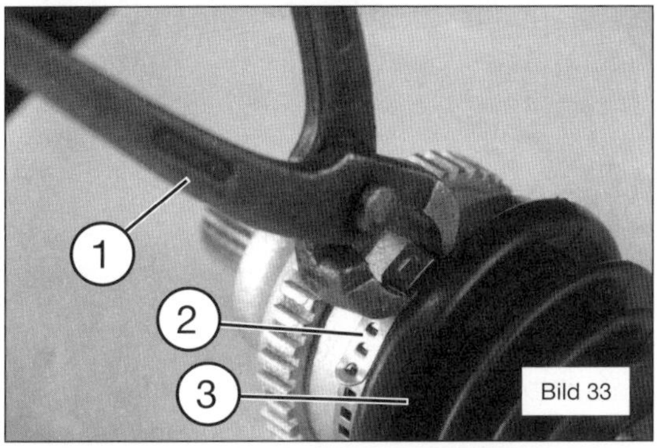

Bild 33
1 Zange
2 Federbandschelle
3 Achswellenmanschette

Bild 34
Kugelkäfig hochkant in den Gelenktopf einsetzen.

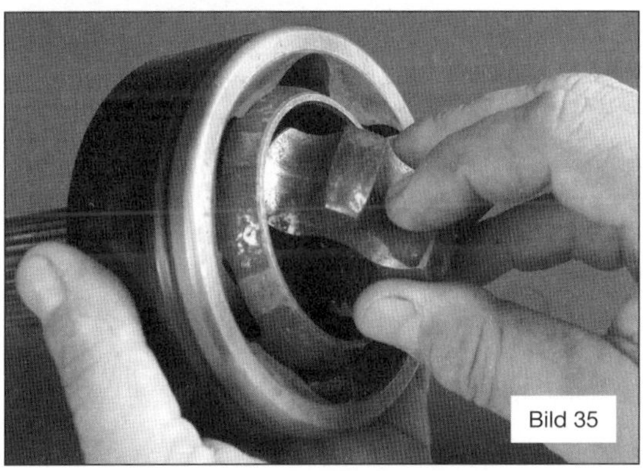

Bild 35
Im Detail.
Gelenkinnenring in den Kugelkäfig einfädeln.

Sichtprüfung Messen

Bild 36
Oftmals gibt es für das Einsetzen in den Kugelkäfig eine Position mit Flachstellen seitlich.

Bild 37
Einsetzen der Kugeln in den Kugelkäfig.

Bild 38
Einbaulage der Achswellenbauteile im Gelenktopf.

Bild 39
Klemmband vorbiegen.
1 Spraydose
2 Klemmband

Bild 36

■ Stecken Sie die neue Manschette auf die Achswelle auf.
■ Tragen Sie etwas Fett auf die Laufbahnen der Kugeln und auf die Kugeln auf.
■ Montieren Sie das Kugelgelenk.
■ Geben Sie den Rest des Fettes in das Kugelgelenk hinein.
■ Stecken Sie die Achswelle in das Innengelenk ein.
■ Schlagen Sie das Gelenk mit einem Kunststoffhammer auf die Welle auf.

☞ Positionieren Sie die Achswellenmanschette so, dass sie beim Bewegen des Gelenkes nicht zu straff gespannt wird. Sie könnte sonst vom Gelenktopf rutschen.

■ Montieren Sie die beiden neuen Klemmbänder (Schellen) auf der entsprechenden Manschette.
■ Die Klemmbänder werden mit einer speziellen Zange zugebogen. Mit etwas Geschick gelingt das auch mit einer Beißzange (1 im Bild 33).
■ Biegen Sie die Klemmbänder (2 im Bild 39) über einer Spraydose (1) vor. So lassen sie sich leichter montieren.
■ Reinigen Sie die Achsgelenkwelle und bauen Sie sie wieder ein.

Achsmanschette innen (getriebeseitig) wechseln:
■ Die entsprechende Antriebswelle ausbauen.
■ Die Federbandschelle der Manschette öffnen.
■ Ziehen Sie die Schrauben aus der Achswelle heraus und nehmen Sie sie mit den Anlageplatten ab.
■ Lösen Sie den Ring der Manschette vom Gelenk mit vorsichtigen Hammerschlägen vom Lagerring.
■ Die Antriebswellenmanschette getriebeseitig auf die Achswelle zurückschieben.
■ Den Sicherungsring öffnen und Innen- und Außenring abnehmen.

Bild 37

Bild 38

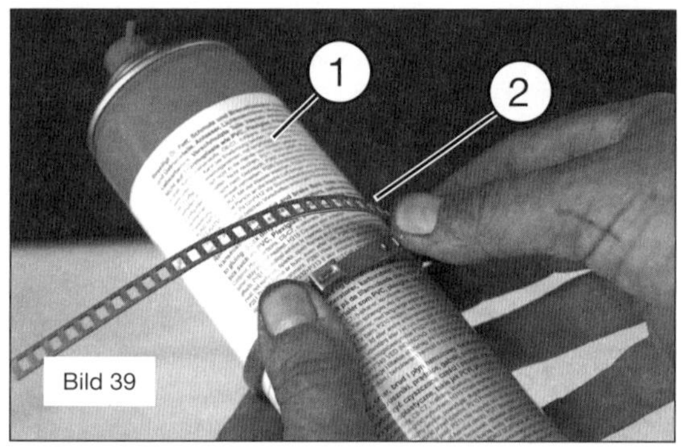

Bild 39

■ Schwenken Sie den Innenring so weit in den Außenring ein, dass Sie ähnlich wie im Bild 37 die Kugeln nacheinander herausnehmen können.
■ Der Gelenkinnenring lässt sich ähnlich wie im Bild 35 gezeigt herausnehmen.
■ Der Kugelkäfig lässt sich wie im Bild 34 gezeigt in einer Position herausschwenken.
■ Legen Sie die Bauteile vertauschungssicher auf einem Lappen ab.
■ Reinigen Sie alle Bauteile gründlich und untersuchen Sie sie nach Schäden oder Verschleißspuren.
■ Sind Schäden oder Verschleiß erkennbar, muss das Gelenk erneuert werden.
■ Die Antriebswelle aus dem Schraubstock lösen und abnehmen.
■ Die neue Antriebswellenmanschette auf die Antriebswelle aufschieben.
■ Die Klemmschelle auf die Antriebswelle

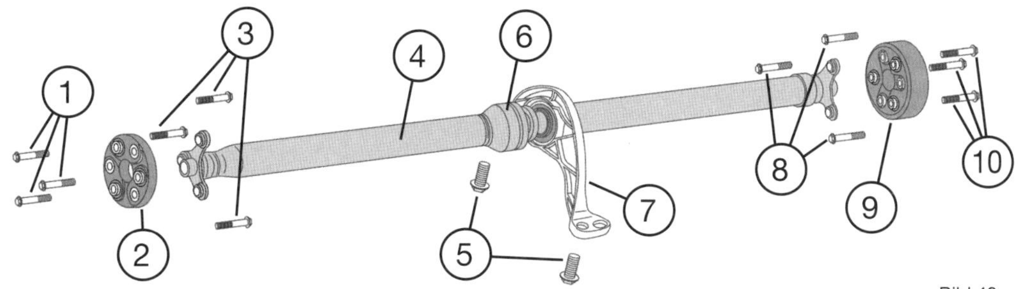

Bild 40

Bild 40
Kardan beim Allrad.
1 Schrauben Kardan
2 Gelenkscheibe vorne
3 Schrauben Getriebeflansch
4 Kardanwelle
5 Schrauben
6 Mittelgelenk
7 Zwischenlager
8 Schrauben Achsgetriebe
9 Gelenkscheibe mit Schwingungsdämpfer
10 Schrauben Kardan

aufschieben.

- Die Antriebswelle mit Schutzbacken in den Schraubstock einspannen.
- Die Gelenknabe mit dem im Lieferumfang enthaltenem Fett befüllen.
- Das Achswellengelenk entgegen der Demontagereihenfolge wieder montieren.

Die Laufbahnen vor der Montage der Kugel mit etwas Fett bestreichen.

- Antriebswellenmanschette und die Gelenknabe mit der Restmenge Fett befüllen.
- Die Antriebswellenmanschette auf die Gelenknabe aufschieben.
- Die Klemmschellen auf der Antriebswellenmanschette positionieren, verschließen und befestigen.
- Antriebswelle aus dem Schraubstock lösen und abnehmen.
- Die Antriebswelle wieder einbauen.

Kardanwellen De- und Montage

De- und Montage der Kardanwelle

Die Kardanwelle grundsätzlich mit einem zweiten Monteur aus- und einbauen. Vor dem Ausbauen die Position aller Teile zueinander kennzeichnen. Alle Teile in gleicher Stellung zusammenbauen, andernfalls können Unwuchten entstehen, die Schäden an der Lagerung und Brummgeräusche verursachen.

Die Kardanwelle nicht knicken, sondern grundsätzlich nur gestreckt lagern und transportieren.

An der Kardanwelle werden seitens Audi keine Reparaturen durchgeführt, bei Schäden wird diese komplett ersetzt.

- Führen Sie die Arbeiten an der Kardanwelle auf einer Zwei-Säulen-Hebebühne durch.
- Markieren Sie alle Bauteile der Kardanwelle zueinander (Gelenkscheiben zum Getriebeflansch bzw. zum Flansch des Achsgetriebes und zum Kardanflansch).

Sonst kann eine Unwucht entstehen, die wiederum Schäden an der Lagerung oder am Kardan oder auch schwer zu ortende Geräusche verursachen kann.

- Bauen Sie die Geräuschdämmung unten aus.
- Drehen Sie die Schrauben der Pendelstütze am Achsträger (Aggregateträger) heraus.
- Drücken Sie die Antriebseinheit nach vorne und legen Sie zwischen Getriebe und Fahrschemel einen geeigneten Holzblock ein.
- Trennen Sie die Auspuffanlage an der mittleren Doppelschelle.
- Schieben Sie die Doppelschelle nach hinten.
- Bauen Sie den hinteren Teil der Abgasanlage aus.
- Demontieren Sie die Tunnelquerstrebe am Unterboden.
- Bauen Sie das Wärmeschutzblech Mitte für die Auspuffanlage aus.

Kontrollieren Sie, dass die Markierungen der Kardanteile gut sichtbar sind.

- Soweit vorhanden, bauen Sie das Wärmeschutzblech über dem Kardan vorne ab.
- Lösen Sie die Verschraubungen der Kardanwelle vorne (3 im Bild 40) und hinten (8), drehen aber die Schrauben noch nicht heraus.
- Unterstützen Sie die Kardanwelle in der Mitte mit einem Getriebeheber.
- Drehen Sie die beiden Schrauben (5) heraus.
- Die Verschraubungen der Kardanwelle mit einem zweiten Mechaniker zuerst hinten lösen und die Kardanwelle gerade vom Zapfen des Achsantriebflansches abziehen.

■ Die Verschraubungen der Kardanwelle mit einem zweiten Mechaniker vorne lösen und die Kardanwelle gerade vom Zapfen des Getriebeflansches abziehen.
■ Die Kardanwelle mit einem zweiten Mechaniker ab- und herausnehmen.

Der Einbau erfolgt sinngemäß in umgekehrter Reihenfolge.
■ Das beziehungsweise die Zwischenlager spannungsfrei ausrichten.

Getriebe aus- und einbauen

☞ Die Getriebe werden nach unten ausgebaut. Benötigt werden Abfangvorrichtung, Motor- und Getriebeheber, Getriebeaufnahme und diverse Adapter und Zusatzhaken für die Anhängevorrichtung. Reparaturen an ausgebauten Getrieben gehören allerdings in die darauf spezialisierte Fachwerkstatt.

☞ Die meisten Arbeitsschritte haben wir im Kapitel 4 beim Ausbau der Antriebseinheit bereits beschrieben. Dort ging es darum, die komplette Antriebseinheit auszubauen. An dieser Stelle wird lediglich das Getriebe ausgebaut.

Montagearbeiten von oben
■ Demontieren Sie die Motorabdeckung oben.
■ Demontieren Sie die Servoleitung am Rohrquerträger vorne, den Rohrquerträger vorne und die Querstrebe am Motorträger.
■ Bauen Sie die Batterie mit dem Batterieträger aus.
■ Bauen Sie den Luftfilterkasten komplett mit den Luftführungsrohren aus.
■ Demontieren Sie den Starter und die Anschlusskabel.
■ Bauen Sie die Schaltbetätigungszüge mit den Halterungen wie beschrieben vom Getriebe ab.
■ Bei Schaltfahrzeugen demontieren Sie die Anschlussleitung zum Kupplungsnehmerzylinder.
■ Demontieren Sie die Kühlmittelleitung und Luftführungen über dem Getriebe.
■ Setzen Sie die Motorbrücke (VAG 10-222A) zusammen mit den Stützen (VAG 10-222A/1) auf den Kotflügelkanten ein.
■ Hängen Sie den Motor an der Aufhängeöse in der Mitte und rechts auf.
■ Soweit sich im Bereich der Aufnahmeösen des Motors für die Abfangvorrichtung Schlauch- und Kabelverbindungen befinden, müssen diese jetzt abgebaut werden.
■ Soweit verbaut, bauen Sie die Halterung für die Leuchtweitenregelung im Radhaus links.
■ Drehen Sie die Schrauben der Pendelstütze am Achsträger (Aggregateträger) und die Getriebestütze zwischen Getriebe und Getriebekonsole heraus.
■ Bauen Sie das linke Aggregatelager aus und senken Sie das Antriebsaggregat mit Hilfe der Spindel der Motorbrücke um etwa 6 cm ab.
■ Demontieren Sie die von oben erreichbaren Verschraubungen des Getriebes am Motor.
■ Bauen Sie die Masseleitung zum Getriebe ab.
■ Entsichern Sie den Steckkontakt am Rückwärtsgangschalter und ziehen Sie ihn ab.

Fahrzeuge mit Doppelkupplungsgetriebe:
■ Entladen Sie sich statisch, indem Sie mit der bloßen Hand das Getriebe anfassen.
■ Entsichern Sie den Steckkontakt zum Getriebe und ziehen Sie das Anschlusskabel ab.
■ Bauen Sie die Kühlmittelschläuche vom Getriebeölkühler ab und verschließen Sie die Anschlüsse.
■ Drehen Sie die beiden Muttern ab und nehmen Sie den Halter von der Ölwanne des Getriebes ab.

Montagearbeiten von unten
■ Demontieren Sie die Motorabdeckung unten und die linke Radhausschale sowie den Radspoiler.
■ Bauen Sie die linke Antriebswelle aus.
■ Lösen Sie die rechte Antriebswelle und binden Sie sie hoch.

Fahrzeuge mit Allradantrieb:
■ Bauen Sie die Kardanwelle wie beschrieben aus.
■ Bauen Sie das Winkelgetriebe aus.

Weiter für alle Fahrzeuge:
■ Befestigen Sie das Getriebe auf einem geeigneten Getriebeheber.
■ Drehen Sie die verbliebenen Schrauben in der Verbindung zum Motor heraus.

■ Kontrollieren Sie, dass alle Verbindungen zum Getriebe gelöst sind und die Leitungen frei liegen.
■ Drücken Sie das Getriebe von den Passhülsen zum Motor ab.
■ Senken Sie das Getriebe vorsichtig mit dem Getriebeheber ab.

Soweit erforderlich, kann der Motor mit dem Getriebe etwas nach vorne gedrückt werden.

Der Einbau erfolgt sinngemäß in umgekehrter Reihenfolge.

Winkelgetriebe beim Allrad aus- und einbauen

■ Bauen Sie die Kardanwelle wie bereits beschrieben aus.
■ Bauen Sie die rechte Achswelle wie beschrieben aus.
■ Drehen Sie die Schrauben am Halter oben des Winkelgetriebes heraus.
■ Drehen Sie die Schrauben am Halter seitlich des Winkelgetriebes heraus und nehmen Sie den Halter ab.
■ Drehen Sie die Schrauben des Winkelgetriebes zum Getriebe oben heraus.
■ Drehen Sie die unteren Schrauben des Winkelgetriebes los, aber drehen Sie nur die vordere Schraube ganz heraus.

Die hintere Schraube darf nur etwa 15 mm herausgedreht werden. Sie soll beim Abziehen des Winkelgetriebes das Herunterfallen des Getriebes verhindern.

■ Drehen Sie die verbliebene Schraube heraus und nehmen Sie das Winkelgetriebe ab.

Der Einbau erfolgt sinngemäß in umgekehrter Reihenfolge.

Die Ölversorgung erfolgt über das Gehäuse des Schaltgetriebes. Beachten Sie die Hinweise, die wir Ihnen zu Anfang dieses Kapitels unter der Überschrift »Ölwechsel am Getriebe« zusammengestellt haben.

■ Ersetzen Sie die Dichtringe zum Getriebe.

Achsgetriebe beim Allrad aus- und einbauen

■ Demontieren Sie die Abdeckung unter dem Kraftstoffbehälter.
■ Bauen Sie den hinteren Teil der Abgasanlage wie im Kapitel 9 beschrieben aus.
■ Demontieren Sie das Wärmeschutzblech unterhalb des Kofferraumbodens.

Kontrollieren Sie, dass die Markierungen der Kardanteile gut sichtbar sind. Ist das nicht der Fall, markieren Sie die Einbauposition des hinteren Kardanflansches zur Gelenkscheibe und zum Achsgetriebeflansch.

Ein versetzter Anbau der Kardanwelle kann Vibrationen und/oder Geräusche verursachen.

■ Lösen Sie die Verschraubungen zum Kardanflansch hinten.
■ Drehen Sie die Verschraubungen der Antriebswellen los und drücken Sie das Getriebe von der Antriebswelle weg.
■ Nehmen Sie die Antriebswelle vom Getriebeflansch ab und sichern Sie sie am unteren Querlenker.
■ Demontieren Sie die Verschraubungen des vorderen Lagerbocks für das Achsgetriebe und nehmen Sie den Lagerbock heraus.
■ Stellen einen Getriebeheber unter das Achsgetriebe und sichern Sie es auf dem Getriebeheber.
■ Drehen Sie die beiden Schrauben für den Hilfsrahmen rechts und links heraus.
■ Drehen Sie die Befestigungsschrauben an den hinteren Lagerböcken des Achsantriebs heraus.
■ Entsichern Sie den Steckkontakt zur Haldex-Kupplung und ziehen Sie ihn ab.
■ Ziehen Sie die beiden Entlüftungsrohre aus dem Rahmenträger heraus.
■ Senken Sie das Achsgetriebe vorsichtig etwas ab und ziehen Sie es aus dem Hilfsrahmen heraus.
■ Lassen Sie das Achsgetriebe vorsichtig mit dem Getriebeheber nach unten ab.

Der Einbau erfolgt sinngemäß in umgekehrter Reihenfolge.

Soweit das Achsgetriebe ersetzt werden soll oder im Montagebock zur Demontage eingespannt werden muss, drehen Sie die vier Schrauben des Lagerbocks heraus.

Wenn der Achsantrieb ersetzt werden soll, demontieren Sie die beiden Belüftungsrohre rechts und links.

11 Fahrwerk

Arbeiten am Fahrwerk

Bei der Instandsetzung von tragenden und radführenden Bauteilen, zum Beispiel an Unfallfahrzeugen, können Schäden am Fahrwerk unentdeckt bleiben. Diese unentdeckten Schäden führen unter Umständen im späteren Fahrbetrieb zu schweren Folgeschäden. Bei Unfallfahrzeugen müssen deshalb die im Folgenden aufgeführten Bauteile auf jeden Fall in der beschriebenen Weise und Reihenfolge kontrolliert werden. Wichtig ist immer auch eine Vermessung des Fahrwerks. Werden dabei keine Abweichungen von den Sollwerten festgestellt, liegen auch keine Verformungen am Fahrwerk vor.

Sicht- und Funktionsprüfung für das Lenksystem

- Sichtprüfung auf Verformung und Risse.
- Spielprüfung der Spurstangengelenke und des Lenkgetriebes.
- Sichtprüfung auf defekte Falten- und Fettbälge.
- Elektrische Leitungen auf Scheuer-, Schnitt- und Knickstellen untersuchen.
- Verschraubungen und Lenkgetriebe auf Dichtheit kontrollieren.
- Lenkgetriebe und Leitungen auf festen Sitz überprüfen.
- Einwandfreie Funktion über den gesamten Lenkeinschlag prüfen, indem die Lenkung von Anschlag zu Anschlag betätigt wird. Dabei muss das Lenkrad mit gleichbleibender Betätigungskraft, ohne zu haken, drehbar sein.

Sicht- und Funktionsprüfung für das Fahrwerk

- Alle in den Montageübersichten dargestellten Bauteile auf Verformung, Risse und sonstige Beschädigungen überprüfen.
- Beschädigte Teile ersetzen.
- Fahrzeug auf einem Computer-Achsmessstand vermessen lassen.
- Räder und Reifen auf Rundlauf und Unwucht untersuchen.
- Reifen auf Einschnitte und Stoßverletzungen im Profil und an den Flanken überprüfen.
- Bereifung auf Fülldruck (Angaben in der Tankklappe), Zustand, Reifenlaufbild und Profiltiefe prüfen.
- Bei Beschädigungen am Scheibenrad und/oder am Reifen ist der Reifen oder auch das ganze Rad zu ersetzen. Dies gilt auch, wenn ein Unfallhergang und Schäden am Fahrzeug auf eine mögliche, wenngleich nicht sichtbare Beschädigung schließen lassen.
- Reifen sollten nicht älter als 6 Jahre sein.

Elektronische Fahrzeugsysteme

Sicherheitsrelevante Systeme wie zum Beispiel: ABS/EDS, Airbag, elektronisch geregelte Fahrwerksysteme, elektromechanische Lenk- und sonstige Fahrerassistenzsysteme müssen mit einem Fahrzeugdiagnose-, Mess- und Informationssystem auf eventuell gespeicherte Fehlermeldungen abgefragt werden. Wurden in den Fehlerspeichern der genannten Systeme Fehler gespeichert, sind diese entsprechend den Vorgaben von Audi zu beseitigen. Nach erfolgter Reparatur sind die jeweils betroffenen Systeme nochmals auf Fehlerspeichereinträge zu prüfen, um sicher zu sein, dass die Funktion wieder gewährleistet ist.

Hinweise und Vorschriften

- Schweiß- und Richtarbeiten an tragenden und radführenden Bauteilen der Radaufhängung sind nicht zulässig.
- Selbstsichernde Muttern sowie korrodierte Schrauben und Muttern müssen immer ersetzt werden.
- Gummimetalllager haben einen begrenzten Verdrehbereich. Ziehen Sie deshalb die Schraubverbindungen an den Bauteilen mit Gummimetalllagern erst dann fest, wenn das Radlagergehäuse angehoben ist (siehe »Radlagerung in Leergewichtslage heben«).

Prüfungen an der Achslagerung

Achsgelenke und Achslager: Sichtprüfung

- Bitte prüfen Sie die Dichtungsbälge der Achsgelenke auf Undichtigkeiten und Beschädigungen.
- Weiterhin prüfen Sie die Achslager: Es

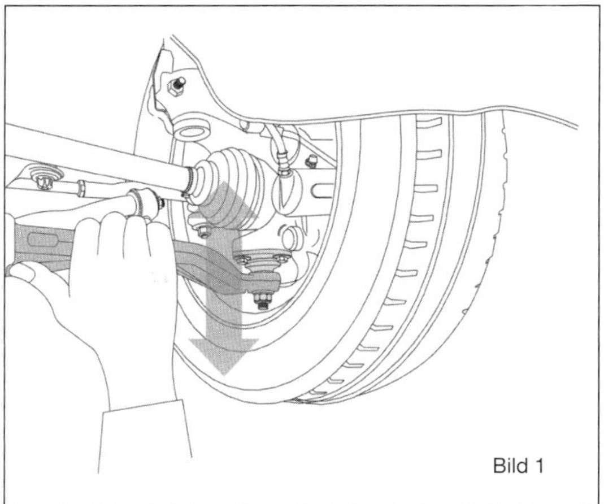
Bild 1

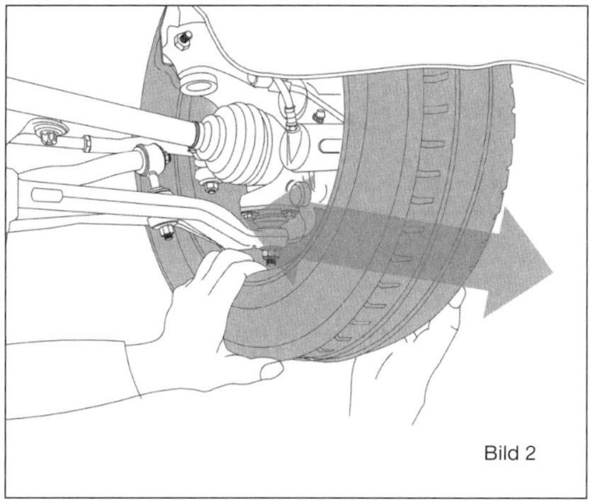
Bild 2

Bild 1
Axialspiel prüfen.

Bild 2
Radialspiel prüfen.

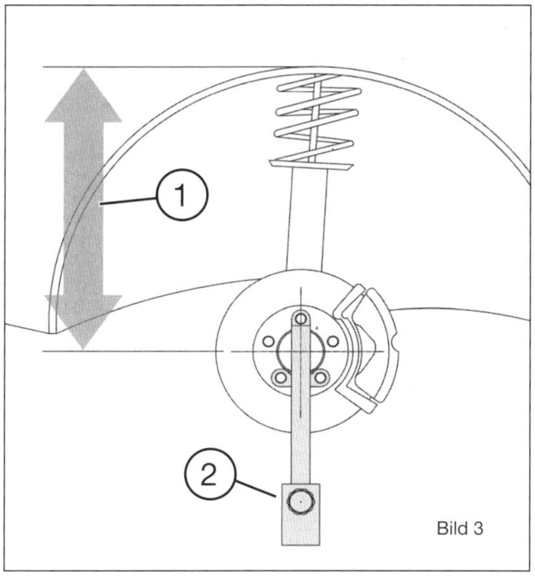

Bild 3

Bild 3
Leergewichtslage herstellen.
1 Abstand von Radmitte zum Radlauf als Ruhemaß
2 Adapter auf einem Getriebeheber

darf kein Spiel vorhanden sein, das vulkanisierte Gummilager darf keine Risse und poröse Stellen aufweisen.

Achsgelenk prüfen (Bilder 1 und 2)

Es darf bei beiden Prüfungen kein fühl- oder sichtbares »Spiel« vorhanden sein. Während der Prüfungen das Achsgelenk beobachten. Eventuell vorhandenes Radlagerspiel oder »Spiel« im Federbeinlager oben berücksichtigen. Gummibalg auf Beschädigung prüfen ggf. Achsgelenk ersetzen.

Axialspiel prüfen:
- Achslenker kräftig in Pfeilrichtung (Bild 1) nach unten ziehen und wieder hochdrücken.

Radialspiel prüfen:
- Rad unten kräftig in Pfeilrichtung nach innen und außen drücken (Bild 2).
- Auf beschädigungsfreien und nicht verdrillten Dichtbalg achten.

Radlagerung in Leergewichtslage (Bild 3)

Alle Schrauben an Fahrwerksteilen mit Gummimetalllagern müssen grundsätzlich in Leergewichtslage (unbeladenem Zustand) festgezogen werden. Gummimetalllager haben einen begrenzten Verdrehbereich. Achsbauteile mit Gummimetalllagern müssen deshalb vor dem Festziehen in eine Position gebracht werden, die der Position im Fahrbetrieb entspricht (Leergewichtslage). Anderenfalls wird das Gummimetalllager verspannt, eine geringere Lebensdauer wäre dann die Folge. Durch Anheben der entsprechenden Radaufhängung mit dem Motor- und Getriebeheber und der Aufnahme kann diese Position auf der Hebebühne simuliert werden. Bevor die entsprechende Radaufhängung angehoben wird, muss das Fahrzeug auf beiden Fahrzeugseiten an den Tragarmen der Hebebühne mit den Spanngurten verzurrt werden.

Wird das Fahrzeug nicht verzurrt, besteht die Gefahr, dass das Fahrzeug von der Hebebühne abrutschen kann!
- Radnabe so weit drehen, bis eine der Bohrungen für Radschrauben oben steht.
- Aufnahme mit einer Radschraube an die Radnabe anbauen.
- Das Festziehen der betroffenen Schrauben/Muttern darf nur dann erfolgen, wenn das Maß (1) zwischen der Radnabenmitte und der Unterkante Radhaus erreicht ist.
- Das Maß (1) ist abhängig von der Standhöhe des eingebauten Fahrwerks und wird im Stand bei unbeladenem Zustand in neutraler Federlage ermittelt.

Bild 4
Traggelenkbolzen vorne.
1 Querlenker
2 Traggelenkbolzen
3 Verschraubung
4 Mutter
5 Achsschenkel

Bild 5
Querlenker vorne.
1 Schrauben
2 Achsträger
3 Schraube
4 Querlenker
5 Traggelenkbolzen
6 Verschraubung
7 Montageposition Fahrzeughöhensensor
8 Einbauposition Fixierbolzen

Achsgelenk aus- und einbauen

Traggelenkbolzen (Achsgelenkbolzen) wechseln

Das Achsgelenk kann einzeln ersetzt werden. Der Preis im Zubehörhandel liegt bei unter 50 Euro.

■ Lösen Sie die Zentralschraube der Antriebswelle.
■ Das Fahrzeug mit der Hebebühne anheben und das entsprechende Rad abbauen.
■ Demontieren Sie den Halter des Fahrzeughöhensensors (7 im Bild 5) (soweit verbaut).
■ Bauen Sie die Muttern (3 im Bild 4) ab.
■ Nehmen Sie die Bolzen aus dem Querlenker heraus.
■ Ziehen Sie die Antriebswelle aus der Radnabe heraus und befestigen Sie sie am Ausbau.
■ Lösen Sie die Mutter (4 im Bild), lassen sie aber noch auf dem Gewinde aufgedreht.
■ Drücken Sie den Traggelenkbolzen mit einem Kugelgelenkabdrücker aus dem Achschenkel heraus.
■ Drehen Sie die Mutter (4) ab.
■ Nehmen Sie den Traggelenkbolzen heraus.

Der Einbau erfolgt sinngemäß in umgekehrter Reihenfolge.

Ersetzen Sie alle selbstsichernden Muttern.

Querlenker wechseln

Die Montagearbeiten unterscheiden sich für die allradgetriebenen Modelle nur unwesentlich. Wir stellen Ihnen eine allgemeingültige Beschreibung zur Verfügung.

■ Erfassen Sie die Höhenlage der Vorderachse im eingefederten Zustand.

Die Messung erfolgt am besten zwischen Radlaufkante und Radmitte. Notieren Sie sich den Messwert.

■ Das Fahrzeug mit der Hebebühne anheben und das entsprechende Rad abbauen.
■ Die Geräuschdämpfung oder Unterfahrschutz (soweit verbaut) ausbauen.
■ Demontieren Sie den Halter des Fahrzeughöhensensors (7 im Bild 5) (soweit verbaut).
■ Bauen Sie die Muttern (6) ab.
■ Nehmen Sie die Bolzen aus dem Querlenker heraus.

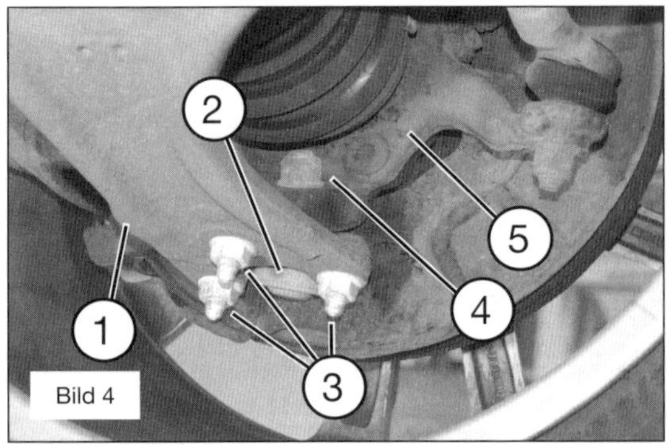

Bild 4

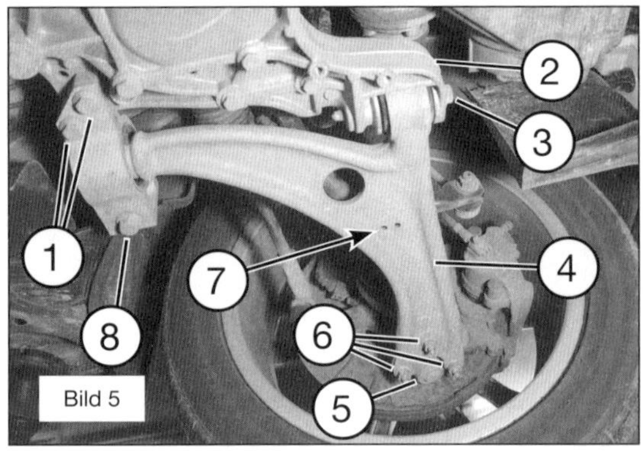

Bild 5

Achten Sie darauf, dass der Dichtbalg des Traggelenkbolzens nicht beschädigt wird.

■ Montieren Sie einen Fixierbolzen (VW T10096) anstatt der Schraube (8) und ziehen Sie ihn mit 20 Nm an.
■ Drehen Sie die Schrauben (1) heraus.
■ Drehen Sie die Schraube (3) heraus.

Lässt sich die Schraube (3) nicht ausbauen, muss der Aggregateträger abgesenkt werden.

Der Einbau erfolgt sinngemäß in umgekehrter Reihenfolge.

■ Montieren Sie statt des Fixierbolzens (VW T10096) wieder eine Schraube (8) und ziehen Sie sie an.

Querlenkerlager (Gummimetalllager) im Querlenker wechseln

Auch hier sollten Sie überlegen, ob der Neuteilersatz des Querlenkers nicht die bessere Wahl ist. Die Gummilager müssen aus dem Querlenker ausgepresst werden.

Ersetzen Sie grundsätzlich alle Gummilager in den Querlenkern gleichzeitig. Unterschiedliche Härtegrade können merklichen Einfluss auf die Radführung haben.

■ Bauen Sie den Querlenker wie schon beschrieben aus.
■ Markieren Sie die Einbaurichtung der Lager.

Gummimetalllager haben einen begrenzten Verdrehbereich. Deshalb die Schraubverbindungen an den Bauteilen mit Gummimetalllagern erst dann festziehen, wenn das Radlagergehäuse in Leergewichtslage (Bild 3) angehoben ist.

■ Drücken Sie die Querlenkerlager mit einem Presswerkzeug für Gummimetalllager (Silentlager) oder einer Gewindestange und passenden Hülsen heraus.

Achten Sie darauf, dass sich das Lager nicht verkantet und gerade hineinrutscht.

■ Reinigen Sie die Sitzfläche gründlich.
■ Fetten Sie die Sitzfläche leicht ein.
■ Drücken Sie die Querlenkerlager mit einem Presswerkzeug für Gummimetalllager (Silentlager) oder einer Gewindestange und passenden Hülsen hinein.

Radlagereinheit vorne aus- und einbauen

Das Fahrzeug darf ohne montierte Antriebswellen und den Radlagern weder auf den Rädern abgestellt noch bewegt werden. Durch die Belastung werden die Radlager beschädigt.

■ Lösen Sie die Zentralschraube der Antriebswelle.
■ Das Fahrzeug mit der Hebebühne anheben und das entsprechende Rad abbauen.
■ Demontieren Sie den Halter des Fahrzeughöhensensors (7 im Bild 5) (soweit verbaut).
■ Drehen Sie die Schraube (3 im Bild 7) heraus und ziehen den ABS-Sensor (4) heraus.
■ Demontieren Sie den Bremssattel und befestigen Sie ihn mit einem Kabelbinder am Fahrzeugaufbau.
■ Bauen Sie die Bremsscheibe ab.
■ Lösen Sie die Verschraubung der Koppelstange am Stabilisator und schwenken Sie die Koppelstange zur Seite.
■ Drehen Sie die Muttern (10) ab und pressen Sie die Bolzen des Traggelenkbolzens (9) aus dem Querlenker heraus.
■ Schwenken Sie das Federbein nach außen und nehmen Sie die Antriebswelle aus dem Radlager heraus.
■ Befestigen Sie die Antriebswelle am Fahrzeugaufbau.
■ Setzen Sie den Auszieher wie im Bild 6 gezeigt zwischen Radnabe und Achsschenkel an.
■ Setzen Sie die Spindel (3) innen auf der Radnabe an und ziehen Sie die Radnabe aus dem Radlager heraus.

Das Radlager wird hierbei auseinandergezogen und kann nicht mehr weiter verwendet werden.

■ Demontieren Sie den Sicherungsring (6 im Bild 7).
■ Setzen Sie die Spindel (3 im Bild 6) innen auf das Radlager an und ziehen Sie das Radlager aus dem Achsschenkel heraus.

Der Einbau erfolgt sinngemäß in umgekehrter Reihenfolge.

■ Reinigen Sie die Sitzflächen der Radlagereinheit im Achsschenkel (Radlagergehäuse) mit Schleifpapier.
■ Soweit erforderlich ziehen Sie den verbliebenen Lagerring von der Radnabe ab.

Achten Sie darauf, dass sich das Lager nicht verkantet und gerade hineinrutscht.

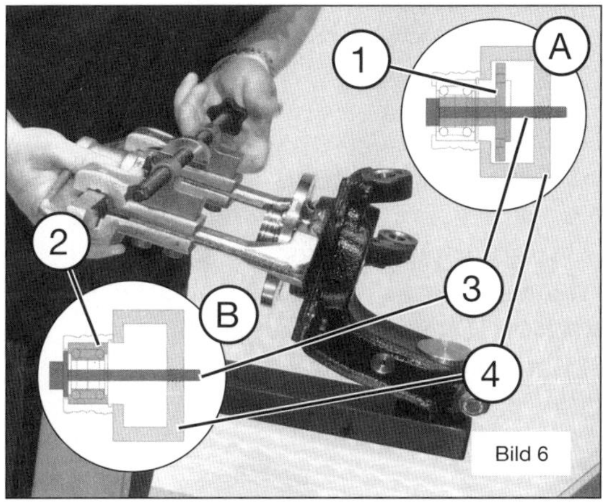

Bild 6
Radlagerwechsel mit Spezialwerkzeug.
1 Radnabe
2 Radlager
3 Spindel
4 Abziehergehäuse
A Radnabe abziehen
B Radlager ausdrücken

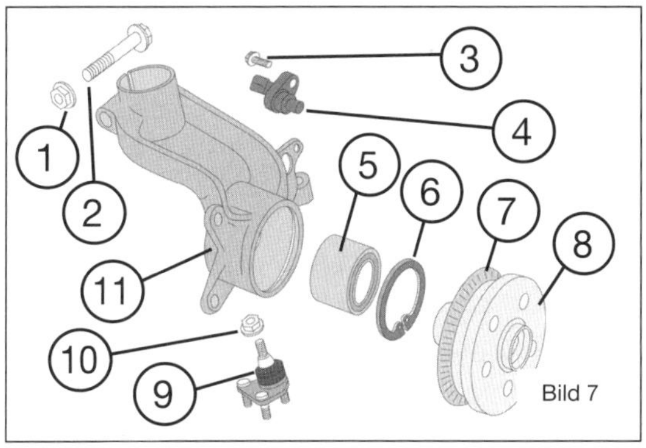

Bild 7
Radlager mit Gehäuse und Nabe im Achsschenkel.
1 Mutter
2 Schraube
3 Schraube
4 ABS-Sensor
5 Radlager
6 Sicherungsring
7 ABS-Sensorrad
8 Radnabe
9 Traggelenkbolzen
10 Muttern
11 Achsschenkel

Sichtprüfung Messen

Bild 8
Radlager hinten bei frontgetriebenen Fahrzeugen.
1 ABS-Sensor
2 Achsstummel (Zapfen)
3 Radnabe mit Radlager
4 Zwölfkantmutter
5 Schutzkappe
6 Bremsscheibe
7 Bremsankerplatte

Bild 9
Radlager hinten bei allradgetriebenen Fahrzeugen.
1 ABS-Sensor
2 Längslenker
3 Sicherungsring
4 Zwölfkantmutter
5 Bremsscheibe
6 Schutzkappe
7 Radnabe
8 Radlager
9 Schrauben Bremsankerplatte

Radlagereinheit hinten aus- und einbauen

Radlagereinheit Hinterachse für Fahrzeuge mit Frontantrieb ausbauen
Bei Fahrzeugen mit Frontantrieb ist das Radlager in die Radnabe eingepresst. Die Lagereinheit beinhaltet das Radlager. Es wird kein Presswerkzeug benötigt.

■ Das Fahrzeug mit der Hebebühne anheben und das entsprechende Rad abbauen.
■ Hebeln Sie den Nabendeckel (5 im Bild 8) ab.
■ Bauen Sie den Bremssattel zusammen mit dem Bremssattelträger ab.
■ Demontieren Sie die Bremsscheibe.
■ Lösen Sie die Mutter (4) und ziehen Sie die Radnabe mit Radlager (3) vom Achsstummel (2) am Längslenker hinten ab.

Radlagereinheit Hinterachse für Fahrzeuge mit Allradantrieb ausbauen
Die Radlagereinheit ist ähnlich wie an der Vorderachse im Achsschenkel verpresst.

⚠ Das Fahrzeug darf ohne montierte Antriebswellen und den Radlagern weder auf den Rädern abgestellt noch bewegt werden. Durch die Belastung werden die Radlager beschädigt.

■ Hebeln Sie die Kappe (5 im Bild 8) ab.
■ Lösen Sie die Zentralmutter (4 im Bild 9) der Antriebswelle.
■ Das Fahrzeug mit der Hebebühne anheben und das entsprechende Rad abbauen.
■ Drehen Sie die Zentralmutter (4) der Antriebswelle ab.
■ Bauen Sie den Bremssattel zusammen mit dem Bremssattelträger ab.
■ Demontieren Sie die Bremsscheibe.
■ Bauen Sie den ABS-Sensor (1) aus.
■ Setzen Sie das Gegenlager für den Lagerauszieher zwischen Inkrementenring des ABS und der Bremsankerplatte ein.

Achten Sie darauf, dass das Gegenlager auf den Schraubenköpfen der Bremsankerplatte (9) aufliegt.

■ Setzen Sie eine Auszugglocke auf das Gegenlager auf und schieben Sie die Zugspindel des Ausziehers in die Radnabe ein.
■ Verschrauben Sie ein Passstück im Durchmesser der Radnabe im Radlager.
■ Ziehen Sie mit dem Auszieher die Radnabe (7) ab.

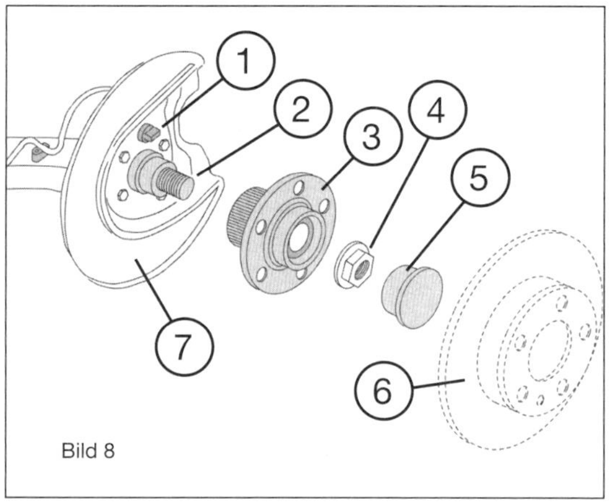

Bild 8

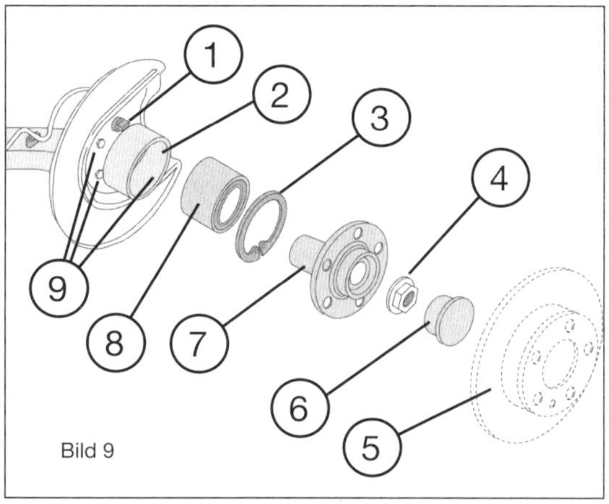

Bild 9

Gelegentlich verbleibt der Lagerinnenring auf der Radnabe hängen. Ist das der Fall, ziehen Sie ihn von der Radnabe ab.

■ Demontieren Sie den Sicherungsring (3).
■ Verschrauben Sie ein Passstück im Durchmesser der Rückseite des Radlagers im Radlager (8).
■ Ziehen Sie mit dem Auszieher das Radlager aus dem Längslenker (2) heraus.

Radlagermontage
Der Einbau erfolgt sinngemäß in umgekehrter Reihenfolge.

Demontierte Radlager sollten grundsätzlich nicht wiederverwendet werden.

■ Reinigen Sie die Sitzflächen der Radlagereinheit im Längslenker (Radlagergehäuse) mit Schleifpapier.
■ Fetten Sie die Sitzflächen des Radlagers leicht ein.

Bei Fahrzeugen mit Allradantrieb:
■ Fetten Sie die Sitzflächen und die Zahnung der Radnabe leicht ein.
■ Erneuern Sie den Sicherungsring.

Stoßdämpfer Vorderachse aus- und einbauen

⚠ Stoßdämpfereinheiten sollten grundsätzlich nur achsweise ersetzt werden!

⚠ Der Stoßdämpfer hat auch Radführungsaufgaben. Es ist sehr wichtig, auf seinen Zustand zu achten.

■ Demontieren Sie die Motorabdeckung unten und die Abschlussverkleidungen seitlich wie bereits im Kapitel 4 beschrieben.

■ Das Fahrzeug mit der Hebebühne anheben und das entsprechende Rad abbauen.
■ Demontieren Sie den Halter des Fahrzeughöhensensors (7 im Bild 5) (soweit verbaut).
■ Bauen Sie die Koppelstangen des Stabilisators an beiden Seiten vom Stoßdämpfer ab.
■ Ziehen Sie die Federklammern vom Halter am Federbein ab und nehmen Sie den Bremsschlauch ab.
■ Hängen Sie die Leitung des Raddrehzahlsensors aus.
■ Drehen Sie die Verschraubungen der entsprechenden Antriebswelle vom Getriebeflansch ab.
■ Befestigen Sie die Antriebswelle mit Kabelbindern am Aufbau.
■ Drehen Sie die Klemmschraube am Achsschenkel für den Stoßdämpfer heraus.
■ Setzen Sie das Spezialwerkzeug (VAG 3424) in den Schlitz der Klemmung des Achsschenkels ein und verdrehen Sie ihn um 90°.
■ Ziehen Sie die Ratsche vom Spezialwerkzeug (VAG 3424) ab.
■ Drücken Sie mit der Hand gegen die Bremsscheibe in Richtung Federbein und ziehen Sie den Achsschenkel vom Stoßdämpfer ab.
■ Binden Sie den Achsschenkel mit Draht oder Kabelbindern am Aggregateträger fest, damit er nicht nach außen klappen kann.
■ Drehen Sie die Mutter (3 im Bild 10) mit einer passenden Stecknuss (4) und einer Ratsche mit Zentralbohrung ab.

☞ Ersatzweise kann auch ein verkröpfter Ringschlüssel und ein passender Innensechskanteinsatz für die Kolbenstange zum Einsatz kommen.

■ Nehmen Sie den Teller oben (2) ab. Nehmen Sie das Federbein (8) heraus.

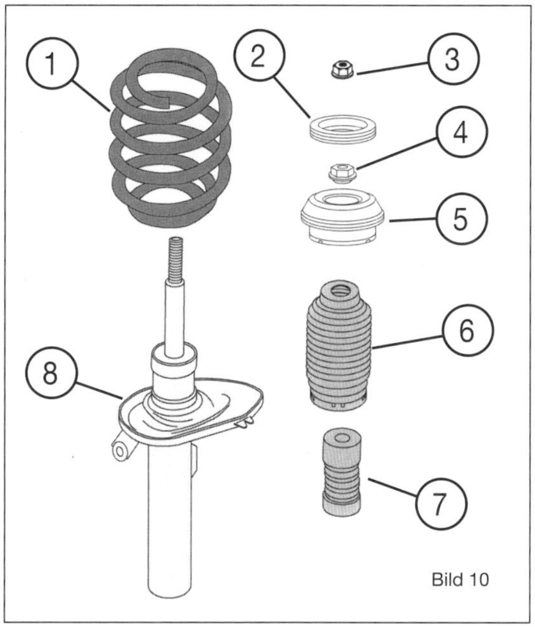

Bild 10
Stoßdämpfer vorne.
1 Feder
2 Teller oben
3 Domlager
4 Mutter
5 Axiallager
6 Faltenbalg
7 Anschlagpuffer
8 Federbein

Bild 11
Feder spannen.
1 Domlager
2 Feder
3 Federspanner
4 Ratsche mit passender Stecknuss

Der Einbau erfolgt sinngemäß in umgekehrter Reihenfolge.

👁 Achten Sie auf die Einbaulage des Domlagers (4). Einer der beiden Pfeile, die auf dem Domlager abgebildet sind, muss in Fahrtrichtung zeigen.

■ Lassen Sie eine Fahrwerksvermessung durchführen.

Feder vorne aus- und einbauen

■ Bauen Sie das Federbein wie beschrieben aus.
■ Spannen Sie die Feder mit einem Federspanner (3 im Bild 11) vor, bis das Domlager (1) spannungslos ist.
■ Lösen Sie die Mutter (4 im Bild 10) mit einer passenden Stecknuss (4) und einer Ratsche mit Zentralbohrung.

☞ Ersatzweise kann auch ein verkröpfter Ringschlüssel und ein passender Innensechskanteinsatz für die Kolbenstange zum Einsatz kommen.

Sichtprüfung | Messen

Bild 12
Demontage Stoßdämpfer vorne.
1 Drehmomentschlüssel
2 Stecknusseinsatz
3 Ratsche mit Zentralbohrung
4 Stecknuss
5 Stoßdämpfer

Bild 13
Stoßdämpfer hinten bei frontgetriebenen Fahrzeugen.
1 Schrauben
2 Anschlagpuffer
3 Schutzrohr
4 Stoßdämpfer
5 Schraube
6 Mutter
7 Lagerung

■ Nehmen Sie die Mutter (4), das Axiallager (5), den Faltenbalg (6) und den Anschlagpuffer (7) vom Federbein (8) ab.

Der Einbau erfolgt sinngemäß in umgekehrter Reihenfolge.

Achten Sie auf die Einbaulage des Domlagers (4). Einer der beiden Pfeile, die auf dem Domlager abgebildet sind, muss in Fahrtrichtung zeigen.

■ Lassen Sie eine Fahrwerksvermessung durchführen.

Stoßdämpfer Hinterachse aus- und einbauen

Erfassen Sie die Höhenlage der Hinterachse im eingefederten Zustand.

Die Messung erfolgt am besten zwischen Radlaufkante und Radmitte.

■ Notieren Sie sich den Messwert.
■ Das Fahrzeug mit der Hebebühne anheben und das entsprechende Rad abbauen.
■ Bauen Sie die Radhausschale auf der entsprechenden Seite aus.
■ Unterbauen Sie den Querlenker mit einem Getriebeheber.
■ Heben Sie den Getriebeheber so weit an, dass die anfangs gemessene Höhenlage (Radmitte zum Radlauf) erreicht wird.
■ Lösen Sie die untere Stoßdämpferschraube (z. B. 5 im Bild 13) und drehen Sie sie heraus.

Fahrzeuge mit Frontantrieb:
■ Drehen Sie die beiden Schrauben (1) heraus.
■ Nehmen Sie den Stoßdämpfer heraus.
■ Ziehen Sie die Abdeckung herunter und schrauben die Mutter (6) ab.

Fahrzeuge mit Allradantrieb:
■ Drehen Sie die Schraube oben am Stoßdämpfer heraus.
■ Nehmen Sie den Stoßdämpfer heraus.

Der Einbau erfolgt sinngemäß in umgekehrter Reihenfolge.
■ Achten Sie auf die Höhenlage des Fahrwerks beim Anziehen der Schraube (5).

Gummimetalllager haben einen begrenzten Verdrehbereich. Achsbauteile mit Gummimetalllagern müssen

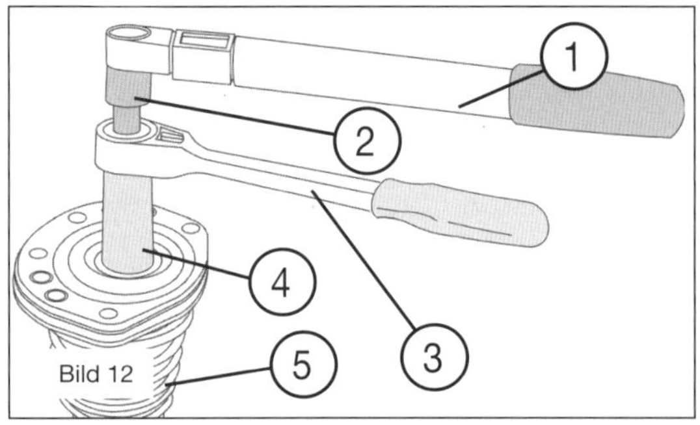

Bild 12

Bild 13

deshalb vor dem Festziehen in die Position gebracht werden, die dem Fahrbetrieb entspricht (Leergewichtslage).
■ Achten Sie darauf, dass der Halter des Beschleunigungssensors (soweit verbaut) mit seinen Haltenasen im Halter des Stoßfängers einsitzt.

Feder hinten aus- und einbauen

■ Erfassen Sie die Höhenlage der Hinterachse im eingefederten Zustand (Bild 3 in diesem Kapitel).

Die Messung erfolgt am besten zwischen Radlaufkante und Radmitte.

■ Notieren Sie sich den Messwert.
■ Das Fahrzeug mit der Hebebühne anheben und das entsprechende Rad abbauen.
■ Unterbauen Sie den Querlenker mit einem Getriebeheber.
■ Heben Sie den Getriebeheber etwas an, damit der Stoßdämpfer entlastet ist.
■ Legen Sie die Anschlusskabel für den ABS-Sensor frei.
■ Hängen Sie soweit verbaut, den Sensor für die Leuchtweitenregulierung aus.
■ Lösen Sie die Schraube (z. B. 5 im Bild 13) und drehen Sie sie heraus.

Fahrzeuge mit Frontantrieb:
■ Lassen Sie den Getriebeheber so weit ab, dass Sie die Feder herausnehmen können.

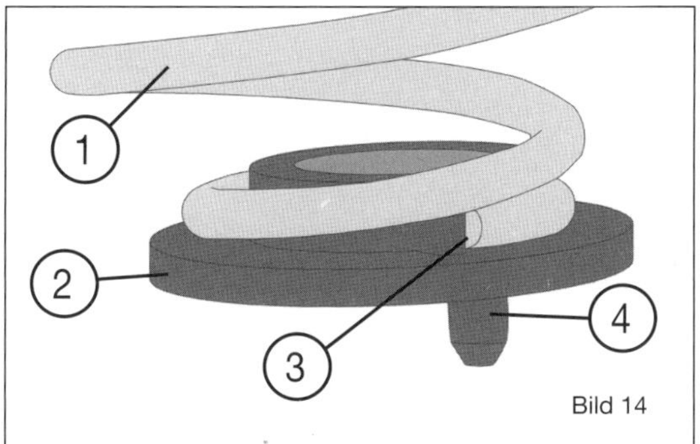

Bild 14

Bild 14
Einbaulage des Federlagers hinten.
1 Feder
2 Federlager
3 Anschlag
4 Nase

Fahrzeuge mit Allradantrieb:

■ Spannen Sie die Feder mit einem Federspanner so weit, dass sie geringfügig vorgespannt ist.
■ Lassen Sie den Getriebeheber so weit ab, dass Sie die Feder zusammen mit dem Federspanner herausnehmen können.
■ Entspannen Sie den Federspanner und nehmen Sie die Feder ab.

Der Einbau erfolgt sinngemäß in umgekehrter Reihenfolge.

■ Achten Sie auf den richtigen Sitz der Feder (1 im Bild 14) am Anschlag (3) des Federlagers (2) und den Sitz der Nase (4) im Querlenker.
■ Achten Sie auf die Höhenlage des Fahrwerks beim Anziehen der Schraube (1 im Bild 3).

⚠ Gummimetalllager haben einen begrenzten Verdrehbereich. Achsbauteile mit Gummimetalllagern müssen deshalb vor dem Festziehen in eine Position gebracht werden, die der Position im Fahrbetrieb entspricht (Leergewichtslage). Anderenfalls wird das Gummimetalllager verspannt.

Stabilisatoren und Koppelstangen vorne und hinten

Koppelstangen am Stabilisator

■ Bauen Sie das entsprechende Rad ab.
■ Drehen Sie Muttern der Koppelstange am Stabilisator und am Federbein (Vorderachse) beziehungsweise am Längslenker (Hinterachse) ab.

☞ Im Gewinde der Gelenkköpfe ist ein Vielzahn zum Gegenhalten verbaut.

■ Nehmen Sie die Koppelstange ab.

Der Einbau erfolgt sinngemäß in umgekehrter Reihenfolge.

■ Achten Sie auf die Höhenlage des Fahrwerks beim Anziehen der Schraube am Stabilisator der Hinterachse.

⚠ Gummimetalllager haben einen begrenzten Verdrehbereich. Achsbauteile mit Gummimetalllagern müssen deshalb vor dem Festziehen in die Position gebracht werden, die dem Fahrbetrieb entspricht (Leergewichtslage).

Stabilisator an der Vorderachse

Der Ausbau des Stabilisators an der Vorderachse ist sehr aufwendig.

■ Um den Stabilisator der Vorderachse auszubauen, muss das Kreuzgelenk der Lenkung vom Innenraum aus gelöst werden.
■ Die Unterbodenverkleidung muss ausgebaut werden.
■ Das Gestänge des Niveausensors an der Vorderachse (soweit vorhanden) abbauen.
■ Die Koppelstangen vom Stabilisator abbauen.
■ Ziehen Sie das Lenkgetriebe rechts und links mit einem Spanngurt an der Fahrwerksfeder leicht nach oben.
■ Bei Fahrzeugen mit 165 kW das Auspuffgummi zum Aggregateträger aubauen.
■ Das Lenkgetriebe, die Pendelstütze zum Getriebe und der Stabilisator müssen vom Aggregateträger (Achsträger) gelöst werden.
■ Der Aggregateträger muss gelöst und mit einem Getriebeheber etwas angesenkt werden.
■ Der Stabilisator kann dann vom Aggregateträger abgeschraubt und nach hinten herausgenommen werden.

Der Einbau erfolgt sinngemäß in umgekehrter Reihenfolge.

Stabilisator an der Hinterachse

■ Bauen Sie das entsprechende Rad ab.
■ Die Koppelstange am Stabilisator lösen.
■ Drehen Sie die Schrauben der Schellen des Stabilisators heraus.

☞ Wenn die obere Schraube bei Allradfahrzeugen durch die Achswelle verdeckt wird, muss das Fahrzeug an der Bühne verzurrt werden und die jeweilige Radseite mit einem Getriebeheber eingefedert werden.

■ Nehmen Sie den Stabilisator heraus.

Der Einbau erfolgt sinngemäß in umgekehrter Reihenfolge.

12 Servolenkung

Die elektrisch unterstützte Zahnstangenlenkung Ihres Audi TT zeichnet sich durch besonders geringe Bedienungskräfte bei hoher Lenkpräzision aus. Servolenkungen erleichtern durch Hilfskraft die Lenkarbeit erheblich. Sie sorgen für größtmöglichen Komfort beim Rangieren und für präzises Lenkgefühl bei schnellen Autobahnfahrten.

Die Möglichkeit, mit geringem Kraftaufwand am Lenkrad eine relativ direkte Lenkung zu erreichen, dennoch den Fahrer relativ unbehelligt von den Fahrbahnstößen zu lassen, wird mit Hilfe des hydraulischen Servomotors realisiert. Lenkwinkel, Fahrgeschwindigkeit und Stromaufnahme des Motors sind Messgrößen, die die Ansteuerung der Lenkung beeinflussen.

Prüfungen an der Lenkung

Die Lenkung ist eine Baugruppe, von der die Fahrsicherheit besonders stark abhängt. Defekte, falsche Einstellungen und fehlerhafte Reparaturarbeiten können fatale Auswirkungen haben. Nach einem Unfall und bei Beschädigung der Vorderachse können verschiedene Lenkungsteile ersetzt werden. Als Instandsetzung an der Servolenkung ist aber nur das Ersetzen der Faltenbälge sowie der Spurstangen und Spurstangenköpfe üblich. Für bestimmte Arbeiten kann es nötig sein, die Lenkzwischenwelle aus- und einzubauen, die das Kreuzgelenk unten an der Lenksäule mit dem Kreuzgelenk des Lenkritzels am Lenkgetriebe verbindet.

Lenkungsspiel prüfen

■ Die Räder geradeaus stellen. Von außen durchs geöffnete Fenster greifen und das Lenkrad kurz hin- und herdrehen.

Auf die Felge achten: Bewegt sich das Vorderrad wie erforderlich sofort mit? Eine Hilfsperson kann die Spurstangenköpfe umfassen und das Lagerspiel bei Lenkbewegung fühlen oder in Extremfällen sogar beobachten.

■ Falls Spiel bemerkt wird, muss das Nachstellen in der Werkstatt erfolgen oder das Lenkgetriebe ersetzt werden.

Wenn die Lenkung um die Geradeausstellung kein Spiel hat, aber bei stärkerem Einschlag spürbar klemmt, ist die Zahnstange verschlissen. Das dürfte zwar erst nach einer gehörigen Fahrstrecke der Fall sein, aber dann muss das Lenkgetriebe ausgetauscht werden!

Manschetten der Lenkzahnstange prüfen

Mit einer Taschenlampe die Gummimanschetten ableuchten, mit denen die aus ihrem Gehäuse austretende Zahnstange links und rechts geschützt wird.

■ Gründlich auch auf kleinste Verschleißspuren prüfen.

Dringen durch einen rissigen oder beschädigten Faltenbalg Schmutz und Feuchtigkeit ein, verbinden sie sich mit dem Fett des Lenkgetriebes zu einer zerstörerischen Schleifpaste.

■ Das Fahrzeug mit der Hebebühne anheben und gegen Abrutschen oder Kippen sichern.

■ Die Lenkung voll nach rechts oder links einschlagen. Um Risse in den Falten zu erkennen, muss der Faltenbalg Stück um Stück auseinandergezogen werden. Eine verschlissene Manschette sollte man sofort austauschen. Sie kann bei eingebautem Lenkgetriebe ersetzt werden.

■ Klemmschellen müssen fest auf der Manschette sitzen. Zum Wechseln des Faltenbalgs wird daher eine spezielle Schlauchbinderzange empfohlen.

Lenksäule überprüfen

Wenn an der Lenksäule gearbeitet wurde, muss danach auf sichtbare Schäden und Funktion geprüft werden.

■ Lässt sich die Säule ohne zu haken und ohne Schwergängigkeit drehen?

■ Lässt sie sich (soweit in der Ausstattung vorgesehen) in Längsrichtung und in der Höhe leicht verstellen?

■ Lässt sich das Rohr der Säule deutlich nach vorn und hinten oder seitlich bewegen? Dann ist etwas faul, die Lenksäule muss ausgetauscht werden.

Lenksäule richtig tragen

■ Den Aus- und Einbau der Lenksäule empfehlen wir hier nicht, weil diese Arbeiten mit dem Aus- und Einbau von Airbags verbunden sind, die ganz klar in die Fachwerkstatt gehört. Wenn Sie aber eine ausgebaute oder eine einzubauende Lenksäule zu transportieren haben, müssen Sie beachten, dass die falsche Behandlung der Lenksäule schon ein Sicherheitsrisiko darstellt.

⚠ Eine mechanische Beschädigung kann sich auf die Funktion des Lenksystems oder auf die Ansteuerung der Lenkunterstützung auswirken.

- Die Lenksäule immer mit beiden Händen tragen. Fassen Sie dazu die Säule fest am Mantelrohr oben und im Bereich des oberen Kreuzgelenkes an der Gelenkwelle an.
- Wird die Lenksäule am Deformationselement, am Klemmhebel oder an den beiden Gewichtsausgleichsfedern gehalten, können schon Vorschädigungen entstehen.
- Die Kreuzgelenke dürfen niemals überstreckt oder belastet werden. Legen Sie das Lenkgetriebe grundsätzlich sicher auf einer Ebene ab.

Arbeiten an der Lenkung

Spurstangenkopf aus- und einbauen

- Fahrzeug mit der Hebebühne anheben und gegen Abrutschen oder Kippen sichern.
- Das entsprechende Rad abbauen.
- Mutter von Spurstangenkopf lösen, aber noch nicht abschrauben. Die Mutter zum Schutz des Gewindes einige Umdrehungen auf dem Zapfen lassen.
- Den Spurstangenkopf vom Radlagergehäuse mit einem Kugelgelenkabzieher abdrücken.
- Die Mutter nach dem Abdrücken des Spurstangenkopfes abschrauben.

⚠ Beim Abdrücken die Gummitülle und das Gewinde nicht beschädigen.

- Die Kontermutter (4 im Bild 1) lösen.
- Die Position vom Spurstangenkopf (3) auf der Spurstange (2) kennzeichnen.
- Den Spurstangenkopf von der Spurstange abdrehen. Hierzu die Schlüsselflächen am Spurstangenkopf (3) und an der Spurstange (2) nutzen.

Der Einbau erfolgt sinngemäß in umgekehrter Reihenfolge.

- Den Spurstangenkopf bis zur angebrachten Markierung auf die Spurstange drehen.
- Den Spurstangenkopf mit der Kontermutter sichern.

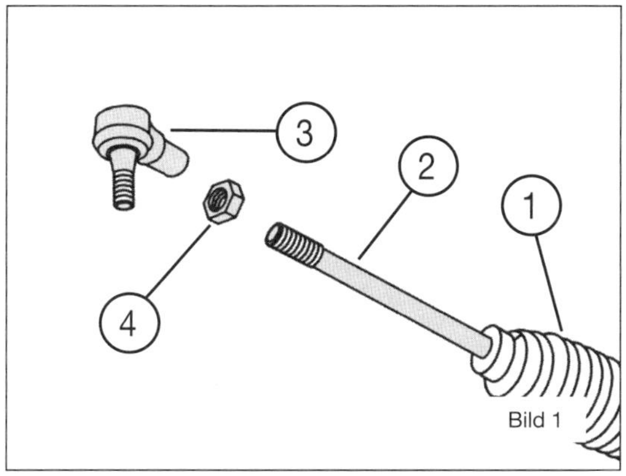

Bild 1
Spurstange in Teilen.
1 Faltenbalg
2 Spurstange
3 Kugelgelenkkopf (Spurstangenkopf)
4 Kontermutter

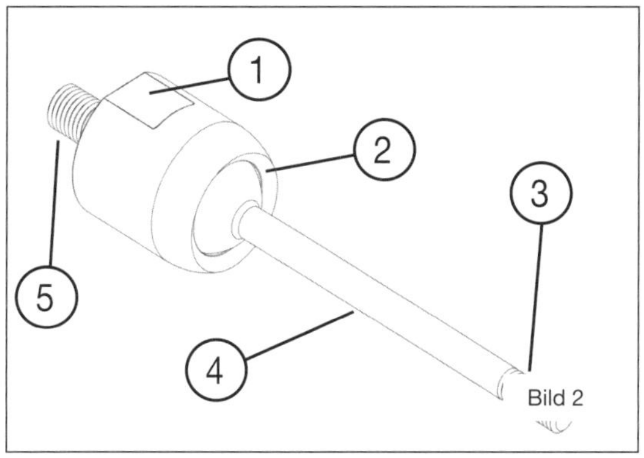

Bild 2
Spurstange ausgebaut.
1 Abflachung oder Sechskant für einen Schraubenschlüssel
2 Gelenkpfanne
3 Spurstangengewinde
4 Spurstange
5 Gewinde zur Befestigung in der Zahnstange der Lenkung

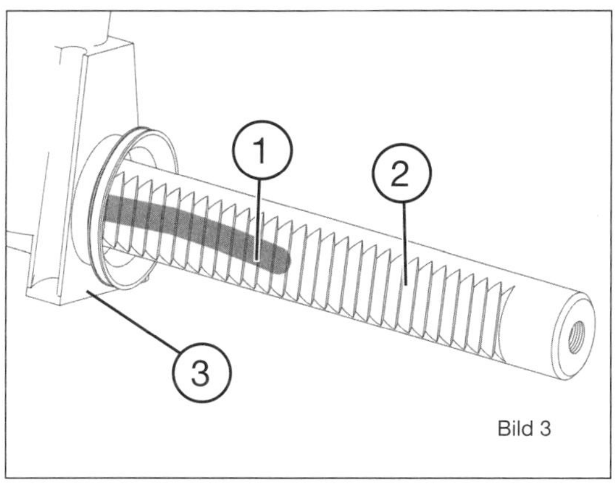

Bild 3
Nachfetten der Zahnstange der Lenkung.
1 Spur Lagerfett
2 Zahnstange der Lenkung unter der Manschette
3 Lenkgetriebe

- Den Spurstangenkopf mit neuer Mutter verschrauben.
- Das Rad anbauen und mit Anzugsdrehmoment festziehen.
- Die Fahrzeugvermessung durchführen (lassen).

Lenkmanschette wechseln

- Fahrzeug mit der Hebebühne anheben.
- Rad an der betreffenden Seite abbauen.
- Bauen Sie an der betroffenen Seite den Spurstangenkopf wie beschrieben ab.
- Drehen Sie die Kontermutter (4 im Bild 1) von der Spurstange ab.
- Die Schellen am Faltenbalg (Lenkmanschette) lösen und abnehmen.

Sichtprüfung Messen

Bild 4
Lenkgetriebe am Aggretgateträger.
1 Hitzeschutzblech
2 Rücklaufleitung bei Allradfahrzeugen
3 Mutter
4 Rücklaufleitung bei frontangetriebenen Fahrzeugen
5 Schraube
6 Kreuzgelenk an der Lenksäule
7 Dichtmanschette
8 Schraube
9 Anschlussschlauch zur Servopumpe
10 Dichtringe
11 Hohlschrauben
12 Lenkgetriebe
13 Aggregateträger
14 Schrauben
15 Schelle

■ Ziehen Sie die Lenkmanschette (1) über die Spurstange ab.

Reinigen Sie die Lenkstange im Lenkgetriebe, die Spurstange und die Auflageflächen der Manschetten gründlich und fetten (1 im Bild 3) Sie sie leicht ein.

⚠ Verschmutzungen können das Lenkgetriebe schädigen.

■ Schieben Sie die Schellen auf die neue Manschette und diese dann auf die Zahnstange und die Lenkung auf.

Die weitere Montage erfolgt sinngemäß in umgekehrter Reihenfolge.

Die Laschen und Klemmstellen an den Schellen müssen so ausgerichtet werden, dass sie nirgendwo anliegen oder schleifen können. Sie können beim Hängenbleiben leicht die Manschette herunterschieben oder beschädigen.

Servolenkung aus- und einbauen

Die Servolenkung basiert auf einem konventionellen Zahnstangenlenkgetriebe, das über hydraulischen Druck unterstützt wird. Die Lenkkraftunterstützung erfolgt stufenlos über die Steuerventile. Eine Instandsetzung des Lenkgetriebes ist nicht vorgesehen. Es muss bei Beanstandungen komplett ausgetauscht werden.

Das Lenkgetriebe wird zusammen mit dem Aggregateträger nach unten ausgebaut.

Folgende Hinweise sind bei Arbeiten am Lenkgetriebe zu beachten

■ Bei Arbeiten an der Servolenkung ist größte Sauberkeit erforderlich.
Die erforderliche Abdichtung wird durch eine enge Passung erreicht. Eindringende Verschmutzungen sorgen für erhöhten Verschleiß und Schäden.

■ Die Einbaulage der Druckleitung und des Rücklaufs müssen mit den Befestigungspunkten dem Serienzustand entsprechen.

■ Legen Sie die ausgebauten Teile auf einer sauberen Unterlage ab.

■ Abgelassenen Hydrauliköl darf nicht wieder verwendet werden.

■ Nach dem Lösen der Hohlschrauben (11 im Bild 4) müssen die Dichtringe (10) erneuert werden.

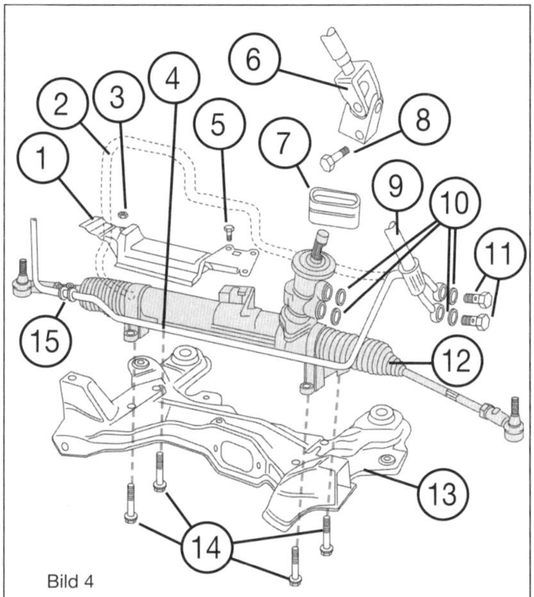

Bild 4

De- und Montage des Lenksgetriebes

■ Das Fahrzeug mit der Hebebühne anheben und Unterbodenverkleidungen ausbauen. Bringen Sie das Lenkrad in Geradeausstellung (Räder geradeaus, Lenkrad in Mittelstellung).

■ Bauen Sie die Vorderräder ab.

■ Fixieren Sie das Lenkrad mit Klebeband gegen die Lenksäulenverkleidung, um ein unbeabsichtigtes Verdrehen zu vermeiden.

⚠ Beim Überdrehen der Lenksäule wird die Wickelfeder auf der Lenksäule für den Airbag beschädigt.

■ Demontieren Sie die Kunststoffverkleidung hinter den Pedalen.

■ Drehen Sie die Schraube (8 im Bild 4) heraus und ziehen Sie das Kreuzgelenk (6) vom Lenkgetriebe (12) ab.

■ Demontieren Sie die Geräuschdämmung unter dem Motor.

■ Lösen Sie Verschraubung der Rücklaufleitung (2 bzw. 4) am Lenkgetriebe (12).

■ Bauen Sie den Sensor für die Höhenregulierung am linken Querlenker ab.

■ Drücken Sie mit einer Schlauchklemme den Zulaufschlauch vom Vorratsbehälter zu.

■ Bauen Sie die Rücklaufleitung vom Vorratsbehälter ab und lassen Sie das Hydrauliköl in ein geeignetes Gefäß ablaufen.

■ Verschließen Sie die Öffnung des Servobehälters mit einem passenden Stopfen.

■ Mutter von Spurstangenkopf lösen, aber noch nicht abschrauben. Die Mutter zum Schutz des Gewindes einige Umdrehungen

auf dem Zapfen lassen.
■ Die Mutter nach dem Abdrücken des Spurstangenkopfes abschrauben.
■ Bauen Sie die Anschlussleitung zur Servopumpe vom Lenkgetriebe ab.

Packen Sie den Anschluss in eine Tüte ein und ziehen Sie sie mit einem Kabelbinder fest.

■ Verschließen Sie die Bohrung im Lenkgetriebe mit einem passenden Stopfen.
■ Drehen Sie die beiden Schrauben der Pendelstütze am Getriebe heraus.
■ Unterbauen Sie den Aggregateträger mit einem Getriebeheber und drehen Sie die vier Befestigungsschrauben des Aggregateträgers heraus.
■ Soweit erforderlich, bauen Sie die Sechskantmutter für die Halteschelle des Stabilisators auf der linken Seite ab.
■ Drehen Sie die Befestigungsschrauben (14) für das Lenkgetriebe heraus.
■ Hebeln Sie das Lenkgetriebe vorsichtig vom Aggregateträger ab.
■ Senken Sie den Aggregateträger mit dem Getriebeheber etwas ab.

Achten Sie auf die Geräuschdämmung und den Halter für die Hydraulikleitung auf der linken Seite.

■ Bauen Sie die Rücklaufleitung vom Lenkgetriebe ab.
■ Verschließen Sie die Bohrung im Lenkgetriebe mit einem passenden Stopfen.
■ Demontieren Sie die Verschraubungen (14) des Lenkgetriebes und nehmen Sie es nach hinten heraus.

Der Einbau erfolgt sinngemäß in umgekehrter Reihenfolge.
■ Achten Sie auf den Sitz des Kreuzgelenkes zur Lenksäule.
■ Bringen Sie das Lenkgetriebe wie im Anschluss beschrieben in Mittelstellung.
■ Reinigen Sie die Anlageflächen des Lenkgetriebes auf der Dichtmanschette. Die Dichtmanschette muss knickfrei auf dem Montageflansch anliegen.
■ Die Fahrzeugvermessung durchführen (lassen).
■ Kontrollieren Sie die Funktion der Scheinwerferhöheneinstellung und stellen Sie die Scheinwerfer soweit erforderlich ein.
■ Befüllen Sie das System nach der Montage mit Hydraulikflüssigkeit.
■ Verdrehen Sie das Lenkrad bei stehendem Motor langsam vom linken Anschlag zum rechten Anschlag und wieder zurück.
■ Wiederholen Sie die Arbeitsschritte so lange, bis keine Luft mehr austritt und der Flüssigkeitspegel im Vorratsbehälter sich nicht mehr wesentlich verändert.
■ Lassen Sie den Motor im Stand laufen.
■ Drehen Sie das Lenkrad langsam von Anschlag zu Anschlag.
■ Kontrollieren Sie den Stand der Hydraulikflüssigkeit und korrigieren Sie ihn soweit erforderlich.

Ausrichten der Geradesausstellung des Lenkgetriebes

Die Ausrichtung der Lenksäule und des Lenkrades ist mit Klebeband auf der Lenksäulenverkleidung erfolgt.

Die Mittelstellung des Lenkgetriebes kann durch Auszählung der Umdrehungen des Kreuzgelenkanschlusses am Lenkgetriebe erfolgen. Die Mittelstellung liegt dann bei genau der Hälfte der Umdrehungen. Das allerdings ist recht ungenau.

Bei links gelenkten Fahrzeugen:
■ Lösen Sie die Staubmanschette auf der linken Seite des Lenkgetriebes.

Bei rechts gelenkten Fahrzeugen:
■ Lösen Sie die Staubmanschette auf der rechten Seite des Lenkgetriebes.

Weiter für alle Fahrzeuge:
■ Verdrehen Sie das Lenkgetriebe so weit, dass der Abstand (4) zwischen Lenkgetriebegehäuse (1) und Spurstangengelenk (3) 33,5 mm beträgt.

Die Mittelstellung ist dann genau erreicht.

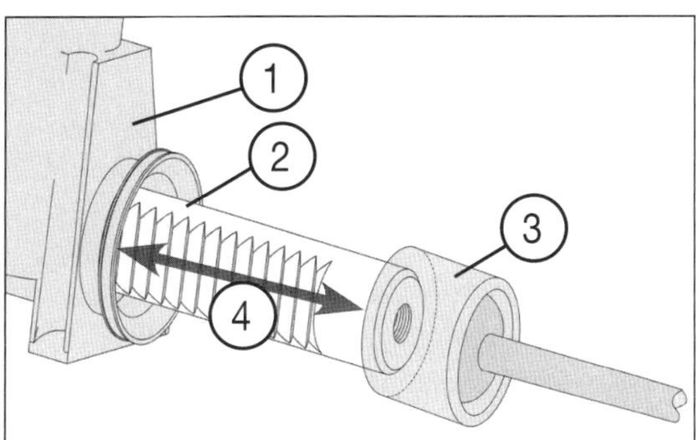

Bild 5

Bild 5
Ausrichten des Lenkgetriebes.
1 Lenkgetriebegehäuse
2 Zahnstange
3 Gelenk Spurstange
4 Abstandmaß zum Lenkungsmittelpunkt

13 Verdeck

Der Audi TT Roadster wurde neben dem Softtop auch mit einem Hardtop ausgestattet. Das Verdeck wurde in einer elektrischen und einer manuellen Variante verbaut. Wir werden Ihnen in diesem Kapitel die gängigsten Arbeitsbeschreibungen zum Thema Verdeck zur Verfügung stellen. Arbeiten rund um das Verdeckgestell, die Abdichtung, die Spriegel und die Arbeiten rund um die Bespannung erfordern recht viel Erfahrung und gehören in die Hände eines Sattlers. Der kann Ihnen in vielen Fällen neben des Neuteilersatzes auch Reparaturen am Verdeckstoff anbieten.

Hydraulikzylinder aus- und einbauen

- Demontieren Sie die Rückwand Mitte und zu der entsprechenden Seite.
- Schließen Sie das Verdeck.
- Knebelschraube an der Hydraulikpumpe lösen, damit eventuell vorhandener Restdruck aus dem System entweichen kann.
- Heben Sie die Sicherungsfeder am Kugelbolzen leicht mit einem Schraubendreher an.
- Hängen Sie den Hydraulikzylinder am oberen Kugelzapfen aus.
- Bauen Sie die Hydraulikleitungen am Hydraulikzylinder ab.

☞ Fangen Sie austretende Restflüssigkeit mit geeigneten Lappen auf.

Die Montage erfolgt sinngemäß in umgekehrter Reihenfolge.

- Kontrollieren Sie den Füllstand im Vorratsbehälter und füllen Sie ihn gegebenenfalls auf.

Hydraulische Anlage befüllen

Beim elektrisch-/hydraulischem Verdeck handelt es sich um ein geschlossenes hydraulisches System. Ein Befüllen ist in der Regel nur nach einem Öffnen des hydraulischen Kreislaufes (z. B. nach einem Teiletausch) nötig. Aufgrund des Hubes und des Verdrängungseffektes der hydraulischen Kolbenstangen darf der Ölstand des Hydrauliköls nur bei geöffnetem Verdeck ermittelt werden.

- Kofferraumverkleidungen ausbauen.

☞ Zum Befüllen muss das Verdeck geöffnet sein, nur im geöffneten Zustand lässt sich der tatsächliche Ölstand ermitteln.

- Öleinfüllschraube am Vorratsbehälter der Pumpe herausdrehen.
- Hydrauliköl nur so weit nachfüllen, bis sich der Ölstand zwischen »Min-« und »Max-« Markierung befindet.

☞ Zum Auffüllen des Hydrauliköls eignet sich eine Ölkanne.

- Um Verunreinigung des Hydrauliköls mit anderen Ölen zu vermeiden, darf die Ölkanne ausschließlich nur für diesen Zweck benutzt werden.
- Öleinfüllschraube festschrauben (5 Nm).

Verdeckverschluss aus- und einbauen

Das Verdeck wird am Scheibenrahmen mit jeweils rechts und links verbauten Schlössern verriegelt. Beide Schlösser werden über einstellbare Schubstangen durch den Verriegelungsgriff am Scheibenrahmen betätigt.

Demontage der Verkleidung:

- Demontieren Sie die Innenleuchte im Scheibenrahmen.
- Bauen Sie die beiden Sonnenblenden aus.
- Ziehen Sie die Verkleidung von der Mitte aus beginnend vom Scheibenrahmen ab.

Ausbau der Verdeckschlösser:

- Drücken Sie die Schubstangen vom Kugelzapfen des jeweiligen Verdeckschlosses ab.
- Drehen Sie die Torxschrauben zum Scheibenrahmen heraus.
- Nehmen Sie das Verdeckschloss ab.

Die Montage erfolgt sinngemäß in umgekehrter Reihenfolge.

- Prüfen Sie die Einstellung des Verdeckschlosses und korrigieren Sie diese wenn erforderlich.

Einstellen der Verdeckschlösser:

- Lösen Sie die Kontermutter der jeweiligen Schubstange und verdrehen Sie die Schubstange.
- Stellen Sie das Verdeckschloss so ein, dass Sie einen Abstand zwischen Fanghakenspitze und Führungsbolzen von 26 mm erreichen.

14 Bremsanlage

Die Bremsen des Audi TT

Der Audi TT wird kraftvoll und sicher über ein Hydraulik-Zweikreis-Bremssystem mit rundum Scheibenbremsen verzögert. Die vorderen Scheibenbremsen sind innenbelüftet, die Bremsscheiben hinten sind derzeit durchweg für alle Motorisierungen massiv. Die elektromechanische Feststellbremse wirkt auf die Hinterräder. Die Bremsunterstützung erfolgt pneumatisch durch Vakuumbremskraftverstärker. In ihnen wird der hydraulische Druck, der dann an den Bremsen wirkt, mehr als verdoppelt. Auf diese Weise werden etwa 60 % der wirkenden Bremskraft aufgebracht. Das Vakuum für den Unterdruck im Bremskraftverstärker wird dem Saugrohr entnommen oder mit einer Vakuumpumpe erzeugt. Je nach Motorisierung werden unterschiedliche Bremsenmodelle eingesetzt. Welche Bremsen in einem bestimmten Fahrzeug verbaut sind, wird unter anderem in der Ausstattungsliste durch Codenummern dokumentiert. Die Ausstattungscodierung können Sie sich bei Ihrem Audi-Händler ausdrucken lassen. Die Codierungen sind für die Kombinationen Bremssattel/Bremsscheibe/Bremstrommel und Bremsbelag wichtig.

Antiblockiersystem (ABS)

Der Audi TT verfügt serienmäßig über ein Antiblockiersystem. Die Bremsanlage des ABS ist diagonal aufgeteilt. Die Bremskraftverstärkung erfolgt pneumatisch durch den Vakuumbremskraftverstärker. Fahrzeuge mit ABS haben keinen mechanischen Bremskraftregler. Eine speziell abgestimmte Software im Steuergerät übernimmt die Bremskraftverteilung für die Hinterachse.

⚠ Störungen am ABS haben Einfluss auf die Bremsanlage und die Verstärkung. Es muss mit einem veränderten Bremsverhalten gerechnet werden. Nach Aufleuchten der Kontrollleuchte für ABS und Kontrollleuchte für Bremsanlage können die Hinterräder beim Bremsen frühzeitig blockieren!

Die recht unauffälligen, aber sehr wichtigen Funktionen für beispielsweise die Gespannstabilisierung fallen aus. Grundsätzlich ist es möglich, ein ABS-Steuergerät zu reparieren. Einige Firmen haben sich auf die Instandsetzung spezialisiert und liefern eine kostengünstige Alternative zum Neuteilersatz. Hydraulikeinheit und Steuergerät bilden eine Einheit. Eine Trennung ist nur im ausgebauten Zustand möglich.

■ Neue Steuergeräte aus dem Ersatzteilbereich sind nicht codiert. Sie sind nach dem Einbau mit einem geeigneten Diagnosetester zu codieren. In der Regel muss das beim VW-Audi-Vertragshändler erfolgen. Die Kontrollleuchte für ABS und die Kontrollleuchte für ESP und ASR blinken, solange das Steuergerät für ABS nicht codiert ist.

■ Wenn ein Steuergerät instandgesetzt worden ist, wird die Reparaturfirma die vorhandene Codierung sichern und das instandgesetzte Steuergerät betriebsbereit ausliefern.

ABS und ESP

Im Audi TT kommt ein ABS/ESP-System zum Einsatz. Es besteht neben dem Eingriff auf die Bremsanlage die Möglichkeit, mit dem Bordnetzsystem und der Motorsteuerung einige Neuerungen umzusetzen. Es sind nun folgende Funktionen realisiert worden: ABS (Blockierverhinderer beim Bremsen), ASR (verhindert durchdrehende Räder), EBV (regelt den Bremsdruck an der Hinterachse), ESP (Stabilitätsprogramm, um Schleudern einzudämmen) und das MSR (reduziert das Motormoment zum Anfahren auf glatter Straße über den Eingriff in das System E-Gas).

Eigenschaft der Bremsflüssigkeit

☞ Die im Hydrauliksystem zirkulierende Flüssigkeit ist Bremsflüssigkeit nach dem Standard »FMVSS 116 DOT 4«, wovon auch die Weiterentwicklung »DOT 4 plus« erhältlich ist.

⚠ Bremsflüssigkeit auf keinen Fall mit mineralölhaltigen Flüssigkeiten (Öl, Benzin, Reinigungsmittel) in Verbindung bringen. Mineralöle beschädigen die Dichtungen und Gummitüllen der Bremsanlage!

⚠ Bremsflüssigkeit ist giftig, sie darf wegen ihrer ätzenden Wirkung auch nicht mit Lack in Berührung kommen. Eventuell ausgetretene Bremsflüssigkeit mit viel Wasser abspülen!

Sichtprüfung Messen

Bild 1
Ausgleichsbehälter im Motorraum.
1 Ausgleichsbehälter
2 Deckel
3 Stecker Warnkontakt
4 Minimal-Markierung
5 Maximal-Markierung

Bild 2
Durchgerostete Bremsleitungen sind durchaus auch bei modernen Fahrzeugen noch zu finden.

Bremsflüssigkeit ist hygroskopisch, das heißt, sie nimmt aus der umgebenden Luft Feuchtigkeit auf und ist darum stets in luftdicht verschlossenen Behältern aufzubewahren.

Bremsflüssigkeitsstand (abhängig vom Belagverschleiß) prüfen

Der Stand der Bremsflüssigkeit ist an den Markierungen des Bremsflüssigkeitsbehälters abzulesen.

- Der Bremsflüssigkeitsstand (Menge) ist stets in Abhängigkeit vom Bremsbelagverschleiß zu beurteilen. Im Fahrbetrieb sinkt durch Abnutzung und automatische Nachstellung der Bremsbeläge der Flüssigkeitsstand geringfügig ab.
- Bei einem Flüssigkeitsstand an der »MIN«-Markierung und etwas darüber ist kein Nachfüllen erforderlich, wenn die Bremsbelagverschleißgrenze nahezu erreicht ist.
- Sind die Bremsbeläge neu bzw. weit von der Belagverschleißgrenze entfernt, muss der Flüssigkeitsstand zwischen der »MIN«- und der »MAX«-Markierung liegen.
- Die »MAX«-Markierung darf jedoch nicht überschritten werden, damit die Flüssigkeit nicht aus dem Bremsflüssigkeitsbehälter austritt.
- Ist der Flüssigkeitsstand unter die »MIN«-Markierung abgesunken, muss bevor Bremsflüssigkeit ergänzt wird, das ganze Bremssystem überprüft werden, ggf. sind Reparaturen einzuleiten.

Bremsanlage auf Undichtigkeiten und Beschädigung prüfen

Sichtprüfung

Folgende Bauteile müssen auf Undichtigkeiten und Beschädigungen überprüft werden:

- Hauptbremszylinder
- Bremskraftverstärker
- Hydraulikeinheit
- Bremssättel

Weiterhin sind zu prüfen:

- Vorhandensein der Staubkappen an den Entlüftungsventilen für Bremsflüssigkeit.
- Dass die Bremsschläuche nicht verdreht

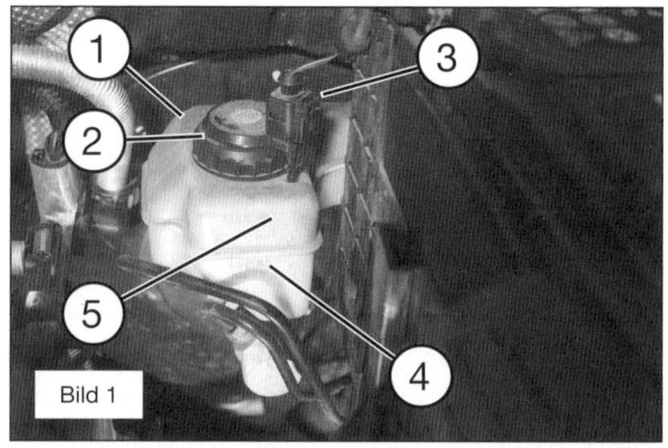

Bild 1

Bild 2

sind und dass sie beim maximalen Lenkeinschlag keine Fahrzeugbauteile berühren.
- Dass Bremsschläuche nicht porös und brüchig sind.
- Dass Bremsschläuche und Bremsleitungen keine Scheuerstellen aufweisen.
- Dass Bremsanschlüsse und Befestigungen richtig sitzen, nicht undicht und frei von Korrosion sind.

Festgestellte Mängel sind durch entsprechende Reparaturmaßnahmen zu beseitigen.

Dichtigkeitsprüfung unter Druck

Diese Prüfung erfordert ein Prüfgerät für Bremssysteme mit Adapter. Prüfvoraussetzung ist, dass Funktion und Dichtheit der Bremsanlage gegeben sind.

- Entlüftungsventil an einem der vorderen Bremssättel herausschrauben. Das Prüfgerät für Bremssysteme anschließen und entlüften.
- Bremspedal mit einem Feststeller belasten, bis das Druckmanometer 50 bar Überdruck anzeigt.

Während der Prüfdauer von 45 Sekunden darf der Druckabfall nicht mehr als 4 bar betragen. Bei größerem Druckabfall Bremssystem prüfen, wenn erforderlich Hauptbremszylinder ersetzen.

Technische Daten Bremsanlage

Zur Übersicht die wichtigsten technischen Daten der Bremsanlage:

Scheibenbremse vorne
Abmessungen an der Bremsscheibe:

PR Nummer	1LT, G1A,1LV	1ZT
Bremssattel	FN3 (16´)	B2FN
Durchmesser innenbelüftete Scheibe	312 mm	334 mm
Dicke	25 mm	32 mm
Verschleiß-grenze	23 mm	30 mm
Seitenschlag	0,06 mm	
Verschleiß-grenze Bremsbelag	9 mm mit Belagrückenplatte (Messung Radaußenseite)	

Scheibenbremse hinten
Abmessungen an der Bremsscheibe:

PR Nummer	1KK	1KE	1KF
Bremssattel	C38	C41HR	C38
Durchmesser »Voll« Scheibe	232 mm	239 mm	256 mm
Dicke	9 mm	9 mm	22 mm
Verschleiß-grenze	7 mm	7 mm	20 mm
Seitenschlag	0,06 mm		
Verschleiß-grenze Bremsbelag	2 mm ohne Belagrückenplatte (Messung Radaußenseite)		

Bremsanlage mit Gerät entlüften

Normale Entlüftung

Den Arbeitsablauf zum Entlüften der Bremsanlage sollten Sie grundsätzlich genau einhalten.

■ Bremsenfüll- und Entlüftungsgerät anschließen, das bedeutet den Adapter statt Verschlussdeckel auf Bremsflüssigkeitsbehälter aufschrauben, den Druck am Entlüftungsgerät einstellen und Befüllschlauch des Gerätes an den Adapter anschließen.

■ Abdeckkappen von den Entlüftungsventilen abziehen, Schlauch der Entlüfterflasche aufstecken und dann Entlüftungsventile mit einem passenden Schlüssel in folgender

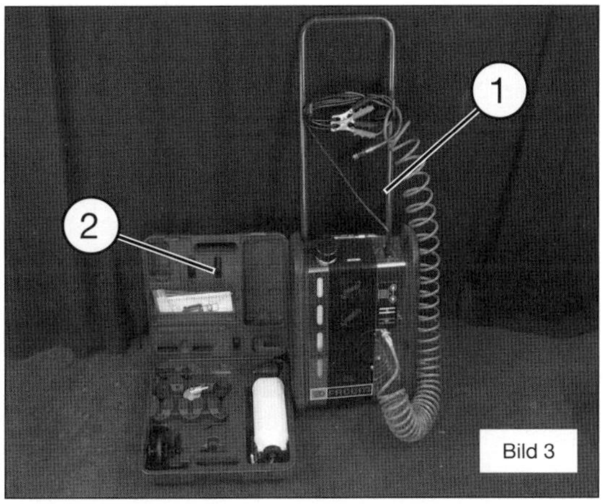

Bild 3

Bild 3
Automatisches Entlüftungsgerät.
1 Entlüftungsgerät mit Batterieanschlüssen und Vorratstank
2 Adapterset für unterschiedliche Vorratsbehälter am Fahrzeug

Reihenfolge öffnen und jeweiligen Radbremszylinder/Bremssattel entlüften:

1. Bremssattel hinten links
2. Bremssattel vorn links
3. Bremssattel vorn rechts
4. Bremssattel hinten rechts

■ Entlüftungsventil bei aufgestecktem Schlauch der Entlüfterflasche so lange geöffnet lassen, bis blasenfreie Bremsflüssigkeit ausströmt.

Geeigneten Entlüfterschlauch verwenden. Er muss straff auf dem Entlüftungsventil sitzen, damit keine Luft in die Bremsanlage gelangen kann!

Vorentlüftung

Wenn bei Fahrzeugen mit EDS, EDS/ASR oder EDS/ASR/ESP eine Kammer des Bremsflüssigkeitsbehälters komplett leergelaufen ist (z. B. bei Undichtigkeiten der Bremsanlage), muss zuerst eine Vorentlüftung erfolgen.

■ Bremssattel vorn links und vorn rechts gleichzeitig zusammen entlüften.

■ Bremssattel hinten links und hinten rechts gleichzeitig zusammen entlüften.

■ Entlüftungsventile bei aufgesteckten Schläuchen der Entlüfterflasche so lange geöffnet lassen, bis blasenfreie Bremsflüssigkeit ausströmt.

■ Anschließend kann über eine Funktion mit dem Diagnosetester die Hydraulikeinheit nochmals entlüftet werden. Hierbei werden die einzelnen Steuerventile angesteuert und auch die geringe Restmenge im Hydraulikaggregat in die Entlüftung mit einbezogen. Zum Entlüften der Hydraulikeinheit ist ein Vordruck von 2 bar nötig.

■ Danach die Bremsanlage normal entlüften.

Sichtprüfung Messen

Bremsanlage ohne Gerät entlüften

Steht kein Bremsenfüll- und Entlüftungsgerät zur Verfügung, muss die Bremsanlage mit einfachen Mitteln entlüftet werden. Nötig dafür sind neue Bremsflüssigkeit und ein geeigneter, möglichst durchsichtiger Kunststoffschlauch, wie ihn Baumärkte im Sortiment haben. Er muss straff auf der Entlüfterschraube Radbremszylinder/Bremssattel sitzen, damit keine Luft in die Bremsanlage gelangen kann.

- Wenn erforderlich, die Entlüftungsventile einige Stunden vor der Arbeit mit Rostlöser einsprühen. Das mindert das Risiko, dass die Ventile beim Lösen abgerissen werden.
- Entlüftungsreihenfolge wie bei »Entlüftung normal«.
- Staubkappe vom Entlüftungsventil abziehen, Ventilnippel säubern, den Kunststoffschlauch auf den Nippel schieben und das freie Schlauchende in einen teilweise mit Bremsflüssigkeit gefüllten Auffangbehälter stecken.
- Entlüftungsschraube mit einem Ringschlüssel maximal eine Umdrehung lösen.
- Ein Helfer tritt das Bremspedal langsam bis zum Boden, damit die Bremsflüssigkeit und die darin eingeschlossene Luft herausgepumpt werden.

Auf Schlauch und Auffangbehälter achten: die Luftbläschen müssen zu sehen sein.

- Das Bremspedal am Boden halten.
- Nun die Entlüftungsschraube schließen, erst dann das Bremspedal zurücknehmen.
- Diesen Vorgang so lange wiederholen, bis keine Luftbläschen mehr aufsteigen, dann ist keine Luft mehr im System. Ständig den Stand der Bremsflüssigkeit im Ausgleichsbehälter beobachten. Nur so viel nachfüllen, dass der vorherige Stand im Bremsflüssigkeitsbehälter nicht überschritten wird. So wird verhindert, dass bei einem späteren Wechsel der Bremsbeläge zu viel Bremsflüssigkeit im System ist und der Behälter beim Zurückdrücken der Bremskolben überläuft.
- Nach dem letzten Durchgang muss der Helfer das Bremspedal wieder am Boden halten, bis das Entlüftungsventil endgültig geschlossen ist (Schraube nicht anknallen).
- Die Arbeit an den anderen Entlüftungsventilen wiederholen.

Bild 4
Entlüftungsventil am Bremssattel vorne.
1 Entlüftungsventil
2 Bremssattel

Bild 5
Entlüftungsventil am Bremssattel hinten.
1 Entlüftungsventil
2 Bremssattel

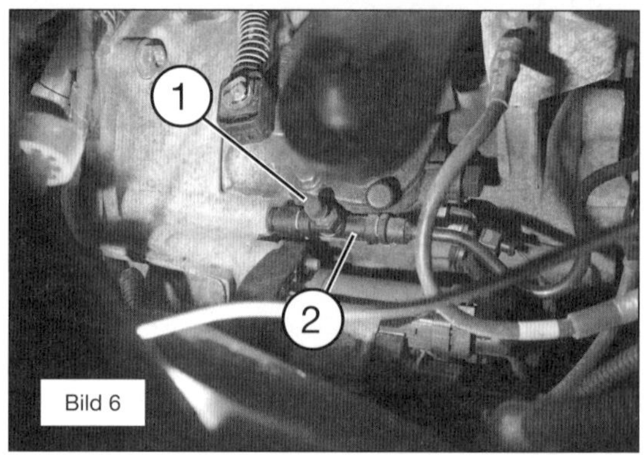

Bild 6
Entlüftungsventil am Kupplungszylinder.
1 Entlüftungsventil
2 Anschlussstück zwischen Druckleitung und Kupplungsnehmerzylinder

- Lässt sich die Bremse nach vorgenannter Methode nicht vollständig entlüften, alle Entlüftungsventile schließen, den Motor starten und mehrfach die Bremse betätigen. Dann nochmals einen Entlüftungsdurchgang vornehmen.
- Zum Schluss noch einmal alle Bremsleitungen, Entlüftungsventile (angezogen?), den Stand im Bremsflüssigkeitsbehälter und die Funktion der Bremsen bei einer (vorsichtigen) Probefahrt prüfen. Dabei einmal so stark bremsen, dass die ABS-Regelung greift.

Bremsflüssigkeit wechseln

⚠ Bremsflüssigkeit ist giftig! Sie darf wegen ihrer ätzenden Wirkung auch nicht mit Lack in Berührung kommen.

Eventuell ausgetretene Bremsflüssigkeit mit viel Wasser abspülen!

Ausfließende Bremsflüssigkeitsmengen

Reihenfolge Entlüftungsventile	Bremsflüssigkeit
Bremssattel vorn links	0,20 Liter
Bremssattel vorn rechts	0,20 Liter
Bremssattel hinten links	0,30 Liter
Bremssattel hinten rechts	0,30 Liter
Kupplungsnehmerzylinder	0,15 Liter

■ Verschlussdeckel vom Bremsflüssigkeits-Vorratsbehälter abschrauben. Das Sieb darf nicht aus dem Behälter entfernt werden!
■ Mit dem Saugschlauch vom Bremsenfüll- und Entlüftungsgerät so viel Bremsflüssigkeit wie möglich absaugen. Abgesaugte Bremsflüssigkeit darf nicht wieder verwendet werden.
■ Adapter (aus dem Bremsenentlüftungswerkzeug) auf den Bremsflüssigkeits-Vorratsbehälter schrauben, den richtigen Druck am Bremsenfüll- und Entlüftungsgerät einstellen (Bedienungsanleitung des Gerätes beachten) und den Befüllschlauch des Geräts an den Adapter anschließen.
■ Abdeckkappe des Entlüftungsventils am Bremssattel vorn links abziehen und Entlüfterschlauch der Auffangflasche auf das Ventil stecken, Entlüftungsventil öffnen und die entsprechende Bremsflüssigkeitsmenge (siehe obige Tabelle) ausfließen lassen. Entlüftungsventil mit 10 Nm schließen. Abdeckkappe am Entlüftungsventil des Bremssattels vorn links wieder aufstecken.
■ Diesen Arbeitsablauf an der rechten Fahrzeugseite vorn wiederholen.
■ Schrauben Sie ggf. beide Räder an der Hinterachse ab, um nun dort an die Entlüftungsventile zu gelangen. Abdeckkappe am Entlüftungsventil des Bremssattels hinten links abziehen und Entlüfterschlauch der Auffangflasche auf das Entlüftungsventil hinten links stecken, Entlüftungsventil öffnen und die entsprechende Bremsflüssigkeitsmenge (siehe Tabelle) ausfließen lassen. Entlüftungsventil mit 10 Nm schließen. Abdeckkappe am Entlüftungsventil des Bremssattels hinten links wieder aufstecken.
■ Diesen Arbeitsablauf an der rechten Fahrzeugseite hinten wiederholen.

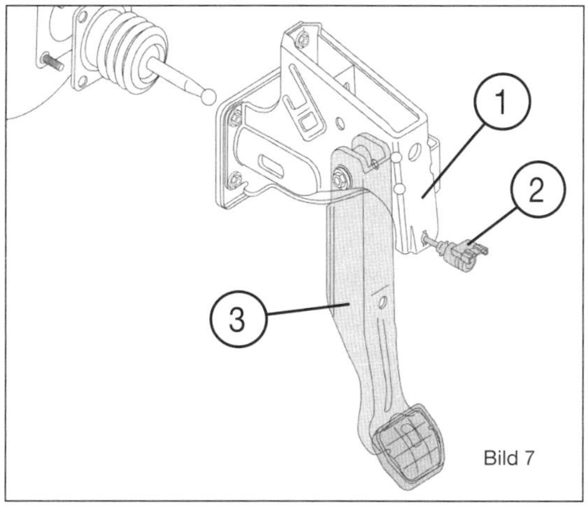

Bild 7

Bild 7
Bremslichtschalter am Bremspedalbock.
1 Pedalbock
2 Bremslichtschalter
3 Bremspedal

Bremslichtschalter aus- und einbauen

Der Bremslichtschalter (2 im Bild 7) ist im Pedalbock (1) für das Bremspedal (3) befestigt. Es wurden zwei unterschiedliche Bautypen verbaut. Sie unterscheiden sich in der Bauform und in der Montage. Wir stellen Ihnen hier beide Varianten vor.
■ Schalten Sie die Zündung aus.
■ Entsichern Sie den Steckkontakt und ziehen Sie ihn ab.

Bremslichtschalter mit eckigem Gehäuse:
■ Drehen Sie den Bremslichtschalter etwa 90° nach links (gegen den Uhrzeigersinn).
■ Ziehen Sie den Stößel des Bremslichtschalters heraus.
■ Betätigen Sie das Bremspedal soweit möglich von Hand und halten Sie es in der Stellung.
■ Setzen Sie den Bremslichtschalter ein und drehen Sie ihn um 90° (im Uhrzeigersinn).
■ Lassen Sie das Bremspedal wieder los.

Bremslichtschalter mit rundem Gehäuse:
■ Drehen Sie den Bremslichtschalter etwa 45° nach lins (gegen den Uhrzeigersinn).
■ Ziehen Sie den Stößel des Bremslichtschalters heraus.
■ Setzen Sie den Bremslichtschalter ein und drehen Sie ihn um 45° (im Uhrzeigersinn).

Der Bremslichtschalter justiert sich beim Einsetzen eigenständig beim Einsetzen am Bremspedal.

Weiter für beide Varianten:
■ Schalten Sie die Zündung ein und prüfen Sie die Funktion des Bremslichtschalters.

Sichtprüfung   Messen

Bild 8
Hauptbremszylinder am Bremskraftverstärker.
1 Muttern
2 Dichtung
3 Druckstange zum Bremspedal
4 Dichtstopfen
5 Unterduckleitung
6 Füllstandsensor mit Deckel
7 Vorratsbehälter
8 Anschluss Kupplungsgeberzylinder
9 Dichtstopfen
10 Entlüftungsnippel
11 Hauptbremszylinder
12 Bremsleitung
13 Bremsleitung
14 Muttern
15 Drucksensor
16 Drucksensor
17 O-Ring
18 Magnetspule
19 Bremskraftverstärker

Hauptbremszylinder aus- und einbauen

■ Radio-Codierung beachten, Batterie abklemmen, Batterieverkleidung ausbauen.
■ Bauen Sie die Batterie und den Batterieträger aus.
■ Ausreichend mit nicht fasernden Lappen im Bereich des Motors und des Getriebes auslegen und so viel Bremsflüssigkeit wie möglich mit dem Bremsenfüll- und Entlüftungsgerät oder mit einer Absaugvorrichtung aus dem Bremsflüssigkeitsbehälter absaugen.
■ Bei Fahrzeugen mit Schaltgetriebe den Nachlaufschlauch für den Kupplungsgeberzylinder abziehen und hochbinden oder mit einem handelsüblichen Werkzeug (Hazet 4590) abklemmen und dann abziehen.
■ Stecker (6 im Bild 8) des Sensors für Bremsflüssigkeitsstand entsichern und abziehen.
■ Den Vorratsbehälter (7) am Hauptbremszylinder (11) abclipsen und nach oben aus den Dichtstopfen (9) ziehen.

Der Vorratsbehälter ist mit einem Haltestift gesichert.

■ Die Steckkontakte der Drucksensoren (15 und 16) am Hauptbremszylinder entsichern und abziehen.
■ Die Bremsleitungen (12 und 13) am Hauptbremszylinder (11) abschrauben.
■ Die Bremsleitungen mit geeigneten Verschlussstopfen verschließen.
■ Die Muttern (14) vom Hauptbremszylinder (11) abschrauben.
■ Das Abdeckblech soweit verbaut abnehmen.
■ Den Hauptbremszylinder (11) vorsichtig aus dem Bremskraftverstärker (19) herausnehmen.

Der Einbau erfolgt sinngemäß in umgekehrter Reihenfolge.

Beim Zusammensetzen des Hauptbremszylinders mit dem Bremskraftverstärker auf richtigen Sitz der Druckstange im Hauptbremszylinder achten.

Darauf achten, dass der Dichtring (17) zwischen Hauptbremszylinder und Bremskraftverstärker ordnungsgemäß eingebaut ist.

■ Füllen Sie die Bremsflüssigkeit wieder auf den alten Stand.

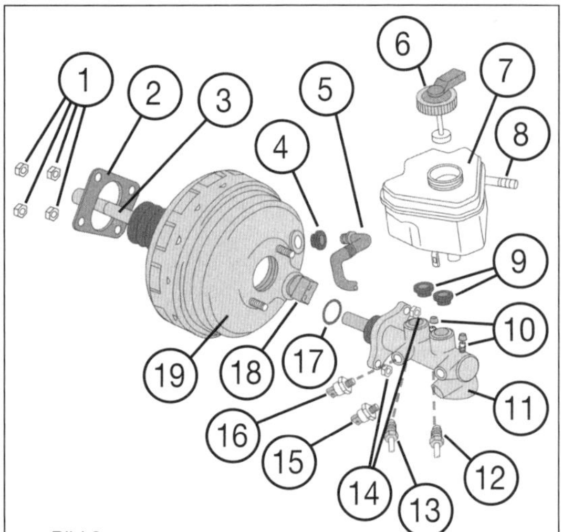

Bild 8

■ Bremsanlage entlüften. Eventuell auch den Kupplungsgeberzylinder entlüften.
■ Betätigen Sie Bremse und Kupplung mehrfach und kontrollieren Sie den Flüssigkeitsstand erneut.

Funktion des Bremskraftverstärkers prüfen

■ Bremspedal bei stehendem Motor mehrere Male kräftig durchtreten (dadurch wird der im Gerät vorhandene Unterdruck abgebaut).
■ Bremspedal jetzt mit mittlerer Fußkraft in Bremsstellung halten und Motor starten.

Bei einem einwandfrei funktionierenden Bremskraftverstärker gibt das Bremspedal dabei unter dem Fuß spürbar nach (Verstärkung wird wirksam).

Senkt sich das Pedal nicht, liegt eine Störung vor.

Diese kann in der Unterdruckversorgung (Leitung, Pumpe, Anschluss) oder am Bremskraftverstärker selbst zu finden sein. In diesem Fall muss er ersetzt werden. Reparaturen an diesem Bauteil sind nicht vorgesehen.

Bremsscheiben und Beläge prüfen

Bremsbeläge prüfen

Mit einer Taschenlampe durch einen Durchbruch in der Felge leuchten. Die Dicke des äußeren Belages durch Sichtprüfung ermitteln. Den inneren Belag anleuchten und einen Spiegel anhalten. Dann die Dicke des inneren Belages durch Sichtprüfung ermitteln.

- Zur besseren Beurteilung der Restbelagdicke einen Prüfspiegel benutzen oder das Rad abnehmen.
- Die Anbauposition des Rades kennzeichnen (RV = rechts vorne, LV = links vorne, RH = rechts hinten, LH = links hinten).
- Die Dicke des äußeren und inneren Belages messen oder abschätzen. Bei der Belagdicke (9,0 mm mit Rückenplatte) haben die Bremsbeläge ihre Verschleißgrenze erreicht und sind zu ersetzen.
- Das entsprechende Rad in der gekennzeichneten Position wieder anschrauben. Radbefestigungsschrauben über Kreuz mit dem entsprechenden Drehmoment anziehen ggf. Radschraubenkappen aufstecken.

Bremsscheiben prüfen

Wenn die Scheibenbremsbeläge ersetzt werden müssen, sind unbedingt auch die Bremsscheiben auf Verschleiß zu prüfen. Typische Fehlerbilder, die für eine Erneuerung sprechen sind:

- Risse,
- Riefen,
- Rost und
- Grat am Bremsscheibenrand.

Ggf. Bremsscheiben ersetzen (grundsätzlich achsweise).

Bremsscheiben und Beläge vorne

Bremsbeläge wechseln

Weiter zu verwendende Bremsbeläge beim Ausbau kennzeichnen. Die Beläge an gleicher Stelle wieder einbauen, sonst kann eine ungleichmäßige Bremswirkung entstehen!

- Radschrauben lösen, aber noch nicht herausdrehen.
- Das Fahrzeug mit der Hebebühne anheben.
- Bauen Sie die vorderen Räder ab.
- Steckverbindung (5 im Bild 11) für Bremsbelagverschleißanzeige trennen.
- Mit einem Schraubendreher die Klammer (3) aus dem Sattel heraushebeln.
- Bremsbeläge (8) mit geeignetem Werkzeug etwas zurückdrücken.

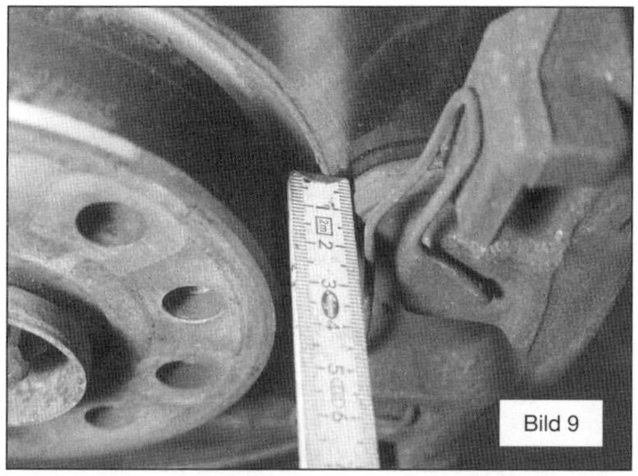
Bild 9

Bild 9
Belagstärke mit Rückenplatte feststellen.

Bild 10

Bild 10
Eine Bremsscheibe mit tiefen Riefen muss ersetzt werden.

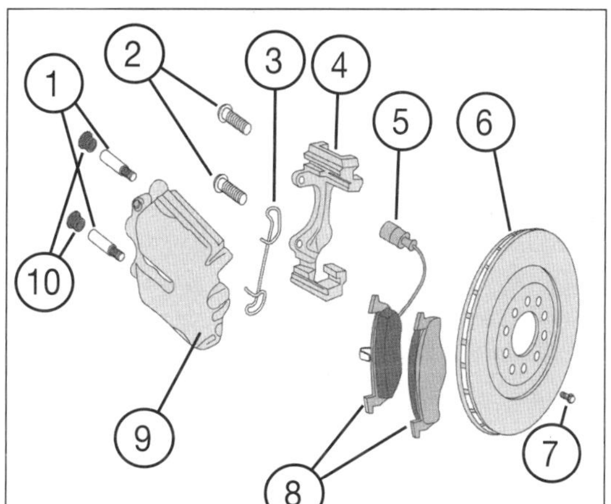

Bild 11

Bild 11
Vorderradbremse in Teilen.
1 Führungsbolzen
2 Schrauben Sattelträger
3 Haltefeder
4 Stattelträger
5 Anschluss Verschleißanzeige
6 Bremsscheibe
7 Sicherungsschraube
8 Bremsbelagsatz
9 Bremssattel
10 Staubkappen

- Staubschutzkappe (10) abnehmen und Führungsbolzen (1) für die Bremssattelbefestigung herausschrauben.
- Mit einem Schraubendreher die Führungsbuchse (1) im Bremssattel etwas zurückdrücken.
- Den Bremssattel (9) nach oben klappen.
- Den Bremssattel (9) mit Draht am Aufbau befestigen.
- Die Bremsbeläge (8) und die Spreizfedern herausnehmen, dabei die Leitung für Bremsbelagverschleißanzeige durch die Öffnung im Bremssattel führen.

Sichtprüfung Messen

Bild 12
Bremskolben im Bremssattel zurückstellen.
1 Bremssattel
2 Adapter auf dem Bremskolben
3 Bremskolbenrücksteller

■ Bremssattelgehäuse reinigen.

Für das Reinigen des Bremssattelgehäuses ist ausschließlich Spiritus zu verwenden.

Der Einbau erfolgt sinngemäß in umgekehrter Reihenfolge.

Vor dem Zurückdrücken mit einer Entlüfterflasche Bremsflüssigkeit aus dem Bremsflüssigkeitsbehälter absaugen, sonst kann, wenn zwischenzeitlich Bremsflüssigkeit nachgefüllt wurde, Bremsflüssigkeit auslaufen und zu Schäden führen.

■ Vor dem Einsetzen neuer Bremsbeläge müssen die Kolben mit der Kolbenrücksetzvorrichtung (3 im Bild 12) in den Zylinder gedrückt werden.
■ Die Bremsbeläge (8 im Bild 11) in den Sattelträger (4) einsetzen.

Darauf achten, dass die Bremsbeläge (8) in den Belaghalteblechen oder Spreizfedern sitzen.

■ Den Bremssattel wieder herunterklappen.

Achten Sie darauf, dass Führungsbolzen (1) im Bremsträger sitzen.

■ Befestigungsschrauben mit vorgeschriebenem Anzugsdrehmoment festziehen.
■ Die Staubschutzkappe (10) einsetzen.
■ Die Steckverbindung (5) für die Bremsbelagverschleißanzeige verbinden.
■ Räder wieder anbauen.

Nach dem Ersetzen von Bremsbelägen Bremspedal im Stand mehrmals kräftig durchtreten, damit die Bremsbeläge ihren dem Betriebszustand entsprechenden Sitz einnehmen.

Nach dem Bremsbelagwechsel den Bremsflüssigkeitsstand prüfen.

Bremsscheiben vorne wechseln

Wenn Sie die Bremsscheiben erneuern, müssen Sie auch neue Bremsbeläge verwenden.

Werden Beläge und Scheiben wiederverwendet, markieren Sie die Einbauposition der Bremsscheiben und Beläge.

■ Radschrauben lösen, aber noch nicht herausdrehen.
■ Das Fahrzeug mit der Hebebühne anheben.
■ Die elektrische Steckverbindung für Belagverschleißanzeige trennen und eventuell den Bremsschlauch aus dem Halter nehmen.

Bild 12

■ Mit einem Schraubendreher die Klammer (3 im Bild 11) aus dem Sattel heraushebeln.
■ Staubschutzkappe (10) abnehmen und Führungsbolzen (1) für die Bremssattelbefestigung herausschrauben.
■ Mit einem Schraubendreher die Führungsbuchse (1) im Bremssattel etwas zurückdrücken.
■ Den Bremssattel (9) nach oben klappen und abnehmen.
■ Den Bremssattel (9) mit Draht am Aufbau befestigen.
■ Die Bremsbeläge (8) und die Spreizfedern herausnehmen, dabei die Leitung für Bremsbelagverschleißanzeige durch die Öffnung im Bremssattel führen.
■ Die Bremsbeläge herausnehmen.
■ Drehen Sie die beiden Schrauben (2) heraus und nehmen Sie den Bremssattelträger (4) ab.
■ Drehen Sie die Schraube (7 im Bild 11) in der Bremsscheibe heraus. Verwenden Sie unbedingt einen passenden Schlüssel.

Lösen Sie die Schrauben durch einige Hammerschläge. Sie sind recht oft festgerostet.

■ Nehmen Sie die Bremsscheibe (6) von der Radnabe ab.

Auch hier kann Rostbildung dafür sorgen, dass die Bremsscheibe sehr fest sitzt. Im Extremfall helfen nur gezielte Hammerschläge von hinten auf die Bremsscheibe, um sie zu lösen. Der Ersatz ist dann nicht mehr abzuwenden.

Die Montage erfolgt sinngemäß in umgekehrter Reihenfolge.

■ Reinigen Sie die Auflagefläche der Bremsscheibe auf der Radnabe sehr gründlich.

Sehr gut und einfach gelingt das mit einer Topfbürste auf dem Winkelschleifer oder der Bohrmaschine.

Geringe Korrosionsreste können das saubere Aufliegen der Bremsscheibe verhindern. Daraus resultiert eine ungleichmäßige Wärmeableitung, die schnell einen Verzug der Scheibe nach sich ziehen kann.

■ Tragen Sie im Bereich der Auflage der Bremsscheibe auf der Radnabe etwas (sehr wenig!) Montagepaste oder Kupferpaste auf, so wird das Festkorrodieren etwas hinausgezögert.

■ Ersetzen Sie die Befestigungsschraube (7) in der Bremsscheibe (6) in jedem Fall.

Die Scheibenbremse hinten

Die Scheibenbremse hinten ist mit einer mechanischen Handbremse ausgerüstet. Der Handbremshebel betätigt über die Handbremsseile eine Spindel im Bremssattel die Bremsbeläge betätigt und presst sie so mechanisch an die Bremsscheibe.

Nicht ungewöhnlich ist, dass der Bremssattel oder die Handbremsmechanik im Laufe der Betriebszeit schwergängig werden. Von Reparaturversuchen sollten Sie absehen. Nicht nur dass keine Ersatzteile für den Bremssattel erhältlich sind, lassen sich neue oder neu aufbereitete Bremssättel zwischen 50 und 80 Euro im Zubehör beschaffen.

Bremsbeläge wechseln

Werden Beläge und Scheiben wiederverwendet, markieren Sie die Einbauposition der Bremsscheiben und Beläge.

Vorbereitung:

■ Die Radschrauben lösen, aber noch nicht herausdrehen.

■ Das Fahrzeug mit der Hebebühne anheben.

■ Bauen Sie die hinteren Räder ab.

Ausbau der Bremsbeläge:

■ Die Steckverbindung für Bremsbelagverschleißanzeige (soweit verbaut) trennen.

■ Lösen Sie die Handbremse. Beide Räder müssen frei drehbar sein.

■ Hängen Sie das Bremsseil, soweit erforderlich, an der Hinterachse aus.

■ Drehen Sie die beiden Schrauben (1 im Bild 13) heraus. Halten Sie dazu die Führungslager mit einem passenden Schlüssel (3 im Bild 14) gegen.

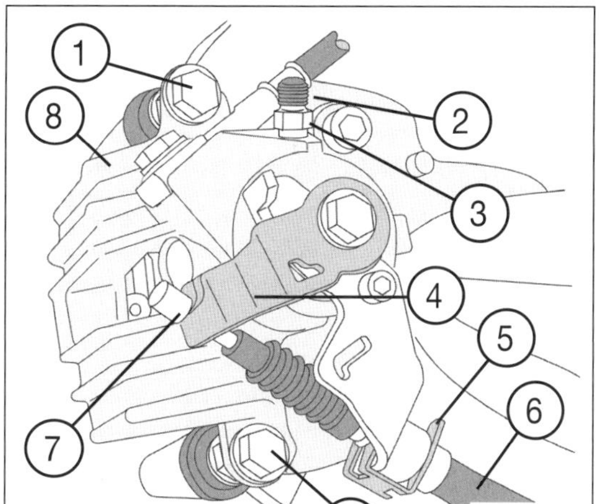

Bild 13

Bild 13
Bremssattel hinten mit Handbremsbetätigung.
1 Schraube
2 Staubschutzkappe
3 Entlüfternippel
4 Bremshebel (Handbremse)
5 Sicherungsklammer
6 Handbremsseil
7 Nippel Handbremsseil
8 Bremssattel

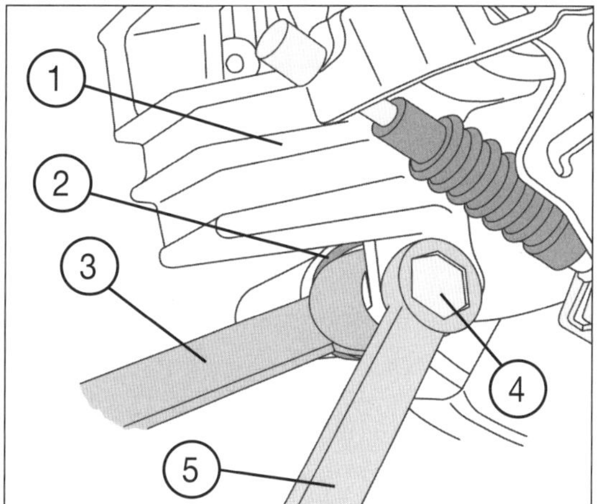

Bild 14

Bild 14
Bremssattel hinten lösen.
1 Bremssattel hinten
2 Führungslager
3 Gabelschlüssel (SW15)
4 Schraube
5 Ringschlüssel (SW13 oder SW12)

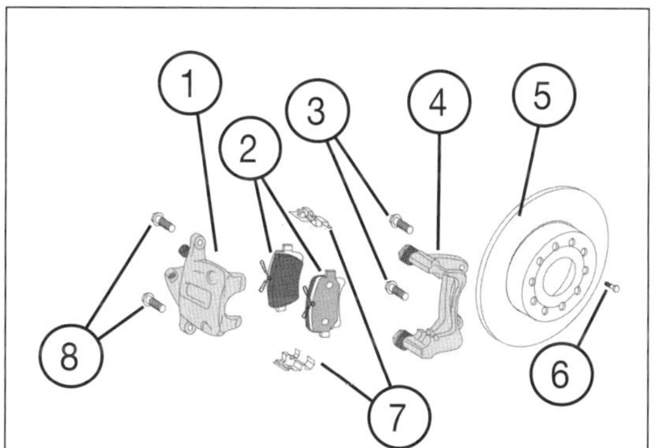

Bild 15

Bild 15
Bremse vorne in Teilen.
1 Bremssattel
2 Bremsbeläge
3 Schrauben
4 Sattelträger
5 Bremsscheibe
6 Schraube
7 Spreizfedern
8 Schrauben

■ Nehmen Sie den Bremssattel (1 im Bild 15) vorsichtig vom Bremsatteltråger (4) ab.

Das Handbremsseil muss hierfür nicht ausgehängt werden.

■ Befestigen Sie den Bremssattel am Aufbau.

■ Nehmen Sie die Bremsbeläge (2) und die Spreizfedern (7) heraus.

Sichtprüfung Messen

■ Drehen Sie die Schrauben (3) heraus und nehmen Sie den Bremssattelträger (4) ab.
■ Reinigen Sie den Bremssattelträger gründlich.

Für das Reinigen des Bremssattels ausschließlich Spiritus verwenden.

■ Prüfen Sie die Führungslager auf Leichtgängigkeit und unbeschädigte Manschetten.

Bremssattel zurückstellen:

Vor dem Zurückstellen mit einer Entlüfterflasche Bremsflüssigkeit aus dem Bremsflüssigkeitsbehälter absaugen. Es kann sonst, wenn zwischenzeitlich Bremsflüssigkeit nachgefüllt wurde, Bremsflüssigkeit auslaufen und zu Schäden führen.

■ Stellen Sie wie im Bild 12 gezeigt den Bremskolben mit einem geeigneten Bremskolbenrücksteller zurück.
■ Beim Rückstellen wird der Bremskolben gleichzeitig verdreht, um die Hubspindel der Handbremse zurückzustellen.

Der Einbau erfolgt sinngemäß in umgekehrter Reihenfolge.

■ Die Bremsbeläge (2 im Bild 15) in den Sattelträger (4) einsetzen.

Darauf achten, dass die Bremsbeläge (2) in den Belaghalteblechen oder Spreizfedern (7) sitzen.

■ Den Bremssattel wieder aufsetzen.
■ Neue Befestigungsschrauben auf das vorgeschriebene Drehmoment festziehen.
■ Steckverbindung für die Bremsbelagverschleißanzeige (soweit verbaut) verbinden.
■ Räder wieder anbauen.

Nach dem Ersetzen von Bremsbelägen Bremspedal im Stand mehrmals kräftig durchtreten, damit die Bremsbeläge ihren dem Betriebszustand entsprechenden Sitz einnehmen.

■ Betätigen Sie die Handbremse mehrfach, um die Grundeinstellung wieder herzustellen.
■ Prüfen Sie, dass die Bremsen beidseitig betätigt und gelöst werden.
■ Prüfen Sie, dass die Bremshebel (4 im Bild 13) im Ruhezustand am Anschlag anliegen. Ist das nicht der Fall, müssen die Handbremsseile, die Einstellung der Handbremse und die Bremssättel überprüft werden.

Nach dem Bremsbelagwechsel den Bremsflüssigkeitsstand prüfen und gegebenenfalls auffüllen.

Bremsscheiben hinten wechseln

Wenn Sie die Bremsscheiben erneuern, müssen Sie auch neue Bremsbeläge verwenden. Sollen Beläge und Scheiben wiederverwendet werden, markieren Sie die Einbauposition von Bremsscheiben und Belägen.

■ Die Bremsbeläge, wie bereits beschrieben ausbauen.
■ Drehen Sie die Schraube (6 im Bild 15) in der Bremsscheibe (5) heraus. Verwenden Sie unbedingt einen passenden Schlüssel.

Lösen Sie die Schraube durch einige Hammerschläge. Sie sind recht oft festgerostet.

■ Drehen Sie die beiden Schrauben (3) am Sattelträger (4) heraus und nehmen Sie den Bremssattelträger ab.
■ Nehmen Sie die Bremsscheibe (5) von der Radnabe ab.

Auch hier kann Rostbildung dafür sorgen, dass die Bremsscheibe sehr fest sitzt. Im Extremfall helfen nur gezielte Hammerschläge von hinten auf die Bremsscheibe, um sie zu lösen. Der Ersatz ist dann nicht mehr abzuwenden.

■ Reinigen Sie die Auflagefläche der Bremsscheibe auf der Radnabe sehr gründlich.

Sehr gut und einfach gelingt das mit einer Topfbürste auf dem Winkelschleifer oder der Bohrmaschine.

⚠ Geringe Korrosionsreste können das saubere Aufliegen der Bremsscheibe verhindern. Daraus resultiert eine ungleichmäßige Wärmeableitung, die schnell einen Verzug der Scheibe nach sich ziehen kann.

■ Tragen Sie im Bereich der Auflage der Bremsscheibe auf der Radnabe etwas Montagepaste oder Kupferpaste auf. So wird das Festkorrodieren etwas hinausgezögert.
■ Ersetzen Sie die Befestigungsschraube (6) in der Bremsscheibe (5) in jedem Fall.

Die weitere Montage erfolgt sinngemäß in umgekehrter Reihenfolge.

■ Prüfen Sie, dass die Bremsen beidseitig betätigt und gelöst werden.
■ Prüfen Sie, dass die Bremshebel (4 im Bild 13) im Ruhezustand am Anschlag anliegen.

Ist das nicht der Fall, müssen die Handbremsseile, die Einstellung der Handbremse und die Bremssättel überprüft werden.

Nach dem Bremsbelagwechsel den Bremsflüssigkeitsstand prüfen und gegebenenfalls auffüllen.

Die Handbremse

Handbremsseile wechseln

■ Verlängerung der Mittelkonsole mit der Schalteraufnahme und der Ablage ausbauen.
■ Handbremse lösen.
■ Lösen Sie die Nachstell- und die Kontermutter (2 und 3 im Bild 17) so weit, bis das Handbremsseil aus dem Ausgleichbügel ausgehängt werden kann.
■ Das Fahrzeug anheben.
■ Clip des Handbremsseiles ausbauen und Bremshebel am Bremssattel (6 im Bild 16) von Hand betätigen, dann den Nippel (7) des Handbremsseils aushängen.
■ Das Handbremsseil aus Halterung am Hinterachskörper ausclipsen und aus Halterungen am Rahmen aushängen.
■ Ziehen Sie das Handbremsseil nach hinten aus dem Führungsrohr heraus.

Die Montage erfolgt sinngemäß in umgekehrter Reihenfolge.
■ Prüfen Sie die Einstellung der Handbremse und korrigieren Sie sie wenn erforderlich.

Handbremse einstellen

Die Nachstellung ist nur nach Montagearbeiten an Handbremshebel oder Seilen erforderlich. Die Nachverstellung erfolgt automatisch.

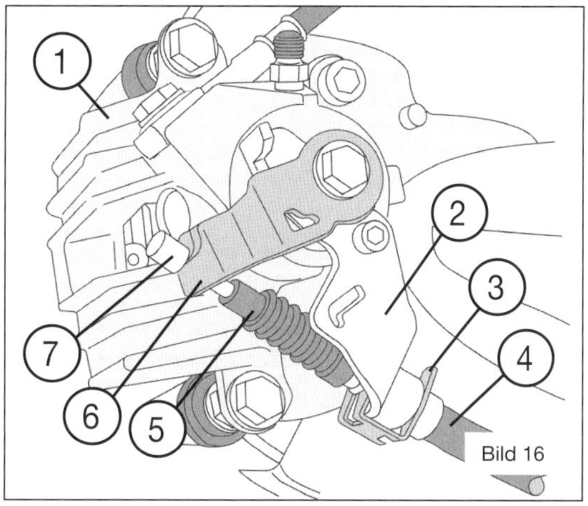

Bild 16
Bremssattel hinten mit Handbremsbetätigung.
1 Bremssattel
2 Halter Bremsseil
3 Sicherungsklammer
4 Handbremsseil
5 Staubschutz
6 Bremshebel (Handbremse)
7 Nippel Handbremsseil

■ Verlängerung der Mittelkonsole mit der Schalteraufnahme und der Ablage ausbauen.
■ Lösen Sie die Nachstellmutter (2 im Bild 17) so weit, bis das Handbremsseil aus dem Ausgleichbügel ausgehängt werden kann.
■ Das Fahrzeug anheben.
■ Die Fußbremse einmal kräftig betätigen.
■ Handbremshebel in Ruhestellung bringen.
■ Die Nachstellmutter so weit anziehen, bis sich die Hebel (2 im Bild 16) an den Bremssätteln vom Anschlag abheben.
■ Maximal 1,5 mm Abstand zum Anschlag ist je Seite zulässig.
■ Handbremse 3-mal fest anziehen und anschließend wieder lösen.
■ Prüfen, ob beide Räder frei durchdrehen. Wenn nötig, Nachstellmutter etwas zurückdrehen.
■ Nachstellmutter durch Kontermutter (3 im Bild 17) sichern.

Nach der Neueinstellung ist durch die automatische Nachstellung der Hinterradbremse ein Nachstellen der Handbremse nicht mehr erforderlich.

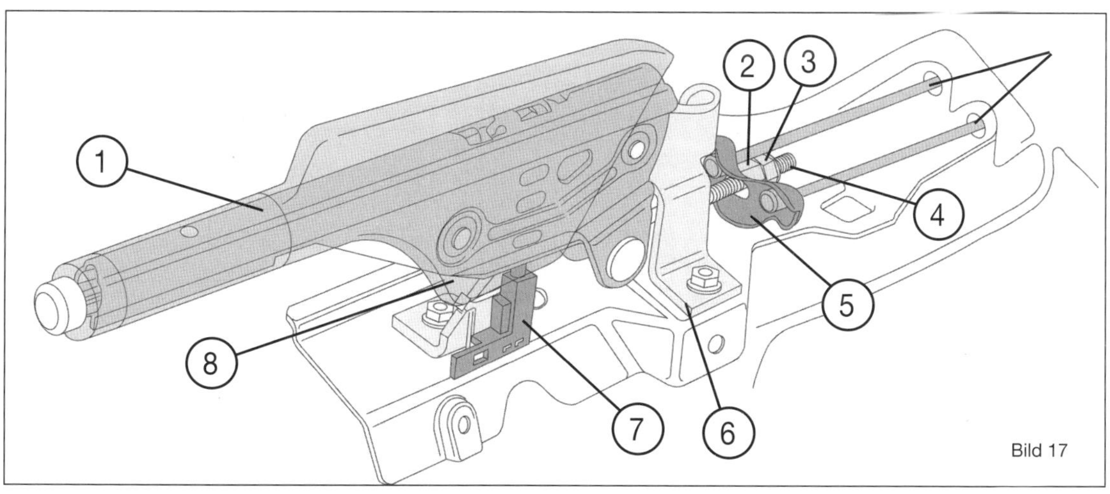

Bild 17
Handbremshebel im Innenraum.
1 Abdeckung Handbremshebel
2 Einstellschraube
3 Kontermutter (soweit verbaut)
4 Spindel
5 Seilwaage
6 Halter Handbremshebel
7 Schalter Handbremse
8 Handbremshebel

15 Elektrische Anlage

Schon im Stand, aber erst recht während der Fahrt, benötigt der Audi TT elektrischen Strom. Motorsteuerung, Lenkung und Kraftstoffeinspritzung müssen mit Elektroenergie versorgt werden. Alle weiteren unbedingt erforderlichen oder für die Sicherheit und Bequemlichkeit eingebauten automatischen Systeme sowie natürlich die gesamte Lichtanlage sind ohne elektrische Energie arbeitsunfähig.
Viele Störungen und Funktionsprüfungen gerade in diesem Bereich gehören, ähnlich wie bei anderen Baugruppen, in die Fachwerkstatt. Denn zum genauen Erkennen und Beseitigen der Mängel muss häufig das auch in anderen Kapiteln schon mehrfach erwähnte Fahrzeugdiagnosegerät angeschlossen und der Fehlerspeicher abgefragt werden.
Der Diagnoseanschluss im Fahrzeug (Steckkontakt für das Werkstattsystem) befindet sich, wie inzwischen international festgelegt, im Fußraum Fahrerseite neben der A-Säule. Nun sind die meisten Innovationen im Kraftfahrzeug heute zwar von immer komplizierterer Elektronik geprägt, Reparaturen an der elektrischen Anlage sind aber durchaus nicht in jedem Fall von ihr verursacht. Oft sitzt nur ein Kabel lose, sind Sicherungen durchgebrannt oder Kontakte korrodiert oder messtechnisch zu ermittelnde Bauteile sind defekt. Nicht wenige Störungen an der Elektrik lassen sich mit einfachen Mitteln beheben. Natürlich muss man sich etwas auskennen und die Grundbegriffe verstehen.

Arbeiten an der Spannungsversorgung

Zu allererst haben wir es im Audi TT noch immer mit elektrischen Bauteilen zu tun, die schon die gesamte Entwicklungsgeschichte des Automobils begleiten: Batterie, Anlasser (Starter) und Lichtmaschine (Drehstromgenerator). Sie sind zusammen für die Arbeitsaufnahme des Motors verantwortlich. Um seine Aufgabe zu erfüllen, ist jedes dieser drei Bauteile auf das andere angewiesen. Wir wenden uns hauptsächlich ihnen zu.

Einbaulage der Relais und Sicherungen
Die Sicherungen für das Bordnetz finden Sie im Fahrerfußraum unter der Armaturentafel und an der Batterie unterhalb des Fahrerfußraums. Die Belegung des Sicherungsträgers ist in Ihrem Bordbuch unter dem Begriff »Sicherung« für Ihren Modelltyp genau beschrieben. Ersetzen Sie niemals eine Sicherung gegen eine stärkere. Das kann erhebliche Schäden auch im Bordnetzsteuergerät verursachen.

Batterie

Batterie an- und abklemmen
☞ Auf das Prüfen (Sichtprüfung, Batterietester) und Laden sowie auf Warnhinweise und allgemeine Sicherheitsregeln bei Arbeiten an der Batterie (Kennzeichnungen auf der Batterie selbst) gehen wir in diesem Ratgeber nur begrenzt ein. Sie sind ausführlich in der Bedienungsanleitung des Fahrzeugs behandelt.

⚠ Um Beschädigungen der Batteriepolklemmen und der Batteriepole zu vermeiden, schreibt der Hersteller vor:
- Die Batteriepolklemmen dürfen nur gewaltfrei von Hand aufgesteckt werden.
- Die Batteriepole dürfen nicht gefettet werden.
- Die Batteriepolklemmen sind so zu montieren, dass der Batteriepol bündig mit der Klemme abschließt oder aus ihr herausragt.
- Nach dem Anziehen der Batteriepolklemmen mit dem vorgeschriebenen Anzugsdrehmoment von 6 Nm dürfen die Verschraubungen nicht nochmals nachgezogen werden.
- Durch das Abschrauben der Batterie-Minuspolklemme (Stromunterbrechung) wird das sichere Arbeiten an der elektrischen Anlage gewährleistet. Das Abschrauben der Batterie-Pluspolklemme ist nur für den Ausbau der Batterie erforderlich. In jedem Fall müssen die Hinweise zum Anklemmen der Batterie beachtet werden.

Abklemmen:
- Zündung und alle elektrischen Verbraucher ausschalten, Zündschlüssel abziehen.
- Bei Fahrzeugen mit Batteriekasten die

Verriegelung an der vorderen Kastenseite öffnen und den Deckel abnehmen.

■ Bei Fahrzeugen mit Batterieschutzhülle die Abdecklasche der Schutzhülle öffnen.

■ Die Befestigungsmutter Batteriepolklemme Masseleitung lösen und die Minuspolklemme von der Batterie abnehmen.

Falls wie beim Batterieausbau die Pluspolklemme auch abgenommen wird: Immer zuerst die Minusklemme abnehmen!

■ Die Batterie-Masseleitung sollte an der Karosserie nicht gelöst werden.

Anklemmen:

■ Die Batteriepolklemme Masseleitung in der richtigen Stellung auf den Minuspol der Batterie stecken und die Befestigungsmutter mit 6 Nm anziehen. Dabei auf festen Sitz der Batterieklemme achten.

Falls wie beim Batterieausbau die Pluspolklemme auch abgenommen wird: Immer zuerst die Pluspolklemme wieder anklemmen! Erst danach die Masseleitung wie beschrieben anklemmen.

Nach Anklemmen der Batterie und Einschalten der Zündung leuchtet die Kontrollleuchte für ESP und ASR dauerhaft. Die Kontrollleuchte erlischt automatisch, wenn mit 15 bis 20 km/h eine Wegstrecke geradeaus gefahren wird. Dadurch wird der Geber für Lenkwinkel wieder aktiviert.

Arbeitsschritte nach Anklemmen der Batterie:

■ Zündung mit dem Zündschlüssel einschalten und wieder ausschalten.

■ Fehlerspeicher auslesen: »Geführte Fehlersuche« mit dem Fahrzeugdiagnosegerät.

■ Uhrzeiteinstellung prüfen ggf. nach Bedienungsanleitung neu einstellen.

■ Zündung einschalten und mit Fensterheberschalter alle Fenster bis Endanschlag öffnen und wieder vollständig schließen.

■ Die Taster für die Fensterheber nach oben ziehen und mindestens eine Sekunde lang in dieser Stellung halten.

■ Anschließend bei geschlossenen Fenstern den Fensterheberschalter ziehen, bis das Relais hörbar schaltet.

■ Die Komfortschaltung der Fensterheber prüfen: Die Fenster müssen ohne Halten des Schalters schließen.

■ Alle elektrischen Verbraucher auf Funktion prüfen.

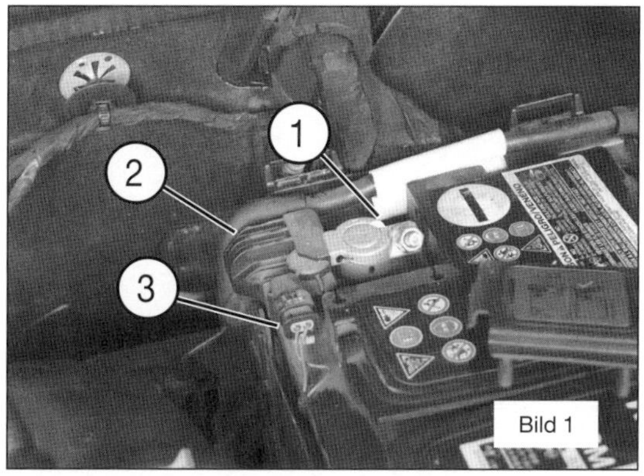

Bild 1

Bild 1
Batterie mit Sensor am Massepol.
1 Batterieminuspol
2 Sensor Batterieüberwachung
3 Steckkontakt Batteriesensor (Batterieüberwachung)

Batteriepol mit Sensor ausbauen

■ Schalten Sie die Zündung aus.

■ Bauen Sie die Batterieabdeckung ab.

■ Klemmen Sie den Minuspol (1 im Bild 1) der Batterie wie bereits beschrieben ab.

■ Ziehen Sie den Steckkontakt (3) am Batteriesensor (2) ab.

■ Lösen Sie die Klemmschraube.

■ Nehmen Sie den Batteriepol ab.

Die Montage erfolgt sinngemäß in umgekehrter Reihenfolge.

■ Befolgen Sie die Anweisungen zum Anklemmen der Batterie.

Batterie aus- und einbauen

■ Batterie wie beschrieben abklemmen.

■ Befestigungsschraube seitlich abbauen.

■ Die Griffe nach oben klappen und die Batterie herausnehmen.

Die Montage erfolgt sinngemäß in umgekehrter Reihenfolge.

Batterie anklemmen:

■ Die Schraubverbindungen mit den geforderten Anzugsdrehmomenten anziehen: Muttern an den Polklemmen 6 Nm, M8-Schraube am Klemmbügel 35 Nm.

■ Die Fehlerspeicher abfragen und mögliche Einträge mit Unterspannung löschen.

■ Batterie nach dem Einbau auf festen Sitz prüfen.

Bei einer lose montierten Batterie bestehen folgende Gefahren: verkürzte Lebensdauer durch Rüttelschäden (Explosionsgefahr!), Schädigung der Gitterplatten, Beschädigung des Batteriegehäuses durch den Befestigungsbügel (möglicher Säureaustritt, hohe Folgekosten) und mangelhafte Crash-Sicherheit.

Bild 2
Startermotor.
1 Starter
2 Doppelschraube
3 Anschluss (KL50)
4 Anschluss (KL30)
5 Mutter
6 Abdeckkappe
7 Anschlusskabel (KL30)
8 Muttern
9 Kabelhalter

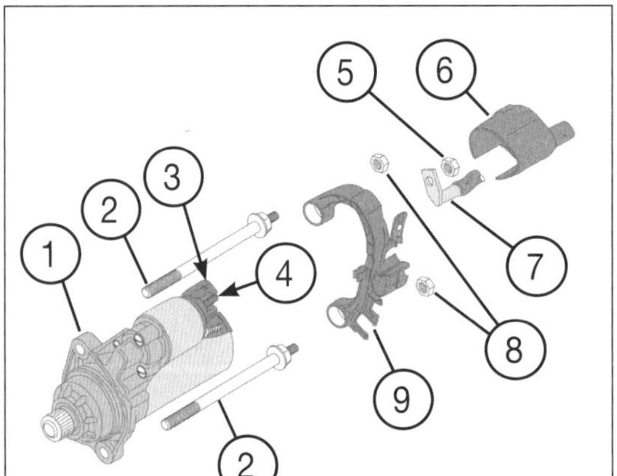

Bild 2

Anlasser (Starter) aus- und einbauen

Die Starterbatterie befindet sich beim 1,8-l-Motor im Motorraum des Fahrzeugs. Beim 3,2-l-Motor aus Platzgründen im Kofferraum. Zum Aus- und Einbau des Anlassers muss die Starterbatterie abgeklemmt werden.

Die nachfolgende Arbeitsbeschreibung beschreibt den Aus- und Einbau des Anlassers für Fahrzeuge mit Schaltgetriebe. Der Aufbau bei Fahrzeugen mit dem automatischen Getriebe ist aber technisch gleich.

Nicht alle Fahrzeuge verwenden den gleichen Starter. Für viele Motorentypen werden spezielle Bauweisen verwendet. Wenn Sie sich beim Zubehörhändler einen Anlassermotor besorgen, achten Sie darauf, dass er dem Original entspricht.
Weiterhin können Sie Ihren alten Starter in den meisten Fällen als Altteil zurückgeben. Heben Sie sich die Quittung auf, um das Altteilepfand bei der Rückgabe Ihres alten Starters auslösen zu können.

Korrosionskontrolle

Wenn Sie Korrosionsspuren erkennen können, reinigen Sie die Anschlüsse (3 und 4 im Bild 2) gründlich, und wenn erforderlich erneuern Sie die Anschlussklemmen. Ein Übergangswiderstand durch Korrosion bedeutet immer einen Leistungsverlust des Starters und somit auch eine geringere Starterdrehzahl.

Vorbereitung zur Starterdemontage

- Die Masseleitung der Batterie abklemmen.

Bei Fahrzeugen mit codiertem Radio fragen Sie den Radiocode ab.

Fahrzeuge mit 1,8-l-Motor

- Demontieren Sie die Geräuschdämmung über und unter dem Motor sowie die Abschlussverkleidungen. Die Arbeiten haben wir bereits im Kapitel 4 vorgestellt.
- Bauen Sie die Verkleidung über der Batterie ab.

Fahrzeuge mit 1,8-l-Motor und DSG-Getriebe:

- Stellen Sie den Schalthebel auf die Stellung »P«.
- Schalten Sie die Zündung aus und ziehen Sie den Schlüssel ab.
- Ziehen Sie die beiden Anschlussstecker am Getriebe unter dem Starter ab.
- Demontieren Sie die Verkleidung vor dem Ansaugrohr.

Weiter für alle Varianten:

- Die Batterie wie beschrieben ausbauen.
- Bauen Sie die Batterieabdeckungen (Batteriekasten) aus.
- Demontieren Sie den Batteriehalter (Batterieträger).
- Trennen Sie den Steckkontakt über dem Anlasser und lösen Sie die Steckverbindung vom Kabelhalter (9 im Bild 2).
- Klemmen Sie die Anschlussleitungen am Starter ab und legen Sie sie frei.
- So weit vorhanden lösen Sie die Verschraubung der Halteschelle für die Druckleitung der Servopumpe.
- Drehen Sie die obere Schraube (2) des Starters heraus.
- Demontieren Sie das linke Vorderrad und bauen Sie den Halter für den Niveausensor im Radhaus vorne links ab.
- Lösen Sie die Druckleitung der Servolenkung vom Verbindungsrohr vorne unten.
- Lösen Sie die Verbindungsschläuche zu den Ladeluftkühlern und bauen Sie das Verbindungsrohr vorne unten ab.
- Drehen Sie die untere Schraube (2) des Starters heraus.
- Den Starter nach unten herausnehmen.

Der Einbau erfolgt sinngemäß in umgekehrter Reihenfolge.

- Den Zahnkranz auf Verschleiß und Beschädigung prüfen.
- Prüfen Sie die Funktion des Starters.

Fahrzeuge mit 3,2-l-Motor

- Lassen Sie den Motor abkühlen und bauen Sie den Druck im Kühlsystem durch kurzes Öffnen des Deckels des Kühlmittelbehälters ab.
- Bauen Sie die Batterieabdeckungen (Abdeckung über dem Sicherungskasten im Motorraum) aus.
- Bauen Sie wie bereits im Kapitel 8 beschrieben den Luftfilterkasten komplett aus.
- Lösen Sie die Schutzabdeckung für die elektrischen Leitungen am Sicherungskasten im Motorraum und klappen Sie den Halter für den Sicherungskasten nach oben.
- Bauen Sie den Sicherungskasten ab.
- Demontieren Sie den Träger des Sicherungskastens.
- Entsichern Sie den Steckkontakt (3 im Bild 2) und ziehen Sie ihn ab.
- Ziehen Sie die Abdeckkappe (6) vom Plusanschluss des Starters ab.
- Drehen Sie die Mutter (5) ab und nehmen Sie das Anschlusskabel (7) ab.
- Lösen Sie die Leitungen von der Leitungsführung.
- Soweit vorhanden, lösen Sie die Verschraubung der Halteschelle für die Druckleitung der Servopumpe und schwenken Sie den Halter nach oben.
- Bauen Sie die Masseleitung an der unteren Schraube (2) am Starter ab.
- Drehen Sie die beiden Schrauben des Starters von oben heraus.
- Nehmen Sie den Starter nach ober heraus.

Der Einbau erfolgt sinngemäß in umgekehrter Reihenfolge.

- Den Zahnkranz auf Verschleiß und Beschädigung prüfen.
- Prüfen Sie die Funktion des Starters.

Generator (Lichtmaschine) aus- und einbauen

Tipp: Beim Einbau bereits gelaufener Keilrippenriemen beachten Sie die beim Ausbau gekennzeichnete Laufrichtung!

- Achten Sie vor dem Einbau des Keilrippenriemens darauf, dass alle Aggregate (Generator, Klimakompressor) fest montiert sind.
- Beim Auflegen des Riemens auf korrekten Sitz des Keilrippenriemens in den Riemenscheiben achten!

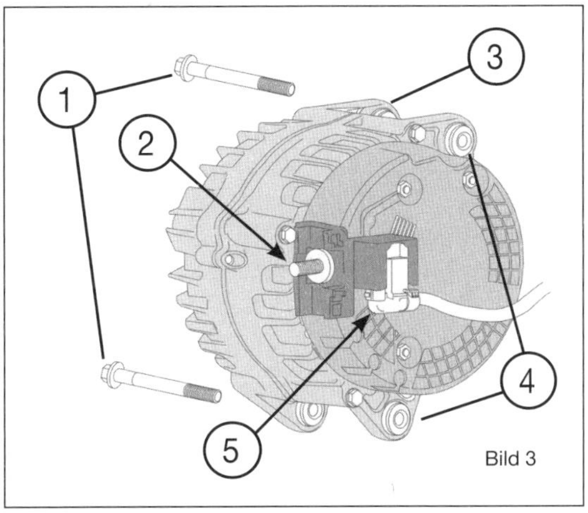

Bild 3
Generator mit Schiebebuchsen.
1 Schrauben
2 Anschluss KL30 (Dauerplus)
3 Generator
4 Bewegliche Buchsen
5 Steckkontakt

Vorarbeiten zur De- und Montage

Tipp: Zündung und alle elektrischen Verbraucher ausschalten und den Zündschlüssel abziehen.

Montagearbeiten bei 1,8-l-Motor:

- Demontieren Sie die Geräuschdämmungen über und unter dem Motor sowie die Abschlussverkleidungen. Die Arbeitsbeschreibungen finden Sie im Kapitel 4.
- Bauen Sie die Verkleidung über der Batterie ab.
- Bauen Sie die Verkleidung über dem Kühlmittelausgleichsbehälter ab.
- Demontieren Sie die Verkleidungen über dem Schlossträger.

1,8-l-Motoren ab 165 kW:

- Bauen Sie das Luftführungsrohr oben zum Ladeluftkühler aus.
- Demontieren Sie die Unterdruckleitung zum Saugrohr.
- Soweit verbaut, trennen Sie die elektrische Steckverbindung für das Sekundärlufteinblasventil.
- Soweit verbaut, trennen Sie die elektrische Steckverbindung für die Abgastemperaturregelung.

Weiter für alle Varianten:

- Die Masseanschlussleitung der Batterie abklemmen.
- Den Keilrippenriemen, wie im Kapitel 4 unter der Überschrift »Keilrippenriemen aus- und einbauen« beschrieben, entspannen und von der Riemenscheibe des Generators abnehmen.
- Lösen sie die Sekundärluftleitung vor dem Ansaugrohr.

■ Bauen Sie das Halteblech des Führungsrohrs für den Ölmessstab aus.
■ Ziehen Sie den Unterdruckschlauch zu den elektrischen Umschaltventilen am Saugrohr ab.
■ Legen Sie das Halteblech mit den angeschlossenen Schläuchen zur Seite.
■ Bauen Sie die Luftschläuche an der Sekundärluftpumpe ab.
■ Entsichern Sie den Steckkontakt (5 im Bild 3) und ziehen Sie ihn vom Generator ab.
■ Lösen Sie die Verschraubung der Klemme 30 am Generator und nehmen Sie sie ab.
■ Drehen Sie die beiden Schrauben (1) heraus.

Ist der Generator am Halter verklemmt, können Sie die Buchsen (4) mit den einige Gewindegänge eingedrehten Schrauben (1) vorsichtig durch Schlagen auf den Schraubenkopf lösen.

■ Nehmen Sie den Generator nach unten rechts heraus.
■ Nehmen Sie den Generator nach links ab und führen Sie ihn aus dem Motorraum heraus.

Der Einbau erfolgt sinngemäß in umgekehrter Reihenfolge.

Lauffläche und Freilauf der Riemenscheibe auf Beschädigung prüfen.

■ Schraubverbindungen mit den angegebenen Anzugsdrehmomenten anziehen.
■ Die Batterie wieder anklemmen.
■ Den Motor starten und den Riemenlauf kontrollieren.
■ Motor abstellen.

Montagearbeiten bei 3,2-l-Motor:

■ Bauen Sie die Verkleidung über der Batterie ab.
■ Bauen Sie die Verkleidung über dem Kühlmittelausgleichsbehälter ab.
■ Demontieren Sie die Geräuschdämmungen über und unter dem Motor sowie die Abschlussverkleidungen. Die Arbeitsbeschreibungen finden Sie im Kapitel 4.
■ Den Keilrippenriemen, wie im Kapitel 4 unter der Überschrift »Keilrippenriemen aus- und einbauen« beschrieben, entspannen und von der Riemenscheibe des Generators abnehmen.
■ Drehen Sie die obere Schraube (1 im Bild 3) heraus.
■ Bauen Sie die vordere Querstrebe unten aus.
■ Demontieren Sie die Riemenscheibe der Servopumpe und bauen Sie die Servopumpe vom Halter ab.
■ Hängen Sie die Servopumpe mit den angeschlossenen Hydraulikanschlüssen am Schlossträger auf.
■ Entsichern Sie den Steckkontakt und ziehen Sie das Anschlusskabel zum Klimakompressor ab.
■ Drehen Sie die Schrauben des Klimakompressors heraus.

Der Klimakompressor kann nur mit der noch angesetzten oberen Schraube vom Halter abgenommen werden. Ein zweiter Mechaniker muss dazu den Motor mit einem Montagehebel zur linken Fahrzeugseite drücken.

Wenn erforderlich, müssen die Verschraubungen der Motor- und Getriebelager einige Umdrehungen gelöst werden.

■ Hängen Sie den Klimakompressor mit den angeschlossenen Leitungen am Rahmenträger auf.
■ Drehen Sie die untere Schraube (1 im Bild 3) heraus.
■ Nehmen Sie den Generator mit angeschlossenen elektrischen Leitungen vom Halter ab.
■ Bauen Sie die Kabelschelle vom Generator ab.
■ Entsichern Sie den Steckkontakt (5) und ziehen Sie ihn vom Generatorregler ab.
■ Lösen Sie die Verschraubung der Klemme 30 am Generator und nehmen Sie sie ab.

Ist der Generator am Halter verklemmt, können Sie die Buchsen (4) mit den einige Gewindegänge eingedrehten Schrauben (1) vorsichtig durch Schlagen auf den Schraubenkopf lösen.

■ Nehmen Sie den Generator heraus.

Der Einbau erfolgt sinngemäß in umgekehrter Reihenfolge.

Lauffläche und Freilauf der Riemenscheibe auf Beschädigung prüfen.

■ Schraubverbindungen mit den angegebenen Anzugsdrehmomenten anziehen.
■ Die Batterie wieder anklemmen.
■ Den Motor starten und den Riemenlauf kontrollieren.
■ Motor abstellen.

Freilaufriemenscheibe für Generator aus- und einbauen (Bild 5)

■ Den Generator wie bereits beschrieben ausbauen.
■ Die Abdeckkappe des Freilaufs abbauen.
■ Riemenscheibe (1) mit einem Gabelschlüssel (2) lösen. Die Generatorwelle mit Ratsche (3) und Vielzahn (4) gegenhalten.

Der Einbau erfolgt sinngemäß in umgekehrter Reihenfolge.
■ Lauffläche und Freilauf der Riemenscheibe auf Beschädigung prüfen.
■ Den Motor starten und den Riemenlauf kontrollieren.
■ Den Fehlerspeicher abfragen.

Scheinwerfer vorne ausbauen

Lebensgefahr durch Hochspannung Die Xenon- oder Gasentladungslampen arbeiten mit Hochspannung. Es besteht Lebensgefahr bei einem Stromschlag. Zum Zeitpunkt der Zündung der Gasentladungslampe liegen etwa 28.000 V an den Anschlüssen der Gasentladungslampe an.
■ Stellen Sie den Lichtschalter auf die Stellung »0«.
■ Schalten Sie die Zündung und alle elektrischen Verbraucher aus.
■ Ziehen Sie den Zündschlüssel ab und legen Sie ihn außerhalb der Reichweite (über 2 m) entfernt ab.
■ Soweit erreichbar, die elektrische Steckverbindung am Scheinwerfer vom Motorraum aus entsichern und abziehen.

Demontage des Scheinwerfers

Die Montagearbeit unterscheidet sich für die beiden Einbauseiten und für die Scheinwerferbauart unwesentlich.
■ Stellen Sie den Lichtschalter auf die Stellung »0«.
■ Schalten Sie die Zündung aus und ziehen Sie den Zündschlüssel ab.
■ Betätigen Sie nicht die Lichthupe.
■ Klemmen Sie die Masseleitung der Batterie ab.

Soweit ein codiertes Radio verbaut ist erfragen Sie den Radiocode.
■ Demontieren Sie den Stoßfänger vorne. Die Demontage haben wir im Kapitel 6 »Kühlsystem« zum Kühlerausbau beschrieben.

Bild 4
Generatorfreilauf als Schnittmodell.
1 Riemenscheibe (Außenrotor)
2 Sperrlager (drehrichtungsgebunden)
3 Freilaufnabe

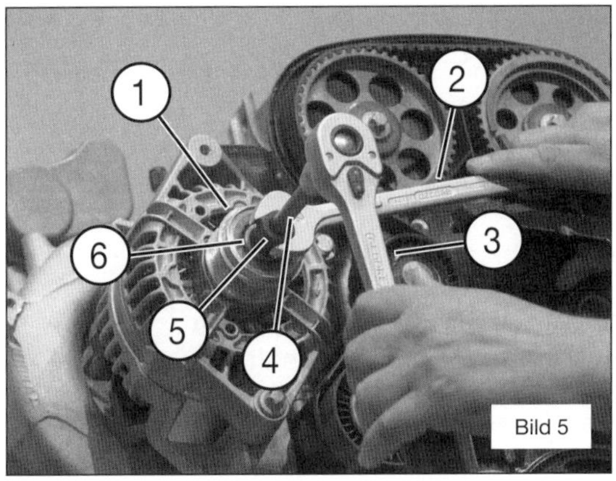

Bild 5
Ausbau des Generatorfreilaufs.
1 Riemenscheibe
2 Schlüssel
3 Ratsche
4 Passender Vielzahn für die Generatorwelle
5 Einsatz für die Freilaufnabe
6 Freilaufnabe

■ Drehen Sie die Schrauben des Scheinwerfers oben und im Bereich des Kühlers heraus.
■ Schieben Sie den Scheinwerfer etwas zur Fahrzeugmitte in Richtung Kühler.

Der Scheinwerfer wird hierbei mit seinem Bolzen aus der Halterung im Bereich des Kotflügels herausgezogen.
■ Nehmen Sie ihn aus der Karosserie heraus.
■ Entsichern Sie die Steckverbindung und ziehen Sie sie am Scheinwerfergehäuse ab.
■ Nehmen Sie den Scheinwerfer heraus.

Der Einbau erfolgt sinngemäß in umgekehrter Reihenfolge.
■ Prüfen Sie die Ausrichtung des demontierten Scheinwerfers in der Karosserie.
■ Prüfen Sie die Einstellung und die Funktionen des Scheinwerfers.

Leuchtmittel im Scheinwerfer wechseln

Im Audi TT wurden unterschiedliche Scheinwerfersysteme verbaut. Wir stellen Ihnen die Arbeitsschritte für beide Scheinwerfersysteme im Detail vor.

Sichtprüfung Messen

Bild 6
Halogen-Scheinwerfer.
1 Glühlampe Nebelscheinwerfer (H3 12V 55W)
2 Deckel Nebelscheinwerfer
3 Glühlampe Fernlicht (H7 12V 55W)
4 Lampenfassung Fernlicht/Standlicht
5 Deckel Fern- und Standlicht
6 Glühlampe Abblendlicht (H1 12V 55W)
7 Lampenfassung Blinker
8 Glühlampe Blinker (H12 12V 21W)
9 Glühlampe Standlicht (H6 12V 6W)
10 Scheinwerfergehäuse

Leuchtmittel der Fahrzeuge mit Halogenscheinwerfer wechseln

Verwenden Sie ausschließlich zugelassene Leuchtmittel in der angegebenen Leistung (Verlust der Betriebserlaubnis).

Funktion	Leuchtmittel
Fernlicht	12 V, 55 W (H7)
Abblendlicht	12 V, 55 W (H1)
Blinklicht	12 V, 21 W (H12)
Standlicht	12 V, 6 W (H6)

■ Schalten Sie die Zündung aus und ziehen Sie den Zündschlüssel ab.
■ Stellen Sie den Lichtschalter auf »0«.

Scheinwerfer links:
■ Bauen Sie die Verkleidung vor dem Luftfilterkasten (Batterieabdeckung) ab.

Scheinwerfer rechts:
■ Bauen Sie die Verkleidung über dem Kühlmittelausgleichsbehälter ab.

Fernlicht/Standlicht:
■ Demontieren Sie den Deckel (5 im Bild 6).
■ Entsichern Sie den Federdrahtbügel und ziehen Sie die Fassung (4) aus dem Scheinwerfer heraus.
■ Ziehen Sie die Glühlampe für Fernlicht (3), beziehungsweise für das Standlicht (9) gerade aus dem Scheinwerfer heraus.

Abblendlicht:
■ Demontieren Sie den Deckel (5 im Bild 6).
■ Ziehen Sie den Steckkontakt von der Glühlampe (3) ab.
■ Entsichern Sie den Federdrahtbügel und nehmen Sie die Glühlampe (3) aus dem Scheinwerfer heraus.

Nebelscheinwerfer:
■ Klemmen Sie die Batterie wie bereits beschrieben ab.
■ Entriegeln Sie den Vorsicherungskasten im Motorraum und klappen Sie ihn hoch.
■ Soweit erforderlich, bauen Sie die Batterie im Motorraum aus.
■ Drehen Sie den Deckel (2) gegen den Uhrzeigersinn (nach links) und nehmen Sie ihn aus dem Scheinwerfergehäuse heraus.
■ Entsichern Sie den Federdrahtbügel und nehmen Sie die Glühlampe (3) aus dem Scheinwerfer heraus.

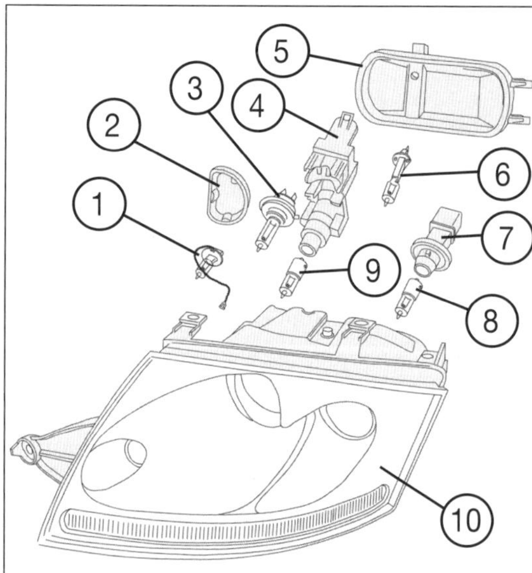

Bild 6

Blinklicht:
■ Drehen Sie die Lampenfassung (7) etwa 90° gegen den Uhrzeigersinn (nach links) und nehmen Sie sie aus dem Scheinwerfergehäuse heraus.
■ Drehen Sie die Glühlampe (7) etwa 90° gegen den Uhrzeigersinn (nach links) und nehmen Sie sie aus der Lampenfassung heraus.

Der Einbau erfolgt sinngemäß in umgekehrter Reihenfolge.

⚠ Beim Einbau einer Lampe nicht den Glaskolben berühren. Die Finger hinterlassen Fettspuren auf dem Glaskolben, die beim Einschalten der Lampe verdampfen und den Glaskolben trüben.

■ Prüfen Sie die Funktionen und Einstellung des Scheinwerfers.

Leuchtmittel der Fahrzeuge mit Xenonscheinwerfer wechseln

Verwenden Sie ausschließlich zugelassene Leuchtmittel in der angegebenen Leistung (Verlust der Betriebserlaubnis).

Funktion	Leuchtmittel
Fernlicht	12 V, 55 W (H7)
Abblendlicht	12 V, 35 W (D2S)
Blinklicht	12 V, 21 W (H12)
Standlicht	12 V, 6 W (H6)

■ Schalten Sie die Zündung aus und ziehen Sie den Zündschlüssel ab.

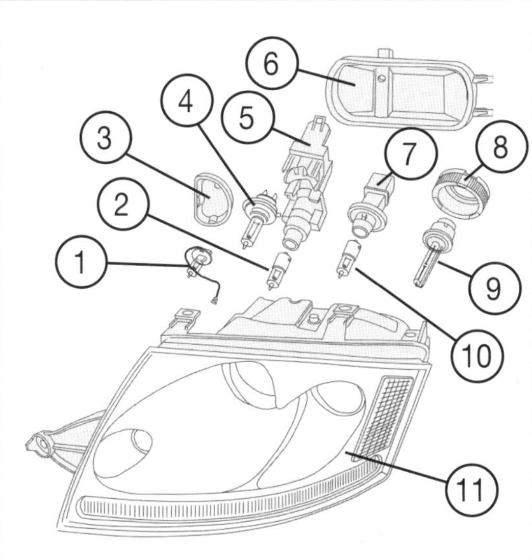

Bild 7

Bild 7
Halogen-Scheinwerfer.
1 Glühlampe Nebelscheinwerfer (H3 12V 55W)
2 Glühlampe Standlicht (H6 12V 6W)
3 Deckel Nebelscheinwerfer
4 Glühlampe Fernlicht (H7 12V 55W)
5 Lampenfassung Fernlicht/Standlicht
6 Deckel Fern- und Standlicht
7 Lampenfassung Blinker
8 Haltering Xenonlampe
9 Gasentladungslampe (35W D2S)
10 Glühlampe Blinker (H12 12V 21W)
11 Scheinwerfergehäuse

■ Klemmen Sie die Batterie wie bereits beschrieben ab.

Scheinwerfer links:
■ Bauen Sie die Verkleidung vor dem Luftfilterkasten (Batterieabdeckung) ab.

Scheinwerfer rechts:
■ Bauen Sie die Verkleidung über dem Kühlmittelausgleichsbehälter ab.

Fernlicht/Standlicht:
■ Demontieren Sie den Deckel (6 im Bild 7).
■ Entsichern Sie den Federdrahtbügel und ziehen Sie die Fassung (5) aus dem Scheinwerfer heraus.
■ Ziehen Sie die Glühlampe für Fernlicht (4), beziehungsweise für das Standlicht (2) gerade aus dem Scheinwerfer heraus.

Abblendlicht:
Das Abblendlicht ist mit einer Gasentladungslampe (35W D2S) ausgerüstet. Lassen Sie die Glühlampe abkühlen.
■ Demontieren Sie den Deckel (6 im Bild 7).
■ Drehen Sie den Anschlussstecker der Gasentladungslampe (Xenon-Lampe) (9) etwa 90° gegen den Uhrzeigersinn (nach links) und nehmen Sie den Stecker von der Gasentladungslampe ab.
■ Drehen Sie den Haltering (8) der Gasentladungslampe (Xenon-Lampe) (9) etwa 90° gegen den Uhrzeigersinn (nach links) und nehmen Sie den Haltering ab.
■ Ziehen Sie die Gasentladungslampe gerade aus dem Scheinwerfer heraus.

Nebelscheinwerfer:
■ Klemmen Sie die Batterie wie bereits beschrieben ab.
■ Entriegeln Sie den Vorsicherungskasten im Motorraum und klappen Sie ihn hoch.
■ Soweit erforderlich, bauen Sie die Batterie im Motorraum aus.
■ Drehen Sie den Deckel (3) gegen den Uhrzeigersinn (nach links) und nehmen Sie ihn aus dem Scheinwerfergehäuse heraus.
■ Entsichern Sie den Federdrahtbügel und nehmen Sie die Glühlampe (1) aus dem Scheinwerfer heraus.

Blinklicht:
■ Drehen Sie die Lampenfassung (7) etwa 90° gegen den Uhrzeigersinn (nach links) und nehmen Sie sie aus dem Scheinwerfergehäuse heraus.
■ Drehen Sie die Glühlampe (7) etwa 90° gegen den Uhrzeigersinn (nach links) und nehmen Sie sie aus der Lampenfassung heraus.

Der Einbau erfolgt sinngemäß in umgekehrter Reihenfolge.

Beim Einbau einer Lampe nicht den Glaskolben berühren. Die Finger hinterlassen Fettspuren auf dem Glaskolben, die beim Einschalten der Lampe verdampfen und den Glaskolben trüben.

■ Prüfen Sie die Funktionen und Einstellung des Scheinwerfers.

Scheinwerfer einstellen

Voraussetzungen
■ Der Reifendruck muss in Ordnung sein.
Die Scheinwerferscheiben dürfen weder beschädigt noch verschmutzt sein.
■ Reflektoren und Glühlampen sind intakt.
■ Die Fahrzeugbelastung muss hergestellt sein.
Das Fahrzeug muss einige Meter gerollt bzw. vorn und hinten mehrmals durchgefedert werden, damit sich die Federn setzen.
Das Fahrzeug und Scheinwerfer-Einstellgerät müssen auf einer ebenen

Sichtprüfung · Messen

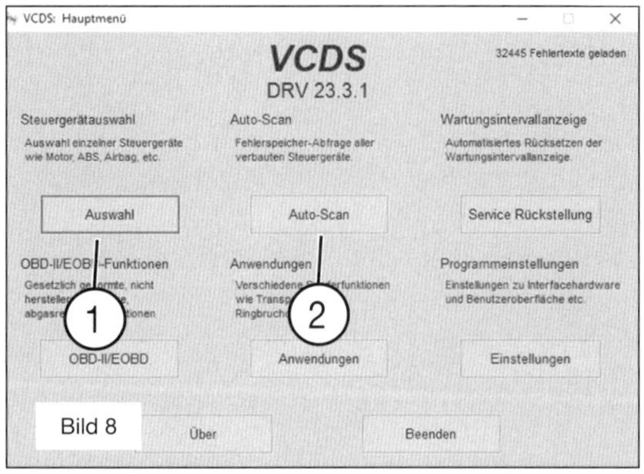

Bild 8
Anwahl eines Steuergerätes (1) oder die Abfrage aller verbauten Steuergeräte (2).

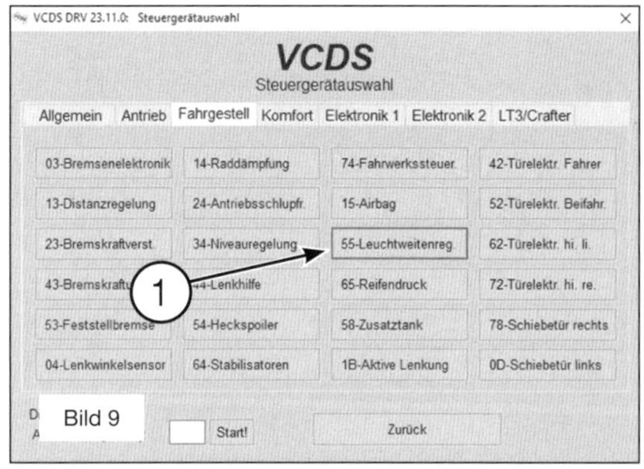

Bild 9
Anwahl des Steuergerätes für die Leuchtweitenregulierung.
1 Anwahlbutton

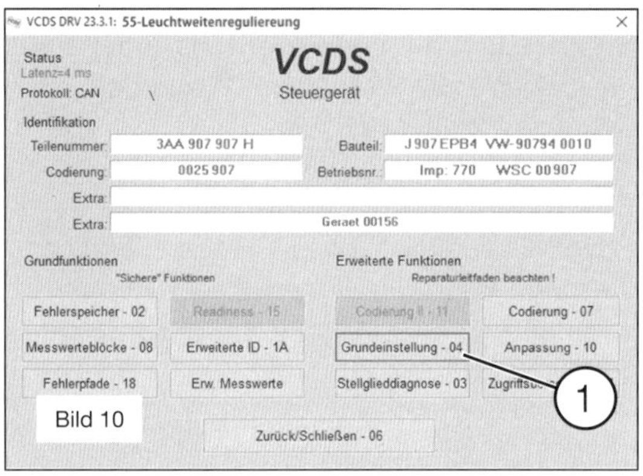

Bild 10
Anwahl des Button Grundeinstellung.
1 Anwahlbutton

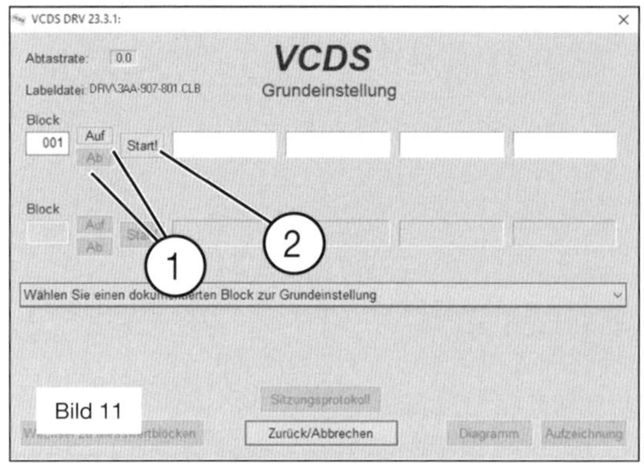

Bild 11
Anwahl des Blocks.
1 Auswahltasten
2 Start-Button

Fläche stehen, eingestellt und ausgerichtet sein.

- Scheinwerferhöhenverstellung prüfen, indem die maximale Stufe eingestellt und dabei das Licht der Scheinwerfer beobachtet wird.
- Anschließend das Rändelrad für die Leuchtweitenregelung falls vorhanden in Position »0« stellen.

Die Stellmotoren für die Scheinwerfereinstellung sind Bestandteil des Scheinwerfers und können nicht ersetzt werden. Bei einem defekten Stellmotor muss der Scheinwerfer ersetzt werden.

Grundeinstellung bei Fahrzeugen mit automatischer Leuchtweitenregulierung

Vor einer mechanischen Verstellung der Scheinwerfermuss die Höhenregulierung in den Einstellmodus (Block 001 im Bild 11) gebracht werden. Im Anschluss erfolgt dann die eigentliche Einstellung der Scheinwerfer. Die neu eingestellte Position wird dann zum Abschluss über die Anwahl und Bestätigung des »Block 002« mit dem Diagnosetester erlernt.

- Schließen Sie einen geeigneten Diagnosetester an die OBD-Anschlussdose im Fahrerfußraum an.
- Schalten Sie die Zündung ein.

Starten Sie den Diagnosetester.

Wir haben für die Einstellung den VCDS gewählt und stellen Ihnen die Einstellungen der Leuchtweitenregulierung mit diesem Tester vor.

- Wählen Sie in der Startmaske (Bild 8) den Button 1 »Auswahl« an.
- Wählen Sie im Kartenreiter (obere Leiste im Bild 9) »Fahrgestell« » 55-Leuchtweitenregulierung« an.
- Wählen Sie in der Maske der Leuchtweitenregulierung (Bild 10) den Button »Grundeinstellung-04« an.
- Wählen Sie über die Button »Auf« und »Ab« (1 im Bild 11) den Block 1 an und bestätigen Sie die Anwahl mit »Start«(2).

Die Stellmotoren der Scheinwerfer werden angesteuert und die Scheinwerfer werden beide auf die Justierposition gefahren.

- Führen Sie die Einstellung der Scheinwerfer wie im Anschluss beschrieben aus.
- Wählen Sie über die Button »Auf« und »Ab« (1 im Bild 11) den Block 2 an. und bestätigen Sie die Anwahl mit »Start«(2).

Die Einstellung wird als neue Grundeinstellung abgespeichert.

Einstellung Scheinwerfer (Abblendlicht)

Das Fahrzeug muss sich im fahrbereiten Zustand befinden (Leermasse, Kraftstoffbehälter voll oder entsprechendes Zusatzgewicht).

■ Die Vorderräder müssen in Geradeausstellung stehen.
■ Reifendruck prüfen und richtigstellen.
■ Fahrersitz mit 75 kg oder einer Person belasten und Leuchtweitenregulierung auf »0« stellen (manuelle Einstellung innen).
■ Motorhaube öffnen.
■ Scheinwerfer-Einstellgerät zum Fahrzeug ausrichten und Höheneinstellung nach Mitte der Scheinwerfer vornehmen.
■ Fernlicht und Abblendlicht einschalten, dann die Lichteinstellung der beiden Leuchten prüfen und soweit erforderlich die Einstellung korrigieren.

Die Einstellung der Höhenlage des Abblendlichtes erfolgt über die Einstellschraube (2 im Bild 12).

Die Einstellung der seitlichen ausrichtung des Abblendlichtes erfolgt über die Einstellschraube (3).

Einstellung Nebelscheinwerfer

Die Nebelscheinwerfer sind Bestandteil der Hauptscheinwerfer und können nur in der Höhenlage mit der Einstellschraube (1) eingestellt werden.

Heckleuchten

Es sind unterschiedliche Rückleuchten lieferbar. Bei den LED-Rückleuchten können keine einzelnen Leuchtmittel ersetzt werden. Bei einem Defekt muss die komplette Rückleuchte erneuert werden.

Rückleuchte ausbauen

Die Montagearbeiten unterscheiden sich für die unterschiedlichen Rückleuchten nicht.
■ Zündung und alle elektrischen Verbraucher ausschalten und den Zündschlüssel abziehen.
■ Den Lichtschalter auf die Stellung »0« stellen.
■ Öffnen Sie das Kofferraumstaufach auf der jeweiligen Seite.
■ Drehen Sie die Kunststoffrändelschrauben (2 im Bild 13) ab und schwenken Sie die Rückleuchte nach außen aus der Karosserieöffnung heraus.

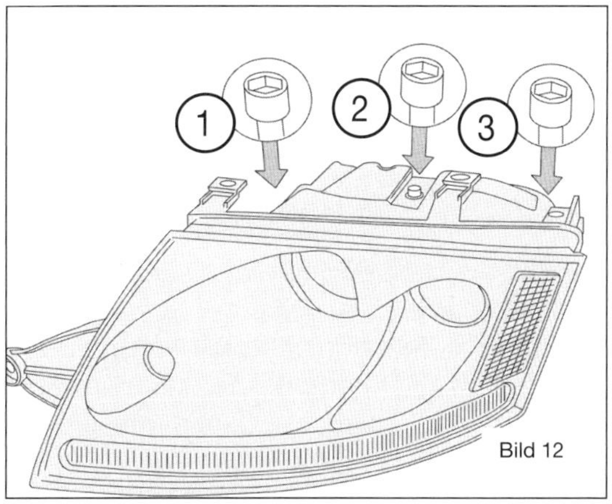

Bild 12

Bild 12
Mechanische Scheinwerfereinstellung.
1 Einstellschraube für die Höhenlage am Nebelscheinwerfer
2 Einstellschraube für die Höhenlage am Abblendlicht
3 Einstellschraube für die seitliche Ausrichtung des Abblendlichtes

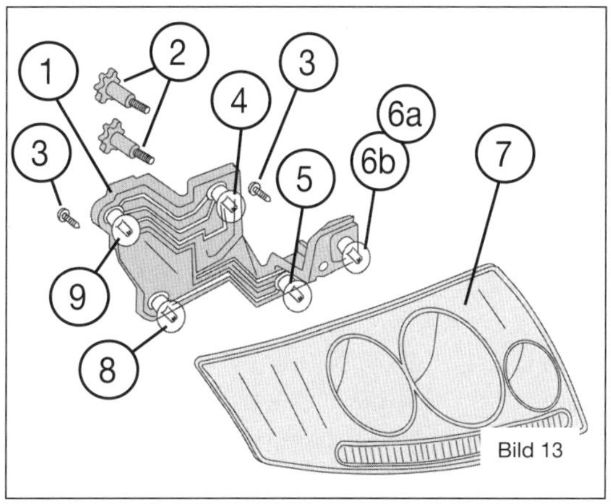

Bild 13

Bild 13
Rückleuchte in Teilen.
1 Lampenträger
2 Rändelschrauben
3 Schrauben
4 Schlussleuchte 12V 21W
5 Blinklicht 12V 21W
6a Nebelschlussleuchte (linke Seite) 12V 21W
6b Rückfahrlicht (rechte Seite) 12V 21W
7 Lampengehäuse
8 Blinklicht 12V 21W
9 Brems- und Schlusslicht 12V 21/5W

Glühlampen der Rückleuchten wechseln

Funktion	Leuchtmittel
Schluss- und Bremslicht (9)	12V 21/5W
Schlusslicht (4)	12V 21W
Blinklicht außen (8)	12V 21W
Blinklicht innen (5)	12V 21W
Nebelschlussleuchte (linke Rückleuchte) (6)	12V 21W
Rückfahrlicht (rechte Rückleuchte) (6)	12V 21W

■ Bauen Sie die Rückleuchte wie bereits beschrieben aus.
■ Drehen Sie die Schrauben (3 im Bild 13) heraus und nehmen Sie den Lampenträger (1) heraus.
■ Drücken Sie die entsprechende Glühlampe etwas in die Fassung und verdrehen Sie sie etwa 90° gegen den Uhrzeigersinn.
■ Nehmen Sie die Glühlampe heraus.

Die Montage erfolgt sinngemäß in umgekehrter Reihenfolge.
■ Prüfen Sie die Funktion der Lampe nach der Montage.

Sichtprüfung Messen

Bild 14
Kennzeichenleuchten in der Heckklappe.
1 Schlitz
2 Kennzeichenleuchte
3 Bewegungsrichtung zum Ausbau
4 Lampe aus der Karosserieöffnung herausschwenken

Bild 15
3. Bremsleuchte Coupé.
1 Bremleuchteneinheit
2 Steckverbindung
3 Demontagerichtung

Die Montage erfolgt sinngemäß in umgekehrter Reihenfolge.

■ Prüfen Sie die Funktion der Lampe nach der Montage.

Kennzeichenleuchte

Die Kennzeichenleuchten im Audi TT sind werkseitig als Lampe mit einer Soffitte ausgerüstet. Im Zubehör sind die Kennzeichenleuchten als LED-Lampe lieferbar. Ist eine LED-Kennzeichenleuchte defekt, muss die ganze Leuchte ersetzt werden.

Lampe Kennzeichenleuchte ausbauen

Funktion	Leuchtmittel
Kennzeichenleuchte	Soffitte 12V 5W

■ Zündung und alle elektrischen Verbraucher ausschalten und den Zündschlüssel abziehen.

■ Schieben Sie die Kennzeichenleuchte jeweils in Richtung der Karosserieaußenseite (3 im Bild 14) und schwenken (4) Sie gleichzeitig die Seite, die zur Karosseriemitte zeigt, aus der Karosserieöffnung heraus.

Soffitte-Kennzeichenleuchte ausbauen

■ Nehmen Sie die Kennzeichenleuchte heraus.

■ Nehmen Sie die Soffitte der Kennzeichenleuchte heraus.

Die Montage erfolgt sinngemäß in umgekehrter Reihenfolge.

■ Prüfen Sie die Funktion der Lampe nach der Montage.

■ Achten Sie darauf, dass die Leuchte hörbar einrastet.

3. Bremsleuchte aus- und einbauen

Die hochgesetzte Bremsleuchte ist beim Coupé in der Heckklappe und bei Roadster im Abschlussblech hinter dem Verdeck eingebaut. Die Beleuchtung der hochgesetzten Bremsleuchte wird von LED´s (Licht emittierende Dioden) erzeugt. Die hochgesetzte Bremsleuchte ist nicht zerlegbar. Im Schadensfall muss die gesamte Bremsleuchte ersetzt werden.

■ Zündung und alle elektrischen Verbraucher ausschalten und den Zündschlüssel

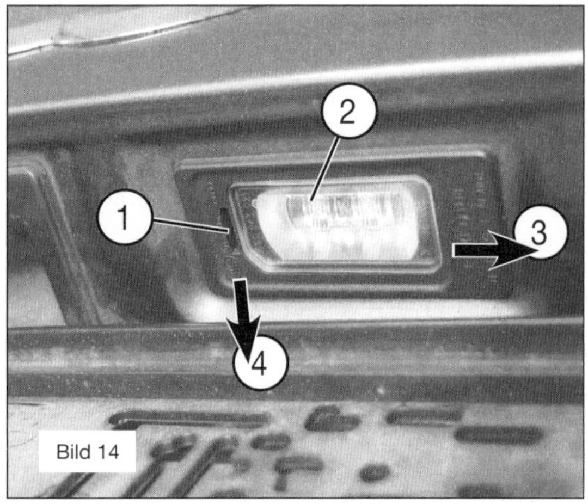

Bild 14

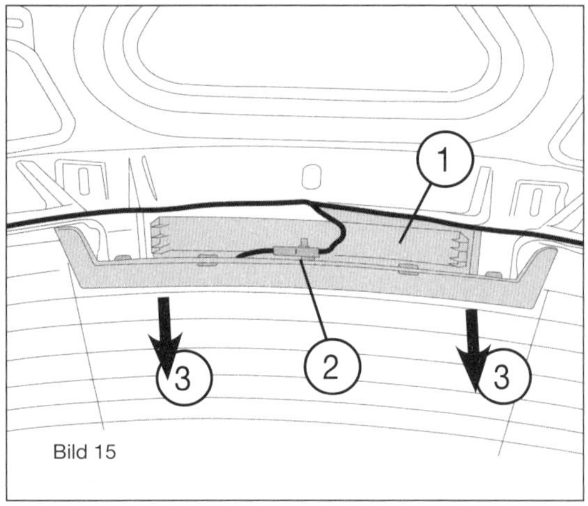

Bild 15

abziehen und aus dem Sendebereich entfernen.

Die Bremse während der folgenden Montagearbeiten nicht betätigen.

Zusatzbremsleuchte beim Coupé

■ Demontieren Sie die Kofferraumbeleuchtung.

■ Ziehen Sie die Abdeckung über dem Heckklappenschloss ab.

■ Ziehen Sie die untere Heckklappenverkleidung etwas von der Heckklappe ab.

■ Clipsen Sie die Verkleidung aus den acht Halteklammern mit einem Schraubendreher oder besser mit einem Kunststoffmontagehebel aus.

■ Lösen Sie die Heckklappenverkleidung oben (Scheibenrahmen) und trennen Sie die beiden Verkleidungen voneinander.

■ Ziehen Sie die Zusatzbremsleuchte aus der Heckklappe heraus.

Die Montage erfolgt sinngemäß in umgekehrter Reihenfolge.

■ Prüfen Sie die Funktion der Lampe nach der Montage
■ Achten Sie darauf, dass die Leuchte hörbar einrastet.

Zusatzbremsleuchte beim Roadster
Die Zusatzbremsleuchte ist zusammen mit der Abdeckung in das Abschlussblech hinter dem Verdeck eingeclipst. Die 3. Bremsleuchte ist am Abschlussblech verschraubt.
■ Betätigen Sie mit einem flachen Schraubendreher die Rastnase und hebeln Sie die Kofferraumleuchte heraus.
■ Entsichern Sie die elektrische Steckverbindung zur 3. Bremsleuchte durch die Öffnung der Kofferaumleuchte und ziehen Sie sie ab.
■ Ziehen Sie die Abdeckung über der hochgesetzten Bremsleuchte von der Vorderkante aus nach oben ab.
■ Drehen Sie die beiden Schrauben (4 im Bild 16) heraus.
■ Nehmen Sie die hochgesetzte Bremsleuchte nach oben ab.
■ Führen Sie die elektrische Leitung durch die Karosseriedurchführung heraus.

Die Montage erfolgt sinngemäß in umgekehrter Reihenfolge.
■ Prüfen Sie die Funktion der Lampe nach der Montage.
■ Achten Sie darauf, dass die Leuchte hörbar einrastet.

Scheibenwischer vorne

Wischerblattwechsel vorne (Bild 17)

Beachten Sie die unterschiedlichen Längen der beiden Wischerblätter. Auf der Fahrerseite wird das lange Wischerblatt und auf der Beifahrerseite das kurze Wischerblatt verbaut.

Es gibt unterschiedliche Wischerblattaufnahmen. Beachten Sie die unterschiedlichen Bauweisen (Bild 17 und Bild 18)

■ Schalten Sie die Zündung aus und ziehen Sie den Zündschlüssel ab.
■ Bewahren Sie den Senderschlüssel außerhalb der Senderreichweite (mindestens 2 m) auf.
■ Heben Sie die Wischerarme von der Scheibe ab und stellen Sie den entsprechenden Wischerarm auf.

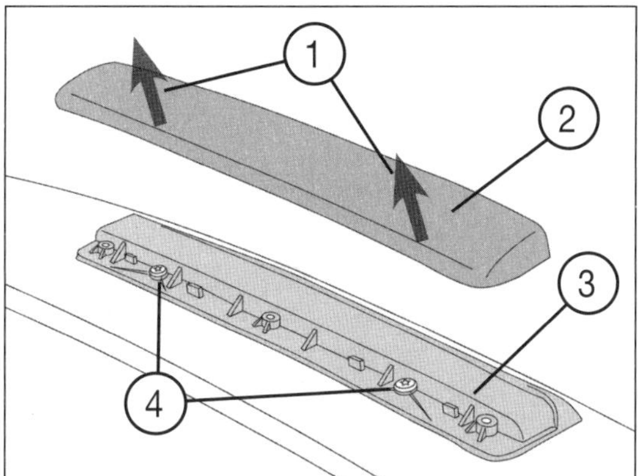

Bild 16

Bild 16
3. Bremsleuchte Roadster.
1 Demontage der Abdeckung
2 Abdeckung
3 Bremleuchteneinheit
4 Schrauben

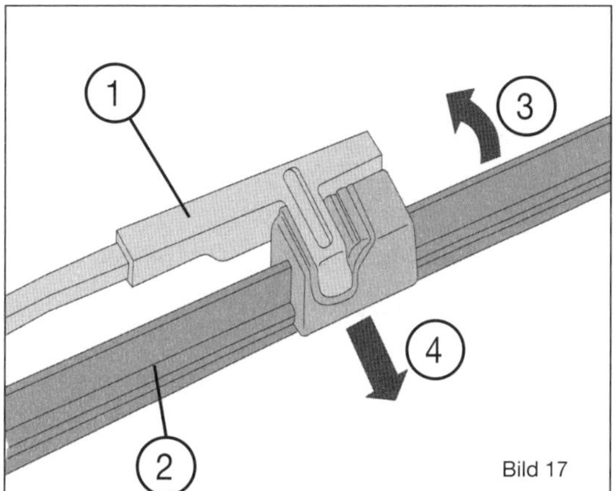

Bild 17

Bild 17
Wischeram mit Profilaufnahme.
1 Wischerarm
2 Wischergummi
3 Wischergummi 90° hochstellen
4 Wischergummi vom Wischerarm abnehmen

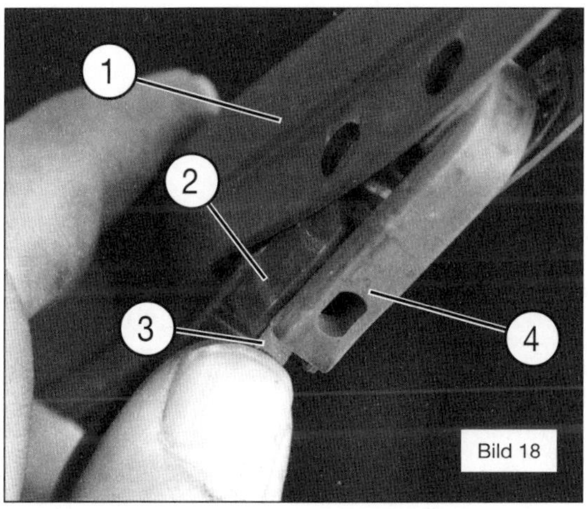

Bild 18

Bild 18
Wischerarm mit Halteclip.
1 Wischer
2 Halteclip
3 Sicherungsraste
4 Wischerarm

Den Wischerarm (auch nicht mit montiertem Scheibenwischergummi) nicht unkontrolliert zurückklappen lassen, ansonsten kann es zu Beschädigungen an der Frontscheibe oder am Wischerblatt kommen.

Wischer mit Profilaufnahme (Bild 17):
■ Stellen Sie das Wischergummi (3) etwa 90° zum Wischerarm hoch.

Sichtprüfung · Messen

Bild 19
Wischerarm abziehen.
1 Scheibenwischerarm
2 Abzieherhülse
3 Abzieherspindel
4 Sicherungsmutter

■ Ziehen Sie das Wischergummi (4) beziehungsweise die Aufnahme des Wischergummis gerade vom Wischerarm ab.

Wischer mit Halteclip (Bild 18):
■ Heben Sie den Wischerarm von der Scheibe ab und stellen Sie den entsprechenden Wischerarm auf.
■ Stellen Sie das Wischergummi (3) etwa 90° zum Wischerarm auf.
■ Die Sicherungsraste (2 im Bild 18) entriegeln und den Wischer (1) vom Wischerarm (4) abziehen.
■ Den Wischer vom Wischerarm abnehmen.

Der Einbau erfolgt für beide Systeme sinngemäß in umgekehrter Reihenfolge.
■ Funktionen der Scheibenwischer vorne und deren Endlage prüfen.

Wischerarme demontieren (Bild 19)

Bevor die Scheibenwischerarme ausgebaut werden sicherstellen, dass sich der Scheibenwischermotor in Endstellung befindet. Nur so lässt sich beim Einbau die Endablage der Scheibenwischerarme korrekt einstellen.
■ Zündung und alle elektrischen Verbraucher ausschalten und den Zündschlüssel abziehen.
■ Öffnen Sie die Motorhaube.
■ Falls vorhanden Abdeckkappe mit einem Schraubendreher abhebeln.
■ Sechskantmutter (4 im Bild 19) lösen ohne sie ganz abzuschrauben.
■ Den Scheibenwischerarm (1) mit dem Abzieher wie im Bild 19 dargestellt abziehen.
■ Befestigungsmutter (4) ganz abschrauben und den Scheibenwischerarm (1) herunternehmen.

Der Einbau erfolgt sinngemäß in umgekehrter Reihenfolge.
■ Die Scheibenwischerarme der Fahrer- und Beifahrerseite in der ungefähren Endablage auf ihre Wellen aufstecken.
■ Die Befestigungsmuttern locker auf die Scheibenwischerarmwellen aufschrauben.
■ Die Scheibenwischerblätter-Endablage, wie im Folgenden beschrieben einstellen.
■ Befestigungsmuttern festziehen.
■ Kontrollieren Sie, dass die Wischerblätter nicht über die Frontscheibe hinaus wischen.

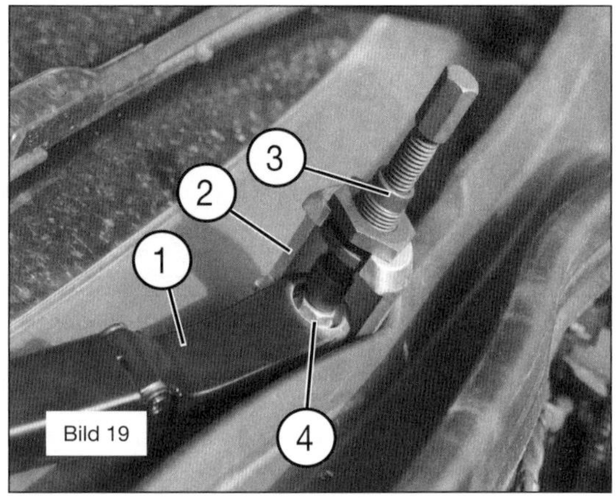

Bild 19

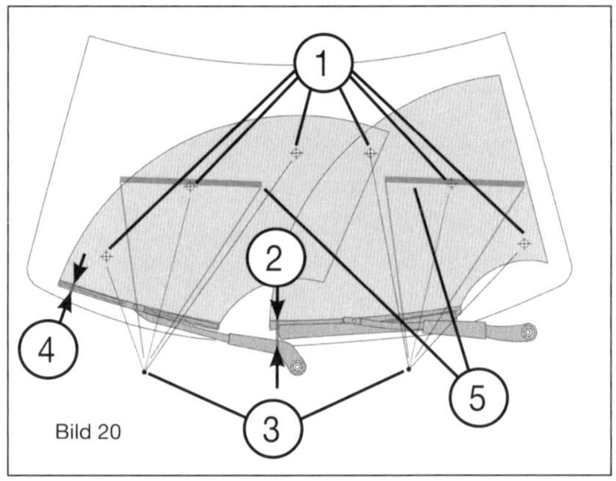

Bild 20

Bild 20
Wischerendlage auf der Windschutzscheibe.
1 Auftreffpunkte
2 Abstand 21 - 31 mm
3 Waschdüsen
4 Abstand 14 - 24 mm
5 Auftreffpunkte bei Fächerdüsen

Der Einbau erfolgt sinngemäß in umgekehrter Reihenfolge.
■ Die Scheibenwischerarme in der ungefähren Endablage auf ihre Wellen aufstecken.
■ Befestigungsmuttern (1) locker auf die Scheibenwischerarmwelle aufschrauben.
■ Scheibenwischerblätter-Endablage, wie im Folgenden beschrieben einstellen.
■ Befestigungsmuttern festziehen.

Endlage der Wischerarme vorne
■ Der Abstand (2 und 4 im Bild 20) zwischen Scheibenwischergummi und Scheibenrahmenkante muss, wie im Bild 20 gezeigt (2) zwischen 21 und 31 mm und (4) zwischen 14 und 24 mm betragen.
■ Gegebenenfalls Endablage durch Versetzen des Scheibenwischerarms einstellen.
■ Die Befestigungsmuttern der Scheibenwischerarme mit 22 Nm festziehen.

Waschdüsen vorne

Scheibenwaschdüsen de- und montieren
■ Schalten Sie die Zündung aus und ziehen Sie den Zündschlüssel ab.
■ Bewahren Sie den Senderschlüssel

außerhalb der Senderreichweite (mindestens 2 m) auf.

■ Demontieren Sie wie bereits beschrieben die Wischerarme.

■ Ziehen Sie die Wasserkastendichtung im Übergang zum Motorraum ab.

■ Sprühen Sie etwas Seifenlauge auf den Übergang zwischen Windschutzscheibe und Wassekastenabdeckung auf und ziehen Sie die Wasserkastenabdeckung vorsichtig nach oben ab.

■ Entsichern Sie die Sicherungsklammer am Waschschlauch und ziehen Sie sie ab.

■ Entsichern Sie die Steckkontakte der Waschdüsenheizung und ziehen Sie ihn ab.

■ Drücken Sie die Spritzdüse nach vorne und schwenken Sie sie am Wasseraustritt nach zum Motorraum.

■ Schneiden Sie den Kabelbinder am Waschschlauch durch und ziehen Sie den Waschschlauch von der Waschdüse ab.

■ Nehmen Sie die Waschdüse heraus.

Der Einbau erfolgt sinngemäß in umgekehrter Reihenfolge.

■ Stecken Sie die Schlauchverbindung und den elektrischen Anschluss auf.

■ Spritzdüse in der Motorhaube einrasten.

■ Spritzbild und Einstellung der Spritzdüsen bei geschlossener Haube prüfen.

■ Den Fehlerspeicher auf Einträge zur Waschdüse prüfen und diese löschen.

Waschdüsen vorne einstellen

(Tipp) Die Waschdüse vorne ist voreingestellt. Eine Veränderung der Einstellung ist nicht vorgesehen. Es können aber kleine Höhenunterschiede ausgeglichen werden.

■ Schließen Sie die Motorhaube.

■ Richten Sie die einzelnen Waschdüsen im gleichmäßigen Abstand auf die im Bild 20 gekennzeichneten Punkte (1) aus.

(Tipp) Bei Fächerdüsen soll das Waschwasser in etwa in den Positionen (5) auf der Windschutzscheibe auftreffen.

Scheinwerferreinigungsanlage

Bei Fahrzeugen mit Xenon-Scheinwerfern ist die Scheinwerferreinigungsanlage vorgeschrieben.

Demontage der Spritzdüse

Es können keine Einstellungen an der Spritzdüse vorgenommen werden. Wenn die Einstellungen oder das Spritzbild unzureichend sind, muss die Spritzdüse ersetzt werden.

■ Demontieren Sie den Stoßfänger vorne.

(Tipp) Die Arbeiten hierzu haben wir Ihnen im Kapitel 6 »Kühlsystem« im Rahmen des Kühlerausbaus beschrieben. Beachten Sie dort auch die Montageübersicht im Bild 11.

■ Entsichern Sie die Schlauchkupplung (4 im Bild 22)

■ Drehen Sie die drei Schrauben (1) an der Spritzdüse heraus.

■ Drehen Sie die beiden Schrauben (2) am Halter der Spritzdüse heraus.

■ Nehmen Sie die Spritzdüse (3) von der Stoßfängerverkleidung ab.

Der Einbau erfolgt sinngemäß in umgekehrter Reihenfolge.

■ Spritzbild und Einstellung der Spritzdüsen bei geschlossener Haube prüfen.

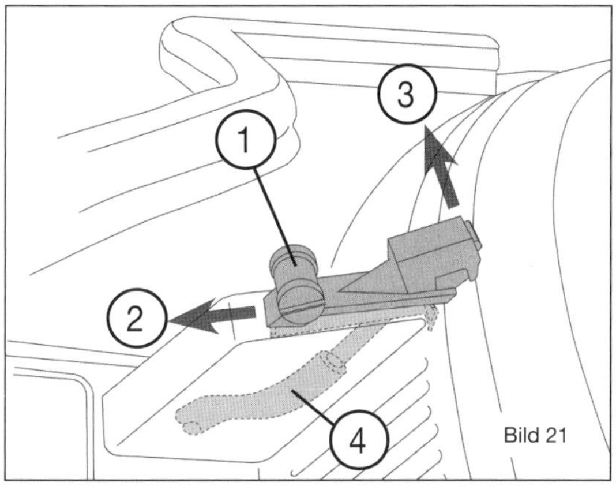

Bild 21
Scheibenwaschdüse in der Wasserkastenabdeckung.
1 Scheibenwaschdüse
2 Bewegungsrichtung nach vorne
3 Herausschwenken aus der Wasserkastenabdeckung
4 Waschschlauch

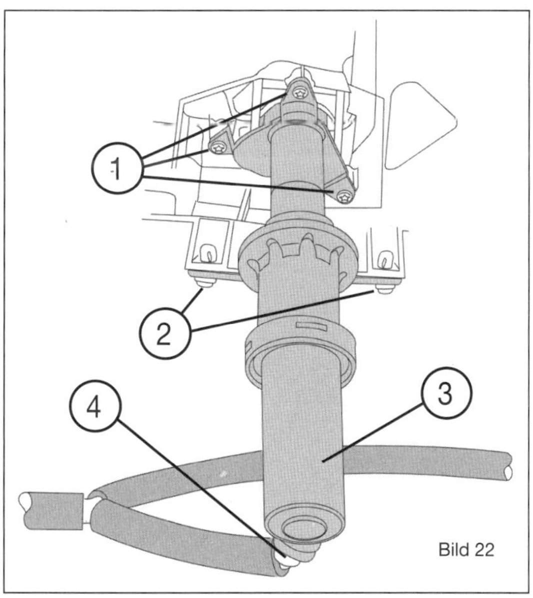

Bild 22
Waschdüse Scheinwerfer.
1 Schrauben
2 Schrauben
3 Waschdüse
4 Anschlussleitung

Sichtprüfung Messen

16 Stromlaufpläne

Sicherungen und Sicherungshalter

Damit Sie die Elektrik Ihres Autos einfach, zuverlässig und sicher nutzen können, gibt es Schaltstellen, Leitungsstränge und Sicherheitsvorkehrungen.

Prüfen Sie vor jeder Fehlersuche immer die verbauten Sicherungen. Überprüfen Sie auch, ob die Sicherungsbelegung bei Ihrem Fahrzeug identisch ist (siehe Fahrerhandbuch). Herstellerbedingt werden zwar bestimmte Belegungen ausgewählt, diese aber müssen nicht unbedingt Ihrer Variante entsprechen. Schließlich werden oft genug Ausstattungsvarianten ergänzt und erweitert. In den meisten Fällen erkennen Sie schon an der verbauten Sicherungsstärke, um welche Anschlussvariante es sich handelt. Einige wenige Sicherungen sind neben dem Sicherungskasten verbaut. Auch diese werden je nach Belegung in der Fahrzeugbedienungsanleitung beschrieben. Vergessen Sie nicht, dass viele »Kleinsicherungen« durchaus im Sicherungskasten zusätzlich abgesichert sein können! Solche Sicherungen werden auch »Vorsicherung« genannt. Die freien Sicherungsplätze und ihre Schaltfunktionen können sehr hilfreich bei der Erweiterung der Ausrüstung Ihres Audi TT sein.

Die E-Box im Motorraum (SA und SB)
Ganz links neben der Batterie. Hier sind die Sicherungsträger »SA« und »SB« verbaut. »SA« bezeichnet die Plätze für die Vorsicherungen und gegebenfalls auch die Position für einige Relaissteckplätze.

Der Sicherungsträger im Fußraum (SC)
In der Schalttafel links (Fahrerseite) ist der Sicherungsträger »SC« verbaut. Er ist für die erste Überprüfung bei Störungen der elektrischen Anlage besonders wichtig, weil er die meisten Stecksicherungen enthält, die schnell zugänglich sein müssen.
Dieser Sicherungsträger ist nach dem Öffnen und Herunterklappen des Klappfachs links neben der Lenksäule zugänglich.
Die genaue Sicherungsbelegung ist von der Fahrzeugausstattung abhängig. Eine Listung der verbauten Sicherungen mit der dazugehörigen Stromstärke finden Sie im Bordbuch des Fahrzeugs. Alternativ dazu können Sie sich eine Auflistung vom Audipartner ausdrucken lassen.

Sicherungsbox bei Heckbatterie (D)
Soweit die Batterie im Kofferraum verbaut worden ist, befinden sich die Vorsicherun-

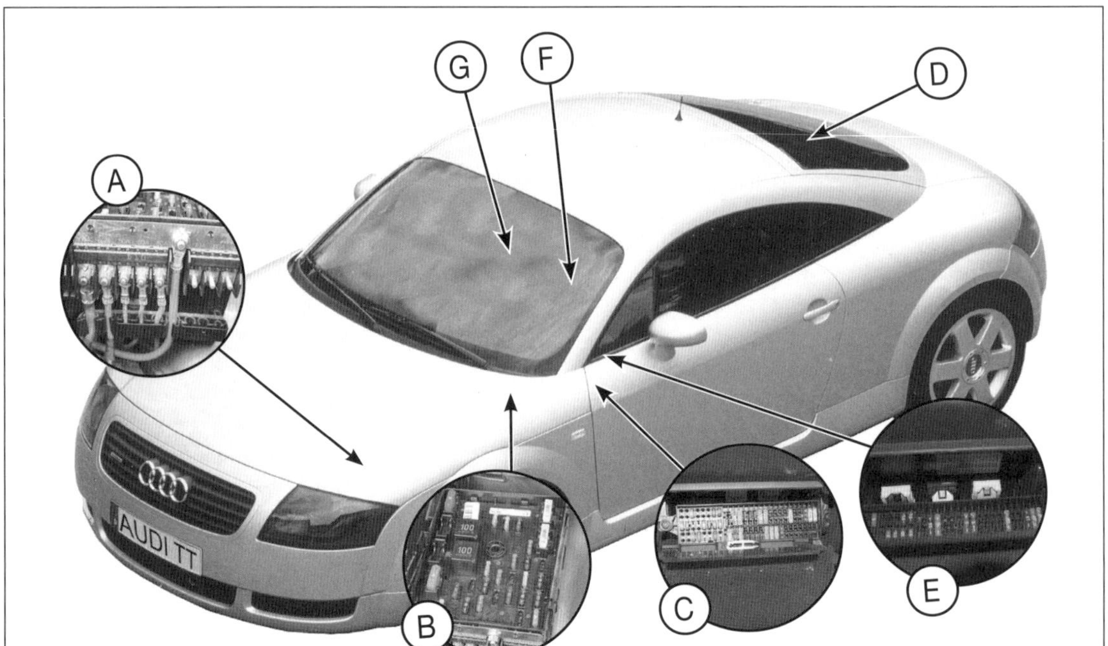

Bild 1

Bild 1
Einbauposition der Sicherungskästen.
A Sicherungshalter »SA«
B Sicherungshalter »SB«
C Sicherungshalter »SC«
D Position des Sicherungshalters soweit die Batterie im Kofferraum verbaut worden ist
E Relaisträger
F Links neben der Lenksäule
G Rechts neben der Lenksäule

gen an der Batterie im Kofferraum auf der rechten Seite unter der Kofferraumboden-abdeckung.

Relaisträger am Bordnetzsteuergerät (E)
Die Belegung des Relaisträgers am Bordnetzsteuergerät und unter der E-Box (B) fragen Sie mit der Fahrgestellnummer bei Ihrem Audi-Partner ab.

Zusatzsicherungen rechts und links der Lenksäule (F und G)
Fahrzeuge für den amerikanischen Markt weisen eine Besonderheit auf. Die Sicherungen für die Fahrer- und Beifahrersitzverstellung befinden sich unter der Verkleidung links beziehungsweise rechts neben der Lenksäule.

Sicherungen wechseln

Durchgebrannte Sicherungen müssen durch gleichwertige Sicherungen (erkennbar an Farbe und Ampere-Zahl) ersetzt werden, die auch in der Sicherungsbelegung für Ihr Fahrzeug durch den Hersteller empfohlen werden.

Wechseln Sie Sicherungen nur im geparkten Fahrzeug.

- Schalten Sie alle Stromverbraucher und die Zündung aus.
- Anhand der Sicherungsbelegung feststellen, welche Sicherung zu dem ausgefallenen Verbraucher gehört.
- Die entsprechende Sicherung herausziehen.
- Die defekte Sicherung durch eine neue mit der gleichen Amperezahl ersetzen.

Die Vorsicherungen im Halter »A«können nicht einzeln ersetzt werden. Sie sind lediglich als Sicherungseinheit erhältlich.

Kabelfarben und Kabelquerschnitt

Kabelfarbe
Im Schaltplan werden die Informationen über die Kabelfarbe und die Kabelstärke angegeben. Die Farben werden als Kürzel dargestellt. Die Farbangaben, die in Kombination mehrerer Farben bezeichnet werden, stellen Kabelkennzeichnungen mit einer Farblinie dar. Die Kabelbezeichnung sw/ws ist beispielsweise die Bezeichnung für ein schwarzes Kabel mit einer weißen Linie. Die Grundfarbe des Kabels wird immer zuerst genannt. Wir stellen Ihnen in der nachstehenden Tabelle die gängigsten Farben und Abkürzungen im Schaltplan vor.

Kürzel	Farbe
sw	Schwarz
br	Braun
bl	Blau
gn	Grün
gr	Grau
or	Orange
rs	Rosa
ro	Rot
li	Violett (Lila)
ws	Weiß
ge	Gelb

Kabelquerschnitt

Auch der Kabel-(Leitungs)Querschnitt ist im Schaltplan angegeben. Er wird durch eine Zahl über der Angabe der Kabelfarbe dargestellt. Beim Suchen der entsprechenden Anschlusskabel kann das die Arbeit sehr erleichtern.
Beispiel: 1,5 ge/sw = 1,5 mm^2, gelbes Kabel, mit schwarzer Kennlinie.

Kabelinstandsetzungsarbeiten

Reparatur von Airbag- und Gurtstrafferleitungen
Das Airbag- und Gurtstraffersystem kann ausfallen. Fehlerhafte Reparaturen am Airbag- und Gurtstrafferleitungsstrang können zur Fehlfunktion des Insassenschutzes führen. Bei Reparaturen am Airbag- und Gurtstrafferleitungsstrang dürfen nur die dafür vorgesehenen Kontakte, Stecker und Leitungen verwendet werden. Leitungen des Airbag- und Gurtstrafferleitungsstrangs dürfen nur mit dem Leitungsstrang-Reparaturset und den Vorgängern repariert werden.

Bei Reparaturen an Leitungen des Airbag- und Gurtstraffersystems dürfen maximal zwei Reparaturstellen ausgeführt werden. Reparaturstellen erhöhen den elektrischen Widerstand in der

Bild 2
Reparatur CAN-Bus.
1 Leitungen verdrillt
2 Lötstelle (oder Lötverbinder)
3 Isolierung (oder Schrumpfschlauch)
A Verdrillungslänge 20 mm
B Maximale Gerade 50 mm

Bild 3
Es dürfen maximal zwei Reparaturstellen ausgeführt werden.
1 CAN-High
2 CAN-Low
3 Reparaturstelle

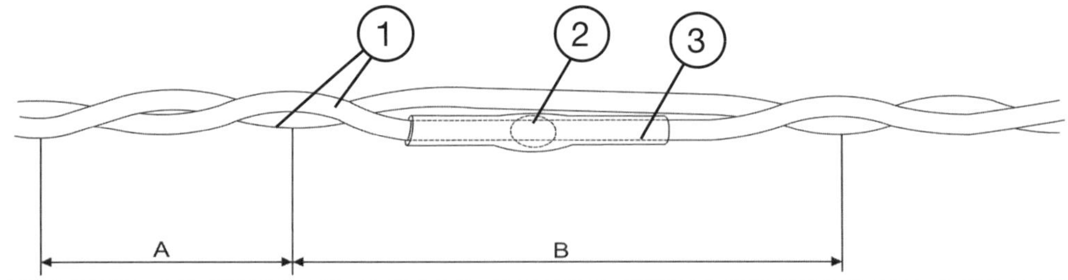

Bild 2

Leitung und können Fehler in der Eigendiagnose des Systems auslösen. Bei Reparaturen am Airbag- oder Gurtstrafferleitungsstrang müssen die Quetschverbinder grundsätzlich geschrumpft werden, um Korrosion zu verhindern (Bild 2).

Wickeln Sie die Reparaturstelle nicht wieder in den fahrzeugeigenen Leitungsstrang ein und kennzeichnen Sie die Reparaturstelle gut sichtbar mit gelbem Isolierband. Reparaturen im Bereich von Airbag oder Gurtstraffer sollten maximal 30 cm vom nächsten Kontaktgehäuse entfernt ausgeführt werden. Zusammen mit der Kennzeichnung durch das gelbe Isolierband ermöglicht diese Vorgehensweise einen schnellen Überblick über vorangegangene Reparaturen. Die Leitungen zu den Auslöseeinheiten (Airbags) haben in der Serie die Verdrillung mit der Schlaglänge 20 mm ±5. Diese Schlaglänge ist für die Serienfertigung über Normteilnummern für die Leitungspaare sichergestellt und muss bei den Reparaturlängen der verdrillten Leitungen zwingend eingehalten werden. Bei Reparaturarbeiten müssen die Leitungen zu den Auslöseeinheiten (Airbags) die gleiche Länge aufweisen. Beim Verdrillen der Leitungen (1) und (2) muss die Schlaglänge von A = 20 mm ±5 zwingend eingehalten werden. Es darf dabei kein Leitungsstück, zum Beispiel im Bereich von Quetschverbindern, größer als B = 50 mm ohne Verdrillung der Leitungen entstehen (Bild 3).

Reparaturmöglichkeiten CAN-Bus

Als CAN-Busleitung wird eine ungeschirmte Zweidrahtleitung (1) und (2) mit einem Querschnitt von 0,35 mm² oder 0,5 mm² verwendet. Die Leitungen sind zur Vermeidung von Störeinflüssen grundsätzlich verdrillt.

Die Farbcodierungen der CAN-Busleitungen entnehmen Sie der folgenden Tabelle:

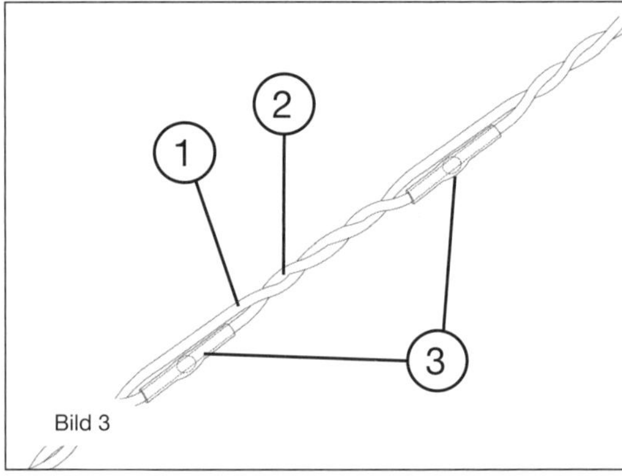

Bild 3

CAN Datenbus	Kabelfarbe
CAN-High Antrieb	or/sw
CAN-Low Antrieb	or/br
CAN-High Komfort	or/gn
CAN-Low Komfort	or/br
CAN-High Infotainment	or/vi
CAN-Low Infotainment	or/br

Die Reparatur von CAN-Busleitungen kann sowohl mit Reparaturleitung in passendem Querschnitt als auch mit den gedrillten Leitungen »grün/braun« bzw. »weiß/blau« aus dem Zubehörhandel ausgeführt werden.
Bei Reparaturarbeiten (wie im Bild 1) müssen beide Busleitungen die gleiche Länge aufweisen.

- Beim Verdrillen der Leitungen (1) und (2) muss die Schlaglänge von A = 20 mm eingehalten werden. Es darf dabei kein Leitungsstück, zum Beispiel im Bereich von Quetschverbindern (Pfeil), größer als B = 50 mm ohne Verdrillung der Leitungen entstehen.
- Versehen Sie die Reparaturstelle mit gelbem Klebeband, um eine vorangegangene Reparatur zu kennzeichnen.

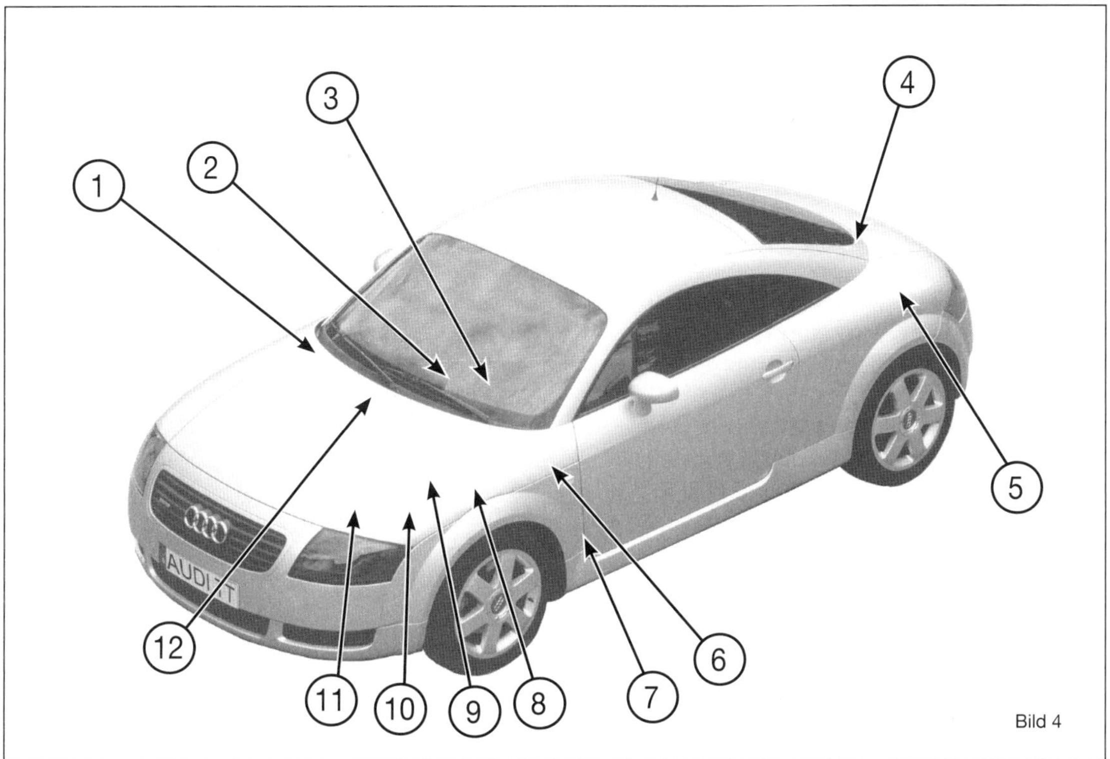

Bild 4

Bild 4
Massepunkte am Audi TT.
1 Massepunkt an der A-Säule rechts unten
2 Massepunkt hinter der Schalttafel Mitte
3 Massepunkt neben der Lenksäule
4 Massepunkt in der Heckklappe links
5 Massepunkt im Kofferraum links
6 Massepunkt neben der Relaisplatte
7 Massepunkt an der A-Säule links unten
8 Masseband, Getriebe-Aufbau
9 Masseband, Batterie-Aufbau
10 Massepunkt (I) im Motorraum links
11 Massepunkt (II) im Motorraum links
12 Massepunkt im Wasserkasten Mitte

Massepunkte am Audi TT

Die Einbaulage der Massepunkte ist in der Übersicht im Bild 4 recht gut zu erkennen. Prüfen Sie die Anschlüsse auf Korrosion und festen Sitz der Anschlusskabel zur Karosserie. Hier entstehen leicht Fehler, die nicht über das Diagnosesystem direkt erfasst werden können.

Massepunkte im Motorraum

Die genaue Positionierung stellen wir Ihnen in der folgenden Tabelle für den Motorraum im Detail vor. Die »Kürzel Audi«-Bezeichnung finden Sie in den Schaltplänen wieder.

Massepunkt (Kürzel Audi)	Nummer im Bild 4
Masseband, Batterie-Aufbau (1)	9
Masseband, Getriebe-Aufbau (2)	8
Massepunkt im Motorraum links (12)	10
Massepunkt im Wasserkasten Mitte (608)	12
Massepunkt im Motorraum links (640)	11

Massepunkte Karosserie Innenraum

Die genaue Positionierung stellen wir Ihnen in der folgenden Tabelle für die Massepunkte an der Karosserie im Innenraum vor. Die »Kürzel Audi«-Bezeichnung in der Tabelle finden Sie in den Schaltplänen wieder.

Massepunkt (Kürzel Audi)	Nummer im Bild 4
Massepunkt 1 neben der Relaisplatte (30)	6
Massepunkt neben Lenksäule (42)	3
Massepunkt Säule A rechts unten (43)	1
Massepunkt Säule A links unten (44)	7
Massepunkt hinter Schalttafel Mitte (45)	2
Massepunkt im Kofferraum links (50)	5
Massepunkt in der Heckklappe links (52)	4

Messgeräte und Diagnosetester

Geeignete Messmittel in der Elektrik

Verwenden Sie nur geeignete Messmittel wie Multimeter und Mess- und Prüfsysteme. Prüflampen mit Glühlampe können Schäden in der Elektronik verursachen und können zudem keine Messwerte ausgeben.

Vorgaben zur Diagnose am Fahrzeug

Vor unseren Hinweisen zum Umgang mit den Stromlauf- oder Schaltplänen möchten wir, weil dazu ein enger Zusammenhang besteht, nochmals kurz auf das Fahrzeugdiagnose-, Mess- und Informationssystem eingehen.

⚠ Wird das Diagnose- und Informationssystem während einer Prüf- oder Messfahrt im Aktionsbereich eines Airbags deponiert, besteht im Falle einer Airbag-Auslösung das Risiko von schweren bis tödlichen Verletzungen! Deshalb zu Prüf- oder Messfahrten stets einen Helfer mitnehmen, der auf einem Rücksitz das System bedient.

☞ Zum Anschließen des Diagnose- und Testsystems schreibt Audi wie die meisten Hersteller folgendes Vorgehen vor:

- Die Handbremse anziehen.
- Das Fahrzeug mit einem Erhaltungsladegerät versehen (Batterie laden).
- Den Wählhebel bei Automatikfahrzeugen in die Stellung »P« oder »N« bringen.
- Den Fahrzeugdiagnosetester bei ausgeschalteter Zündung mit der Diagnoseleitung am Diagnoseanschluss des Fahrzeugs anschließen.
- Die Zündung einschalten.
- Alle elektrischen Verbraucher ausschalten.

Info zu den Schaltplänen

Die Bordelektrik wird in Aufbau und Vernetzung durch Stromlaufpläne (auch Schaltpläne genannt) dargestellt, die für Ihren Audi TT in gedruckter Form schon in der Grundausführung mehrere Hundert Seiten umfassen, also einen Ordner von ganz beträchtlichem Umfang füllen.
Das Schaltplanangebot enthält neben den einzelnen Stromlaufplänen für die Basisausstattung, die Elektrik für jeden der einzelnen Motoren bis hin zu Sonderausstattungen (z. B. für Klimaanlage, Einparkhilfe, Rückfahrkamera) auch zeitliche Überarbeitungen.
Die Volkswagengruppe verwendet sehr übersichtlich gestaltete Schaltpläne, in denen Details bis zur Kabelfarbe und -stärke angegeben sind. Es macht sachlich wenig Sinn und der begrenzte Umfang dieses Buches lässt das auch nicht zu, einzelne Stromlaufpläne aus der Fülle herauszugreifen und in diesem Ratgeber darzustellen. Hinzu kommt noch, dass in den wenigsten Fällen tatsächlich der Fehler in der Verkabelung zu finden sein wird. Die Schaltfunktionen erfolgen heute überwiegend lastfrei. Zumindest nicht über die Tasten und Schalter, die der Fahrer bedient. Das Bordnetzsteuergerät übernimmt die Schaltfunktion.

Die Beschaffung der Schaltpläne
Am sinnvollsten ist es die Schaltpläne über die Plattform »https://erwin.audi.com« zu erwerben.

- Wählen Sie in der oberen Leiste »Produkte und Dienstleistungen« an.
- Über den Button »Fahrzeugreparatur« gelangen Sie in die nächste Maske. Hier wählen Sie »Reparatur und Wartungsinformationen Flatrate erwerben« an.
- Um die Schaltpläne herunterzuladen, reicht in der Regel eine Flatrate über eine Stunde mit Druckrecht.

☞ Die Schaltpläne sind in der Volkswagengruppe mit »Grundausstattung« benannt. Die Unterlagen laden sie als PDF herunter und können Sie dann auch, soweit im Schaltplan vorgesehen, in Farbe auf dem PC betrachten. Auch hier macht das Ausdrucken des kompletten Dokuments (in diesem Fall 1234 Seiten) aufgrund des Umfangs keinen Sinn.

Zum Gebrauch der Stromlaufpläne
Damit Sie sich besser zurechtfinden, stellen wir Ihnen wichtige Merkmale der Pläne vor.

☞ *Aufbau der Schaltpläne:*
Der für Fahrzeuge der Volkswagengruppe typische Aufbau der Schaltpläne birgt die wichtigsten Informationen, die zur Fehlersuche in einem Teilsystem des Fahrzeugs gebraucht werden. Am Schaltplanauszug (Bild 5) werden wir Ihnen die wichtigsten Informationen näher auch im Schaltplan und anschließend eine Fehlersuche in dem System Starteransteuerung vorstellen.

- *Kennzahl Kapitel und Seitenzahl (1 im Bild 5):* Die Schaltpläne sind in unterschiedlichen Kapiteln eingeordnet. Diese werden mit einer dreistelligen Nummer bezeichnet. Die Nummer nach dem Schrägstrich bezeichnet dann die Seitenzahl zu diesem Schaltplanteil.

- *Teildarstellung von Bauteilen (2 im Bild 5):* Das Motorsteuergerät hat neben der Ansteuerung des Startrelais natürlich noch viele andere Funktionen. Für die Fehlersuche an der Starteransteuerung sind die aber nicht relevant und werden dann hier nicht dargestellt. Der Pfeil informiert aber darüber, dass eine weitere Information auf der nächsten Seite zu finden ist.

■ *Bauteilbezeichnung (3 im Bild 5):*
Die Bezeichnung wird entweder im Bauteil (meist bei Steuergeräten) oder neben dem Bauteil platziert. In der Schaltplanlegende wird das Kürzel dann benannt.

■ *Der Strompfadverweis (4 im Bild 5):*
Die Zahl in dem Kästchen verweist darauf, dass die Leitung im Strompfad (6) weitergeführt wird. So kann ohne verwirrende Linien der Anschluss an einer anderen Stelle des Schaltplans dargestellt werden.

■ *Kabelfarbe und Querschnitt (5 im Bild 5):*
Die Kürzel erleichtern die Identifizierung der Anschlüsse an einem Stecker erheblich. Die Buchstaben bezeichnen die Farbe.
Die Zahlen stellen den Kabelquerschnitt dar.

■ *Der Strompfad (6 im Bild 5):*
Über alle Strompfade eines Kapitels wird in der untersten Zeile eine fortlaufende Zahlenfolge dargestellt. Die jeweilige Zahl beschreibt die Leitungen, die senkrecht über der Zahl eingezeichnet worden sind. Die Suche über die Strompfadverweise (4) ist so sehr einfach.

■ *Die Funktionsleitungen (7 im Bild 5):*
Einige Funktionen liegen an mehreren Bauteilen an und werden von mehreren Systemen benötigt. Oftmals handelt es sich um Plusverbindungen oder Masseverbindungen, die einen bestimmten Bereich abdecken.

■ *Die Anmerkung zur Variante (8 im Bild 5):*
Wenn es ausstattungsbedingt mehrere Varianten gibt, sind diese meist alle parallel dargestellt und mit einem Sternchen und einer Kennzahl versehen. In der Schaltplanlegende wird beides dann benannt.

■ *Anschlussbezeichnung (9 im Bild 5):*
Über die Anschlussbezeichnung kann der Anschluss am Bauteil identifiziert werden. Üblich sind auch Steckerbezeichnungen. Die Bezeichnung »T9/5« bezeichnet ein Steckergehäuse mit neun Anschlusspins. Die Zahl hinter dem Schrägstrich bedeutet, dass das

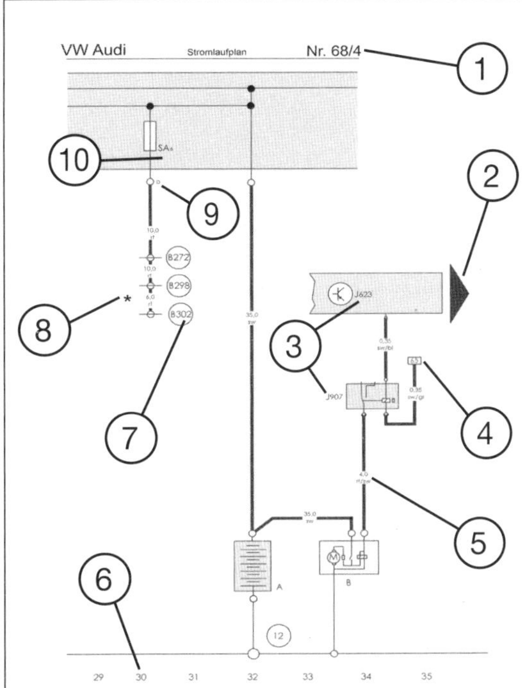

Bild 5

Bild 5
Bezeichnungen im Schaltplan.
1 Kapitel u. Seitenzahl
2 Hinweis auf die Fortführung des Bauteils
3 Bauteilbezeichnung
4 Pfadverweis
5 Kabelstärke und Kabelfarbe
6 Pfadnummer
7 Bezeichnung des Anschlusses
8 Hinweis auf unterschiedliche Varianten
9 Klemmenbezeichnung
10 Bauteilbezeichnung und Positionskennzahl

Anschlusskabel am »PIN 5« des Steckergehäuses angeschlossen ist.

■ *Komponentenbezeichnung (10 im Bild 5):*
Die Komponentenbezeichnung stellt immer Komponenten dar, die ausgewechselt werden können. In den meisten Fällen handelt es sich um Sicherungen. In diesem Fall wird der Sicherungsträger benannt (SB = Sicherungsträger »B« (siehe Bild 1). Die Zahl beschreibt die Einbaupositionsnummer.

Beispiel zu Fehlersuche

Gehen wir davon aus, dass der Starter des Fahrzeugs nicht funktioniert. Wir prüfen hier beispielhaft den Starter und das Startrelais über die Anschlüsse im Schaltplan. Das Startrelais ist lediglich bei Fahrzeugen mit DSG-Getriebe verbaut. Bei Schaltfahrzeugen wird der Starter vom Zündschloss über die Anschlussklemme 50 angesteuert.

Messablauf für den Starter

Die folgende Messung am Starter kann an Fahrzeugen mit DSG-Getriebe sowie auch an Fahrzeugen mit Schaltgetrieben durchgeführt werden. Die Messungen erfolgen an den Anschlusskabeln des Starters (Anlassers) direkt.

Abfrage der Steuergeräte (Motorsteuergerät, Bordnetzsteuergerät):

■ Fragen Sie die Fehlerspeicher ab und sichern Sie die Einträge so weit vorhanden.

Spannungsversorgung des Starters (V1 im Bild 6):

■ Schließen Sie das rote Messkabel des Multimeters an die Klemme 30 des Starters an.

■ Schließen Sie das schwarze Messkabel des Multimeters an die Motormasse an.

■ Stellen Sie das Multimeter auf einen Messbereich von 20 V DC und lassen Sie den Starter von einem Helfer betätigen. Sie sollten eine Spannung von etwa 11 - 12 V messen.

Ansteuerspannung des Starters (KL 50) (V2 im Bild 6)

■ Schließen Sie das rote Messkabel des Multimeters an die Klemme 50 des Starters an.

■ Schließen Sie das schwarze Messkabel des Multimeters an die Motormasse an.

■ Stellen Sie das Multimeter auf einen Messbereich von 20 V DC und lassen Sie den Starter von einem Helfer betätigen. Sie sollten eine Spannung von etwa 11 - 12 V messen.

Messablauf für das Startrelais

Das Startrelais ist ein Relais und auf dem Relaisplatz 9 auf dem Relaishalter neben der Lenksäule rechts verbaut.

Spannungsversorgung Startrelais (V3 im Bild 6):

■ Schließen Sie das rote Messkabel des Multimeters an die Klemme 5B des Relais (J907) an.

■ Schließen Sie das schwarze Messkabel des Multimeters an die Motormasse an.

■ Stellen Sie das Multimeter auf einen Messbereich von 20 V DC und lassen Sie den Starter von einem Helfer betätigen. Sie sollten eine Spannung von etwa 11-12 V messen.

Ansteuerung Startrelais J907 über das Motorsteuergerät (V4 im Bild 6):

■ Schließen Sie das rote Messkabel des Multimeters an Batterieplus an.

■ Schließen Sie das schwarze Messkabel des Multimeters an die Klemme 1B des Relais an.

■ Stellen Sie das Multimeter auf einen Messbereich von 20 V DC und lassen Sie den Starter von einem Helfer betätigen.

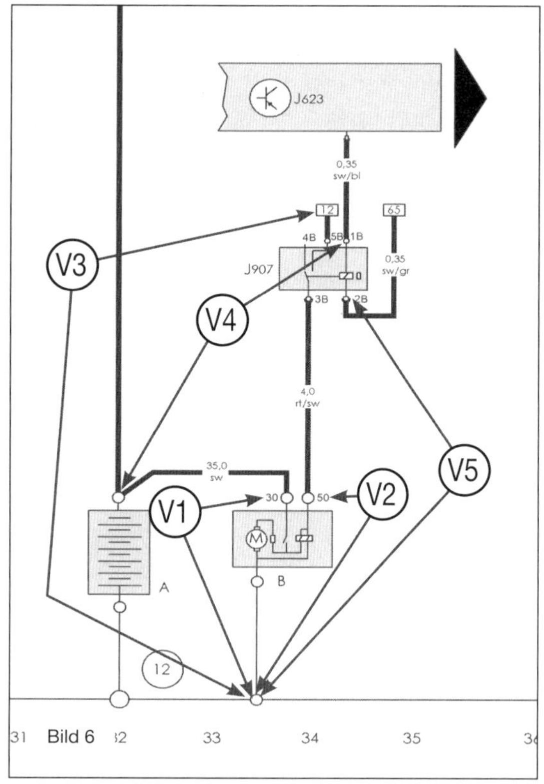

Bild 6

Messungen zur Fehlersuche am Starter.

V1 Spannungsversorgung des Starters (KL 30)

V2 Steuerspannung Starterauslösung (KL 50)

V3 Spannungsversorgung Startrelais (J907) (KL 15)

V4 Ansteuerung (Masse) über das Motorsteuergerät

V5 Spannungsversorgung über das Entlastungsrelais (KL 15 Motorraum)

Sie sollten eine Spannung von etwa 11 - 12 V messen.

Ansteuerung (Plusversorgung) Startrelais J907 (V5 im Bild 6):

■ Schließen Sie das rote Messkabel des Multimeters an Batterieplus an.

■ Schließen Sie das schwarze Messkabel des Multimeters an die Klemme 2B des Relais an.

■ Stellen Sie das Multimeter auf einen Messbereich von 20 V DC und schalten Sie die Zündung ein. Sie sollten eine Spannung von etwa 11 - 12 V messen.

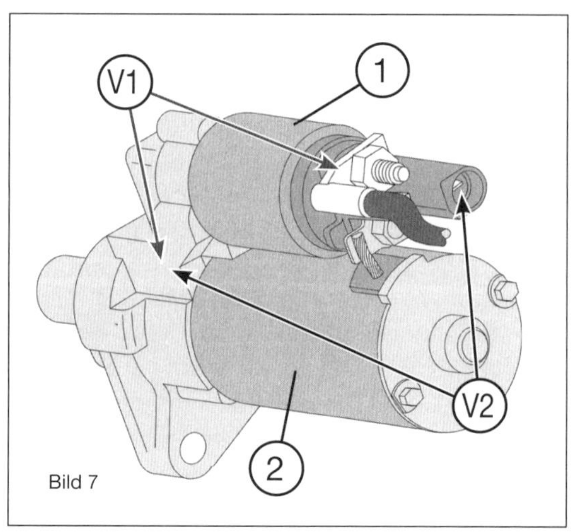

Bild 7

Messbeispiel am Starter.

1 Ausrückmagnetschalter

2 Startermotor

V1 Spannungsversorgung des Starters (KL 30)

V2 Steuerspannung Starterauslösung (KL 50)

Klemmenbezeichnungen nach Norm

Klemmenbezeichnungen der Spannungsversorgung

Die wichtigsten Normkurzzeichen für die Funktionen im Bereich der Spannungsversorgung im Bordnetz Ihres Audi TT.

DIN-Norm	Beschreibung
15	Geschaltetes Plus hinter Batterie (Ausgangskontakt vom Zündanlassschalter)
15a	Geschaltetes Plus vom Zündanlassschalter (hinter der Sicherung)
30	Ausgang direkt von Batterie-Plus
30a	Ausgang direkt von Batterie-Plus (hinter der Sicherung)
30al	Ausgeschaltetes Plus von Steuergerät für Bordnetz für Innenleuchte
31	Batterie-Minus oder Fahrzeugmasse
50	Ausgangskontakt vom Zündanlassschalter für Anlasser
75	Ausgangskontakt vom Zündanlassschalter für das Ausschalten von Verbrauchern zur Entlastung der Batterie beim Anlassen
75a	Ausgeschaltetes Plus hinter dem Relais für die Entlastung der Batterie beim Anlassen (hinter der Sicherung)
86s	Ausgeschaltetes Plus durch Zündanlassschalter beim vollständigen Herausziehen des Schlüssels aus dem Zündanlassschalter
87	Ausgangskontakt vom Kraftstoffpumpenrelais oder vom Relais für Dieseldirekteinspritzanlage
87a	Ausgangskontakt vom Kraftstoffpumpenrelais oder vom Relais für Dieseldirekteinspritzanlage hinter der Sicherung

Klemmenbezeichnungen für Signale und Beleuchtung

Die wichtigsten Normkurzzeichen für die Beleuchtung im Bordnetz. Die Klemmenbezeichnung finden Sie auf externen Bauteilen wie beispielsweise der Anhängekupplung.

DIN-Norm	Beschreibung
54	Bremsleuchten
56	Ausgang von Lichtschalter für Abblendlicht und Fernlicht
56a	Fernlicht
56aL	Fernlicht links
56aR	Fernlicht rechts
56b	Abblendlicht
56bL	Abblendlicht links
56bR	Abblendlicht rechts
58	Stand- und Schlusslicht, Kennzeichenleuchte
58d	Beleuchtung von Schaltern und Schalttafeleinsatz
58L	Standlicht, Schlusslicht und Parklicht links
58R	Standlicht, Schlusslicht und Parklicht rechts
49L	Blinker links
48R	Blinker rechts

17 Technische Daten

Im Audi TT finden sich durchaus noch bewährte Antriebs- und Motorenkonzepte, die aber stetig überarbeitet wurden. Verschleißwerte sind wichtig, um eine Schadensursache genau untersuchen zu können. So kann dann die Entscheidung zur Revision oder zum Austauschmotor leichter getroffen werden.

Bezeichnung	**1,8-l-Turbo**	**1,8-l-Turbo**	**3,2-l-VR6**
Kraftstoff (Einspritzsystem)	SRE Multipoint Bosch		
Hubraum	1781 cm³		3189 cm
Zylinderzahl (Ventile pro Zylinder)	4 (5)		6 (4)
Bohrung Ø mm Reparaturstufe 1 (maximale Abweichung)	81,01 mm 81,51 mm (0,08 mm)		84,01 mm
Hub mm	86,4 mm		95,9 mm
Kompressionsdruck Verschleißgrenze Druckunterschied	10,0 - 13,0 bar 7 bar 3,0 bar		
Kolbendurchmesser (+Beschichtung) Übermaßkolben (+Beschichtung) Beschichtung (nutzt sich ab!)	80,95 mm (80,97 mm) 81,45 mm (+0,02 mm)		83,965 mm
Laufspiel	0,04 - 0,06 mm		
Stoßspiel 1. Ring Verschleißgrenze	0,20 - 0,40 mm 0,80 mm		0,20 - 0,40 mm 1,00 mm Rechteckring
Stoßspiel 2. Ring Verschleißgrenze	0,20 - 0,40 mm 0,80 mm		0,20 - 0,40 mm 1,00 mm Nasen-Minutenring
Stoßspiel Ölabstreifring Verschleißgrenze	0,25 - 0,50 mm 0,80 mm		0,25 - 0,50 mm 1,00 mm
Höhenspiel 1. Ring Verschleißgrenze	0,06 - 0,09 mm (0,20 mm)		0,06 - 0,09 mm (0,15 mm)
Höhenspiel 2. Ring Verschleißgrenze	0,05 - 0,08 mm (0,20 mm)		0,03 - 0,06 mm (0,15 mm
Höhenspiel Ölabstreifring (2-teilig) Verschleißgrenze	0,03 - 0,06 mm (0,15 mm)		0,02 - 0,06 mm (0,15 mm)
Aufladesystem	Abgasturbolader 1 Ladeluftkühler	Abgasturbolader 2 Ladeluftkühler	kein
Nockenwellenantrieb	Zahnriemen und Steuerkette (zwischen den Nockenwellen)		Steuerkette
Ölfilter	Filterpatrone		Filtereinsatz
Ölmenge mit Filter (Filter)	4,0 l (0,5 l)	4,6 l (0,5 l)	5,0 l (0,5 l)
Kühlmittelmenge (ca. 5 l)	G12++		G13 / G12++
Kühlerdeckel Öffnungsdruck	1,4 - 1,6 bar		
Getriebeöle	siehe Kapitel 10 »Kraftübertragung«		
Winkelgetriebe vorne (Allrad)			
Getriebeöl Hinterachsgetriebe (Allrad) (Haldex Öl)			
Bremsflüssigkeit	DOT 4		
Klimaanlage Klimamittel (Füllmenge)	R134a (775± 25 g)		

18 Anzugsdrehmomente

In diesem Kapitel stellen wir Ihnen die Anzugsmomente für die wichtigsten Verschraubungen am Fahrzeug zur Verfügung. Diese sind zum einen alphabetisch und zum anderen nach den Motorentypen sortiert. Sie sind zur Orientierung gedacht. Natürlich konnten wir nur jene Motoren und Daten darstellen, die bis zum Redaktionsschluss bekannt waren. Anzugsdrehmomente können durch Veränderungen der Bauteile durch den Hersteller verändert worden sein. Alle Daten sollten Sie im Zweifel bei der Teilebestellung hinterfragen und wenn erforderlich korrigieren. Selbiges gilt auch für neue Motortypen. Übernehmen Sie niemals einfach Werte oder Daten eines anderen Motors ohne diese zu überprüfen. Hier können leicht Schäden entstehen, die vermeidbar wären und oft recht teuer sind.

Motor

Audi TT Motorbezeichnung	**1,8-l-Turbo bis 140 kW**	**1,8-l-Turbo ab 165 kW**	**3,2-l-VR6**
Abgaskrümmer Stufe 1 / Stufe 2	Handfest / 25 Nm		Handfest / 23 Nm
Anlasser am Getriebe M10 (M12)	40 Nm		
Anlasser Klemme 30	15 Nm		
Ansaugkrümmer Stufe 1 (Stufe 2)	Handfest (10 Nm)		Handfest (13 Nm)
Abgaskrümmer (am Zylinderkopf)	30 Nm		23 Nm
Abgaskrümmer (Auspuffrohr)	40 Nm		
Dichtflansch Kurbelwelle zahnriemenseitig	15 Nm		-
Dichtflansch Kurbelwelle kupplungsseitig	15 Nm		10 Nm
Einspritzdüse (Verteilerrohr)	10 Nm		
Hauptlagerdeckel Stufe 1	65 Nm		30 Nm
Hauptlagerdeckel Stufe 2	90°		180°
Hallgeber Nockenwelle (Gehäuse)	10 Nm		
Hallgeber Blende	25 Nm		-
Kurbelwinkelsensor	5 Nm		10 Nm
Kupplungsdruckplatte (7-mm-Schrauben)	13 Nm (20 Nm)		-
Zweimassenschwungrad Stufe 1	60 Nm		
Zweimassenschwungrad Stufe 2	90°		
Kraftstoffverteilerrohr	10 Nm		
Klopfsensor	20 Nm		
Lambdasonde NOx-Sensor	55 Nm		
Lagerdeckel Nockenwellen	10 Nm		
Luftfiltergehäuse an der Karosserie	10 Nm		
Nockenwellenlagergehäuse Stufe 1	10 Nm		5 Nm
Nockenwellenlagergehäuse Stufe 2	-		45°
Nockenwellenversteller	10 Nm		-
Nockenwellenverstellergehäuse	-		8 Nm

<table>
<tr><th>Audi TT Motorbezeichnung</th><th>1,8-l-Turbo bis 140 kW</th><th>1,8-l-Turbo ab 165 kW</th><th>3,2-l-VR6</th></tr>
<tr><td>Nockenwellenrad ohne Versteller</td><td colspan="2">65 Nm</td><td>-</td></tr>
<tr><td>Nockenwellenrad Zentralschraube Stufe 1</td><td colspan="2">65 Nm</td><td>60 Nm</td></tr>
<tr><td>Nockenwellenrad Zentralschraube Stufe 2</td><td colspan="2">-</td><td>90°</td></tr>
<tr><td>Ölablassschraube</td><td colspan="3">30 Nm</td></tr>
<tr><td>Ölfilter</td><td colspan="2">20 Nm</td><td>25 Nm</td></tr>
<tr><td>Öldruckschalter</td><td colspan="3">25 Nm</td></tr>
<tr><td>Öldruckregelventil</td><td colspan="2">40 Nm</td><td>-</td></tr>
<tr><td>Ölpumpe am Motorblock</td><td colspan="2">16 Nm</td><td>23 Nm</td></tr>
<tr><td>Öldruckrohr</td><td colspan="2">-</td><td>8 Nm</td></tr>
<tr><td>Ölpumpengehäuse</td><td colspan="2">-</td><td>10 Nm</td></tr>
<tr><td>Ölpumpe Kettenrad</td><td colspan="2">22 Nm</td><td>-</td></tr>
<tr><td>Ölwannenschrauben 6 mm</td><td colspan="2">15 Nm</td><td>-</td></tr>
<tr><td>Ölwannenschrauben 10 mm</td><td colspan="2">45 Nm</td><td>-</td></tr>
<tr><td>Ölwannenschrauben Ölwannenoberteil Stufe 1</td><td colspan="2">15 Nm</td><td>12 Nm</td></tr>
<tr><td>Ölsensor</td><td colspan="3">8 Nm</td></tr>
<tr><td>Ölfilterflansch Verschlussschraube</td><td colspan="2">15 Nm</td><td>-</td></tr>
<tr><td>Ölfilterflansch Stufe 1</td><td colspan="2">15 Nm</td><td>23 Nm</td></tr>
<tr><td>Ölfilterflansch Stufe 2</td><td colspan="2">90°</td><td>-</td></tr>
<tr><td>Pleuellager Stufe 1</td><td colspan="2">30 Nm</td><td>30 Nm</td></tr>
<tr><td>Pleuellager Stufe 2</td><td colspan="2">90°</td><td>90°</td></tr>
<tr><td>Riemenspanner</td><td colspan="3">23 Nm</td></tr>
<tr><td>Schwungrad Stufe 1</td><td colspan="3">60 Nm</td></tr>
<tr><td>Schwungrad Stufe 2</td><td colspan="3">90°</td></tr>
<tr><td>Steuerventile Nockenwelle Stufe 1</td><td colspan="2">-</td><td>60 Nm</td></tr>
<tr><td>Steuerventile Nockenwelle Stufe 2</td><td colspan="2">-</td><td>90°</td></tr>
<tr><td>Thermostatdeckel/Flansch</td><td colspan="2">15 Nm</td><td>10 Nm</td></tr>
<tr><td>Ventildeckel (Zylinderkopfhaube) Stufe 1</td><td colspan="3">10 Nm</td></tr>
<tr><td>Ventil Sekundärluft</td><td colspan="3">10 Nm</td></tr>
<tr><td>Wasserpumpe</td><td colspan="2">15 Nm</td><td>8 Nm</td></tr>
<tr><td>Wasserpumpenrad</td><td colspan="2">-</td><td>20 Nm</td></tr>
<tr><td>Zentral-Riemenscheibe 8.8 Stufe 1</td><td colspan="2">10 Nm</td><td>-</td></tr>
<tr><td>Zentral-Riemenscheibe 8.8 Stufe 2</td><td colspan="2">90°</td><td>-</td></tr>
<tr><td>Zentral-Riemenscheibe 10.9 Stufe 1</td><td colspan="2">40 Nm</td><td>100 Nm</td></tr>
<tr><td>Zentral-Riemenscheibe 10.9 Stufe 2</td><td colspan="2">-</td><td>90°</td></tr>
<tr><td>Zündkerzen</td><td colspan="3">30 Nm</td></tr>
<tr><td>Zündspulen</td><td colspan="2">10 Nm</td><td>-</td></tr>
<tr><td>Zylinderkopf Stufe 1</td><td colspan="2">40 Nm</td><td>30 Nm</td></tr>
<tr><td>Zylinderkopf Stufe 2</td><td colspan="2">90°</td><td>50 Nm</td></tr>
<tr><td>Zylinderkopf Stufe 3</td><td colspan="2">90°</td><td>90°</td></tr>
<tr><td>Zylinderkopf Stufe 4</td><td colspan="2">-</td><td>90°</td></tr>
</table>

Antrieb

Verschraubung	Anzugsdrehmoment
ABS-Sensor	8 Nm
Achsgetriebe hinten (Allrad) Stufe 1 (Halter)	60 Nm (60 Nm)
Aggregateträger am Aufbau Stufe 1 (Stufe 2)	110 Nm (90°)
Antriebswelle getriebeseitig Stufe 1 (Stufe 2)	10 Nm (40 Nm)
Antriebswelle radseitig (gefettet) Stufe 1 (Stufe 2)	190 Nm (90°)
Antriebswelle radseitig (geklebt) Stufe 1 (Stufe 2)	265 Nm
Ausrücker am Getriebe (mit Sicherungsmittel)	12 Nm
Bremssattel hinten Schraube M10 Stufe 1	65 Nm
Bremssattel hinten Schraube M8 Stufe 1	35 Nm
Bremssattel vorne Führungsbolzen	28 Nm
Bremssattelträger am Achsschenkel (Rippschraube)	125 Nm
Bremsscheibe an Radnabe	4 Nm
Bremspedalbock	28 Nm
Bremskraftverstärker	20 Nm
Domlager vorne	60 Nm
Domlager (Stoßdämpfer) vorne	60 Nm
Getriebe am Motor M10	45 Nm
Getriebe am Motor M12	80 Nm
Koppelstange vorne	90 Nm
Lenkgetriebe am Fahrschemel Stufe 1 (Stufe 2)	20 Nm (90°)
Lenkrad	45 Nm - 55 Nm
Motorlager am Getriebe Stufe 1 (Stufe 2)	40 Nm (90°)
Motorlager am Rahmen links Stufe 1 (Stufe 2)	60 Nm (90°)
Motorlager am Motor rechts Stufe 1 (Stufe 2)	60 Nm (90°)
Motorlager am Rahmen rechts Stufe 1 (Stufe 2)	60 Nm (90°)
Neutralstellung Sensor am Getriebe	5 Nm
Pendelstütze am Getriebe M10 (M12) Stufe 1	50 Nm (60 Nm)
Pendelstütze am Getriebe M10 (M12) Stufe 2	90° (90°)
Querlenker vorne Stufe 1 (Stufe 2)	70 Nm (90°)
Hinterachse Gummilager im Lagerbock (Frontantrieb) Stufe 1 (Stufe 2)	45 Nm (90°)
Hinterachse Lagerbock am Rahmen (Frontantrieb) Stufe 1 (Stufe 2)	30 Nm (90°)
Hinterachse Lagerbock Längslenker am Rahmen (Allrad) Stufe 1 (Stufe 2)	90 Nm
Radschraube Stahlfelge	120 Nm
Radlager 12 Kantschraube (gefettet) Stufe 1 (Stufe 2)*	190 Nm (90°)
Radlager 12 Kantschraube (geklebt) Stufe 1 (Stufe 2)*	265 Nm
Radlager 12-Kantschraube (Frontantrieb)	220 Nm
Schaltbetätigung Halter M8	20 Nm

Verschraubung	Anzugsdrehmoment
Schaltbetätigung M8	20 Nm
Spurstangenkopf Vorderachse	50 Nm
Hinterachse Querlenker beide (Allrad) Stufe 1 (Stufe 2)	70 Nm (90°)
Stabilisator vorne/hinten	25 Nm
Stoßdämpfer am Achsschenkel Stufe 1 (Stufe 2)	60 Nm (90°)
Stoßdämpfer hinten oben Lagerbock (Kolbenstange)	30 Nm + 90° (25 Nm)
Stoßdämpfer hinten oben (Allrad)	60 Nm
Stoßdämpfer hinten unten (Frontantrieb) Stufe 1 (Stufe 2)	40 Nm (90°)
Stoßdämpfer hinten unten (Allrad) Stufe 1	110 Nm
Stützlager Kardanwelle	25 Nm
Wärmeschutzblech Gelekwelle	25 Nm
Winkelgetriebe Allrad am Getriebe Stufe 1 (Stufe 2)	40 Nm (45°)
Kardan Hardyscheibe hinten/vorne (Allrad)	60 Nm
Kardan Zwischengelenk Mitte (Allrad)	40 Nm

Karosserie

Verschraubung	Anzugsdrehmoment
Anhängekupplung am Rahmen Stufe 1 (Stufe 2)	50 Nm (90°)
Geräuschdämmung von unten Schnellverschluss	Handfest
Geräuschdämmung Unterfahrschutz	2 Nm
Haubenscharnier an der Karosserie	21 Nm
Kunststoffschrauben	8 Nm
Radhausschalen	2 Nm

Elektrische Anlage

Verschraubung	Anzugsdrehmoment
Batteriepol (M6)	6 Nm
Massepunkt am Getriebe	20 Nm
Massepunkt an der Karosserie M6 (M8)	8 Nm (15 Nm)
Plusanschluss M5 / M6 / M8	4 Nm / 6 Nm / 15 Nm
Scheinwerfer	4,5 Nm
Scheinwerferträger	4,5 Nm

Sonstige Verschraubungen

Schraubengröße	M4	M5	M6	M8	M10	M12	M14	M16
Anzugsdrehmoment	0,5 Nm	3 Nm	10 Nm	20 Nm	45 Nm	60 Nm	100 Nm	200 Nm